Springer-Lehrbuch

T0255602

Wilfried B. Krätzig · Reinhard Harte
Konstantin Meskouris · Udo Wittek

Tragwerke 1

Theorie und Berechnungsmethoden
statisch bestimmter Stabtragwerke

5. Auflage

 Springer

Prof. Dr.-Ing. Dr.-Ing. e.h. Wilfried B. Krätzig
Witten, Deutschland

Prof. Dr.-Ing. Reinhard Harte
Bergische Universität Wuppertal
Statik und Dynamik der Tragwerke
Wuppertal, Deutschland

Prof. Dr.-Ing. Konstantin Meskouris
RWTH Aachen
Baustatik und Baudynamik
Aachen, Deutschland

Prof. Dr.-Ing. Udo Wittek
Kaiserslautern, Deutschland

ISSN 0937-7433
ISBN 978-3-662-43626-4   ISBN 978-3-642-12284-2 (eBook)
DOI 10.1007/978-3-642-12284-2

Die Deutsche Nationalbibliothek verzeichnet diese Publikation in der Deutschen Nationalbibliografie; detaillierte bibliografische Daten sind im Internet über http://dnb.d-nb.de abrufbar.

Springer
© Springer-Verlag Berlin Heidelberg 2010
Das Werk einschließlich aller seiner Teile ist urheberrechtlich geschützt. Jede Verwertung, die nicht ausdrücklich vom Urheberrechtsgesetz zugelassen ist, bedarf der vorherigen Zustimmung des Verlags. Das gilt insbesondere für Vervielfältigungen, Bearbeitungen, Übersetzungen, Mikroverfilmungen und die Einspeicherung und Verarbeitung in elektronischen Systemen.

Die Wiedergabe von Gebrauchsnamen, Handelsnamen, Warenbezeichnungen usw. in diesem Werk berechtigt auch ohne besondere Kennzeichnung nicht zu der Annahme, dass solche Namen im Sinne der Warenzeichen- und Markenschutz-Gesetzgebung als frei zu betrachten wären und daher von jedermann benutzt werden dürften.

Gedruckt auf säurefreiem und chlorfrei gebleichtem Papier.

Springer ist Teil der Fachverlagsgruppe Springer Science+Business Media (www.springer.de)

Vorwort zur fünften Auflage

Das ungebrochene Interesse an diesem Buch hat eine weitere Auflage erforderlich werden lassen. Das didaktische Konzept und die Inhalte wurden beibehalten, einige Bezeichnungen und die Normenbezüge aktualisiert, Druckfehler beseitigt und der Text an die neue Rechtschreibung angepasst. Wir bedanken uns bei allen aufmerksamen Lesern für Ihre Hinweise, insbesondere danken wir unseren Kollegen Prof. Dr.-Ing. Carsten Könke von der Bauhaus-Universität Weimar und Prof. Dr.-Ing. Yuri Petryna von der Technischen Universität Berlin für ihre wertvollen Vorschläge.

Auch anlässlich dieser Auflage möchten wir dem Springer-Verlag erneut für die erfreuliche Zusammenarbeit und die gute Ausstattung des Buches danken.

Bochum, Germany   Wilfried B. Krätzig
Wuppertal, Germany   Reinhard Harte
Aachen, Germany   Konstantin Meskouris
Kaiserslautern, Germany   Udo Wittek
Februar 2010

Vorwort zur vierten Auflage

Die freundliche Aufnahme des vorliegenden Buches hat erneut eine weitere Auflage erforderlich werden lassen. Sie erscheint in unveränderter Form bei Beseitigung einiger Druckfehler. Für Hinweise hierauf danken wir unseren aufmerksamen Lesern.

Die Beibehaltung des didaktischen Konzepts seit der ersten Auflage im Jahre 1990 begründet sich auch in der zustimmenden Annahme dieses Buches bei vielen Universitäten und Fachhochschulen. Die Vergrößerung der Autorengruppe unterstreicht diesen Tatbestand und soll gleichzeitig für eine breite und aktuelle Entwicklung auch in der Zukunft sorgen.

Auch anläßlich dieser Auflage möchten wir dem Springer-Verlag erneut für die erfreuliche Zusammenarbeit und die gute Ausstattung des Buches danken.

Bochum, Germany

Wilfried B. Krätzig

Wuppertal, Germany

Reinhard Harte

Aachen, Germany

Konstantin Meskouris

Kaiserslautern, Germany

Udo Wittek

Juli 1999

Vorwort zur dritten Auflage

Die freundliche Aufnahme des vorliegenden Buches hat erneut eine weitere Auflage erforderlich werden lassen. Sie erscheint in unveränderter Form bei Beseitigung einiger Druckfehler. Für Hinweise hierauf danken wir unseren aufmerksamen Lesern.

Auch anläßlich dieser Auflage möchten wir dem Springer-Verlag erneut für die erfreuliche Zusammenarbeit und die gute Ausstattung des Buches danken.

Bochum, Germany   Wilfried B. Krätzig
Kaiserslautern, Germany   Udo Wittek
August 1995

Vorwort zur ersten Auflage

*Gott bietet uns alle Güter dieser
Welt um den Preis der Arbeit.*
Leonardo da Vinci, 1452–1519

Das vorliegende Lehrbuch zur Statik statisch bestimmter Stabtragwerke ist als vorlesungsbegleitende Lektüre der Lehrveranstaltungen gleichen Namens an der Ruhr-Universität Bochum und der Universität Kaiserslautern konzipiert worden. Seine Erstausgabe entstand 1971; das vorliegende Manuskript stellt eine dritte, nunmehr grundlegende Neubearbeitung dar.

Ein wichtiger Aufgabenbereich aller konstruktiv gestaltenden Bauingenieure besteht darin, die Kraft- und Weggrößenzustände von Tragwerken als Grundlage ihrer sicheren Dimensionierung hinreichend genau zu bestimmen. In der Statik der Tragwerke werden daher Hypothesen und Erkenntnisse der Technischen Mechanik, dargestellt in der Sprache der Mathematik, auf dieses Ziel hin orientiert. Ausgehend von diesen Grundkonzepten führt deshalb das Buch in fundamentale Denk- und Arbeitsmethoden von Festigkeitsberechnungen ein und entwickelt gleichzeitig die wichtigsten Analyseverfahren für statisch bestimmte Stabtragwerke. Deren Anwendungen werden in einer Vielzahl von Beispielen erläutert, wobei wichtige Rechenschritte und getroffene Idealisierungen besonders hervorgehoben werden. Hauptzweck der sorgfältig dokumentierten Beispiele für den Leser sollte jedoch das Eindenken in das Tragverhalten einfacher Strukturen sein.

Im Zeitalter der elektronischen Datentechnik befindet sich die Statik der Tragwerke in einem Konflikt zwischen ihren vornehmlich anschaulichen, auf die Entwurfs- und Konstruktionsprozesse ausgerichteten Methoden einerseits und den abstrakten Algorithmen zur Strukturanalyse andererseits. Für ein modernes Lehrbuch der Statik kann die Überwindung dieses Widerspruchs weder in der völligen Ignorierung numerischer Berechnungskonzepte noch in einer Verwechslung dieser mit der Statik selbst gefunden werden, sondern nur in einer Integration. Neue Hilfsmittel haben in der Statik bisher stets neue Konzepte und Methoden erfordert, um ihrem Ziel auch weiterhin gerecht zu werden.

Im vorliegenden Teilgebiet statisch bestimmter Stabtragwerke erfordert dieseine verstärkte Rückbesinnung auf die Grundlagen der Mechanik sowie eine Abkehr von der Vielzahl überholter, spezieller Berechnungsverfahren. Dabei wird durch frühzeitige Einführung des später bedeutsamen Konzepts diskretisierter Tragstrukturen die Hinwendung zu den automatisierbaren Berechnungsmethoden vorbereitet, ihre Einführung aber noch bewußt vermieden. Schwerpunkt der Statik statisch bestimmter Stabtragwerke ist die überwiegend manuelle, konzeptionell einfache Problemlösung, auch als Leitfaden für die Kontroll- oder Überschlagsberechnungen der späteren Berufspraxis. Daher stehen die grundlegenden Methoden der Kraft- und Weggrößenbestimmung im Mittelpunkt der Stoffauswahl sowie ihre Anwendung auf wichtige Tragwerkstypen, wobei ebene und räumliche Tragstrukturen stets parallel behandelt werden.

Die Autoren wünschen diesem Buch bei seinen Lesern den erstrebten, wechselseitigen Erfolg. Sie fühlen sich ihren Mitarbeitern, den Diplomingenieuren Heike Brinkmann, Dr. Conrad Eller und Hubert Metz, für deren Mithilfe bei der Erstellung und dem Korrigieren des Manuskriptes zu besonderem Dank verpflichtet, Herrn Werner Drilling für die überaus sorgfältige Zeichnung aller Tafeln und Bilder. Dem Springer-Verlag danken die Verfasser für die hervorragende Ausstattung des Buches.

Bochum, Germany   Wilfried B. Krätzig
Kaiserslautern, Germany   Udo Wittek
Februar 1990

Inhaltsverzeichnis

1   Einführung   1
  1.1   Die Statik als Teilgebiet der Mechanik und des Konstruktiven
     Ingenieurbaus   1
  1.2   Idealisierte Tragelemente   2
  1.3   Aufgabenstellung, Modellbildung und Methodik   5

2   Einführung in die Statik des Stabkontinuums   9
  2.1   Das Gleichgewichtsproblem   9
     2.1.1   Kräfte, Kräftesysteme und Gleichgewicht   9
     2.1.2   Äußere Kraftgrößen 13
     2.1.3   Innere Kraftgrößen 16
     2.1.4   Gleichgewicht eines ebenen, geraden Stabelementes 19
     2.1.5   Integration der Gleichgewichtsbedingungen 22
     2.1.6   Beispiel: Anwendung der Übertragungsgleichungen 26
  2.2   Das kinematische Problem 28
     2.2.1   Mechanische Arbeit und Formänderungsarbeit 28
     2.2.2   Äußere Weggrößen 30
     2.2.3   Innere Weggrößen 31
     2.2.4   Lineare und nichtlineare Theorien in der Statik 34
     2.2.5   Kinematik eines ebenen, geraden Stabelementes 37
     2.2.6   Normalenhypothese 39
     2.2.7   Starrkörperdeformationen...................... 41
  2.3   Die Werkstoffgesetze 42
     2.3.1   Wirkliches, zeitunabhängiges Kraft-Verformungsverhalten . 42
     2.3.2   Linear elastisches Werkstoffverhalten................. 45
     2.3.3   Zeitabhängiges Kraft-Verformungsverhalten 47
     2.3.4   Elastizitätsgesetz eines ebenen, geraden Stabelementes 48
     2.3.5   Kriech- und Schwindverformungen 51
     2.3.6   Temperaturverformungen 51
  2.4   Struktur und Grundgleichungen der Stabtheorie................ 53
     2.4.1   Zustandsgrößen 53
     2.4.2   Strukturschema ebener, gerader Stabkontinua 53

2.4.3   Normalentheorie ebener, gerader Stabkontinua   56
2.4.4   Formänderungsarbeits-Funktionale   58

3   Das Tragwerksmodell der Statik der Tragwerke   63
3.1   Konstruktionselemente   63
       3.1.1   Vom Bauwerk zur Tragstruktur   63
       3.1.2   Stabelemente   64
       3.1.3   Stützungen und Lager   65
       3.1.4   Knotenpunkte und Anschlüsse   67
3.2   Aufbau von Stabtragwerken   68
       3.2.1   Räumliche und ebene Tragstrukturen   68
       3.2.2   Typen ebener Stabtragwerke   70
       3.2.3   Beschreibung der Tragstruktur   70
3.3   Topologische Eigenschaften der Tragstrukturen   73
       3.3.1   Knotengleichgewichtsbedingungen und Nebenbedingungen   73
       3.3.2   Quadratische Form von g*: Abzählkriterien   76
       3.3.3   Aufbaukriterien   80
       3.3.4   Innere und äußere statisch unbestimmte Bindungen   82
       3.3.5   Ausnahmefall der Statik   83

**4   Allgemeine Methoden der Kraftgrößenermittlung statisch
bestimmter Tragwerke**   87
4.1   Methode der Komponentengleichgewichtsbedingungen   87
       4.1.1   Grundsätzliches   87
       4.1.2   Gleichgewicht an Teilsystemen   88
       4.1.3   Beispiel: Ebener Fachwerk-Kragträger   91
       4.1.4   Beispiel: Ebenes Rahmentragwerk   94
       4.1.5   Beispiel: Räumliches Rahmentragwerk   94
       4.1.6   Gleichgewicht an Tragwerksknoten   98
       4.1.7   Beispiel: Ebener Fachwerk-Kragträger 105
       4.1.8   Beispiel: Ebenes Rahmentragwerk 107
       4.1.9   Beispiel: Räumliches Rahmentragwerk 110
4.2   Kinematische Methode 115
       4.2.1   Grundbegriffe der Kinematik starrer Scheiben 115
       4.2.2   Kinematik der Einzelscheibe 118
       4.2.3   Zwangläufige kinematische Ketten 120
       4.2.4   Beispiele für Polpläne und Verschiebungsfiguren 123
       4.2.5   Ausnahmefall der Statik 125
       4.2.6   Das Prinzip der virtuellen Verrückungen starrer Scheiben . . 128
       4.2.7   Kraftgrößenbestimmung auf der Grundlage des Prinzips
                der virtuellen Verrückungen 130
       4.2.8   Beispiele zur kinematischen Kraftgrößenermittlung 132

5 Schnittgrößen und Schnittgrößen-Zustandslinien 137
　5.1　Allgemeine Eigenschaften 137
　　　5.1.1　Definition und Darstellung von Zustandslinien 137
　　　5.1.2　Charakteristische Merkmale von Zustandslinien 138
　　　5.1.3　Beispiel: Schnittgrößen-Zustandslinien eines Gelenkträgers 140
　　　5.1.4　Ausnutzung von Symmetrieeigenschaften 141
　5.2　Gelenkträger 143
　　　5.2.1　Tragwerksaufbau 143
　　　5.2.2　Übersicht über die Berechnungsverfahren 145
　　　5.2.3　Beispiel zum Verfahren der Gleichgewichts- und
　　　　　　Nebenbedingungen 146
　　　5.2.4　Beispiel zum Verfahren der Gelenkkräfte 146
　5.3　Gelenkrahmen und Gelenkbogen 147
　　　5.3.1　Tragwerksaufbau 147
　　　5.3.2　Berechnungsverfahren 150
　　　5.3.3　Zwei Beispiele 152
　　　5.3.4　Stützlinie und Seileck 153
　　　5.3.5　Räumliche Rahmentragwerke 157
　5.4　Verstärkte Balken mit Zwischengelenk 158
　　　5.4.1　Tragwerksaufbau 158
　　　5.4.2　Berechnungsverfahren 160
　　　5.4.3　Beispiel: LANGERscher Balken 161
　5.5　Ebene und räumliche Fachwerke 162
　　　5.5.1　Tragverhalten 162
　　　5.5.2　Tragwerksaufbau 165
　　　5.5.3　Berechnungsverfahren für statisch bestimmte Fachwerke .. 169
　　　5.5.4　Verfahren der Knotengleichgewichtsbedingungen 171
　　　5.5.5　Kräfteplan nach L. CREMONA 171
　　　5.5.6　Schnittverfahren nach A. RITTER 177

6 Kraftgrößen—Einflusslinien 181
　6.1　Allgemeine Eigenschaften 181
　　　6.1.1　Definition und Darstellung von Einflusslinien 181
　　　6.1.2　Auswertung von Einflusslinien 183
　6.2　Ermittlung von Kraftgrößen-Einflusslinien mittels
　　　　Gleichgewichtsbedingungen 185
　　　6.2.1　Vorgehensweise 185
　　　6.2.2　Beispiel: Kragarmträger 185
　　　6.2.3　Indirekte Lasteintragung 187
　6.3　Kinematische Ermittlung von Kraftgrößen-Einflusslinien ... 188
　　　6.3.1　Vorgehensweise 188
　　　6.3.2　Beispiel: Kragarmträger 190
　　　6.3.3　Charakteristische Eigenschaften von Kraftgrößen-
　　　　　　Einflusslinien 192

6.4 Kraftgrößen-Einflusslinien verschiedener Stabtragwerke 193
    6.4.1   Gelenkträger 193
    6.4.2   Dreigelenkbogen und Gelenkrahmen 193
    6.4.3   Fachwerke 197
    6.4.4   Räumliche Rahmentragwerke 199

7   Formänderungsarbeit 201
    7.1 Eigenschaften der Formänderungsarbeit 201
        7.1.1   Wiederholung der Definition 201
        7.1.2   Herleitung der Formänderungsarbeit für ebene, gerade
                Stabkontinua 202
        7.1.3   Eigenarbeit oder aktive Arbeit 206
        7.1.4   Verschiebungsarbeit oder passive Arbeit 210
        7.1.5   Zusammenfassung und Verallgemeinerung 212
    7.2 Energieaussagen 214
        7.2.1   Energiesatz der Mechanik 214
        7.2.2   Prinzip der virtuellen Arbeiten................... 216
        7.2.3   Satz von CASTIGLIANO: Vom Differenzialquotienten
                der Eigenarbeit 218
        7.2.4   Satz von BETTI: Von der Gegenseitigkeit der
                Verschiebungsarbeit........................... 220
        7.2.5   Satz von MAXWELL : Von der Vertauschbarkeit
                der Indizes 223
        7.2.6   Einflusslinien für äußere Weggrößen 224

8   Verformungen einzelner Tragwerkspunkte 227
    8.1 Grundlagen der Verformungsberechnung 227
        8.1.1   Aufgabenstellung 227
        8.1.2   Verformungsermittlung unter Anwendung der
                Verschiebungsarbeit........................... 228
        8.1.3   Beansprchungsursachen 229
        8.1.4   Satz der Verschiebungsarbeit 232
        8.1.5   Verwendung der Eigenarbeit 234
    8.2 Weggrößenbestimmung aus der Verschiebungsarbeit............. 236
        8.2.1   Vereinfachung der Grundgleichungen................ 236
        8.2.2   Grundfälle der Verformungsberechnung.............. 238
        8.2.3   Berechnung der Formänderungsarbeitsintegrale 240
        8.2.4   Methodisches Vorgehen 243
    8.3 Beispiele 244
        8.3.1   Endverformung eines ebenen Kragarmes 244
        8.3.2   Ebener Fachwerk-Kragträger 245
        8.3.3   Ebenes Rahmentragwerk 246
        8.3.4   Räumliches Rahmentragwerk 250

9 Biegelinien und Verformungslinien 253
    9.1   Das Randwertproblem der Normalentheorie 253
        9.1.1   Begriffe und Aufgabenstellung 253
        9.1.2   Differentialgleichungen ebener, gerader Stabelemente 254
        9.1.3   Einschluss nichtelastischer Deformationen 255
        9.1.4   Einfluss von Querkraftdeformationen 257
        9.1.5   Differentialgleichungen räumlicher, ebener Stabelemente .. 259
    9.2   Integrationsverfahren 260
        9.2.1   Analytische Integration 260
        9.2.2   Beispiele zur analytischen Integration 261
        9.2.3   Das Verfahren der ω-Funktionen 263
        9.2.4   Beispiel zur Anwendung der ω-Funktionen 267
        9.2.5   Das Verfahren von O. MOHR 275
        9.2.6   Beispiel zum Verfahren von O. MOHR 276

Literatur 295

Sachverzeichnis 299

Über die Autoren

Reinhard Harte

Geboren 1952. Bauingenieurdiplom 1975, Ruhr-Universität Bochum. Promotion 1982 an der Ruhr-Universität Bochum. 1985 bis 1997 Gesellschafter der Krätzig & Partner Ingenieurgesellschaft für Bautechnik mbH. 1995 Prüfingenieur für Baustatik. 1996 Staatlich anerkannter Sachverständiger Brandschutz. Seit 1997 Professor für Statik und Dynamik der Tragwerke an der Bergischen Universität Wuppertal.

Wilfried B. Krätzig

Geboren 1932. Bauingenieurdipolm 1957. Industrietätigkeit 1958 bis 1961. Promotion 1965 und Habilitation 1968 an der TH Hannover. 1969 und 1970 Gastprofessor an der University of California in Berkeley. Seit Ende 1970 ordentlicher Professor für Statik und Dynamik an der Ruhr-Universität Bochum. 1994 Dr.-Ing. E.h. der TU Dresden. Als Beratender Ingenieur und Prüfingenieur für Baustatik Mitwirkung an vielen Ingenieurbauten des In- und Auslands.

Konstantin Meskouris

ist 1946 in Athen geboren und erwarb 1964 an der
Deutschen Schule Athen das Abitur. 1967 legte
er die 1. Staatsprüfung (Vordiplom) im Bauinge-
nieurwesen an der TU Wien ab, 1970 die Diplom-
prüfung an der TU München. Es folgten 1974 die
Promotion an der TU München und 1982 die Habilitation an der Ruhr-Universität Bochum. Dort
wurde er 1988 Außerplanmäßiger Professor. 1994
nahm er einen Ruf an die Universität Rostock als
Universitätsprofessor und Leiter des Instituts für
Baustatik und Baundynamik an. Seit 1996 leitet er
den Lehrstuhl für Baustatik und Baundynamik an
der RWTH Aachen.

Udo Wittek

Geboren 1942. Bauingenieurdiplom 1968, TU
Berlin. Industrietätigkeit 1968–1971. Promotion
1974 und Habilitation 1980 an der Ruhr-
Universität Bochum. Seit 1984 Universitätsprofessor für Baustatik an der Universität Kaiserslautern.
Praktische Berufserfahrung als Beratender Ingenieur und Prüfingenieur für Baustatik.

Verzeichnis häufig vorkommender Symbole

N	Normalkraft
Q_y	Querkraft in y-Richtung
Q_z, Q	Querkraft in z-Richtung
M_T	Torsionsmoment
M_y, M	Biegemoment um die y-Achse
M_z	Biegemoment um die z-Achse
q_x	achsiale Streckenlast
q_y	Querlast in y-Richtung
q_z	Querlast in z-Richtung
m_x	Streckenlastmoment um die x-Achse
m_y	Streckenlastmoment um die y-Achse
m_z	Streckenlastmoment um die z-Achse
u_x, u	Verschiebung in x-Richtung
u_y	Verschiebung in y-Richtung
u_z, w	Verschiebung in z-Richtung
φ_x	Verdrehung um die x-Achse
φ_y	Verdrehung um die y-Achse
φ_z	Verdrehung um die z-Achse
φ_1, φ_r	Knotendrehwinkel
τ_1, τ_r	Stabendtangentenwinkel
ψ	Stabdrehwinkel
ε	Längsdehnung
γ_y	Schubverzerrung in y-Richtung
γ_z, γ	Schubverzerrung in z-Richtung
ϑ	Torsion, Verdrillung
κ_y, κ	Verkrümmung um die y-Achse
κ_z	Verkrümmung um die z-Achse
W	Formänderungsarbeit, Eigenarbeit
W^*	Verschiebungsarbeit
E	Elastizitätsmodul

G	Schubmodul
v	Querdehnzahl
A	Querschnittsfläche
A_Q	effektive Schubfläche
I_T	Torsionsträgheitsmoment
I_y, I	Flächenträgheitsmoment um die y-Achse
I_z	Flächenträgheitsmoment um die z-Achse
D, EA	Dehnsteifigkeit
B, EI	Biegesteifigkeit
S, GA_Q	Schubsteifigkeit
T, GI_T	Torsionssteifigkeit
c_N	Wegfedersteifigkeit
c_M	Drehfedersteifigkeit
α_T	Wärmedehnzahl
ΔT_N	gleichmäßige Temperaturänderung
ΔT_M	Temperaturdifferenz
φ_t	Kriechzahl
ε_s	Schwindmaß
Q_{yij}	Indizierung:
	Komponentenrichtung
	1. Index: Ort
	2. Index: Ursache
$\mathbf{F}$	Kraftvektor
$\mathbf{M}$	Momentenvektor
F_x, P_x, H	Einzelkraft in x-Richtung
F_z, P_z, V	Einzelkraft in z-Richtung
$\mathbf{p}$	Spalte der Stablasten, z.B. $\{q_x\ q_z\ m_y\}$
$\boldsymbol{\sigma}$	Spalte der Schnittgrößen, z.B. $\{N\ Q\ M\}$
$\mathbf{u}$	Spalte der Verschiebungsgrößen, z.B. $\{u\ w\ \varphi\}$
$\boldsymbol{\varepsilon}$	Spalte der Verzerrungsgrößen, z.B. $\{\varepsilon\ \gamma\ \kappa\}$
$\mathbf{t}$	Spalte der Randkraftgrößen
$\mathbf{r}$	Spalte der Randverschiebungsgrößen
$\mathbf{D}_e$	Gleichgewichtsoperator
$\mathbf{D}_k$	kinematischer Operator
$\mathbf{R}_t, \mathbf{R}_r$	Randoperatoren
$\mathbf{E}$	Elastizitätsmatrix

Kapitel 1
Einführung

1.1 Die Statik als Teilgebiet der Mechanik und des Konstruktiven Ingenieurbaus

Als Teilgebiet der Physik beschreibt die *Mechanik* den Kräfte- und Bewegungszustand materieller Körper. Hierin ist der Ruhezustand, das Gleichgewicht, als Sonderfall einer Bewegung stets mit eingeschlossen. Das Gesamtgebiet der Mechanik lässt sich nun gemäß Bild 1.1 vorteilhaft nach den stofflichen Aggregatzuständen in eine *Mechanik fester, flüssiger und gasförmiger Körper* unterteilen. In jedem dieser Gebiete beschränkt sich die *Kinematik* auf die mathematische Beschreibung von Bewegungs- und Verformungszuständen, während die *Dynamik* den kausalen Zusammenhang dieser Zustände zu den einwirkenden Kräften herstellt.

Das eigentliche Arbeitsgebiet der *Statik* bildet die Ermittlung des Kräfte- und Verformungszustandes ruhender, d.h. im *Gleichgewicht* befindlicher Körper, während die *Kinetik* dieselben Aufgaben für sich bewegende Körper behandelt. Gelegentlich findet man weitergehende, am speziellen Werkstoffverhalten orientierte Unterscheidungen: die Stereo-Statik, die Elasto- oder die Plasto-Statik. Derartige Abstraktionen in eine Statik starrer, elastischer oder plastischer Körper stellen stets Idealisierungen des wirklichen Stoffverhaltens dar: Grenzverhaltensweisen, die auf

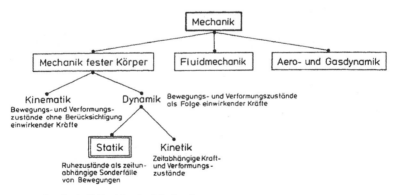

Bild. 1.1 Die Statik als Teilgebiet der Mechanik

W.B. Krätzig et al., *Tragwerke 1*, Springer-Lehrbuch, 5th ed.,
DOI 10.1007/978-3-642-12284-2_1, © Springer-Verlag Berlin Heidelberg 2010

Ingenieurwerkstoffe nur näherungsweise zutreffen. In der Statik als ingenieurorientierter Methodik werden sie daher—mit Ausnahme der Elasto-Statik—kaum besonders herausgestellt. Angemerkt sei noch, dass im Sprachgebrauch gelegentlich die Begriffe *Kinetik* und *Dynamik* vertauscht werden: Dies widerspricht der ursprünglichen Bedeutung beider Begriffe.[1]

Über diese Einbindung in die Mechanik hinaus ist die *Statik der Tragwerke*, die dem Konstruktiven Ingenieurbau zugeordnet wird, viel stärker ziel-, objekt- und methodenorientiert. Sie dient der Ermittlung der Kräfte- und Verformungszustände von Tragsystemen als Grundlage der nachfolgenden, werkstoffabhängigen Bemessung und Konstruktion. Ihre Objekte bilden die Tragwerke des Bauwesens, der Luft- und Raumfahrttechnik, des Schiff- und Maschinenbaus, die sie gleichzeitig nach typischen Tragverhaltensphänomenen klassifiziert. Auch sind ihre Begriffe, Erkenntnisse und Methoden viel intensiver als in der Mechanik von den Gesichtspunkten der Sicherheit und Wirtschaftlichkeit ihrer Zielobjekte beeinflusst. Nachhaltig geprägt wird die Statik der Tragwerke daher vom jeweiligen Stand der Konstruktionstechniken, der Werkstofftechnologien und der verfügbaren Rechenhilfsmittel. So erzwang in den vergangenen 20 Jahren das Vordringen digitaler Computer bedeutende Wandlungen ihrer Methoden, die zu genaueren und komplexeren Tragwerksanalysen führten.

1.2 Idealisierte Tragelemente

Raum und Zeit bilden den Rahmen für die Phänomene der Mechanik. Bekanntlich interpretieren wir die Welt, in welcher wir leben, geometrisch als dreidimensional, präziser: als dreidimensionalen *Euklidischen Raum* E3. Dieser Raum ist homogen und isotrop: in ihm gibt es weder ausgezeichnete Punkte noch Richtungen. Die Zeit gilt als unabhängig vom Raum. Für sie existieren zwar ebenfalls keine ausgezeichneten Zeitpunkte, jedoch beschreibt die Zeit Ablaufsfolgen: sie ordnet Ereignisse vom "Früher" zum "Später".

Alle Körper werden in der Mechanik als materielle Teilräume des E3 definiert, wobei erst die Materiefüllung sie zu Trägern physikalischer Größen erhebt. Daher sind auch alle Tragelemente, aus denen Tragwerke zusammengesetzt sind, dreidimensionale Strukturen. Im Raum-Zeit-System werden mechanische Phänomeneüberwiegend durch Anfangs-Randwertprobleme mathematisch beschrieben, d.h. durch Lösungen von Differenzialgleichungen für geeignete Anfangs- und Randbedingungen. Der Lösungsaufwand für derartige dreidimensionale Anfangs-Randwertprobleme ist nun außerordentlich hoch. Zu seiner Reduzierung finden in der Mechanik, vor allem aber in der *Statik der Tragwerke*, überwiegend idealisierte Tragelemente mit niedrigerer Dimensionszahl Verwendung. Viele Tragelemente füllen eben Teilräume des E3 aus, welche näherungsweise flächenhaft (zweidimensional) oder sogar linienhaft (eindimensional) gestaltet sind, je nach der Dominanz

---

[1] δυναμις = Kraft, κινηδις = Bewegung.

zweier Abmessungen oder einer. Als *Flächentragwerke* bezeichnen wir daher alle
Strukturen, deren Dicke h klein ist gegen ihre Länge und Breite. Je nach Richtung
der Lasteintragung unterscheiden wir, wie auf Bild 1.2 dargestellt, bei ebenen Flächenträgern *Scheiben* und *Platten*; gekrümmte Flächentragwerke heißen *Schalen*.
In der späteren baustatischen Idealisierung werden sie nur durch ihre Mittelfläche
repräsentiert, und die Tragwerksdicke degeneriert zum bloßen geometrischen Parameter.

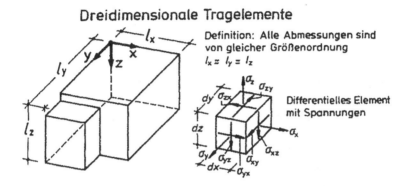

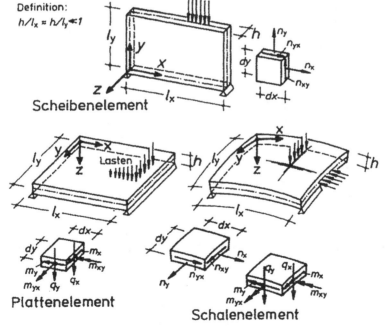

Bild. 1.2 Räumliche und flächenhafte Tragelemente

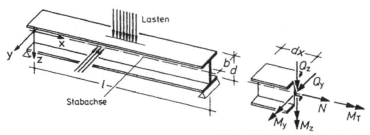

Eindimensionale Tragelemente : Linienträger, Stäbe

Definition : $d/l \approx b/l \ll 1$

Bild. 1.3 Linienhaftes Tragelement

Bei *Linienträgern* oder *Stäben*, siehe Bild 1.3, überwiegt die Elementlänge 1 Höhe und Breite der Struktur. Daher können Stabelemente allein durch ihre Stabachse repräsentiert werden, und die Querschnittsform findet nur noch Eingang in die Querschnittswerte.

Die in der Statik der Tragwerke verwendeten Tragelemente lassen sich somit wie folgt systematisieren:

Dreidimensionale Tragelemente
Zweidimensionale Tragelemente: *Flächenträger*

- eben: *Scheiben, Platten*
- gekrümmt: *Schalen*

Eindimensionale Tragelemente: *Linienträger, Stäbe*

- gerade: *Balken, Fachwerkstäbe*
- gekrümmt: *Bogen, Seile*

Alle Tragverhaltensphänomene werden bei Linientragwerken in Dicken- und Breitenrichtung, bei Flächentragwerken in Dickenrichtung nur in einer resultierenden Weise beschrieben. Ermöglicht wird diese Vereinfachung durch die Modellbildungsannahmen, insbesondere durch die BERNOULLISCHE Hypothese[2] vom Ebenbleiben der Querschnitte (siehe Kap. 2). Lokale Störungen, beispielsweise an Lasteinleitungspunkten, Querschnittssprüngen u. ä., bleiben im Rahmen dieser Idealisierungen unberücksichtigt: zu ihrer korrekten Beschreibung benötigt man das ursprüngliche dreidimensionale Modell. Oftmals wird an derartigen lokalen Störstellen von Stäben oder Flächenträgern das ST. VENANTSCHE Prinzip[3] als

---

[2] JACOB BERNOULLI, Schweizer Mathematiker, 1655–1705.

[3] BARRÉ DE SAINT-VENANT, Französischer Physiker, 1797–1886, Arbeiten zur Fluidmechanik und Elastizitätslehre, insbesondere zur Torsionstheorie.

Bequemlichkeitshypothese bemüht, nach welcher die entstehenden Zusatzspannungen mit zunehmender Entfernung von der Störstelle rasch abklingen.

Im vorliegenden Teil der Statik werden wir ausschließlich Tragwerke behandeln, die aus Stabelementen zusammengesetzt sind und daher als *Stabtragwerke* bezeichnet werden.

1.3 Aufgabenstellung, Modellbildung und Methodik

Die Mechanik—und mit ihr die Statik—ist als Teilgebiet der Physik eine Naturwissenschaft. Somit liegt ihr Ursprung in der Beobachtung von Naturvorgängen und deren Ordnung durch den menschlichen Geist. Unsere Sinnesorgane erfassen ein mechanisches Phänomen als Empfindung im Raum-Zeit-System, die Urteilskraft des Verstandes verallgemeinert diese Empfindung unter Begriffen, und unsere Vernunft verbindet diese Begriffe zu einem wissenschaftlichen Konzept. KANT[4] hat dieses Zusammenwirken von Anschauung und Intellekt unübertroffen beschrieben: "Der Verstand vermag nichts anzuschauen, und die Sinne vermögen nichts zu denken. Nur daraus, dass sie sich vereinigen, kann Erkenntnis entspringen".

Dies gilt für die Statik wie für jede Naturwissenschaft. Der menschliche Verstand entkleidet im Bemühen um Erkenntnis ein beobachtetes Tragverhaltensphänomen von allen verschleiernden Randerscheinungen: Er reduziert das Ereignis auf seine wesentlichen Eigenschaften, er bildet sich ein *Modell*. Einen wichtigen Teilaspekt dieser Modellbildung stellen die im letzten Abschnitt behandelten geometrischen Idealisierungen dar: Unwesentlich erscheinende Dimensionen werden durch geeignete Maßnahmen eliminiert. Gleichwertige Idealisierungen sind natürlich auch im Hinblick auf die wirkenden Kraftfelder zu treffen, denn bekanntlich verbindet die Statik Verformungszustände von Tragwerken mit eingeprägten Kräften durch kausale Beziehungen.

Beide Aspekte eines Tragverhaltensphänomens, seine geometrischen und dynamischen, müssen äquivalent modelliert werden. Das so entstehende Modell liefert stets ein idealisiertes, mehr oder weniger zutreffendes Abbild der Wirklichkeit. Es sollte alle, das erstrebte Ergebnis nachhaltig bestimmenden Einflussgrößen berücksichtigen und spiegelt damit doch bestenfalls den aktuellen Erkenntnisstand wider. Auch erfasst es einen Sachverhalt niemals vollständig und ist daher stets verbesserbar [1.5]. Eine wesentliche Aufgabe der Statik und der sie betreibenden Ingenieure besteht demnach in der Definition des jeweils maßgebenden mechanischen Modells.

Jede Wissenschaft gründet sich auf gewisse Elementaraussagen, die *Axiome*. Sie sind selbstevident, d. h. unbeweisbar und bedürfen keiner Begründung. *Grundlegende Sätze* werden aus den Axiomen durch logische Schlüsse hergeleitet. Ein Axiomensystem gilt als brauchbar, wenn Vollständigkeit und Widerspruchsfreiheit aller Grundaussagen—der Axiome und grundlegenden Sätze—gegeben ist und diese mit

---

[4] IMMANUEL KANT, Philosoph in Königsberg, 1724–1804

der Erfahrung im Einklang stehen. Dem Aufgabengebiet der Statik gemäß werden alle Verformungsaspekte im System der geometrischen Grundaussagen, alle dynamischen Gesichtspunkte im System der Grundaussagen der Mechanik behandelt, die sich erwartungsgemäß beide teilweise überschneiden. Damit stützen wir uns auf zwei bewährte wissenschaftliche Aussage-Systeme ab und entbinden uns weitgehend der Verpflichtung zu ihrer Begründung.

Baustatische Modellbildungen und Vorgehensweisen sind in die beiden Aussage-Systeme der Geometrie und der Mechanik eingebettet. Im weiteren methodischen Vorgehen werden wir in der Statik an Tragwerksmodellen sodann bestimmte Sachverhalte durch zusätzliche Definitionen abgrenzen und für diese durch logische Schlüsse weitere Erkenntnisse in Form von *Sätzen* gewinnen. Als eindeutige Sprache werden wir uns dabei stets der Mathematik bedienen: Neben der anschaulichen Geometrie steht die Exaktheit der Algebra und Analysis.

Besonders grundlegende Erkenntnisse werden dabei gern in die Form eines *Prinzips* gekleidet. Dabei kann es sich um die mathematische Formulierung eines gesetzmäßigen Verhaltens, aber ebenso auch um eine erkenntnistheoretisch zweckmäßige Operationsanweisung handeln. Als Beispiel hierfür wollen wir das *Schnittprinzip* behandeln, das die wohl wichtigste Arbeitstechnik in der Statik beschreibt.

Hierzu denken wir uns auf Bild 1.4 ein beliebiges Tragwerk, das unter einer äußeren Kraftwirkung F im Gleichgewicht stehe und dadurch kinematisch verträglich verformt sei. (Die Begriffe "im Gleichgewicht" und "kinematisch verträglich verformt" wollen wir zunächst nur im Sinne unserer in der Alltagswelt gewonnenen Erfahrungen verstehen; wir werden sie später präzisieren.) Trennen wir nun durch einen *fiktiven, d.h. gedachten Schnitt* beliebige Teile von diesem Tragwerk ab, so

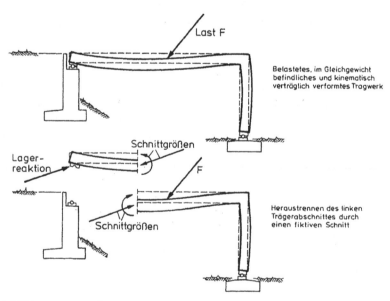

Bild. 1.4 Erläuterung zum Schnittprinzip

postulieren wir, dass weiterhin jedes seiner Teile im Gleichgewicht und kinematisch verträglich verformt sei. Da die geführten Schnitte gedacht sind, somit nicht wirklich existieren, finden wir unsere Erfahrungen bestätigt. Zusammenfassend formulieren wir daher:

Schnittprinzip: Trennt man aus einem belasteten, im Gleichgewicht befindlichen sowie kinematisch verträglich verformten Tragwerk Teile durch *fiktive* Schnitte heraus, so ist jedes dieser herausgetrennten Teile nach wie vor im Gleichgewicht und kinematisch verträglich verformt.

Für die zur Aufrechterhaltung des Gleichgewichtes in den Schnittflächen offensichtlich notwendigen, fiktiven Kraftsysteme führen wir den Begriff *Schnittgrößen* ein.

Wie bereits erwähnt, ist die Statik der Tragwerke vor allem ein Hilfsmittel zur hinreichend sicheren und wirtschaftlichen Dimensionierung von Ingenieurkonstruktionen. Genauigkeit sowie Detailaufwand aller Gebrauchsfähigkeits- und Standsicherheitsnachweise stehen dabei unter dem Gesichtspunkt der Verhältnismäßigkeit der Mittel. Da jedes Tragwerk sein Eigengewicht und die Nutzlasten zu tragen hat, besteht somit die erste Aufgabe der Statik der Tragwerke in der Festlegung des *baustatischen Modells* sowie idealisierter Lastgrößen. Danach können die *Lagerreaktionen* und sodann die *Schnittgrößen* als innere Kraftwirkungen bestimmt werden. Diese Teilaufgabe löst man für ruhende Lasten durch die Angabe von *Zustandslinien*, für Lasten mit sich änderndem Angriffspunkt (bewegliche Lasten) durch die Bereitstellung von *Einflusslinien*.

Ein Tragwerk kann aber auch durch zu große Verformungen seine Konstruktionsvorgaben verletzen. Daher sind häufig *Verformungsgrößtwerte* einzelner Tragwerkspunkte zu berechnen. Sind bei ruhender Belastung die Zustandslinien der maßgebenden Schnittgrößen bekannt, so gelingt dies mittels eines Integrationsverfahrens. Bei beweglichen Lasten erfordert dies die Bestimmung von *Einflusslinien für Verformungen*. Als Hilfsmittel hierfür, aber auch aus bautechnischen Gründen (z. B. Lehrgerüstüberhöhungen), ist die Berechnung von *Biegelinien* für Tragwerke erforderlich.

Kapitel 2
Einführung in die Statik des Stabkontinuums

2.1 Das Gleichgewichtsproblem

2.1.1 Kräfte, Kräftesysteme und Gleichgewicht

Zur Einführung in das Gleichgewichtsproblem eines Stabes seien die wichtigsten Grundlagen über Kräfte und Kräftesysteme aus der Mechanik kurz wiederholt. Bekanntlich können wir Menschen Kräfte nur an ihren Wirkungen erkennen: Kräfte vermögen Körper zu bewegen oder sie zu verformen. Folglich bezeichnen wir jede Ursache einer Bewegungs- oder Formänderung von Körpern als *Kraft* bzw. *Kraftgröße*. Diese Erfahrung drückt das *Trägheitsaxiom* aus: es beschreibt eine axiomatische Grunderfahrung und ist daher unbeweisbar.

Trägheitsaxiom: Jeder Körper beharrt im Zustand der Ruhe (Gleichgewichtszustand) oder der gleichförmigen Bewegung, solange er nicht durch einwirkende Kräfte zur Änderung seines Zustandes gezwungen wird (1. NEWTONSCHES Gesetz[1]).

Aus dem Alltag sind uns viele verschiedene Kraftarten vertraut: Gewichtskräfte, Federkräfte, elektromagnetische und chemische Kräfte. Jede derartige Kraft wird durch Angabe von *drei* Daten eindeutig beschrieben:

- ihres *Betrages*
- ihres *Angriffspunktes*
- und ihrer *Wirkungsrichtung*.

Die durch den Angriffspunkt und die Kraftrichtung bestimmte Gerade bezeichnet man als *Wirkungslinie*.

Kräfte sind demnach als *Vektoren* im Anschauungsraum E3 interpretierbar. Die auf Bild 2.1a dargestellte Einzelkraft **F**, an *einem* Punkt angreifend und entlang *einer* Wirkungslinie wirkend, verkörpert jedoch bereits eine Idealisierung der Natur. In Wirklichkeit sind Kräfte auf differenzielle Volumen- oder Flächenelemente

---

[1]ISAAC NEWTON, britischer Physiker und Mathematiker, 1643–1727, begründete in seinen 1687 veröffentlichten Philosophiae naturalis principia mathematica die Mechanik starrer Körper.

W.B. Krätzig et al., *Tragwerke 1*, Springer-Lehrbuch, 5th ed.,
DOI 10.1007/978-3-642-12284-2_2, © Springer-Verlag Berlin Heidelberg 2010

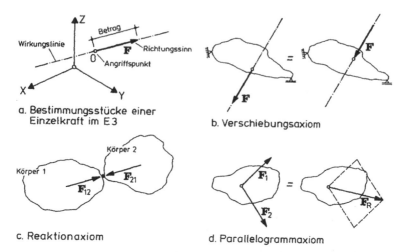

Bild. 2.1 Zur Axiomatik von Kräften

bezogen. Beispiele für derartige *Volumenkräfte* bilden die Gewichtskraft (Massen-kraft), für *Flächenkräfte* der Flüssigkeitsdruck.

Unsere Erfahrungen im Umgang mit Kräften sind in dem folgenden System von vier Axiomen verankert:

Äquivalenzaxiom: Zwei Kräfte heißen äquivalent (gleichwertig), wenn sie auf einen starren Körper die gleiche Wirkung ausüben.

Zwei Kräfte gleichen Betrages, gleicher Richtung und gleicher Wirkungslinie, je-doch unterschiedlicher Angriffspunkte, üben auf einen starren Körper offensichtlich die gleiche Wirkung aus (Bild 2.1b). Somit sind sie äquivalent, d.h. Kräfte dürfen längs ihrer Wirkungslinien verschoben werden.

Verschiebungsaxiom: Kräfte sind linienflüchtige Vektoren.
Reaktionsaxiom: Wird von einem Körper 1 (Bild 2.1c) eine Kraft $\mathbf{F}_{12}$ auf einen zweiten Körper 2 ausgeübt, so gilt dies auch umgekehrt. Beide Kräfte besitzen die gleiche Wirkungslinie, sind gleich groß, jedoch entgegengesetzt gerichtet: $\mathbf{F}_{12} = -\mathbf{F}_{21}$.

Dies ist das 3. NEWTONSCHE Gesetz, seine Kurzform lautet: actio est reactio.[2] Es ist offensichtlich: Zieht man mit der Hand an einem befestigten Seil, so zieht das Seil mit der gleichen Kraft an der Hand. Das letzte Axiom schließlich entstammt unmittelbar der Vektoreigenschaft von Kräften; es wurde erstmals von S. STEVIN[3] formuliert (Bild 2.1d).

---

[2] Das 2. NEWTONsche Gesetz ist das Grundgesetz der Mechanik: $\mathbf{F} = m \cdot r$.

[3] SIMON STEVIN, niederländischer Offizier, Ingenieur und Naturforscher, 1548–1620.

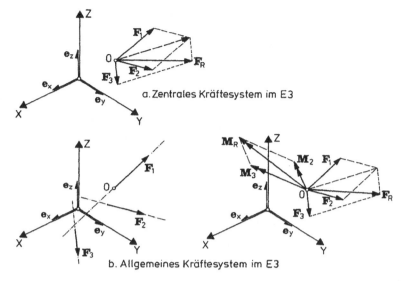

Bild. 2.2 Kräftesysteme im E3

Parallelogrammaxiom: Die Wirkung zweier Kräfte mit gleichem Angriffspunkt ist ihrer vektoriellen Summe äquivalent.

Nach diesen axiomatischen Grundlagen betrachten wir in Bild 2.2a ein *zentrales Kräftesystem* im E3, dessen Einzelkräfte F_1 einen gemeinsamen Angriffspunkt 0 besitzen. Das Parallelogrammaxiom lehrt uns, jedes derartige Kräftesystem schrittweise zu einer resultierenden Kraft zusammenzufassen. Die Frage nach dem Gleichgewicht dieses zentralen Kräftesystems, die wir uns nun stellen wollen, beantwortet das Trägheitsaxiom. Gleichgewicht, d.h. der Ruhezustand wird erreicht, wenn zusätzlich zu der Kraftresultierenden F_R eine weitere Kraft gleicher Größe und Wirkungslinie, jedoch umgekehrter Wirkungsrichtung $-F_R$ auftritt. Damit erkennen wir, dass im Gleichgewichtsfall die Summe aller Kräfte verschwindet.

Satz: Ein zentrales Kräftesystem befindet sich im Gleichgewicht, wenn die Summe aller Kräfte verschwindet:

$$\Sigma \, F = 0. \tag{2.1}$$

Zentrale Kräftesysteme stellen allerdings nur einen Sonderfall *allgemeiner Kräftesysteme* dar, bei welchen sich die jeweiligen Wirkungslinien nicht in einem Punkt schneiden. Um diese auf Zentralsysteme zurückzuführen, müssen einzelne Kräfte *parallel* zu ihrer Wirkungslinie verschoben werden. Dies erfolgt gemäß Bild 2.3 durch Addition eines Kräftepaares nebst eines äquivalenten statischen Momentes von entgegengerichtetem Drehsinn.

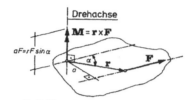

a. Definition eines statischen Momentes

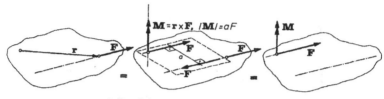

b. Parallelverschiebung einer Kraft

Bild. 2.3 Statisches Moment und Kräftepaar

Definitionen Das statische Moment einer Kraft **F** (Bild 2.3a) in Bezug auf eine zu **F** senkrechte Drehachse ist gleich dem Betrag der Kraft, multipliziert mit dem Achsabstand a. Das Vorzeichen des so definierten, in Richtung der Drehachse liegenden Momentenvektors **M** wird im Sinne einer Rechtsdrehung als positiv vereinbart.

Ein Kräftepaar bestehend aus den beiden gleich großen, parallelen, im Abstand a wirkenden Kräften **F**, $-$**F**, ist dem oben definierten statischen Moment **M** äquivalent.

Aus der Vektoralgebra erinnern wir, dass beide Definitionen durch Berechnung des statischen Momentes **M** als *äußeres Produkt* des Ortsvektors **r** mit der Kraft **F** erfüllt werden:

$$\mathbf{M} = \mathbf{r} \times \mathbf{F}, \ M = |\mathbf{M}| = r \cdot F \cdot \sin\alpha = a \cdot F. \tag{2.2}$$

Der Vektor **M** steht senkrecht auf **r** und **F**, sein Betrag und seine positive Wirkungsrichtung werden durch (2.2) korrekt wiedergegeben.

Zur Parallelverschiebung des Kraftvektors **F** in Bild 2.3b superponieren wir eine im Gleichgewicht befindliche Kraftgrößengruppe, bestehend aus dem Kräftepaar **F**, $-$**F** sowie dem äquivalenten statischen Moment $\mathbf{M} = \mathbf{r} \times \mathbf{F}$ mit umgekehrter Wirkungsrichtung (Drehsinn). Wie man sieht, ist das Ergebnis die parallel verschobene Kraft **F** sowie das statische Moment **M**.

Mit diesem Werkzeug ausgerüstet können wir uns nun der Behandlung allgemeiner Kräftesysteme zuwenden. Verschiebt man bei einem solchen, wie auf Bild 2.2b dargestellt, sämtliche Kräfte $\mathbf{F}_i$ in einen willkürlich gewählten Punkt 0, so findet man in diesem Punkt nun zwei Kraftgrößensysteme:

- ein zentrales Kräftesystem $\mathbf{F}_i$ sowie
- ein zugehöriges System statischer Momente $\mathbf{M}_i$ entstanden durch die Parallelverschiebungen der $\mathbf{F}_i$.

Tafel 2.1 Gleichgewichtsbedingungen

Vektorielle Gleichgewichtsbedingungen:					
$\Sigma \mathbf{F} = 0$			$\Sigma \mathbf{M} = 0$		
Komponentengleichgewichtsbedingungen im E3:					
$\Sigma F_x = 0$	$\Sigma F_y = 0$	$\Sigma F_z = 0$	$\Sigma M_x = 0$	$\Sigma M_y = 0$	$\Sigma M_z = 0$
Komponentengleichgewichtsbeding. in der XZ-Ebene:					
$\Sigma F_x = 0$		$\Sigma F_z = 0$		$\Sigma M_y = 0$	

Aus dem *Parallelogrammaxiom* und dem *Trägheitsaxiom* erkennen wir nun, dass Gleichgewicht nur dann herrschen kann, wenn beide Kraftgrößensysteme—repräsentiert durch ihre Resultierenden $\mathbf{F_R}$, $\mathbf{M_R}$—durch je eine gleich große, auf gleicher Wirkungslinie liegende, jedoch entgegengesetzt gerichtete Kraftgröße $-\mathbf{F_R}$, $-\mathbf{M_R}$ ergänzt werden.

Satz: Ein allgemeines Kräftesystem ist im Gleichgewicht, wenn die Summe aller Kräfte und die Summe aller statischen Momente verschwindet:

$$\Sigma \mathbf{F} = \mathbf{0}, \quad \Sigma \mathbf{M} = \mathbf{0} \qquad (2.3)$$

Im Rahmen der Statik der Tragwerke werden uns fast ausschließlich *allgemeine Kräftesysteme* begegnen. Zur numerischen Behandlung der beiden vektoriellen Gleichgewichtsbedingungen (2.3) werden wir, wie in Tafel 2.1 angegeben, die resultierenden Kraft- und Momentenvektoren hinsichtlich eines beliebigen, *globalen kartesischen Bezugssystems*[4] in Komponenten zerlegen und diese sodann ins Gleichgewicht setzen. Einen wichtigen Sonderfall bilden ebene Kräftesysteme, die wir stets in einer *XZ*-Ebene liegend darstellen werden: Bei ihnen sind alle Kräfte in *Y*-Richtung—aus der Darstellungsebene herausragend—sowie alle Momente in *X*- und *Z*-Richtung nicht vorhanden und die zugehörigen Gleichgewichtsbedingungen damit a priori erfüllt.

2.1.2 Äußere Kraftgrößen

Die Einheit einer Einzelkraft ist das aus den SI-Basiseinheiten abgeleitete *Newton* (Einheitenzeichen: *N*). 1 *Newton* entspricht gerade derjenigen Kraft, welche ein Körper der Masse 1 kg unter einer Beschleunigung von 1 m/s^2 auszuüben vermag:

---

[4] Ein globales, kartesisches Bezugssystem (Basis) besteht aus den orthogonalen Koordinatenachsen *X*, *Y*, *Z* (zur Komponentenmessung) und den Einheitsvektoren $\mathbf{e}_x$, $\mathbf{e}_y$, $\mathbf{e}_z$ in Richtung positiver Koordinaten (zur Komponentenzerlegung). Wir werden stets rechthändige Bezugssysteme verwenden, bei welchen die auf dem kürzesten Wege erfolgende Achsendrehung $+X \rightarrow +Y$ durch einen Drehvektor in Richtung der $+Z$-Achse beschrieben wird (Korkenzieherregel).

$$1\,\text{N} = 1\,\text{kg} \cdot 1\,\text{m/s}^2.$$

Neben dem *Newton* sind das *Kilonewton* kN und das *Meganewton* MN gebräuchlich:

$$1\,\text{kN} = 10^3\text{N}$$
$$1\,\text{MN} = 10^3\,\text{kN} = 10^6\text{N}.$$

Hieraus sind für statische Momente Einheiten wie das *Newtonmeter* Nm, das *Kilonewtonmeter* kNm u.a. ableitbar.

2.1.2.1 Einwirkende Kraftgrößen (Lasten)

Einwirkende Kraftgrößen, auch Lasten genannt, idealisieren Tragwerkseinwirkungen. So können Fahrzeugwirkungen als Einzelkräfte modelliert und Eigenlasten, Schnee- oder Windwirkungen als Linienkräfte nachgebildet werden. Somit können auf Stabtragwerke folgende äußere Kraftgrößen einwirken, wobei die Größenart[5] in Klammern gesetzt wurde:

- Einzelkräfte (K),
- Einzelmomente (KL),
- Linienkräfte (K/L),
- Linienmomente (KL/L = K).

Vor Beginn einer statischen Berechnung müssen die positiven Wirkungsrichtungen der Lastgrößen festgelegt werden. Äußere Kraftgrößen werden i.a. als positiv in Richtung positiver *globaler* (für das Gesamttragwerk geltender) oder *lokaler* (für einen Tragwerkspunkt geltender) Bezugssysteme vereinbart. Sofern erforderlich, bezeichnet ein erster Index (x, y oder z) die Komponentenrichtung. Entfällt dieser, so gibt der dann erste Index den Ort der Kraftgröße, der zweite ihre Ursache an. Selbstverständlich werden wir diese Indizierung nur dann verwenden, falls sie zum Verständnis des Sachverhaltes unbedingt erforderlich erscheint.

Tafel 2.2 fasst die getroffenen Konventionen zusammen. Zur dort wiedergegebenen Skizze sei erneut betont, dass wir *ebene* Stabtragwerke stets in einer XZ-Ebene darstellen werden. Die positive Y-Achse des verwendeten globalen Koordinatensystems weist in diesem Fall stets *aus* der Darstellungsebene heraus.

2.1.2.2 Auflagergrößen

Vor der Bearbeitung einer baustatischen Aufgabe ist das vorliegende Tragwerk vom Rest des E3, seinem Einbettungsraum, unter Definition seiner Wechselwirkungen abzutrennen: Das mechanische Modell des Tragwerks muss physikalisch

---

[5] K: Kraft, L: Länge.

Tafel 2.2 Einwirkende Lasten

Definition:	Größenart	Einheit	Bezeichnung
Einzelkraft	$[K]$	N, kN, MN	F, P, H
Einzelmoment	$[KL]$	Nm	M
Linienkraft	$[K/L]$	N/m	q
Linienmoment	$[KL/L=K]$	N	m

Bezeichnungen:

z.B. F_{xij}

└─ 2. Index : Ursache
└─ 1. Index : Ort
Komponentenrichtung : entfällt häufig

Positive Wirkungsrichtungen:
Äußere Kraftgrößen werden i.a. in Richtung positiver globaler oder lokaler Bezugssysteme als positiv vereinbart.

Beispiel:

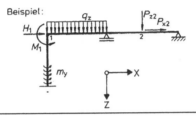

abgeschlossen sein. Bei den einwirkenden Lasten gelingt uns dies in einfacher Weise, indem wir die sie hervorrufenden Ereignisse unmittelbar durch Kraftgrößen beschreiben.

Die Auflager hingegen, durch welche das Tragwerk mit seiner Gründung und dadurch mit dem E3 verbunden ist, bedürfen einer Sonderüberlegung. Wir durchtrennen sie zunächst gemäß Bild 2.4 durch einen fiktiven Schnitt. Hierdurch legen wir die in jedem Lager wirkende Kraftgröße als Doppelwirkung frei: *Eine* Komponente wirkt von der Gründung auf das Tragwerk, eine *zweite*, gleich große, in gleicher Wirkungslinie vom Tragwerk auf die Gründung (Reaktionsaxiom). Lösen wir nun das Tragwerk vom Einbettungsraum, so wird die am tragwerksseitigen Schnittufer angreifende, d.h. die von der Gründung auf das Tragwerk einwirkende

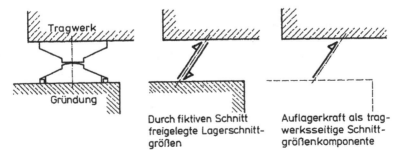

Durch fiktiven Schnitt freigelegte Lagerschnittgrößen

Auflagerkraft als tragwerksseitige Schnittgrößenkomponente

Bild. 2.4 Definition der Auflagerkraft eines festen Gelenklagers

Tafel 2.3 Auflagergrößen

Definition :	Größenart	Einheit	Bezeichnung
Auflagerkraft	[K]	N	C, H, V
Einspannmoment	[KL]	Nm	M

Als Auflagergröße wird die am tragwerksseitigen
Schnittufer wirkende Schnittgrößenkomponente
eines Lagers bezeichnet.

Bezeichnungen :

z. B. C_{xA_j}

    └─ 2. Index : Ursache
  └── 1. Index : Ort
  Komponentenrichtung : entfällt häufig

Positive Wirkungsrichtungen :
Diese werden vor Rechnungsbeginn in der baustatischen Skizze vereinbart.

Beispiel :

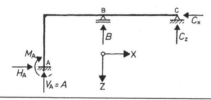

Komponente der Lagerschnittgröße als die das Tragwerk stützende *Auflagergröße*
definiert. Durch dieses Trennverfahren zählen Auflagergrößen somit zu den äußeren
Kraftgrößen, obwohl diese i.a. zunächst unbekannt sind.

In den Lagerkonstruktionen von Stabtragwerken treten auf.

- Auflagerkräfte (K) und
- Einspannmomente (KL)

Diese werden gemäß Tafel 2.3 analog zu den einwirkenden Lasten bezeichnet. Vor
einer Berechnung werden ihre positiven Wirkungsrichtungen in der baustatischen
Skizze vereinbart.

2.1.3 Innere Kraftgrößen

Zur Festlegung aller äußeren Kraftgrößen eines Stabtragwerks reichte ein einziges
(globales) kartesisches Bezugssystem völlig aus. Die Definition *innerer Kraftgrößen*, sogenannter *Schnittgrößen*, erfordert dagegen zusätzlich das Vorhandensein eines *lokalen Bezugssystems* in jedem Punkt der Stabachse. Für dieses vereinbaren
wir, dass dessen x-Achse stets die Stabachse tangiere und dessen y- bzw. z-Achse
in Richtung der beiden Querschnittshauptachsen weise.

Definition Jedem Punkt der Stabachse wird ein rechtshändiges, kartesisches Bezugssystem als lokale Basis zugeordnet. Dessen x-Achse weise stets in Richtung der Stabachsentangente; die beiden anderen Achsen sollen i.a. in den Querschnittshauptachsen liegen. Bei ebenen Systemen zeigen die positiven y-Achsen aller lokalen Bezugssysteme — wie auch die globale Y-Achse — orthogonal aus der XZ-Darstellungsebene heraus.

Ist eine Stabachse gekrümmt oder verwunden, so muss jeder ihrer Punkte mit einer eigenen, unterschiedlichen Basis versehen werden; bei geraden Stäben genügt natürlich je Stab eine Basis.

Nun führen wir in einem beliebigen Punkt i eines unter äußeren Lasten im Gleichgewicht befindlichen Stabes einen fiktiven, d. h. gedachten Schnitt, wie dies auf Bild 2.5 dargestellt ist. Nach dem *Schnittprinzip* müssen beide Stabteile auch nach ihrer gedachten Trennung im Gleichgewicht sein, woraus die Notwendigkeit fiktiver *Schnittkraft-* und *Schnittmomentenresultierenden* $\mathbf{R}$, $\mathbf{M} = \mathbf{e} \times \mathbf{R}$—bezogen auf den Durchstoßpunkt der Stabachse—in der Trennfläche folgt. Beides sind Doppelwirkungen, d.h. je Schnittufer liegen sie in gleichen Wirkungslinien und sind

a. Fiktiver Schnitt im Tragwerkspunkt i mit Schnittgrößenresultierenden $\mathbf{R}, \mathbf{M} = \mathbf{e} \times \mathbf{R}$

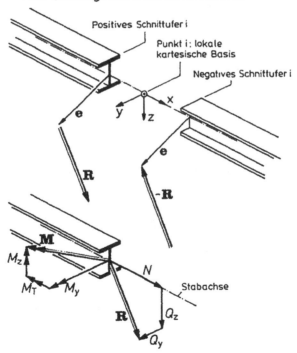

b. Komponentenzerlegung von $\mathbf{R}$ und $\mathbf{M}$ hinsichtlich der lokalen Basis

Bild. 2.5 Definition von Stabschnittgrößen

paarweise gleich groß. Allerdings sind sie entgegengesetzt gerichtet, denn bei einer
Rückgängigmachung des gedachten Trennschnitts müssen sie wieder verschwinden.
Durch den geführten Schnitt werden im Punkt i zwei Schnittufer erzeugt:

- das *positive Schnittufer*, dessen Normale in Richtung der positiven x-Achse
  weist;
- das *negative Schnittufer*, dessen Normale in Richtung der negativen x-Achse
  zeigt.

Die resultierenden Kraftgrößen **R**, **M** des positiven Schnittufers zerlegen wir
nunmehr hinsichtlich der positiven Achsen der jeweiligen lokalen Basis, diejenigen des negativen Schnittufers hinsichtlich ihrer negativen Achsen. Gemäß Bild 2.5
erhalten wir für einen räumlich beanspruchten Stab:

> die *Normalkraft N* sowie
> die beiden *Querkräfte* Q_y und Q_z aus **R**,
> das *Torsionsmoment* M_T sowie
> die beiden *Biegemomente* M_y und M_z aus **M**.

Liegt der gesamte Stab in der xz-Ebene und wird er auch nur in dieser beansprucht, so entfallen Q_y, M_T und M_z, denn **R** liegt in der Stabebene und **M** orthogonal hierzu. Somit verbleiben dann

> die *Normalkraft N* sowie
> die *Querkraft* $Q_z = Q$ aus **R** und
> das *Biegemoment* $M_y = M$.

Zusammenfassend formulieren wir (siehe auch Tafel 2.4):

Satz: Schnittgrößen sind Doppelwirkungen in fiktiven Schnitten; sie sind paarweise
gleich groß, auf der gleichen Wirkungslinie wirkend, aber entgegengesetzt gerichtet.

Während wir positive Wirkungsrichtungen der einwirkenden Lasten bis zu einem gewissen Grade, diejenigen der Auflagergrößen sogar völlig frei vereinbaren
konnten, kommen wir überein, für die *Schnittgrößen* eine stets gleiche Vorzeichen-
definition einzuhalten.

Definition Eine Schnittgröße ist positiv, wenn ihre Vektorkomponente am positiven
(negativen) Schnittufer in Richtung der zugehörigen positiven (negativen) Achse der
lokalen Basis weist.

Eine positive Normalkraft N beschreibt somit offensichtlich stets Zugbeanspru-
chungen, eine negative dagegen Druck. Ein positives Biegemoment M erzeugt
immer Zugspannungen im Querschnittsbereich der positiven z-Achse. Wie wir

Tafel 2.4 Schnittgrößen

Vektorielle Schnittgrößenresultierenden:	
R	**M**

Komponentenzerlegung im E3 hinsichtlich:

$x: N$	$y: Q_y$	$z: Q_z$	$x: M_T$	$y: M_y$	$z: M_z$

Normalkraft   Torsionsmoment

Querkräfte   Biegemomente

Komponentenzerlegung in der xz-Ebene:

N	Q	M

Definitionen:
- Innere Kräfte und Momente (Kraftgrößen) werden als Schnittgrößen bezeichnet.
- Schnittgrößen sind Doppelwirkungen (paarweise gleich groß und entgegengesetzt wirkend) in fiktiven Schnitten.

Bezeichnungen:
z.B. $Q_{y\ i\ j}$

└── 2. Index : Ursache
└── 1. Index : Ort
Komponentenrichtung, falls erforderlich

Positive Wirkungsrichtungen:
Eine Schnittgröße ist positiv, wenn ihre Vektorkomponente am positiven Schnittufer in Richtung der positiven, lokalen Basis weist.

erkennen, dient die getroffene Definition der Kommunikationsvereinfachung zwischen Ingenieuren.

In baustatischen Skizzen wird die lokale Basis *ebener* Tragwerke häufig durch eine von unserer mathematisch orientierten Definition abweichende Konvention festgelegt. Dabei wird impliziert, dass stets Rechtssysteme Verwendung finden, die x-Achse die Stabachse tangiert und die y-Achse orthogonal aus der Darstellungsebene herausragt. Mit diesen stillschweigenden Voraussetzungen braucht dann—zur eindeutigen Fixierung der lokalen Basis—nur noch die z-Achse angegeben zu werden. Dies erfolgt durch Angabe einer *gestrichelten* Linie auf derjenigen Seite der Stabachse, auf welcher die *positive* z-Achse auswärts weist, gewissermaßen den Querschnitt verlässt. Bild 2.6 vergleicht die beiden gleichwertigen Vereinbarungen und gibt gleichzeitig die positiven Schnittgrößen der jeweiligen Stabelemente wieder.

2.1.4 Gleichgewicht eines ebenen, geraden Stabelementes

In diesem Abschnitt sollen die Gleichgewichtsbedingungen eines differenziellen Stabelementes ermittelt werden. Hierzu trennen wir gemäß Bild 2.7 aus einem geraden, in der xz-Ebene liegenden und beanspruchten Stab durch zwei fiktive Schnitte ein Element der Länge dx heraus. An seinem negativen (linken) Schnittufer zeichnen wir die drei gemäß Tafel 2.4 möglichen Schnittgrößen N, Q, M in positiver Wirkungsrichtung ein. Ebenso erfolgt dies am positiven (rechten) Schnittufer, wobei

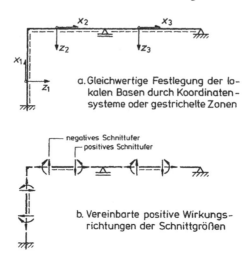

Bild. 2.6 Stabschnittgrößen und lokale Basen bei ebenen Tragwerken

die bis dahin aufgetretenen Schnittgrößenänderungen durch differenzielle Zuwächse dN, dQ, dM berücksichtigt werden. Als Einwirkungen legen wir eine achsiale Streckenlast $q_x(K/L)$, eine Querbelastung $q_z(K/L)$ sowie ein Streckenmoment $m_y(KL/L = K)$ zugrunde. Infolge der infinitesimalen Größe des Stabelementes bleibt jede Veränderlichkeit der Lastgrößen längs dx ohne Einfluss.

Formulieren wir nun die beiden Kräftegleichgewichtsbedingungen in den lokalen x- und z-Richtungen sowie die Momentengleichgewichtsbedingung $\sum M_y = 0$ um das positive Schnittufer, so entstehen die auf Bild 2.7 wiedergegebenen Beziehungen. In ihnen tilgt man die doppelt auftretenden Schnittgrößen, dividiert durch dx und beachtet sodann bei dem in der Infinitesimalrechnung gebräuchlichen Grenzübergang $dx \to 0$, dass das letzte Glied der Momentengleichgewichtsbedingung dabei als von höherer Ordnung klein verschwindet. Man erhält als Gleichgewichtsbedingungen des ebenen, geraden Stabelementes die drei gewöhnlichen Differenzialgleichungen

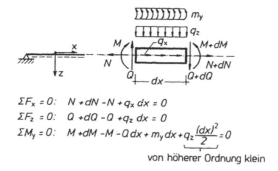

$$\Sigma F_x = 0: \quad N + dN - N + q_x\, dx = 0$$
$$\Sigma F_z = 0: \quad Q + dQ - Q + q_z\, dx = 0$$
$$\Sigma M_y = 0: \quad M + dM - M - Q\, dx + m_y\, dx + \underbrace{q_z \frac{(dx)^2}{2}}_{\text{von höherer Ordnung klein}} = 0$$

Bild. 2.7 Differenzielles Element eines ebenen, geraden Stabes

Tafel 2.5 Formen der Gleichgewichtsbedingungen eines ebenen, geraden Stabelementes

Skalare Differenzialgleichungen:

$$\left.\begin{array}{c} \dfrac{dN}{dx} = -q_x, \quad \dfrac{dQ}{dx} = -q_z \\[2mm] \dfrac{dM}{dx} - Q = -m_y \end{array}\right] \quad -\dfrac{d^2 M}{dx^2} = -q_z - \dfrac{dm_y}{dx}$$

Matrizielle Differenzialgleichung 1. Ordnung:

$$\dfrac{d}{dx}\sigma \qquad = \quad \mathbf{A}\cdot\sigma \qquad\qquad -\mathbf{P}$$

$$\frac{d}{dx}\begin{bmatrix} N \\ Q \\ M \end{bmatrix} = \begin{bmatrix} 0 & 0 & 0 \\ 0 & 0 & 0 \\ 0 & 1 & 0 \end{bmatrix} \cdot \begin{bmatrix} N \\ Q \\ M \end{bmatrix} - \begin{bmatrix} q_x \\ q_z \\ m_y \end{bmatrix}$$

Matrizielle Operatorbeziehung:

$$-\mathbf{P} = \qquad \mathbf{D_e}\cdot\sigma$$

$$-\begin{bmatrix} q_x \\ q_z \\ m_y \end{bmatrix} = \begin{bmatrix} d_x & 0 & 0 \\ 0 & d_x & 0 \\ 0 & -1 & d_x \end{bmatrix} \cdot \begin{bmatrix} N \\ Q \\ M \end{bmatrix} \qquad dx = \frac{d}{dx}$$

$$\frac{dN}{dx} = -q_\mathrm{x}, \qquad \frac{dQ}{dx} = -q_\mathrm{z}, \qquad \frac{dM}{dx} = Q - m_\mathrm{y} \qquad (2.4)$$

mit folgenden Grundaussagen:

Satz: Die Ableitung der Normalkraft eines geraden, eben beanspruchten Stabes entspricht der negativen Achsialbelastung, diejenige der Querkraft der negativen Querlast. Die Ableitung des Biegemomentes ist gleich der Querkraft, vermindert um die Momentenbelastung.

Die differenziellen Gleichgewichtsbedingungen (2.4) können wir nun gemäß Tafel 2.5 auf *drei verschiedene Arten* zusammenfassen. Wir beginnen mit der bekannten Form der *skalaren Differenzialgleichungen*. Durch Substitution der zweiten Kräftegleichgewichtsbedingung (2.4) in die Ableitung der Momentengleichgewichtsbedingung entsteht mit

$$\frac{d^2 M}{dx^2} = -q_\mathrm{z} - \frac{dm_\mathrm{y}}{dx} \qquad (2.5)$$

die bekannte Identität der zweiten Ableitung des Biegemomentes mit der negativen Querbelastung (bei Vernachlässigung von m_y).

Durch Anordnung der Gleichgewichtsbedingungen (2.4) in ein Matrizenschema gewinnen wir sodann die wiedergegebene *matrizielle Differenzialgleichung* 1. Ordnung für den Spaltenvektor $\sigma = \{N, Q, M\}$. Für derartige Differenzialgleichungen existiert eine geschlossene, mathematische Integrationstheorie, auf welche wir im nächsten Abschnitt zurückgreifen werden.

Eine dritte Form gewinnen wir ebenfalls durch Anordnung von (2.4) in ein Matrizenschema derart, dass eine quadratische *Differenzialoperatormatrix* $\mathbf{D}_e$ (Index e: equilibrium), angewendet auf den Spaltenvektor $\boldsymbol{\sigma}$, die negative Lastspalte ergibt. Alle drei Formen finden in der Statik der Tragwerke ihre Anwendung.

2.1.5 Integration der Gleichgewichtsbedingungen

2.1.5.1 Lösung der matriziellen Differenzialgleichung 1. Ordnung

Die Integration der soeben hergeleiteten Gleichgewichtsbedingungen führen wir an Hand der matriziellen Differenzialgleichung 1. Ordnung der Tafel 2.5 aus. Zur Vorbereitung betrachten wir eine skalare Differenzialgleichung gleicher Struktur:

$$y' - ay = a_0, \quad (\ldots)' = \frac{d \ldots}{dx}. \tag{2.6}$$

Das allgemeine Integral dieser gewöhnlichen, linearen (expliziten) Differenzialgleichung setzt sich

- aus dem *allgemeinen Integral* der zugehörigen homogenen Differenzialgleichung ($a_0 = 0$) sowie
- einem *partikulären Integral* der vollständigen Aufgabe ($a_0 \neq 0$)

zusammen. Infolge der Konstanz von a löst jeder Exponentialansatz die homogene Differenzialgleichung:

$$y(x) = C \cdot e^{ax} \rightarrow y' - ay = 0: \ C \cdot a(e^{ax} - e^{ax}) = 0. \tag{2.7}$$

Aus der vorgegebenen Anfangsbedingung $y(x_0)$ an einem beliebigen Punkt x_0

$$y(x_0) = C \cdot e^{ax_0} \rightarrow C = y(x_0) \cdot e^{-ax_0} \tag{2.8}$$

eliminiert man sodann die freie Konstante C in (2.7) und findet schließlich die Gesamtlösung zu:

$$y(x) = y(x_0) \cdot e^{-ax_0} \cdot e^{ax} + y_0 = e^{a(x-x_0)} \cdot y(x_0) + y_0. \tag{2.9}$$

Hierin beschreibt y_0 das erwähnte partikuläre Integral von (2.6).

Interessanterweise kann diese Lösung unmittelbar auf die *matrizielle* Differenzialgleichung

$$\boldsymbol{\sigma}' - \mathbf{A} \cdot \boldsymbol{\sigma} = -\mathbf{p} \tag{2.10}$$

aus Tafel 2.5 übertragen werden, in welcher die Lösungsfunktion $\sigma = \{N Q M\}$ eine 3-komponentige Spaltenmatrix und A eine quadratische Koeffizientenmatrix der Ordnung 3 beschreibt:

$$\sigma(x) = e^{A(x-x_0)} \cdot \sigma(x_0) + \sigma_0. \tag{2.11}$$

σ_0 stellt das partikuläre Integral in Form einer Spaltenmatrix dar. Eine verwendbare Form der unanschaulichen matriziellen Exponentialfunktion in (2.11) gewinnen wir durch ihren TAYLORschen[6] Reihenausdruck, den wir erneut analog zum skalaren Fall formulieren dürfen:

$$e^{A(x-x_0)} = \left[I + A(x - x_0) + \frac{A^2}{2!}(x - x_0)^2 + \frac{A^3}{3!}(x - x_0)^3 + \ldots \right]. \tag{2.12}$$

I verkörpert hierin eine quadratische Einheitsmatrix ebenfalls der Ordnung 3. Bildet man aus A gemäß Tafel 2.5 entsprechend dem FALCKschen Multiplikationsschema den Ausdruck für A^2

$$A \begin{bmatrix} 0\,0\,0 \\ 0\,0\,0 \\ 0\,1\,0 \end{bmatrix} \overset{\textstyle A}{\begin{bmatrix} 0\,0\,0 \\ 0\,0\,0 \\ 0\,1\,0 \end{bmatrix}} \begin{bmatrix} 0\,0\,0 \\ 0\,0\,0 \\ 0\,0\,0 \end{bmatrix} A^2, \tag{2.13}$$

so erkennt man, dass ab A^2 alle Matrizenpotenzen verschwinden. Der Abbruch von (2.12) bereits nach dem linearen Glied gibt somit die matrizielle Exponentialfunktion exakt wieder:

$$e^{A(x-x_0)} = [I + A(x - x_0)] = \begin{bmatrix} 1 & 0 & 0 \\ 0 & 1 & 0 \\ 0 & (x - x_0) & 1 \end{bmatrix}. \tag{2.14}$$

Das noch fehlende partikuläre Integral σ_0 lässt sich am einfachsten durch Integration der skalaren Differenzialgleichungen in Tafel 2.5 gewinnen:

$$N_0 = -\int_{x_0}^{x} q_x dx, \quad Q_0 = -\int_{x_0}^{x} q_z dx,$$

$$M_0 = \int_{x_0}^{x} (Q_0 - m_y) dx = -\int_{x_0}^{x}\int_{x_0}^{x} q_z dx\, dx - \int_{x_0}^{x} m_y\, dx, \tag{2.15}$$

beispielsweise für längs x konstante Einwirkungen q_x, q_z, m_y:

---

[6] BROOK TAYLOR, britischer Mathematiker, 1685–1731.

$$\sigma_0 = \begin{bmatrix} N_0 \\ Q_0 \\ M_0 \end{bmatrix} = -\begin{bmatrix} q_x(x - x_0) \\ q_z(x - x_0) \\ m_y(x - x_0) + q_z \frac{(x-x_0)^2}{2} \end{bmatrix}. \tag{2.16}$$

Damit lautet schließlich die Gesamtlösung der matriziellen Differenzialgleichung aus Tafel 2.5:

$$\sigma(x) = \quad e^{A(x-x_0)} \quad \cdot \sigma(x_0) + \quad \sigma_0,$$

$$\begin{bmatrix} N \\ Q \\ M \end{bmatrix}_x = \begin{bmatrix} 1 & 0 & 0 \\ 0 & 1 & 0 \\ 0 & (x - x_0) & 1 \end{bmatrix} \cdot \begin{bmatrix} N \\ Q \\ M \end{bmatrix}_{x_0} - \begin{bmatrix} q_x(x - x_0) \\ q_z(x - x_0) \\ m_y(x - x_0) + q_z \frac{(x-x_0)^2}{2} \end{bmatrix}. \tag{2.17}$$

Sie beschreibt die Abhängigkeit der Schnittgrößen an einer beliebigen Stelle x eines Stabes von denjenigen eines endlich weit entfernten Anfangspunktes x_0 für konstante Einwirkungen. Diese Beziehung überträgt die Schnittgrößen $\sigma(x_0)$ des Punktes x_0 über den Abschnitt $x - x_0$ zum Punkt x und heißt daher *Abschnitts*- oder *Feldübertragungsgleichung*.

2.1.5.2 Übertragungsgleichungen

Tafel 2.6 enthält diese Beziehung in einer geringfügig verallgemeinerten Form. Sie beschreibt dort die Übertragung der Schnittgrößen vom Punkt x_i zum Tragwerkspunkt x_k, der um die Länge $a = x_k - x_i$ von x_i entfernt ist. Aus dieser Beziehung wollen wir nun die Schnittgrößenübertragung eines Angriffspunktes x_i von Einzelwirkungen durch den Grenzübergang $a \to 0$ herleiten. Setzen wir dabei

$$\lim_{a \to 0} \begin{bmatrix} q_x a \\ q_z a \\ m_y a + q_z \frac{a^2}{2} \end{bmatrix} = \begin{bmatrix} F_x \\ F_z \\ M_y \end{bmatrix}_i \tag{2.18}$$

für den Übergang der Lastresultierenden in Einzelkraftgrößen im Punkt x_i voraus, so entsteht die ebenfalls in Tafel 2.6 aufgeführte *Knotenübertragungsgleichung* für einen *ungeknickten Stabknoten*. Spätestens an dieser Stelle erkennen wir, dass die entstandenen Beziehungen die drei Gleichgewichtsbedingungen des Knotens i darstellen, der durch die beiden fiktiven Schnitte i-links und i-rechts aus dem Tragwerk herausgetrennt wurde. Durch ein derartiges Vorgehen, nämlich Anschreiben der Gleichgewichtsbedingungen in Richtung der Basis des rechten Schnittes, gewinnen wir abschließend die *Übertragungsgleichung* eines *abgeknickten Eckknotens*. Diese ebenfalls in Tafel 2.6 aufgenommenen Beziehungen möge der Leser zur Übung verifizieren.

Tafel 2.6 Übertragungsgleichungen

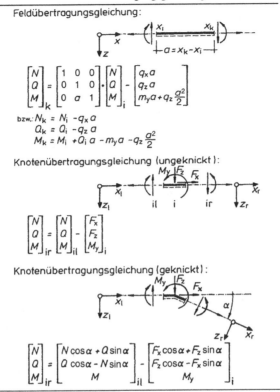

Feldübertragungsgleichung:

$$\begin{bmatrix} N \\ Q \\ M \end{bmatrix}_k = \begin{bmatrix} 1 & 0 & 0 \\ 0 & 1 & 0 \\ 0 & a & 1 \end{bmatrix} \cdot \begin{bmatrix} N \\ Q \\ M \end{bmatrix}_i - \begin{bmatrix} q_x a \\ q_z a \\ m_y a + q_z \frac{a^2}{2} \end{bmatrix}$$

bzw.: $N_k = N_i - q_x a$

$\qquad Q_k = Q_i - q_z a$

$\qquad M_k = M_i + Q_i\, a - m_y a - q_z \frac{a^2}{2}$

Knotenübertragungsgleichung (ungeknickt):

$$\begin{bmatrix} N \\ Q \\ M \end{bmatrix}_{ir} = \begin{bmatrix} N \\ Q \\ M \end{bmatrix}_{il} - \begin{bmatrix} F_x \\ F_z \\ M_y \end{bmatrix}_i$$

Knotenübertragungsgleichung (geknickt):

$$\begin{bmatrix} N \\ Q \\ M \end{bmatrix}_{ir} = \begin{bmatrix} N\cos\alpha + Q\sin\alpha \\ Q\cos\alpha - N\sin\alpha \\ M \end{bmatrix}_{il} - \begin{bmatrix} F_x\cos\alpha + F_z\sin\alpha \\ F_z\cos\alpha - F_x\sin\alpha \\ M_y \end{bmatrix}_i$$

2.1.5.3 Abhängige und unabhängige Stabendkraftgrößen

An Hand der Feldübertragungsgleichung aus Tafel 2.6 seien noch zwei wichtige Begriffe erläutert, zur Vereinfachung für ein unbelastetes Stabelement: $q_x = q_z = m_y = 0$. Diese Beziehung beschreibt bekanntlich das Gleichgewicht eines Stabelementes der Länge a. Wir denken uns nun ein beliebiges Stabtragwerk vollständig in derartige—belastete oder unbelastete—Stabelemente zerlegt und stellen uns in Gedanken die Aufgabe seiner Berechnung. Je Stabelement treten gerade 6 unbekannte Stabschnittgrößen auf, von denen allerdings nur 3 als unabhängige Variablen vorgebbar sind. Die restlichen 3 sind dann aus den Gleichgewichtsbedingungen, der Feldübertragungsgleichung, bestimmbar.

Satz: Von den 6 *vollständigen* Stabendschnittgrößen eines ebenen Stabelementes endlicher Länge sind 3 als *unabhängige* Stabendschnittgrößen vorgebbar; die restlichen 3 sind als *abhängige* Stabendschnittgrößen aus den Gleichgewichtsbedingungen bestimmbar.

Bei der Wahl der unabhängigen Stabendschnittgrößen sind wir nicht frei, sondern an die Struktur der Gleichgewichtsbedingungen (2.17) gebunden: aus ihnen müssen

davon :   unabhängige - abhängige Größen

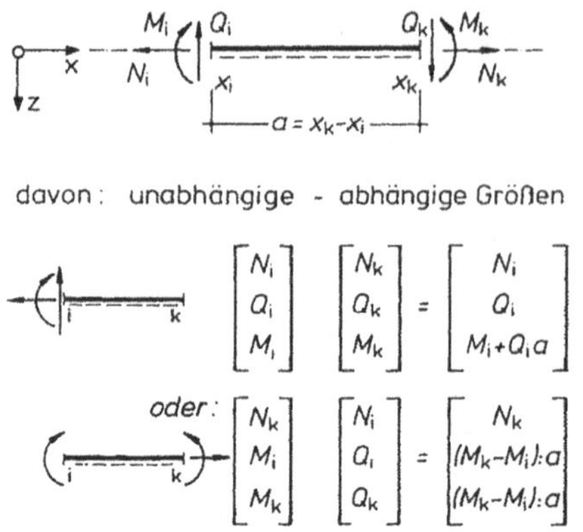

$$\begin{bmatrix} N_i \\ Q_i \\ M_i \end{bmatrix} \begin{bmatrix} N_k \\ Q_k \\ M_k \end{bmatrix} = \begin{bmatrix} N_i \\ Q_i \\ M_i + Q_i a \end{bmatrix}$$

oder :

$$\begin{bmatrix} N_k \\ M_i \\ M_k \end{bmatrix} \begin{bmatrix} N_i \\ Q_i \\ Q_k \end{bmatrix} = \begin{bmatrix} N_k \\ (M_k - M_i) : a \\ (M_k - M_i) : a \end{bmatrix}$$

Bild. 2.8 Abhängige und unabhängige Stabendkraftgrößen eines unbelasteten Stabelementes

die abhängigen Größen bestimmbar sein. Dabei existieren die beiden in Bild 2.8 aufgeführten, grundsätzlichen Möglichkeiten; beim Vorhandensein von Stablasten sind sie entsprechend zu ergänzen.

2.1.6 Beispiel: Anwendung der Übertragungsgleichungen

Die Übertragungsgleichungen der Tafel 2.6 lassen sich in einfacher Weise zur Berechnung der Schnitt- und Auflagergrößen von Tragwerken einsetzen. Dies kann gemäß Tafel 2.7 in Tabellenform durchgeführt werden. Die Berechnung des dort dargestellten Tragwerks beginnen wir am linken Auflagerpunkt A, an welchem nur die unbekannte Auflagerkraft A angreift. Aus der *Knotenübertragungsgleichung* folgt damit in der ersten Zeile der tabellarischen Berechnung für den Trägeranfang: $N = 0$, $Q = A$ und $M = 0$.

In der zweiten Zeile stellen wir die Größen

$$a, q_x a, q_z a, q_z \frac{a^2}{2}, Qa \tag{2.19}$$

zur Anwendung der *Feldübertragungsgleichung* bereit, aus welcher in der dritten Zeile die Schnittgrößen des Punktes 1 gewonnen werden. Ein analoges Vorgehen führt über Zeile 4 zu den Schnittgrößen des Punktes 2 in Zeile 5, nach wie vor mit noch unbestimmter Auflagerkraft A. Aus der Bedingung $M = 0$ des dort angeordneten Biegemomentengelenkes gewinnen wir die folgende Bestimmungsgleichung für A:

$$6.0\,A - 787.5 = 0 \rightarrow A = 131.3\,\text{kN}. \tag{2.20}$$

Hiermit können nunmehr die Querkräfte und Biegemomente der bisher behandelten Tragwerkspunkte auch numerisch bestimmt werden. Anschließend wird die

Tafel 2.7 Tabellarische Berechnung mit Hilfe der Übertragungsgleichungen

Baustatische Skizze:

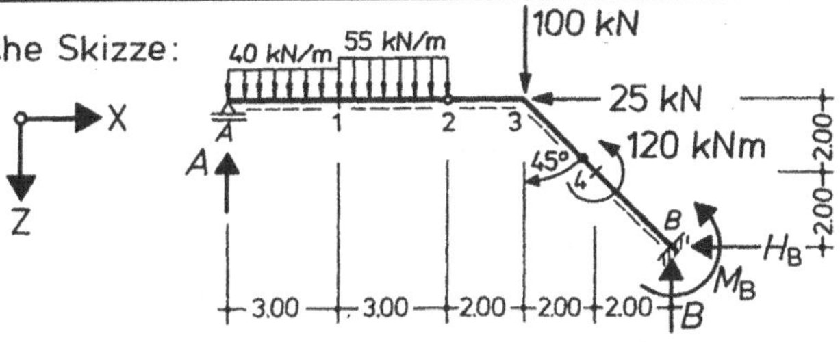

Tabellarische Berechnung:

Pkt	a	$-q_x a$	$-F_x$	N	$-q_z a$	$-F_z$	Q	$-q_z\frac{a^2}{2}$	Qa	$-M_y$	M
	m	kN	kN	kN	kN	kN	kN	kNm	kNm	kNm	kNm
Ar			0	0		A	A=131.3			0	0
	3.00	0			-120.0			-180.0	3.0A		
1			0	0		0	A-120.0=11.3				3.0A-180.0=213.8
	3.00	0			-165.0			-247.5	3.0A-360.0		
2			0	0		0	A-285.0=-153.8				6.0A-787.5=0.0
	2.00	0						0	-307.6		
3l			0	0			-153.8				-307.6
3		25.0			-100.0				0		
3r			-161.7				-197.1				-307.6
	2.83	0			0			0	-557.8		
4l			0	-161.7		0	-197.1				-865.4
4										-120.0	
4r			-161.7				-197.1				-985.4
	2.83	0			0			0	-557.8		
Bl			-161.7				-197.1				-1543.2

Momentenbedingung im Punkt 2: $6.0A - 787.5 = 0 \longrightarrow A = 131.3\,kN$

Übertragungsgleichung für Knoten 3 $(\sin 45° = \cos 45° = 0.707)$:

$$\begin{bmatrix} N \\ Q \\ M \end{bmatrix}_{3r} = \begin{bmatrix} 0 \cdot 0.707 - 153.8 \cdot 0.707 \\ -153.8 \cdot 0.707 - 0 \cdot 0.707 \\ -307.6 \end{bmatrix}_{3l} - \begin{bmatrix} -25.0 \cdot 0.707 + 100.0 \cdot 0.707 \\ 100.0 \cdot 0.707 + 25.0 \cdot 0.707 \\ 0 \end{bmatrix}_{3}$$

$$= \begin{bmatrix} -108.7 \\ -108.7 \\ -307.6 \end{bmatrix}_{3l} - \begin{bmatrix} 53.0 \\ 88.4 \\ 0 \end{bmatrix}_{3} = \begin{bmatrix} -161.7 \\ -197.1 \\ -307.6 \end{bmatrix}$$

weitere *Feldübertragung* zum Punkt 31 ausgeführt. Die dort erforderliche *Knoten-übertragung* über den Tragwerksknick hinweg zum Punkt 3r ist unterhalb der Berechnungstabelle detailliert.

In analoger Weise erfolgt die weitere Behandlung des Tragwerks (Bild 2.9), dabei lassen sich die einzelnen Feld- und Knotenübertragungen in der Tabelle schon äußerlich deutlich voneinander unterscheiden. Das Verfahren arbeitet natürlich auch bei einer größeren Anzahl unbekannter Auflagergrößen: jede einzelne muss dann zunächst mitgeführt und im Rechnungsverlauf durch eine entsprechende Bedingung abgelöst werden. Bei derart komplizierten Tragwerken wird die tabellarische Durchführung allerdings vorteilhafter durch eine matrizielle Vorgehensweise auf einem Computer ersetzt, die dann als *Übertragungsverfahren* bezeichnet wird.

2.2 Das kinematische Problem

2.2.1 Mechanische Arbeit und Formänderungsarbeit

Tragwerke verformen sich unter eingeprägten Kraft- oder Weggrößen um im allgemeinen kleine, jedoch messbare Beträge. Die dem Tragwerk inhärenten, inneren und äußeren Kraftgrößensysteme erleiden dabei Verschiebungen sowie Verdrehungen, längs welchen sie mechanische Arbeit leisten. Verschiebungen und (kleine) Verdrehungen sind im Anschauungsraum, genau wie Kraftgrößen, als Vektoren interpretierbar.

Zur Herleitung der mechanischen Arbeit betrachten wir in Bild 2.10 einen beliebigen Punkt **0**, an welchem eine Kraft **F** und ein statisches Moment **M** angreifen. Erleidet nun dieser Punkt eine differenzielle Verschiebung $d\mathbf{u}$, so leistet die Kraft **F** längs $d\mathbf{u}$ den angegebenen, differenziellen Arbeitsbeitrag dW. Ein entsprechender Arbeitsanteil entsteht durch **M** längs einer differenziellen Verdrehung $d\varphi$. Beide Arbeitsdifferenziale sind als *Skalarprodukte* der jeweils beteiligten Vektorpaare definiert, d.h. als Produkt des Betrages des einen Vektors mit der Projektion des anderen Vektors. Durch Integration über die einzelnen Verschiebungs- und Verdrehungs-

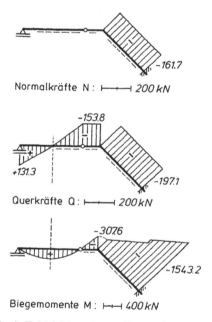

Bild. 2.9 Schnittgrößen des in Tafel 2.7 berechneten Tragwerks

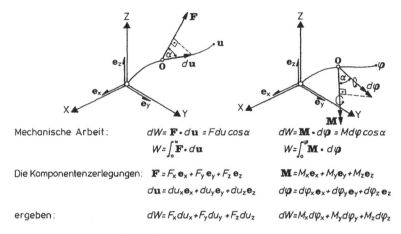

Mechanische Arbeit: $dW = \mathbf{F} \cdot d\mathbf{u} = F\,du\cos\alpha$ $\qquad dW = \mathbf{M} \cdot d\boldsymbol{\varphi} = M\,d\varphi\cos\alpha$

$\qquad\qquad\qquad\qquad W = \int_0^{\mathbf{u}} \mathbf{F} \cdot d\mathbf{u}$ $\qquad\qquad W = \int_0^{\boldsymbol{\varphi}} \mathbf{M} \cdot d\boldsymbol{\varphi}$

Die Komponentenzerlegungen: $\mathbf{F} = F_x\mathbf{e}_x + F_y\mathbf{e}_y + F_z\mathbf{e}_z$ $\qquad \mathbf{M} = M_x\mathbf{e}_x + M_y\mathbf{e}_y + M_z\mathbf{e}_z$

$\qquad\qquad\qquad\qquad\qquad d\mathbf{u} = du_x\mathbf{e}_x + du_y\mathbf{e}_y + du_z\mathbf{e}_z$ $\qquad d\boldsymbol{\varphi} = d\varphi_x\mathbf{e}_x + d\varphi_y\mathbf{e}_y + d\varphi_z\mathbf{e}_z$

ergeben: $\qquad\qquad\qquad dW = F_x du_x + F_y du_y + F_z du_z$ $\qquad dW = M_x d\varphi_x + M_y d\varphi_y + M_z d\varphi_z$

Bild. 2.10 Zur Definition der Formänderungsarbeit

differenziale einer vorgegebenen Bahnkurve lässt sich sodann die Gesamtarbeit W berechnen.

Sind $\mathbf{u}$ und $\boldsymbol{\varphi}$ beliebigen Ursprungs, so bezeichnen wir W als *mechanische Arbeit*. Ihre Maßeinheit ist *Joule* oder *Kilojoule* (Einheitzeichen: J, kJ), dabei gilt:

$$1\,\mathrm{J} = 1\,\mathrm{Nm}.$$

Sind $\mathbf{u}$ und $\boldsymbol{\varphi}$ dagegen Verformungsgrößen des Tragwerkspunktes $\mathbf{0}$, so bezeichnen wir W als *Formänderungsarbeit*.

Zerlegt man nun die an der Arbeitsleistung beteiligten Kraft-und Weggrößen des Bildes 2.10 in Komponeten hinsichtlich der kartesischen Basisvektoren $\mathbf{e}_x$, $\mathbf{e}_y$, $\mathbf{e}_z$ und berücksichtigt bei der Ausführung der inneren Produkte deren Ortho-Normalitätseigenschaften:

$$\begin{aligned}
\mathbf{e}_x \cdot \mathbf{e}_x &= \mathbf{e}_y \cdot \mathbf{e}_y = \mathbf{e}_z \cdot \mathbf{e}_z = 1, \\
\mathbf{e}_x \cdot \mathbf{e}_y &= \mathbf{e}_y \cdot \mathbf{e}_z = \mathbf{e}_z \cdot \mathbf{e}_x = 0,
\end{aligned} \qquad (2.21)$$

so entstehen die beiden dreigliedrigen Summenausdrücke für dW. Beide bestehen aus je drei Produkten arbeitsmäßig zugeordneter (korrespondierender) Kraft- und Weggrößenkomponenten:

$$\begin{bmatrix} F_x \\ F_y \\ F_z \end{bmatrix} \leftrightarrow \begin{bmatrix} du_x \\ du_y \\ du_z \end{bmatrix}, \quad \begin{bmatrix} M_x \\ M_y \\ M_z \end{bmatrix} \leftrightarrow \begin{bmatrix} d\varphi_x \\ d\phi_y \\ d\phi_z \end{bmatrix}. \qquad (2.22)$$

Abschließend fassen wir die Ergebnisse dieses Abschnittes wie folgt zusammen:

Satz: Sind **F**, **M** beliebige Kraftgrößen und **u**, **φ** beliebige Verformungsgrößen (Weggrößen) eines Tragwerks, so heißt

$$W = \int_0^{\mathbf{u}} \mathbf{F} \cdot d\mathbf{u} + \int_0^{\varphi} \mathbf{M} \cdot d\varphi \quad \text{Formänderungsarbeit.}$$

Kraft-und Weggrößen, welche gemeinsame Anteile zur Formänderungsarbeit leisten, heißen *korrespondierende* Größen (Variablen).

2.2.2 Äußere Weggrößen

Zur Definition äußerer Weggrößen denken wir uns nun irgendein unverformtes Stabkontinuum. Auf seiner Stabachse markieren wir einen beliebigen Punkt *i* und heften in diesem, wie auf Bild 2.11 geschehen, eine lokale Basis *x*, *y*, *z* als Zeiger an. Diese sei in *i* mit den Richtungen der Stabachse und der beiden Querschnittshauptachsen starr verbunden.

Betrachten wir nun eine beliebige Deformation dieses Stabes, so erkennen wir aus Bild 2.11, dass die *verformte Position* des Punktes *i* und seiner Zeiger durch Angabe folgender Größen eindeutig beschrieben werden kann:

- des räumlichen *Verdrehungsvektors* **u** als Verbindungsgerade zwischen der unverformten und der verformten Position von i,
- des *Verdrehungsvektors* **φ**, sichtbar gemacht durch die geänderte räumliche Orientierung *x**, *y**, *z** der ursprünglichen Basis *x*, *y*, *z*.

Beide Vektoren **u** und **φ** verkörpern gerade die *kinematischen Freiheitsgrade* eines Punktes der Stabachse, die im rechten Teil des Bildes 2.11 stark vergrößert wiedergegeben wurden. Durch Komponentenzerlegung hinsichtlich der *unverformten* Konfiguration definieren wir aus ihnen sechs *äußere Weggrößen*:

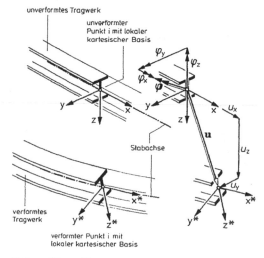

Bild. 2.11 Definition äußerer Weggrößen

$$\mathbf{u} = u_x \mathbf{e}_x + u_y \mathbf{e}_y + u_z \mathbf{e}_z, \quad \boldsymbol{\varphi} = \varphi_x \mathbf{e}_x + \varphi_y \mathbf{e}_y + \varphi_z \mathbf{e}_z, \tag{2.23}$$

die sich im Falle ebener Deformation auf drei Größen

$$u_x = u, u_z = w, \varphi_y = \varphi \quad \text{reduzieren (Tafel 2.8).}$$

Das Attribut *äußere* erscheint bei den definierten Weggrößen augenscheinlich: $\mathbf{u}$ und $\boldsymbol{\varphi}$ können nämlich, wie Bild 2.11 verdeutlicht, durch *äußere* Marken und Zeiger sichtbar gemacht werden, beispielsweise in einem Versuch. Darüber hinaus zeigen uns die Erläuterungen des letzten Abschnittes, dass die definierten Komponenten u_x, u_y, u_z und φ_x, φ_y, φ_z gerade mit entsprechend zerlegten *äußeren Kraftgrößen* Formänderungsarbeit leisten und somit deren *korrespondierende Variablen* darstellen. Diese Eigenschaft gilt gemäß Bild 2.10 für Einzelkräfte oder Einzelmomente, ist aber selbstverständlich auf jede andere äußere Kraftgröße gemäß Tafel 2.2 zu übertragen. Für eine beliebig gerichtete Linienlast $\mathbf{q}(x)$ in einem Trägerabschnitt $x_k - x_i$ erhält man beispielsweise die Formänderungsarbeit durch Integration über alle einzelnen Arbeitsdifferenziale $\mathbf{q}(x) \cdot d\mathbf{u}\,dx$ entlang der belasteten Stabelemente:

$$W = \int\limits_{x_i}^{x_k} \int\limits_{0}^{u} \mathbf{q}(x) \cdot d\mathbf{u}\,dx \cdot \tag{2.24}$$

2.2.3 Innere Weggrößen

In diesem Abschnitt wollen wir die den *Schnittgrößen* arbeitsmäßig zugeordneten, inneren Weggrößen, d.h. ihre *korrespondierenden Variablen*, ermitteln. Dazu zeigt Bild 2.12 ein differenzielles, ebenes Stabelement der Länge dx mit beliebigem, jedoch bezüglich der z-Achse symmetrischem Querschnitt. Nacheinander wird dieses einem Zustand reiner Dehnung, reiner Biegung und reinem Querkraftschub unterworfen; außerdem wird ein Stabelement mit Kreisquerschnitt tordiert. Die weitere Vorgehensweise ist stets identisch: Aus den Spannungsfeldern sowie den Relativverschiebungen einer typischen Querschnittsfaser vom Stabachsenabstand z werden jeweils die auf dem zugehörigen Querschnittselement dA geleisteten Formänderungsarbeitsbeträge berechnet und über den Gesamtquerschnitt integriert. Der so entstehende Arbeitsausdruck enthält—außer der Länge dx—die beiden korrespondierenden, inneren Kraft-und Weggrößen.

Beginnen wir mit dem Zustand reiner Dehnung links auf Bild 2.12. Seine Ursache sind konstant über den Querschnitt verlaufende Normalspannungen $\sigma(z) = \sigma = N/A$. Drückt man die Länge des verformten Stabelementes sowohl durch die Änderung der achsialen Verschiebungskomponente u als auch durch die Dehnung ε aus, so definiert

$$dx + u + du - u = dx + \varepsilon\,dx \tag{2.25}$$

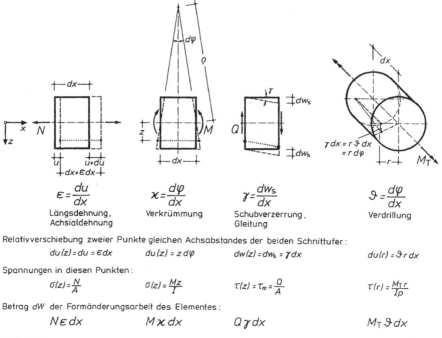

$$\varepsilon = \frac{du}{dx}$$

Längsdehnung,
Achsialdehnung

$$\varkappa = \frac{d\varphi}{dx}$$

Verkrümmung

$$\gamma = \frac{dw_s}{dx}$$

Schubverzerrung,
Gleitung

$$\vartheta = \frac{d\varphi}{dx}$$

Verdrillung

Relativverschiebung zweier Punkte gleichen Achsabstandes der beiden Schnittufer:

$du(z) = du = \varepsilon\,dx$ $du(z) = z\,d\varphi$ $dw(z) = dw_s = \gamma\,dx$ $du(r) = \vartheta\,r\,dx$

Spannungen in diesen Punkten:

$\sigma(z) = \dfrac{N}{A}$ $\sigma(z) = \dfrac{Mz}{I}$ $\tau(z) = \tau_m = \dfrac{Q}{A}$ $\tau(r) = \dfrac{M_T\,r}{I_p}$

Betrag dW der Formänderungsarbeit des Elementes:

$N\varepsilon\,dx$ $M\varkappa\,dx$ $Q\gamma\,dx$ $M_T\vartheta\,dx$

Bild. 2.12 Herleitung innerer Weggrößen

die Längs-oder Achsialdehnung

$$\varepsilon = \frac{du}{dx} \qquad (2.26)$$

der beiden sich parallel in x-Richtung verschiebenden Schnittufer. Aus dem Betrag
der geleisteten Formänderungsarbeit

$$dW = \int\limits_A \sigma(z)du(z)\,dA = \int\limits_A \sigma\varepsilon\,dA\,dx = \frac{N\cdot\varepsilon}{A}\int\limits_A dA\,dx = N\cdot\varepsilon\,dx \qquad (2.27)$$

identifizieren wir nach Integration und Herauskürzen der Querschnittsfläche A die
Achsialdehnung[7] ε als die zur Normalkraft N korrespondierende innere Weggröße.

Als zweites behandeln wir eine Verbiegung des Stabelementes gemäß Bild 2.12.
Die linear über beide Schnittufer verlaufenden Normalspannungsfelder $\sigma(z) = M\cdot z/I$ führen zu proportional mit der Stabachsenentfernung z anwachsenden Stau-
chungen bzw. Längungen $du(z)$ der einzelnen Querschnittsfasern, also zu einer ge-
genseitigen Neigung $d\varphi$ der beiden Querschnittsufer:

---

[7] Positive ε bezeichnet man als Dehnung oder Längung, negative ε als Stauchung.

$$du(z) = z\,d\varphi. \tag{2.28}$$

In der geleisteten Formänderungsarbeit

$$dW = \int\limits_{A} \sigma(z)du(z)dA = \int\limits_{A} \frac{M \cdot z}{I} \cdot z\,d\varphi\,dA = \frac{M}{I} \int\limits_{A} z^2 dA\,d\varphi \tag{2.29}$$

führen wir sodann erneut die Integration über die Querschnittsfläche aus, kürzen das hierbei entstehende Trägheitsmoment heraus und substituieren $d\varphi$ durch die Stabachsenverkrümmung

$$\kappa = \frac{1}{\rho} = \frac{d\varphi}{dx}, \tag{2.30}$$

den Reziprokwert des Krümmungsradius ρ. Im Endergebnis

$$dW = M \cdot \kappa\,dx \tag{2.31}$$

identifizieren wir die *Verkrümmung* κ als die zum Biegemoment M korrespondierende innere Weggröße.

Die als weiteres behandelte Schubverzerrung $\gamma(z)$ werde für alle Querschnittsfasern des Stabelementes gemäß Bild 2.12 als gleich vorausgesetzt; sie führt somit zu einer Parallelverschiebung beider Schnittufer in z-Richtung:

$$dw(z) = dw_{\mathrm{s}} = \gamma\,dx. \tag{2.32}$$

Ihre Ursache sei ein konstantes, mittleres Schubspannungsfeld $\tau(z) = \tau_{\mathrm{m}} = Q/A$. Die Formänderungsarbeit

$$dW = \int\limits_{A} \tau(z)dw(z)dA = \int\limits_{A} \frac{Q}{A} \cdot \gamma\,dx\,dA = \frac{Q}{A} \cdot \gamma \int\limits_{A} dA\,dx = Q \cdot \gamma\,dx \tag{2.33}$$

legt nach analogen Schritten die *Schubverzerrung* γ der Stabachse als die zur Querkraft Q korrespondierende innere Weggröße fest.

Tordieren wir abschließend das auf Bild 2.12 rechts dargestellte Stabelement, so verdrehen sich dabei dessen kreisförmige Schnittufer gegenseitig um den Winkel $\vartheta\,dx = d\varphi_{\mathrm{x}}$. Die hierbei auftretende tangentiale Relativverschiebung der Endpunkte einer beliebigen Querschnittsfaser lautet daher

$$du(r) = \vartheta \cdot r \cdot dx, \tag{2.34}$$

die dort wirkende, gleichgerichtete Schubspannung:

$$\tau(r) = M_{\mathrm{T}} \cdot r/I_{\mathrm{p}}. \tag{2.35}$$

r bezeichnet hierin den Mittelpunktsabstand und I_p das polare Trägheitsmoment:

$$I_p = \int_A r^2 \, dA. \tag{2.36}$$

Bilden wir nun erneut die Formänderungsarbeit des Stabelementes

$$dW = \int_A \tau(r) du(r) dA = \int_A \frac{M_T \cdot r}{I_p} \cdot \vartheta \cdot r \, dx \, dA$$

$$= \frac{M_T}{I_p} \cdot \vartheta \int_A r^2 \, dA \, dx = M_T \cdot \vartheta \, dx, \tag{2.37}$$

so identifizieren wir in diesem Fall die *Verdrillung* ϑ als die zum Torsionsmoment M_T korrespondierende innere Weggröße.

Innere Weggrößen werden in der Mechanik auch als *Verzerrungen* bezeichnet, daher können wir unsere Ergebnisse folgendermaßen zusammenfassen:

Satz: Verzerrungen sind die den Schnittgrößen arbeitsmäßig zugeordneten (korrespondierenden) inneren Weggrößen.
Folgende Zuordnungen bestehen:
Normalkraft N ↔ Längsdehnung ε,
Biegemoment M ↔ Verkrümmung κ,
Querkraft Q ↔ Schubverzerrung γ,
Torsionsmoment M_T ↔ Verdrillung ϑ.

Alle weiteren Erkenntnisse unserer Herleitungen enthält Tafel 2.9 . Die dort angeführten positiven Wirkungsrichtungen der Verzerrungen ergeben sich unmittelbar aus ihren Definitionen als Bestandteile der Formänderungsarbeit. Die Übertragung von dem der Herleitung zugrunde gelegten, ebenen auf ein *räumliches* Stabelement in Tafel 2.9 überlassen wir der Anschauung des Lesers.

2.2.4 Lineare und nichtlineare Theorien in der Statik

In diesem Abschnitt wollen wir eine wichtige Begründung bisherigen und zukünftigen Vorgehens einschieben. Dazu betrachten wir beispielhaft das symmetrische Hängewerk des Bildes 2.13, das durch eine vorgegebene Einzellast F beansprucht werde. Seine beiden Stäbe sollen aus einem so dehnweichen Werkstoff bestehen, dass wir die

- unbelastete und unverformte Konfiguration von der
- belastete und verformten

ohne Schwierigkeiten unterscheiden können.

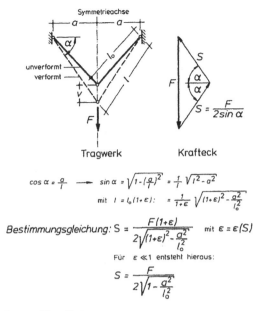

Bild. 2.13 Hängewerk unter Einzellast

Die Bestimmung der beiden, erst im *verformten* Zustand voll wirksamen Stabkräfte S erfolgt in dem Krafteck des Bildes 2.13 durch Zerlegung von F in die beiden verformten Stabrichtungen. Der hierbei auftretende Winkel α ist natürlich unbekannt; seinen Sinus formen wir in der angegebenen Weise um, wobei wir die verformte Stablänge l durch Einführung der Stabdehnung ε auf die unverformte Länge l_0 zurückführen:

$$l = l_0(1 + \varepsilon). \qquad (2.38)$$

Damit treten in der Kräftezerlegung von F nur Abmessungen des unverformten Tragwerks auf, außerdem die Stabdehnung ε als Funktion der Stabkraft S:

$$\varepsilon = \varepsilon(S). \qquad (2.39)$$

Dies jedoch lässt die unbekannte Stabkraft S in Bild 2.13 auf *beiden* Seiten ihrer Bestimmungsgleichung auftauchen: diese ist daher nicht mehr explizit, sondern nur iterativ lösbar. Allerdings erkennen wir, dass durch näherungsweise Vernachlässigung der Stabdehnungen $\varepsilon \ll 1$, d. h. durch Formulierung des *Gleichgewichts am unverformten Tragwerk*, die uns vertraute, *explizite* Formel entsteht.

Nun unternehmen wir das folgende Gedankenexperiment:
Zunächst belasten wir das Hängewerk mit der Last F_1 und ermitteln die zugehörige Stabkraft:

$$S_1 = \frac{F_1(1 + \varepsilon_1)}{2\sqrt{(1 + \varepsilon_1)^2 - a^2/l_0^2}} \text{ mit } \varepsilon_1 = \varepsilon_1(S_1). \tag{2.40a}$$

Wieder entlastet liefert im zweiten Versuchsabschnitt die Last F_2 auf analoge Weise die Stabkraft:

$$S_2 \frac{F_2(1 + \varepsilon_2)}{2\sqrt{(1 + \varepsilon_2)^2 - a^2/l_0^2}} \text{ mit } \varepsilon_2 = \varepsilon_2(S_2). \tag{2.40b}$$

Als letztes bringen wir $F_1 + F_2$ auf das Tragwerk. Wie man bemerkt, ist die hierdurch hervorgerufene Stabkraft

$$S = \frac{(F_1 + F_2)(1 + \varepsilon)}{2\sqrt{(1 + \varepsilon)^2 - a^2/l_0^2}} \text{ mit } \varepsilon = \varepsilon(S) \tag{2.41}$$

nur dann durch Superposition von $S_1 + S_2$ zu bestimmen, wenn erneut alle Stabdehnungen ε_1, ε_2, ε als klein gegen 1 vorausgesetzt werden:

$$S = S_1 + S_2 \frac{(F_1 + F_2)}{2\sqrt{1 - a^2/l_0^2}}. \tag{2.42}$$

Die Gültigkeit des *Superpositionsgesetzes*, nach welchem Schnitt- und Auflagergrößen einzelner Lastzustände superponiert werden dürfen, ist demnach auf Gleichgewichtsformulierungen am unverformten Tragwerk beschränkt. Setzen wir, im Vorgriff auf Abschn. 2.3.2, die Verknüpfung (2.39) als linear voraus, so gilt das Superpositionsgesetz auch für Weggrößen.

Verallgemeinernd fassen wir zusammen:

Satz: Unter der Voraussetzung vernachlässigbar kleiner (infinitesimaler) Deformationen darf das Gleichgewicht am unverformten (starren) Tragwerk formuliert werden.

Bei zusätzlicher Annahme linearer Elastizität gilt für alle Zustandsgrößen das Superpositionsgesetz.

Diese beiden Sätze beherrschen die *lineare Statik*, auch *Theorie kleiner Verformungen* oder *Theorie 1. Ordnung* genannt. Ihre Berechtigung für die Mehrzahl der Festigkeitsaufgaben des Bauwesens liegt in der Nutzungsbedingung, nach welcher die Deformationen der meisten Tragwerke ohnehin sehr klein gegenüber den Abmessungen sein müssen. Selbstverständlich gilt die Vernachlässigung der Verformungen, d. h. die Annahme der *Starrheit* des Tragwerks, nur für die Formulierung des Gleichgewichtes, nicht für kinematische Betrachtungen.

Alle anderen Berechnungskonzepte gehören zur *nichtlinearen Statik*. Bei einer Theorie *großer Verformungen* beispielsweise muss das Gleichgewicht am verformten Tragwerk formuliert werden, und bei *physikalisch nichtlinearen* Theorien wird

(2.39) zu einer nichtlinearen, oftmals impliziten Beziehung. In diesen Fällen gilt das Superpositionsgesetz nicht und die Methoden zur Bestimmung der Zustandsgrößen sind iterativer Natur.

In diesem Buch werden wir nur lineare Statik betreiben. Solange die auftretenden Verformungen (beispielsweise v in Bild 2.13), bezogen auf eine typische Tragwerksabmessung, unterhalb der Prozentgrenze liegen, bleibt ihre Vernachlässigung im allgemeinen ohne Einfluss auf die Berechnungsergebnisse. Dies gilt allerdings nicht für Stabilitätsprobleme und auch nur dann, wenn keine Querschnittsverformungen—Flanschverbiegungen oder Stegbeulen—auftreten. Sie sind im Rahmen der linearen Statik durch geeignete konstruktive Versteifungen auszuschließen.

2.2.5 Kinematik eines ebenen, geraden Stabelementes

In diesem Abschnitt sollen nun die zwischen den inneren und äußeren Weggrößen bestehenden Verknüpfungen, die *kinematischen Beziehungen*, hergeleitet werden. Dies erfolgt im Rahmen der linearen Statik, innerhalb welcher die auftretenden Verformungen als infinitesimal klein betrachtet werden. Beispielsweise gilt daher für den Drehwinkel φ eines Stabquerschnittes infolge einer Deformation:

$$\varphi \cong \mathrm{tg}\varphi \cong \sin\varphi, \cos\varphi \cong 1. \tag{2.43}$$

Übrigens werden wir uns, wie beim Gleichgewicht des Abschn. 2.1.4, auf ein ebenes, ursprünglich gerades Stabkontinuum beschränken.

Äußere kinematische Variablen sind nach Tafel 2.8 die Achsialverschiebung u, die Normalverschiebung w und die Neigung φ eines Punktes der Stabachse, innere Weggrößen die Längsdehnung ε, die Verkrümmung κ sowie die Schubverzerrung γ gemäß Tafel 2.9. Die ersten beiden kinematischen Beziehungen können unmittelbar Bild 2.12 entnommen werden, nämlich die Definition der Längsdehnung

$$\varepsilon = \frac{du}{dx} \tag{2.44}$$

sowie diejenige der Verkrümmung

$$\kappa = \frac{d\varphi}{dx}. \tag{2.45}$$

Zur Herleitung der dritten kinematischen Beziehung betrachten wir in der stark vergrößerten Verformungsdarstellung des Bildes 2.14 das negative Schnittufer des eingezeichneten differenziellen Stabelementes in seiner verformten Position. φ beschreibt darin, rechtsdrehend als positiv definiert, die erwähnte Neigung der Stabachse infolge einer reinen Biegeverkrümmung (2.45). dw/dx dagegen gibt die Gesamtneigung der Stabachse an, die von φ gerade um den Schubverzerrungswinkel γ

Tafel 2.8 Äußere Weggrößen

Definition:

  Äußere Weggrößen (Formänderungsgrößen, kinematische Freiheitsgrade) sind
Verschiebungen   und   Verdrehungen

Vektorielle Resultierende:

$\mathbf{u}$	$\boldsymbol{\varphi}$

Komponentenzerlegung im E3:

u_x	u_y	u_z	φ_x	φ_y	φ_z

Komponentenzerlegung in der xz-Ebene:

u	w	φ

Bezeichnungen:

  z.B. $u_{x\,i\,j}$

              └ 2. Index: Ursache
             └ 1. Index: Ort
       Komponentenrichtung, falls erforderlich

Positive Wirkungsrichtungen:

- Äußere Weggrößen werden i.a. in Richtung
  positiver globaler oder lokaler Bezugssysteme
  als positiv vereinbart.

- Die Vereinbarung erfolgt vor Rechnungsbeginn in der baustatischen Skizze.

Tafel 2.9 Innere Weggrößen

Definition:

  Innere Weggrößen (Verzerrungen) sind die den
Schnittgrößen arbeitsmäßig zugeordneten,
kinematischen Variablen.

Stabverzerrungen im E3 hinsichtlich:

$x:\varepsilon$	$y:\gamma_y$	$z:\gamma_z$	$x:\vartheta$	$y:\varkappa_y$	$z:\varkappa_z$

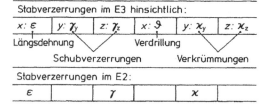

Stabverzerrungen im E2:

ε		γ		$\varkappa$	

Bezeichnungen:

  z.B. $\varkappa_{z\,i\,j}$

              └ 2. Index: Ursache
             └ 1. Index: Ort
       Komponentenrichtung, falls erforderlich

Positive Wirkungsrichtungen:

  Eine Verzerrung ist positiv, wenn diese mit
ihrer korrespondierenden Schnittgröße, aufge-
faßt als äußere Kraftgröße an einem Stabelement wirkend, einen positiven Formände-
rungsarbeitsbeitrag leistet.

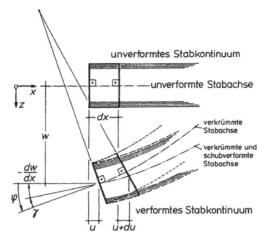

Bild. 2.14 Verformtes und unverformtes, differenzielles Element eines ebenen, geraden Stabes

abweicht. Beachtet man noch, dass dw/dx für einen Anstieg von w mit zunehmendem x als positiv einzuführen ist, so liest man schließlich die letzte der gesuchten Beziehungen aus Bild 2.14 ab:

$$-\frac{dw}{dx} = \varphi - \gamma. \tag{2.46}$$

Analog zu den Gleichgewichtsbedingungen (2.4) können wir die erhaltenen kinematischen Beziehungen (2.44), (2.45), und (2.46) wieder auf drei verschiedenen Arten zusammenfassen, nämlich

- in Form *skalarer Differenzialgleichungen,*
- als *matrizielle Differenzialgleichung* 1. Ordnung für die Spaltenvektoren $\mathbf{u} = \{u w \varphi\}$ und $\boldsymbol{\varepsilon} = \{\varepsilon \gamma \kappa\}$
- sowie schließlich als *matrizielle Operatorbeziehung* mit der quadratischen Differenzialoperatormatrix $\mathbf{D}_k$ (Index k: kinematisch).

Alle drei Formen finden in der Statik der Tragwerke ihre Anwendung; sie sind in Tafel 2.10 zusammengestellt.

2.2.6 Normalenhypothese

Bei schlanken Stabkontinua werden die Schubverzerrungen γ oftmals als vernachlässigbar klein angesehen und gestrichen. Diese Näherungsannahme, die durch Ver-

Tafel 2.10 Formen der kinematischen Beziehungen eines ebenen, geraden Stabelementes

Skalare Differentialgleichungen:

$$\frac{du}{dx} = \varepsilon, \qquad \frac{dw}{dx} + \varphi = \gamma$$

$$\left.\frac{d\varphi}{dx} = \varkappa \right\} \quad -\frac{d^2w}{dx^2} = -\varkappa + \frac{d\gamma}{dx}$$

Matrizielle Differentialgleichung 1. Ordnung:

$$\frac{d}{dx}\mathbf{u} \quad = \quad \mathbf{A} \cdot \mathbf{u} \quad + \quad \boldsymbol{\epsilon}$$

$$\frac{d}{dx}\begin{bmatrix} u \\ w \\ \varphi \end{bmatrix} = \begin{bmatrix} 0 & 0 & 0 \\ 0 & 0 & -1 \\ 0 & 0 & 0 \end{bmatrix} \cdot \begin{bmatrix} u \\ w \\ \varphi \end{bmatrix} + \begin{bmatrix} \varepsilon \\ \gamma \\ \varkappa \end{bmatrix}$$

Matrizielle Operatorbeziehung:

$$\boldsymbol{\epsilon} \quad = \quad \mathbf{D}_k \cdot \mathbf{u}$$

$$\begin{bmatrix} \varepsilon \\ \gamma \\ \varkappa \end{bmatrix} = \begin{bmatrix} d_x & 0 & 0 \\ 0 & d_x & 1 \\ 0 & 0 & d_x \end{bmatrix} \cdot \begin{bmatrix} u \\ w \\ \varphi \end{bmatrix} \qquad d_x = \frac{d}{dx}$$

suche gut bestätigt wird, geht auf J. BERNOULLI[8] zurück und wird daher auch als BERNOULLI-Hypothese bezeichnet. Würde man ihr zufolge in einem unbeanspruchten und daher unverformten Stab eine Reihe von Normalen rechtwinklig zur Stabachse markieren, so würden diese ihre Orthogonalitätseigenschaft während einer Verformung näherungsweise bewahren. Anders ausgedrückt: die auf Bild 2.14 erkennbare Schiefstellung zur verformten Stabachse um den Winkel γ darf als vernachlässigbar klein entfallen.

Normalenhypothese (BERNOULLI-Hypothese): Querschnitte, die *vor* einer Verformung *normal* (*orthogonal*) zur Stabachse stehen, bleiben dies auch *nach* einer Verformung:

$$\gamma \equiv 0. \tag{2.47}$$

Aus den skalaren Differenzialgleichungen der Tafel 2.10 erkennen wir mit (2.47) die weitreichenden Folgen der BERNOULLI-Hypothese: Die Stabachsenneigung φ entspricht nun dem negativen Zuwachs der Durchbiegung w, die Verkrümmung κ ihrer negativen zweiten Ableitung:

---

[8] JACOB BERNOULLI, in Basel ansässiger Mathematiker, 1655–1705, postulierte diese Annahme erstmals unmittelbar vor seinem Tod nach 14-jährigen Vorarbeiten. Bernoulli hat fast während seines gesamten Lebens am Problem der Stabbiegung, allerdings für große Verformungen, gearbeitet.

$$\varphi = -\frac{dw}{dx}, \quad \kappa = -\frac{d^2w}{dx^2}. \tag{2.48}$$

Im weiteren werden wir—je nach Erfordernis—sowohl Schubverzerrungen bei den untersuchten Stabdeformationen zulassen, aber auch die Normalenhypothese als willkommene Vereinfachung verwenden.

2.2.7 Starrkörperdeformationen

Um den Leser bereits jetzt mit kinematischen Gedankengängen stärker vertraut zu machen, wollen wir die matrizielle Differenzialgleichung der Tafel 2.10 integrieren und zwar für den homogenen Fall $\boldsymbol{\varepsilon} = \mathbf{0}$. Ihre Struktur ist mit

$$\mathbf{u}' - \mathbf{A} \cdot \mathbf{u} = \mathbf{0} \tag{2.49}$$

der entsprechenden Gleichgewichtsaussage auf Tafel 2.5 völlig identisch, daher dürfen wir auch die im Abschn. 2.1.5 konstruierte Lösung übernehmen. Die Koeffizientenmatrix $\mathbf{A}$ besitzt allerdings eine abweichende Besetzung, jedoch ergibt sich erneut, wie der Leser bestätigen möge, deren Quadrat zu Null. Gemäß den Gln. (2.11) und (2.14) erhalten wir daher:

$$\mathbf{u}(x) = \mathbf{e}^{\mathbf{A}(x-x_0)} \cdot \mathbf{u}(x_0) \tag{2.50}$$

$$\text{mit } \mathbf{e}^{\mathbf{A}(x-x_0)} = [\mathbf{I} + \mathbf{A}(x - x_0)] = \begin{bmatrix} 1 & 0 & 0 \\ 0 & 1 & -(x - x_0) \\ 0 & 0 & 1 \end{bmatrix}. \tag{2.51}$$

In Matrizenform lautet somit die Lösung der homogenen Differenzialgleichung (2.49) der kinematischen Beziehungen:

$$\begin{bmatrix} u \\ w \\ \varphi \end{bmatrix}_x = \begin{bmatrix} 1 & 0 & 0 \\ 0 & 1 & -(x - x_0) \\ 0 & 0 & 1 \end{bmatrix} \cdot \begin{bmatrix} u \\ w \\ \varphi \end{bmatrix}_{x_0}. \tag{2.52}$$

Um den kinematischen Inhalt dieser Lösung zu erfassen, betrachten wir nun auf Tafel 2.11 einen Stababschnitt der Länge a mit den Endpunkten x_i und x_k. Wird der Zustandsvektor $\mathbf{u}_i$ vorgegeben, so bestimmen sich die Elemente von $\mathbf{u}_k$ in der dort angegebenen Weise gemäß (2.52). Aus der zeichnerischen Darstellung dieser Lösung erkennen wir, dass gerade eine *Starrkörperdeformation* des Stababschnittes beschrieben wird, was wegen der Voraussetzung $\boldsymbol{\varepsilon} = \mathbf{0}$ zu erwarten war. Bei der Umsetzung der Lösung in die Skizze ist zu beachten, dass alle Verschiebungskomponenten infinitesimal klein sind, insbesondere also

$$\varphi \cong \sin\varphi, a\cos\varphi \cong a \tag{2.53}$$

gilt.

Tafel 2.11 Starrkörperdeformationen eines ebenen, geraden Stabelementes

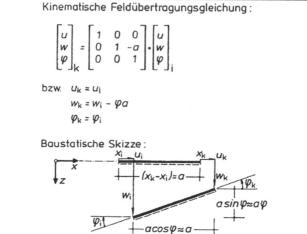

Kinematische Feldübertragungsgleichung:

$$\begin{bmatrix} u \\ w \\ \varphi \end{bmatrix}_k = \begin{bmatrix} 1 & 0 & 0 \\ 0 & 1 & -a \\ 0 & 0 & 1 \end{bmatrix} \cdot \begin{bmatrix} u \\ w \\ \varphi \end{bmatrix}_i$$

bzw. $\quad u_k = u_i$

$\qquad w_k = w_i - \varphi a$

$\qquad \varphi_k = \varphi_i$

Baustatische Skizze:

Satz: Verzerrungsfreie Verformungen $\varepsilon = 0$ bezeichnet man als Starrkörperdeformationen.

Starrkörperdeformationen lassen sich aus vielen Verformungszuständen abspalten. Im vorliegenden Fall enthält Tafel 2.11 die kinematische Feldübertragungsgleichung eines ebenen, geraden Stabelementes für Starrkörperdeformationen. Diese ist im allgemeinen natürlich noch um eine spezielle Lösung der inhomogenen, matriziellen Differenzialgleichung der Tafel 2.10—die Nicht-Starrkörperanteile—zu erweitern.

2.3 Die Werkstoffgesetze

2.3.1 Wirkliches, zeitunabhängiges Kraft-Verformungsverhalten

Zu einer vollständigen Beschreibung des mechanischen Verhaltens von Stabkontinua fehlen uns noch die *Werkstoffgesetze*, welche die Schnitt- und Verzerrungsgrößen eines Querschnitts miteinander verbinden. Sie stellen empirische, d.h. durch experimentelle Erfahrungen belegte, phänomenologische Erkenntnisse eines äußerst vielfältigen, physikalischen Geschehens dar.

Zur Einführung behandeln wir das Verhalten eines *fließfähigen* (zähen, duktilen) Werkstoffs am Beispiel des Zugversuchs eines naturharten Baustahls. Das Experiment erfolgt durch stetige, quasi-statische Reckung eines Prüfstabes. Sein Ergebnis ist die *Spannungs-Dehnungslinie* im oberen Teil des Bildes 2.15. Hierin ist die *Spannung* σ, die von der Prüfmaschine ausgeübte Kraft F dividiert durch die Fläche A_0 des Ausgangsquerschnitts, der *Dehnung* ε als Quotient der Längung Δl und einer festgelegten Ausgangslänge l_0 gegenübergestellt.

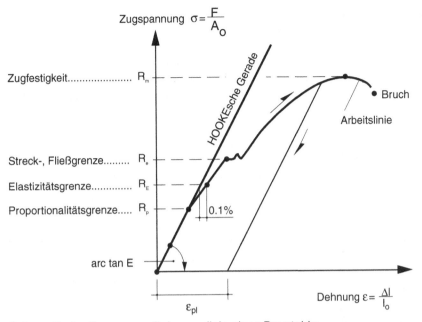

Schematische Spannungs-Dehnungslinie eines Baustahls

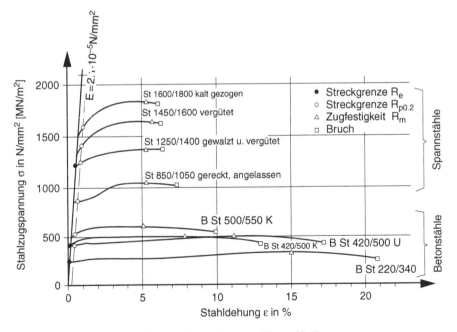

Spannungs-Dehnungslinien von Bewehrungsstählen [3.6]

Bild. 2.15 Spannungs-Dehnungslinien von Stählen

Gemäß Bild 2.15 erreicht die Spannungs-Dehnungslinie nach kurzem, geradlinigem Verlauf die Proportionalitätsgrenze R_P. Weiter bis zur Elastizitätsgrenze R_E, einer messtechnischen Festlegung, darf bereits ein geringer plastischer Verformungsanteil von $\varepsilon_{pl} = 0.1\%$ auftreten. Danach nehmen bleibende Dehnungen bis zur Streck- oder Fließgrenze R_e stetig zu, bei welcher der Eintritt in ein ausgeprägtes Fließplateau beobachtet wird. Hier trennen sich nunmehr endgültig Be- und Entlastungspfade, beide sind durch merkbare plastische Dehnungen ε_{pl} gegeneinander versetzt. Nach Durchlaufen dieses Fließplateaus erfolgt noch ein weiterer Festigkeitsanstieg infolge von Kristallgitter-Versetzungen bis zur Zugfestigkeit R_m. Der von dort bis zum Trennbruch dargestellte Spannungsabfall ist scheinbar: Er wird durch Verwendung der Ausgangsfläche A_0 zur Spannungsdefinition verursacht. Die unter Berücksichtigung der Querschnittseinschnürung ermittelte aktuelle Spannung steigt dagegen weiter an.

Das in Bild 2.15 dargestellte Fließplateau charakterisiert vor allem *naturharte* Baustähle. Fehlt ein solches, beispielsweise bei vielen *vergüteten* Stählen, so wird die $R_{p0.2}$-Grenze als Streckgrenze definiert, bei welcher eine bleibende Dehnung von $\varepsilon_{pl} = 0.2\%$ auftritt.

Der untere Teil von Bild 2.15 zeigt nun wirkliche Spannungs-Dehnungslinien verschiedener Beton- und Spannstähle. Deutlich erkennt man die langen Fließzonen der naturharten Stähle und das Absinken der Fließfähigkeit (Duktilität) vergüteter Stähle bei steigender Streck- und Bruchgrenze.

Als weiteres Beispiel für unterschiedliches Spannungs-Dehnungsverhalten wählen wir dasjenige von Beton aus, eines ausgesprochen *spröden* Werkstoffes. Während die Bruchdehnungen bei Stählen im Prozentbereich liegen, finden wir sie bei

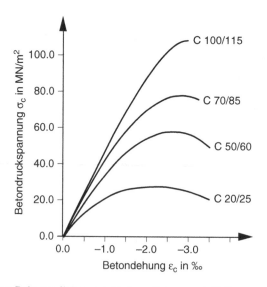

Bild. 2.16 Spannungs-Dehnungslinien verschiedener Betone nach [3.7]

Betonen—Bild 2.16—im Promillebereich. Außerdem fehlt ein ausgeprägtes Fließ-verhalten. Vielmehr steigen Spannung σ und Stauchung ε im Druckbereich zunächst monoton an; nach Überschreiten des Spannungsmaximums und kurzem Spannungs-abfall erfolgt der Bruch.

Derartige Spannungs-Dehnungsverläufe, die Mittelwerte vieler Messungen dar-stellen [3.7], können aus Druckprüfungen zylindrischer Proben gewonnen werden. Die Messungen gestalten sich äußerst schwierig, weil Betone durch ihre viskosen Eigenschaften (siehe Abschn. 2.3.5) bereits bei Kurzzeitbelastung bleibende Dehnungen erleiden, und die Ergebnisse daher von der Belastungsgeschwindigkeit, der Belastungsdauer und natürlich der Betongüte abhängen. Im Gegensatz zu Bau-stählen zeigen Betone darüber hinaus vom Belastungsbeginn an eine gekrümmte Spannungs-Dehnungslinie, also ein nichtlinear-elastisches Verhalten.

2.3.2 Linear elastisches Werkstoffverhalten

Die im letzten Abschnitt sichtbar gewordene Vielfalt elastischen und plastischen Verformungsverhaltens, das abschnittsweise wechseln und von Verfestigungspha-sen unterbrochen sein kann, wird in der Statik der Tragwerke durch vereinfachende Idealisierungen approximiert. Wird als Ziel eine möglichst wirklichkeitsnahe Er-fassung des Tragverhaltens im *Gebrauchszustand*, also beträchtlich unterhalb der Versagensgrenze, angesehen, so liegt die einfachste Idealisierung als *linear ela-stischer* Werkstoff nahe. Dabei verlaufen Spannungen und Dehnungen zueinander proportional. Die durch diese Annahme begründete lineare Elastizitätstheorie wird daher gemäß Bild 2.15 und 2.16 zu einer *asymptotischen Tragwerkstheorie* für die Nullpunktsnähe $\sigma = \varepsilon = 0$, deren Fehler mit wachsendem Nullpunktsabstand—für jeden Werkstoff unterschiedlich—ansteigen.

Satz: Die Linearisierung der Spannungs-Dehnungsbeziehungen für $\varepsilon \to 0$ heißt lineares Elastizitätsgesetz oder HOOKEsches Gesetz.[9]

Für die in einem beliebigen Punkt $P(x, z)$ eines Stabkontinuums wirkenden Nor-malspannungen σ_{xx} und Achsialdehnungen ε_{xx} bedeutet diese Linearisierung:

$$\sigma_{xx}(z) = E\varepsilon_{xx}(z), \tag{2.54}$$

für die Schubspannungen τ_{xz} und Schubverzerrungen γ_{xz}:

$$\tau_{xz}(z) = G\gamma_{xz}(z). \tag{2.55}$$

---

[9] ROBERT HOOKE, britischer Physiker und Zeitgenosse Newtons, 1635–1703, veröffentlichte 1675 das Ergebnis seiner Experimente zur Deformation von Stahlfedern in einem berühmten Ana-gramm, das er 1678 auflöste: ut tensio sic vis.

Hierin kürzen

E den Elastizitätsmodul und

$G = \frac{E}{2(1+v)}$ den Schubmodul als Proportionalitätsfaktoren sowie

v die Querdehnungszahl

ab. Zur Beschreibung linear elastischen Verhaltens genügt somit die Angabe von zwei Werkstoffkennwerten: E, v oder G. Spannungen und Verzerrungen wurden in üblicher Weise durch zweifache Koordinatenindizes gekennzeichnet, wobei der erste Index den orthogonal zur Stabachse x geführten Schnitt beschreibt, der zweite die Komponentenrichtung. Die Annahme linear elastischen Werkstoffverhaltens ist eine zusätzliche Voraussetzung für die Gültigkeit des Superpositionsgesetzes in der linearen Statik (siehe Abschn. 2.2.4).

Es sei noch erwähnt, dass über die lineare Elastizität hinaus in der Statik der Tragwerke noch weitere, das wirkliche Verformungsverhalten besser approximierende Modelle gebräuchlich sind. Ist das Spannungs-Dehnungsgesetz gekrümmt, so liegt ein *nichtlinear elastischer* Werkstoff vor. Einfache Idealisierungen elastoplastischen Werkstoffverhaltens sind das *linear-elastische, vollplastische* Modell sowie ein linear elastischer Werkstoff mit *linearer Verfestigung* gemäß Bild 2.17. Plastische Effekte sind dabei stets durch unterschiedliche Be- und Entlastungspfade gekennzeichnet.

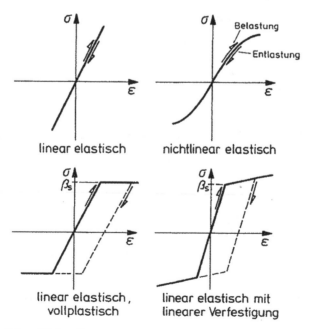

Bild. 2.17 Idealisierte Werkstoffgesetze

2.3.3 Zeitabhängiges Kraft-Verformungsverhalten

Viele Werkstoffe des Bauwesens, an erster Stelle Beton und Holz, besitzen die
Fähigkeit zu zeitabhängigen Deformationen. Zu deren Darstellung müssen die
Spannungs-Dehnungslinien der Bilder 2.15, 2.16, und 2.17 durch eine dritte Koordinatenachse, die *Zeitachse t*, räumlich erweitert werden, wie dies in Bild 2.18
erfolgt ist.

Wir denken uns einen Prüfkörper aus einem zeitabhängig deformierbaren Werkstoff, der infolge einer Kurzzeitbelastung zum Zeitpunkt t_0 einen bestimmten
Spannungs-Dehnungszustand σ_0, ε_0 erreicht habe. Wird nun dessen Spannungsni-
veau σ_0 konstant gehalten, so entwickeln sich im Laufe der Zeit durch das *Kriechvermögen* des Materials zusätzliche Dehnungen ε_k. Bleibt dagegen das Dehnungs-
niveau ε_0 konstant, so erfolgt ein zeitabhängiger Abbau der Anfangsspannungen σ_0
auf σ_r, ein als *Relaxation* bezeichneter Vorgang. Das zeitliche Verformungsverhalten
derartiger Werkstoffe ähnelt somit demjenigen kompressibler, viskoser Flüssigkei-
ten, weshalb man sie als *visko-elastisch* oder *visko-plastisch* bezeichnet, je nach dem
Charakter ihres Kurzzeitverhaltens. Übrigens können diese Materialien auch ohne
äußere Spannungseinwirkung, d.h. für $\sigma = 0$, zeitabhängige Deformationen erleiden, ein als *Schwinden* (Verkürzung, $\varepsilon_S < 0$) oder *Quellen* (Ausdehnung, $\varepsilon_S > 0$)
bezeichneter Vorgang (Bild 2.18).

Der für den konstruktiven Ingenieurbau wichtigste Werkstoff mit zeitabhängigem
Verformungsverhalten ist der Stahl- und Spannbeton. Bei ihm führt das Kriechen

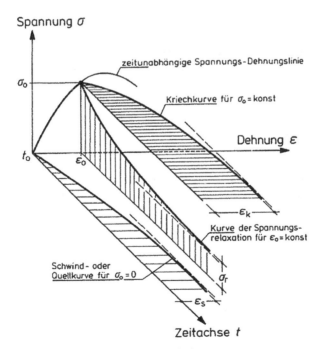

Bild. 2.18 Zeitabhängiges Spannungs-Dehnungsverhalten

zu zwei betonphysikalisch unterschiedlichen Verformungsanteilen: dem reversiblen Anteil der verzögert elastischen Verformung und dem Fließanteil der bleibenden Deformation. Beides wird durch die zeitabhängige Kriechfunktion (Kriechzahl) φ_t auf die als elastisch vorausgesetzte Anfangsdehnung ε_{el} bezogen:

$$\varepsilon_k = \varphi_t \varepsilon_{el} = \varphi_t \frac{\sigma_0}{E}. \tag{2.56}$$

Schwinddehnungen werden durch das zeitabhängige Schwindmaß ε_S quantifiziert. Kriechzahl und Schwindmaß nähern sich exponentiell mit der Zeit ihrem Endmaß. Eine bestimmte, zeitabhängige Gesamtdehnung $\varepsilon(t)$ eines als visko-elastisch idealisierten Betontragwerks lässt sich daher folgendermaßen in ihren elastischen, ihren Kriech- und ihren Schwindanteil separieren:

$$\varepsilon(t) = \varepsilon_{el} + \varepsilon_k(t) + \varepsilon_S(t) = \frac{\sigma}{E}(1 + \varphi_t(t)) + \varepsilon_S(t). \tag{2.57}$$

Gleichartige Darstellungen sind für Holz anwendbar.

2.3.4 Elastizitätsgesetz eines ebenen, geraden Stabelementes

Wir definieren:

Satz: Elastizitätsgesetze verknüpfen innere Kraft- und Weggrößen linear elastischer Kontinua.

Zu ihrer Herleitung betrachten wir erneut das differenzielle Element eines geraden Stabes, dessen Querschnittshauptachsen in y- und z-Richtung weisen. Dieses Element werde in Bild 2.19 nacheinander durch eine achsiale Normalkraft N, ein Biegemoment M sowie eine Querkraft Q beansprucht.

Der als erstes behandelte achsiale Normalkraftangriff N entsteht aus konstant über den Querschnitt verteilten Normalspannungen σ_{xx}, die durch das HOOKEsche Gesetz (2.54) in ein gleichartiges Dehnungsfeld ε_{xx} transformiert werden. Ersetzt man dieses sodann durch die in Bild 2.12 definierte Stabachsendehnung ε, so entsteht das gesuchte Elastizitätsgesetz nach Integration über den Querschnitt A als Verknüpfung von N und ε: $N = EA \cdot \varepsilon$.

Bei der als nächstes behandelten Biegebeanspruchung baut sich M als Integral aller statischen Momente $\sigma_{xx}(z) \cdot z \cdot dA$ über den Gesamtquerschnitt auf. Die durch (2.54) diesem Spannungsfeld zugeordnete Querschnittsdehnung $\varepsilon_{xx}(z)$ verläuft, Bild 2.12 und 2.19 gemäß, proportional zu z; ihre Substitution führt nach Integration über A zum Elastizitätsgesetz zwischen M und κ: $M = EI \cdot \kappa$.

Das sich im dritten Fall des Bildes 2.19 aus der Querkraftbeanspruchung Q ergebende Schubspannungsfeld lautet bekanntlich [1.2, 1.3, 1.5]

$$\tau_{xz}(z) = \frac{Q \cdot A_z}{I \cdot b} \tag{2.58}$$

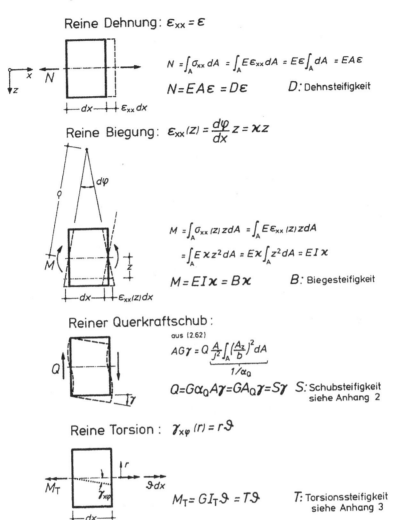

Reine Dehnung: $\varepsilon_{xx} = \varepsilon$

$N = \int_A \sigma_{xx}\, dA = \int_A E\varepsilon_{xx}\, dA = E\varepsilon \int_A dA = EA\varepsilon$

$N = EA\varepsilon = D\varepsilon$ D: Dehnsteifigkeit

Reine Biegung: $\varepsilon_{xx}(z) = \dfrac{d\varphi}{dx} z = \varkappa z$

$M = \int_A \sigma_{xx}(z)\, z\, dA = \int_A E\varepsilon_{xx}(z)\, z\, dA$

$= \int_A E\varkappa z^2\, dA = E\varkappa \int_A z^2\, dA = EI\varkappa$

$M = EI\varkappa = B\varkappa$ B: Biegesteifigkeit

Reiner Querkraftschub:

aus (2.62)

$AG\gamma = Q\,\dfrac{A}{J^2}\underbrace{\int_A \left(\dfrac{A_z}{b}\right)^2 dA}_{1/\alpha_0}$

$Q = G\alpha_0 A\gamma = GA_Q\gamma = S\gamma$ S: Schubsteifigkeit
siehe Anhang 2

Reine Torsion: $\gamma_{x\varphi}(r) = r\vartheta$

$M_T = GI_T\vartheta = T\vartheta$ T: Torsionssteifigkeit
siehe Anhang 3

Bild. 2.19 Elastizitätsgesetze gerader, eben beanspruchter und tordierter Stäbe

mit dem durch A_z abgekürzten statischen Moment

$$A_z = \int\limits_A z\, dA \qquad (2.59)$$

sowie dem Trägheitsmoment I und der Querschnittsbreite b. $\tau_{xz}(z)$ verschwindet, wegen der fehlenden äußeren Schubspannungen, am oberen und unteren Querschnittsrand, während es in der neutralen Faser, hier also in der Schwerachse, seine Maximalwerte annimmt. Proportional zu $\tau_{xz}(z)$ verlaufen gemäß (2.55) die entste-

henden Schubverzerrungen $\gamma_{xz}(z)$, die daher die auf Bild 2.19 erkennbare Verwöl-
bung der ursprünglich ebenen Querschnittsflächen erzeugen.

Die geleistete Formänderungsarbeit berechnen wir wie folgt:

$$
dW_\tau = \int_A \tau_{xz}(z)\gamma_{xz}(z)dA\,dx = \frac{1}{G}\int_A \tau_{xz}^2(z)dA\,dx
$$

$$
= \frac{1}{G}\int_A \left(\frac{Q\cdot A_z}{I\cdot b}\right)dA\,dx = \frac{Q^2}{G\cdot I^2}\int_A \left(\frac{A_z}{b}\right)^2 dA\,dx. \tag{2.60}
$$

Dabei wurden nunmehr die Schubverzerrungen durch das HOOKEsche Gesetz (2.55)
in Schubspannungen transformiert, und die hinsichtlich einer Integration über die
Querschnittsfläche A konstanten Größen Q und I vor das Integral gezogen.

Bei der Definition der inneren Weggrößen des Stabes auf Bild 2.12 hatten wir
dagegen eine über die Querschnittshöhe konstante Schubverzerrung γ postuliert,
welche keine Querschnittsverwölbung hervorrief. Diese Annahme stellt, wie wir
nun erkennen, eine kinematische Näherung dar. Würde die gemäß Bild 2.12 geleistete Formänderungsarbeit

$$
dW_Q = Q\gamma\,dx \tag{2.61}
$$

dem Arbeitsbetrag (2.60) der wirklichen Schubspannungsverteilung entsprechen, so
beschreibt γ gerade eine gemittelte Schubverzerrung des Querschnitts:

$$
dW_Q = Q\gamma\,dx = \frac{Q^2}{GI^2}\int_A \left(\frac{A_z}{b}\right)^2 dA\,dx = dW_\tau. \tag{2.62}
$$

Aus diesem Gleichheitspostulat der Formänderungsarbeit finden wir das auf
Bild 2.19 angegebene Elastizitätsgesetz: $Q = G\alpha_Q A\gamma$. Hierin reduziert der nur
von der Querschnittsform abhängige Faktor [1.2, 1.5]

$$
\alpha_Q = I^2 \left/ \left(A\cdot \int_A \left(\frac{A_z}{b}\right)^2 dA\right)\right. \tag{2.63}
$$

die Querschnittsfläche A zu einer effektiven Schubfläche $A_Q = \alpha_Q\cdot A$. Zahlenwerte
von α_Q finden sich in Anhang 2.

Die bis hierin hergeleiteten Elastizitätsgesetze stellen wir in der folgenden
Matrixform zusammen:

$$
\begin{bmatrix} N \\ Q \\ M \end{bmatrix} = \begin{bmatrix} EA & 0 & 0 \\ 0 & GA_Q & 0 \\ 0 & 0 & EI \end{bmatrix}\cdot \begin{bmatrix} \varepsilon \\ \gamma \\ \kappa \end{bmatrix} = \boldsymbol{E}\cdot\boldsymbol{\varepsilon}. \tag{2.64}
$$

Zur Vervollständigung wurde in Bild 2.19 auch das Elastizitätsgesetz für reine _ST._ VENANTsche Torsion aufgenommen. Zu seiner Herleitung, auf die wir nicht eingehen wollen, verweisen wir auf zahlreiche Literaturstellen der technischen Mechanik [1.2, 1.4, 1.5, 1.8, 1.28]. Formeln für die Torsionsträgheitsmomente I_T verschiedener Querschnitte finden sich im Anhang 3.

2.3.5 Kriech- und Schwindverformungen

Im Abschn. 2.3.3 hatten wir aus beliebigen elastischen Dehnungen ε_{el} einer Kurzzeitbeanspruchung für zeitabhängiges Kraft-Verformungsverhalten durch Definition der Kriechfunktion φ_t zugehörige Kriechdehnungen ε_k hergeleitet. Wegen der Proportionalität der Dehnung $\varepsilon_{xx}(z)$ und der Verzerrung $\gamma_{xz}(z)$ eines willkürlichen Punktes des Stabkontinuums zu den entsprechenden inneren Weggrößen ε, γ, κ lässt sich der Zusammenhang (2.56) unschwer auf diese übertragen:

$$\begin{bmatrix} \varepsilon \\ \gamma \\ \kappa \end{bmatrix}_k = \varphi_t \begin{bmatrix} \varepsilon \\ \gamma \\ \kappa \end{bmatrix}_{el}. \tag{2.65}$$

Dabei werden im konstruktiven Ingenieurbau zumeist nur _Kriechdehnungen_ ε_k und _Kriechverkrümmungen_ κ_k berücksichtigt, bei tordierten Stäben noch _Kriechverdrillungen_ ϑ_k.

Im allgemeinen werden sämtliche Querschnitte eines Stabes hinsichtlich ihres zeitabhängigen Verformungsvermögens als gleich, der Stab somit als _transversal homogen_ angesehen. _Quellen_ und _Schwinden_ des Werkstoffs führt daher höchstens zu _Achsialdehnungen_ $\varepsilon_S(\kappa_S \equiv 0)$. Dies ist jedoch eine Näherungsannahme, wie wir von hölzernen Balken wissen: Da deren Fasern auf verschiedenen Querschnittsseiten oftmals unterschiedliches Schwindvermögen besitzen, können diese sich lastfrei verkrümmen. Schwindbedingte Schubverzerrungen sind dagegen wegen ihres gestaltändernden (deviatorischen) Charakters unvorstellbar: $\gamma_S \equiv 0$.

Zusammenfassend erhalten wir unter Verwendung der inversen Beziehung (2.64) folgende viskosen, inneren Stabweggrößen:

$$\begin{bmatrix} \varepsilon \\ \gamma \\ \kappa \end{bmatrix}_t = \begin{bmatrix} \varepsilon \\ \gamma \\ \kappa \end{bmatrix}_k + \begin{bmatrix} \varepsilon \\ \gamma \\ \kappa \end{bmatrix}_s = \begin{bmatrix} \varphi_t/EA & 0 & 0 \\ 0 & \varphi_t/GA_Q & 0 \\ 0 & 0 & \varphi_t/EI \end{bmatrix} \cdot \begin{bmatrix} N \\ Q \\ M \end{bmatrix} + \begin{bmatrix} \varepsilon_S \\ 0 \\ 0 \end{bmatrix}. \tag{2.66}$$

Für Stahl- und Spannbetontragwerke liegt dabei die Kriechzahl φ_t zwischen 1.0 und 6.0, das Schwindmaß ε_S reicht bis -80×10^5.

2.3.6 Temperaturverformungen

Temperaturwechsel beeinflussen die Verformungen der Tragwerke durch eingeprägte Verzerrungsgrößen. Als Grundlage ihrer Bestimmung wird das bereits mehrfach

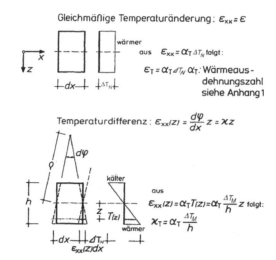

Bild. 2.20 Verformungsgesetze temperaturbeanspruchter ebener, gerader Stäbe

verwendete differenzielle Stabelement im Bild 2.20 nacheinander einer gleichmäßigen Temperaturänderung ΔT_N (als Erwärmung positiv) und einer Temperaturdifferenz ΔT_M (positiv bei wärmerer Bezugsseite) unterworfen, jeweils bezogen auf eine festgelegte Aufstelltemperatur. Dabei wird der Werkstoff jedes Stabquerschnitts als *thermisch homogen* idealisiert. Die entstehenden Wärmedehnungen werden dabei als zu den Temperaturänderungen proportional vorausgesetzt; der Proportionalitätsfaktor α_T, die *lineare Wärmeausdehnungszahl*, wird als Werkstoffkonstante (siehe Anhang 1) vorausgesetzt.

Die Herleitung der Temperaturdehnung ε_T der Stabachse infolge einer gleichmäßigen Erwärmung ΔT_N in Bild 2.20 bedarf keiner weiteren Erklärung. Bei einer Temperaturdifferenz ΔT_M folgt für die Dehnung $\varepsilon_{xx}(z)$ einer im Abstand z von der Schwerachse liegenden Faser aus der Proportionalität zur Temperatur $T(z)$ dieser Faser:

$$\varepsilon_{xx}(z) = \alpha_T T(z) = \alpha_T \frac{\Delta T_M}{h} z. \tag{2.67}$$

Durch Vergleich mit der inneren Kinematik

$$\varepsilon_{xx}(z) = \kappa_T z \tag{2.68}$$

entsteht hieraus die angegebene Beziehung für κ_T.

Temperatureinwirkungen führen in thermisch isotropen und homogenen Stabkontinua nur zu volumenändernden (dilatatorischen) Deformationen, d.h. zu Stabachsendehnungen ε_T und -verkrümmungen κ_T. Temperaturbedingte Schub- und Torsionsverformungen existieren wegen des gestaltändernden Charakters dieser Weggröße nicht.

2.4 Struktur und Grundgleichungen der Stabtheorie

2.4.1 Zustandsgrößen

Wir beginnen mit einem kurzen Rückblick. In der Festkörpermechanik, zu welcher die Statik gehört, werden Kräftesysteme in ihrer Wirkung auf deformierbare Körper untersucht. Dabei werden äußere Kraftgrößen als eingeprägte *Ursache* der beobachtbaren *Wirkung*, der äußeren Weggrößen, aufgefasst.

Durch die Forderung eines Gleichgewichtszustandes im betrachteten Körper sind den *äußeren Kraftgrößen* sogenannte *innere Kraftgrößen* zugeordnet; durch die Beschränkung auf kinematisch verträgliche Deformationen kann aus den *äußeren Weggrößen* auf *innere Weggrößen* geschlossen werden. Innere Kraft- und Weggrößen werden durch die Elastizitätsgesetze, bei nichtelastischen Werkstoffen durch allgemeine Stoffgesetze, verknüpft. Der Arbeitsbegriff ordnet jeder definierten Kraftgröße gerade eine *korrespondierende* Weggröße zur möglichen Leistung gemeinsamer Formänderungsarbeit zu.

Einen begrifflichen Überblick über dieses Variablensystem der Statik gibt Tafel 2.12. Darin bestimmen die Kraftgrößen den Kräftezustand eines Tragwerks, die Weggrößen seinen kinematischen Zustand, weitgehend auch in zueinander korrespondierenden Begriffen. Als übergeordnete Bezeichnung für beide Variablenarten hat sich der Ausdruck *Zustandsgrößen* eingebürgert.

2.4.2 Strukturschema ebener, gerader Stabkontinua

Einen auch formelmäßigen Überblick, ergänzt durch die zwischen den Variablen bestehenden Transformationen, erhalten wir mit Hilfe eines auf TONTI [3.8] zurückgehenden Strukturschemas. Sein Gerippe bilden die auf Bild 2.21 durch Ellipsen umrahmten *matriziellen Variablen*, nämlich Kraftgrößen links und Weggrößen rechts. Bekanntlich sind sie Funktionen der Stabachsenkoordinate x. Äußere und innere Variablen sind durch je zwei *Differenzialoperatoren* miteinander verknüpft: links durch den Gleichgewichtsoperator D_e (siehe Abschn. 2.1.4) und rechts durch den kinematischen Operator D_k (siehe Abschn. 2.2.5). Der *algebraische Operator* E (siehe Abschn. 2.3.4) des Elastizitätsgesetzes verbindet innere Kraft- und Weggrößen.

Jeder physikalischen Theorie ist eine derartige Struktur aufgeprägt. Stets existiert eine Variablengruppe von Ursachen (*Quellvariablen*), hier die Lastgrößen **p**, welche beobachtbare Wirkungen (*Konfigurationsvariablen*) hervorrufen, hier die Verschiebungsgrößen **u**. Zur Bestimmung dieser Wirkungen bedarf es der Einführung von *Zwischenvariablen*, hier σ und ε, um das Stoffverhalten zu beschreiben. Die Variablen der Ursachenseite werden durch Erhaltungsaussagen—wie das Gleichgewicht—verknüpft, diejenigen auf der Wirkungsseite durch geeignete Definitionen [3.8].

Damit enthält das Schema des Bildes 2.21 sämtliche, die Statik ebener, gerader Stabkontinua beschreibende Variablen sowie die zwischen ihnen bestehenden

Tafel 2.12 Zustandsgrößen der Statik der Tragwerke

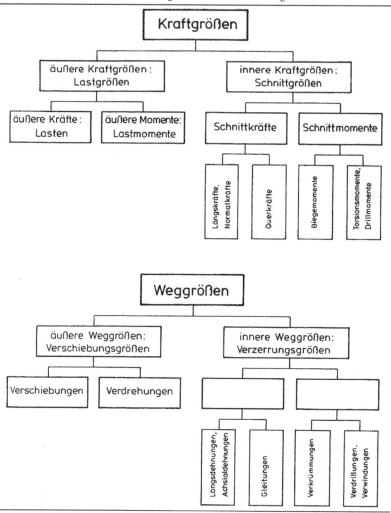

differenziellen und algebraischen Verknüpfungen. Es bildet eine kausale Aussagenkette von den Ursachen zu den äußeren Wirkungen in Differenzialform. Durch sukzessive Elimination der Zwischenvariablen—in dem auf Bild 2.21 angegebenen Umlaufsinn—kann diese auf die beiden äußeren Variablen kondensiert werden:

$$\begin{aligned}
\text{Gleichgewicht} \quad & -\mathbf{p} = \mathbf{D}_e \boldsymbol{\sigma} \\
\text{Elastizitätsgesetz} \quad & \boldsymbol{\sigma} = \mathbf{E}\boldsymbol{\varepsilon} \\
\text{Kinematik} \quad & \underline{\boldsymbol{\varepsilon} = \mathbf{D}_k \mathbf{u}} \\
& -\mathbf{p} = \mathbf{D}_e \mathbf{E} \mathbf{D}_k \mathbf{u} = \mathbf{D}\mathbf{u}.
\end{aligned}$$

(2.69)

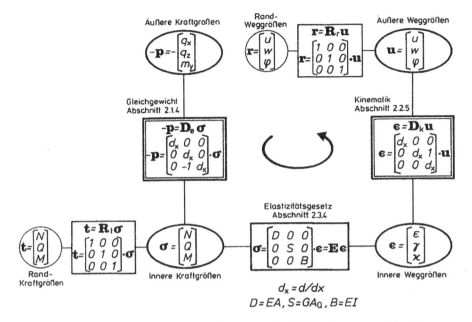

Bild. 2.21 Strukturschema der Theorie ebener, gerader Stabkontinua unter Einschluss von Schubverzerrungen

Das Ergebnis ist die sogenannte NAVIERsche[10] Differenzialgleichung dieses Problems in Matrixform. Ihren Gesamtoperator

$$\mathbf{D} = \mathbf{D}_e \mathbf{E} \mathbf{D}_k \qquad (2.70)$$

möge der Leser durch mehrfache Multiplikation der beteiligten Matrizen selbst ermitteln (siehe auch Tafel 2.13). Die NAVIERsche Differenzialgleichung oder Fundamentalgleichung formuliert Zusammenhänge im Inneren des Stabes; verallgemeinernd stellt sie eine *Feldgleichung* dar. Ihre Lösung erfolgt in Form eines Randwertproblems. Deswegen enthält Bild 2.21 ebenfalls mögliche Randvorgaben, die *Randvariablen* $\mathbf{r}$, $\mathbf{t}$, denen die Feldvariablen $\mathbf{u}$, σ im Verlaufe des Lösungsverfahrens sachgemäß anzupassen sind. Im einzelnen wollen wir dies anhand der durch Einführung der Normalenhypothese (2.47) vereinfachten Stabtheorie behandeln.

---

[10] LOUIS MARIE HENRI NAVIER, französischer Ingenieur und Physiker, 1785–1836, bedeutende Beiträge zur Mechanik der Fluide und festen Körper, verfasste 1826 das erste Lehrbuch der Statik [2.4].

2.4.3 Normalentheorie ebener, gerader Stabkontinua

Durch die bereits im Abschn. 2.2.6 erwähnte Normalenhypothese werden Schubverzerrungen γ als vernachlässigbar klein postuliert; *somit entfällt γ als innere
Weggröße.* Von den ursprünglich drei *kinematischen Beziehungen* des Bildes 2.21
bzw. der Tafel 2.10

$$\varepsilon = \frac{du}{dx}, \quad \gamma \equiv 0: \quad \varphi = \frac{dw}{dx},$$

$$\kappa = \frac{d\varphi}{dx} = -\frac{dw^2}{dx^2} \tag{2.71}$$

verbleiben daher nur die beiden links stehenden für ε und κ, während die dritte
Beziehung (2.71) nunmehr eine Abhängigkeit zwischen den beiden äußeren Weg-
größen φ und w einführt. Die Normalenhypothese reduziert somit die Anzahl der
unabhängigen Feldvariablen auf je 2: $\{\varepsilon, \kappa\}$ als innere sowie $\{u, w\}$ als äußere
Weggrößen. φ bleibt natürlich als mögliche kinematische Randvorgabe erhalten; am
Rand sind deshalb u, w, φ mit den beiden äußeren Weggrößen u, w zu verknüpfen:

$$\mathbf{r} = \mathbf{R_r u}: \begin{bmatrix} u \\ w \\ \varphi \end{bmatrix} = \begin{bmatrix} 1 & 0 \\ 0 & 1 \\ 0 & -d_x \end{bmatrix} \cdot \begin{bmatrix} u \\ w \end{bmatrix}. \tag{2.72}$$

Gruppentheoretische Überlegungen zeigen, dass als Folge der Normalenhypothese auch das Streckenmoment m_y als äußere Kraftgröße verschwinden muss. Damit reduzieren sich die ursprünglich drei *Gleichgewichtsaussagen* der Tafel 2.5 bzw.
des Bildes 2.21

$$-q_x = \frac{dN}{dx}, \quad m_y \equiv 0: \quad Q = \frac{dM}{dx},$$

$$-q_z = \frac{dQ}{dx} = \frac{d^2M}{dx^2} \tag{2.73}$$

auf nur noch zwei wesentliche Bedingungen. Die dritte Aussage (2.73) entartet
zur Definitionsgleichung der Querkraft Q aus dem Biegemoment M. Als Folge
der Normalenhypothese verbleiben daher auch bei den Kraftgrößen nur 2 äußere
$\{q_x, q_z\}$ und 2 innere $\{N, M\}$ unabhängige Feldvariablen. Q bleibt als Randgröße
jedoch erhalten; daher sind N, Q, M als mögliche dynamische Randvorgaben mit
den beiden inneren Kraftgrößen N, M zu verknüpfen:

$$\mathbf{t} = \mathbf{R_t \sigma}: \begin{bmatrix} N \\ Q \\ M \end{bmatrix} = \begin{bmatrix} 1 & 0 \\ 0 & d_x \\ 0 & 1 \end{bmatrix} \cdot \begin{bmatrix} N \\ M \end{bmatrix}. \tag{2.74}$$

Als Elastizitätsgesetze werden aus (2.64) nur die für N und M übernommen. Hieraus lässt sich nun das Strukturdiagramm der *Normalentheorie*, wie eine derartige Theorie der ihr zugrunde liegenden Hypothese wegen bezeichnet wird, in der auf Bild 2.22 dargestellten Form entwickeln. Jede seiner Feldvariablen enthält nur noch 2 Elemente, und die beiden Differenzialoperatoren $\mathbf{D}_e$ und $\mathbf{D}_k$ weisen im Biegeterm die typische zweifache Ableitung auf.

Hierauf aufbauend wurde schließlich in Tafel 2.13 die NAVIERsche Fundamentalgleichung (2.69) durch mehrfache Multiplikation der beteiligten Operatormatrizen ermittelt, beginnend von links. Dabei haben wir uns vereinfachend auf den

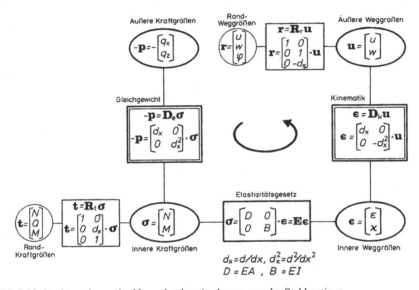

Bild. 2.22 Strukturschema der Normalentheorie ebener, gerader Stabkontinua

Tafel 2.13 NAVIERsche Differenzialgleichung der Normalentheorie ebener, gerader Stabkontinua

$$\text{NAVIERsche Fundamentalgleichung für } (EA)' = (EI)' = 0:$$

$$-\mathbf{p} = \mathbf{D}_e \mathbf{E} \mathbf{D}_k \mathbf{u} = \mathbf{D}\mathbf{u}: \quad \begin{bmatrix} EA & 0 \\ 0 & EI \end{bmatrix} \begin{bmatrix} d_x & 0 \\ 0 & -d_x^2 \end{bmatrix} \begin{bmatrix} u \\ w \end{bmatrix}$$

$$-\begin{bmatrix} q_x \\ q_z \end{bmatrix} = \begin{bmatrix} d_x & 0 \\ 0 & d_x^2 \end{bmatrix} \begin{bmatrix} EAd_x & 0 \\ 0 & EId_x^2 \end{bmatrix} \begin{bmatrix} EAd_x^2 & 0 \\ 0 & -EId_x^4 \end{bmatrix} \begin{bmatrix} EAu'' \\ -EIw'''' \end{bmatrix}$$

$$\quad \mathbf{p} \qquad \mathbf{D}_e \qquad \mathbf{D}_e\mathbf{E} \qquad \mathbf{D}_e\mathbf{E}\mathbf{D}_k \qquad \mathbf{D}\mathbf{u}$$

Zugehörige Zustandsgrößen:
$$u \in C^2: \quad \varepsilon = u', \qquad\qquad N = EAu',$$
$$w \in C^4: \quad \varphi = -w', \quad \chi = -w'', \quad M = -EIw'', \quad Q = -EIw'''$$

Abkürzungen: $d_x = \dfrac{d}{dx} = (\ )'$, $d_x^2 = \dfrac{d^2}{dx^2} = (\ )''$

Sonderfall konstanter Dehn- und Biegesteifigkeit beschränkt. Es ergeben sich die beiden bekannten Differenzialgleichungen

$$E A u'' = -q_x, \quad E I w'''' = q_z \tag{2.75}$$

als funktionale Zusammenhänge der äußeren Variablen.

In den auf ihnen aufbauenden klassischen Lösungsverfahren der Stabstatik werden nunmehr alle unabhängigen (ε, N, κ, M) und abhängigen ($\varphi = -w'$, $Q = M'$) Zustandsvariablem—zur einfachen Berücksichtigung der Randvorgaben—als Differenziale der Lösungsfunktionen u, w ausgedrückt. Diese Beziehungen, die der Leser unschwer aus den Transformationen des Bildes 2.22 herleiten kann, wurden ebenfalls in Tafel 2.13 aufgenommen.

2.4.4 Formänderungsarbeits-Funktionale

Zum Abschluss dieses Kapitels wollen wir noch einige grundsätzliche Eigenschaften des Fundamentaloperators (2.70) sowie seiner Teiloperatoren herausstellen. Hierzu wählen wir erneut die Normalentheorie, betonen jedoch, dass die Ergebnisse Allgemeingültigkeit besitzen (Tafel 2.14).

Wir betrachten zwei stetige, hinreichend oft differenzierbare, sonst jedoch beliebige Verformungszustände u_1, w_1 und u_2, w_2. Die beiden Wechselwirkungsintegrale

$$\int_a^b E A u_1'' u_2 \, dx \quad \text{und} \quad \int_a^b E I w_1'''' w_2 \, dx,$$

Tafel 2.14 Formänderungsarbeits—Funktionale

Arbeitssatz (1.*GREEN*sches Funktional):

Voraussetzung : *Kraftgrößenzustand (1)*: $\mathbf{p}_1 = -\mathbf{D}_e \boldsymbol{\sigma}_1$, $\mathbf{t}_1 = \mathbf{R}_t \boldsymbol{\sigma}_1$

Weggrößenzustand (2): $\boldsymbol{\epsilon}_2 = \mathbf{D}_k \mathbf{u}_2$, $\mathbf{r}_2 = \mathbf{R}_r \mathbf{u}_2$

$$W_{1,2} = \int_a^b \mathbf{p}_1^T \mathbf{u}_2 \, dx + [\mathbf{t}_1^T \mathbf{r}_2]_a^b - \int_a^b \boldsymbol{\sigma}_1^T \boldsymbol{\epsilon}_2 \, dx = 0$$

Formänderungsarbeit
der äußeren   Rand-   inneren   Variablen

Sonderfall :   *Kraftgrößenzustand ist die Ursache
des Weggrößenzustandes*

$$\int_a^b (\mathbf{u}^T \mathbf{D}_e \boldsymbol{\sigma} + \boldsymbol{\sigma}^T \mathbf{D}_k \mathbf{u}) \, dx = [\mathbf{t} \, \mathbf{r}]_a^b$$

Reziprozitätssatz von *BETTI* (2.*GREEN*sches Funktional):

$$\int_a^b (\mathbf{p}_2^T \mathbf{u}_1 - \mathbf{p}_1^T \mathbf{u}_2) \, dx = [\mathbf{t}_2^T \mathbf{r}_1 - \mathbf{t}_1^T \mathbf{r}_2]_a^b$$

die wir infolge (2.75) unschwer als Formänderungsarbeiten längs eines Stababschnittes $x_b - x_a$ identifizieren, werden zunächst ein- bzw. zweimal partiell integriert:

$$\int_a^b E A u_1'' u_2 dx = \left[E A u_1' u_2 \right]_a^b - \int_a^b E A u_1' u_2' dx,$$

$$\int_a^b E I w_1'''' w_2 dx = \left[E I w_1''' w_2 \right]_a^b - \int_a^b E I w_1''' w_2' dx$$

$$= \left[E I w_1''' w_2 \right]_a^b - \left[E I w_1'' w_2' \right]_a^b + \int_a^b E I w_1'' w_2'' dx. \qquad (2.76)$$

Drücken wir nun sämtliche Verformungsdifferenziale gemäß Tafel 2.13 durch Kraftgrößen aus, so entsteht hieraus:

$$\int_a^b q_{x1} u_2 dx = -[N_1 u_2]_a^b + \int_a^b \frac{N_1 \varepsilon_2}{\varepsilon_1 N_2} dx,$$

$$\int_a^b q_{z1} w_2 dx = -[Q_1 w_2 + M_1 \varphi_2]_a^b + \int_a^b \frac{M_1 \kappa_2}{\kappa_1 M_2} dx \qquad (2.77)$$

und zusammengefasst:

$$\int_a^b (q_{x1} u_2 + q_{z1} w_2) dx = -[N_1 u_2 + Q_1 w_2 + M_1 \varphi_2]_a^b$$

$$+ \int_a^b \frac{N_1 \varepsilon_2 + M_1 \kappa_2}{\varepsilon_1 N_2 + \kappa_1 M_2} dx. \qquad (2.78)$$

Bei dieser Substitution können in den rechten Integranden von (2.76) wegen deren Symmetrie die Steifigkeiten sowohl dem ersten als auch dem zweiten Verformungszustand zugeordnet werden, was zu den jeweils zwei angegebenen Alternativen führt.

Transformation von (2.78) in die Operatorschreibweise des Strukturschemas von Bild 2.22 nebst einer alternativen Verwendung von (2.69)

$$-\int_a^b \mathbf{u}_2^{\mathsf{T}}\mathbf{D}\mathbf{u}_1\, dx = \int_a^b \mathbf{p}_1^{\mathsf{T}}\mathbf{u}_2\, dx = -\left[\mathbf{t}_1^{\mathsf{T}}\mathbf{r}_2\right]_a^b + \int_a^b \boldsymbol{\sigma}_1^{\mathsf{T}}\boldsymbol{\varepsilon}_2\, dx$$

$$= -\left[\mathbf{t}_1^{\mathsf{T}}\mathbf{r}_2\right]_a^b + \int_a^b \boldsymbol{\varepsilon}_1^{\mathsf{T}}\boldsymbol{\sigma}_2\, dx \qquad (2.79)$$

führt auf das 1. GREENsche *Funktional*[11] des Fundamentaloperators [3.2]. Vom Standpunkt der Mechanik beschreibt dieses Funktional die Formänderungsarbeit der beiden Verformungszustände, geordnet nach Anteilen der äußeren, der inneren und der Randvariablen. Als *Arbeits-* oder *Energiesatz der Mechanik* wird (2.79) später unser methodisches Hauptwerkzeug werden.

Vertauscht man nun in (2.79) die beiden Zustände

$$-\int_a^b \mathbf{u}_1^{\mathsf{T}}\mathbf{D}\mathbf{u}_2\, dx = -\left[\mathbf{t}_2^{\mathsf{T}}\mathbf{r}_1\right]_a^b + \int_a^b \boldsymbol{\varepsilon}_1^{\mathsf{T}}\boldsymbol{\sigma}_2\, dx \qquad (2.80)$$

und subtrahiert beide Integralidentitäten voneinander:

$$\int_a^b \left(\mathbf{u}_1^{\mathsf{T}}\mathbf{D}\mathbf{u}_2 - \mathbf{u}_2^{\mathsf{T}}\mathbf{D}\mathbf{u}_1\right) dx = \left[\mathbf{t}_2^{\mathsf{T}}\mathbf{r}_1 - \mathbf{t}_1^{\mathsf{T}}\mathbf{r}_2\right]_a^b, \qquad (2.81)$$

so entsteht das 2. GREENsche *Funktional* des Operators $\mathbf{D}$. Dieses formuliert die *Selbstadjungiertheit* des Fundamentaloperators, woran eine Vielzahl wichtiger mathematischer Eigenschaften der Lösungen $\mathbf{u}$ geknüpft ist. In der Statik der Tragwerke wird das linke Integral stets unter Beachtung von $\mathbf{D} = \mathbf{D}^{\mathsf{T}}$ durch die Fundamentalgleichung (2.69) substituiert: diese Form nennt man dann den *Satz von* BETTI[12]:

$$\int_a^b \left(\mathbf{p}_2^{\mathsf{T}}\mathbf{u}_1 - \mathbf{p}_1^{\mathsf{T}}\mathbf{u}_2\right) dx = \left[\mathbf{t}_2^{\mathsf{T}}\mathbf{r}_1 - \mathbf{t}_1^{\mathsf{T}}\mathbf{r}_2\right]_a^b. \qquad (2.82)$$

Abschließend kehren wir noch einmal zum 1. GREENschen Funktional, dem Arbeitssatz (2.79) zurück und betrachten nun den Sonderfall, dass alle Zustandsvariablen dem *gleichen* Verformungszustand angehören:

---

[11] GEORGE GREEN, britischer Physiker und Mathematiker, 1793–1841, erforschte die mathematische Theorie der Elektrizität und des Magnetismus, wobei er den Begriff des Potentials einführte.

[12] ENRICO BETTI, italienischer Bauingenieur, 1823–1892, formulierte diese Symmetriebeziehung in seiner 1872 erschienenen Arbeit: Teoria della Elasticità.

$$\int\limits_a^b \mathbf{p}^T\mathbf{u}\,dx = \int\limits_a^b \mathbf{u}^T\mathbf{p}\,dx = -\left[\mathbf{t}^T\mathbf{r}\right]_a^b + \int\limits_a^b \boldsymbol{\sigma}^T\boldsymbol{\varepsilon}\,dx. \tag{2.83}$$

Substituieren wir in den linken Integranden die Gleichgewichtsbedingungen $-\mathbf{p} = \mathbf{D}_e\boldsymbol{\sigma}$, in den rechten die kinematischen Beziehungen $\boldsymbol{\varepsilon} = \mathbf{D}_k\mathbf{u}$, so stellen sich aus

$$-\int\limits_a^b \mathbf{u}^T\mathbf{D}_e\boldsymbol{\sigma}\,dx = -[\mathbf{t}^T\mathbf{r}]_a^b + \int\limits_a^b \boldsymbol{\sigma}^T\mathbf{D}_k\mathbf{u}\,dx$$

$$\text{bzw. } \int\limits_a^b (\mathbf{u}^T\mathbf{D}_e\boldsymbol{\sigma} + \boldsymbol{\sigma}^T\mathbf{D}_k\mathbf{u})\,dx = [\mathbf{t}^T\mathbf{r}]_a^b \tag{2.84}$$

nunmehr $\mathbf{D}_e$ und $-\mathbf{D}_k$ als zueinander *adjungierte Operatoren* dar. Dies bedeutet, dass wir in der Integralidentität stets *einen* Operator durch den *anderen* (sowie die Randvorgaben) ersetzen dürfen, dass integrale Aussagen über Gleichgewicht und kinematische Verträglichkeit austauschbar sind. Auf dieser Eigenschaft der Teiloperatoren $\mathbf{D}_e$ und $\mathbf{D}_k$ beruhen u.a. die numerischen Näherungsmethoden der Statik.

Mit diesen mathematischen Grundlagen wollen wir unseren Überblick über die Statik der Stabkontinua zunächst beenden.

Kapitel 3
Das Tragwerksmodell der Statik der Tragwerke

3.1 Konstruktionselemente

3.1.1 Vom Bauwerk zur Tragstruktur

Im zweiten Kapitel haben wir ausführlich die Statik gerader, ebener Stäbe behandelt. Derartige, gegebenenfalls auf räumliche Tragwirkungen erweiterte Stabkontinua bilden—gemeinsam mit Stützen und Anschlüssen—die Grundelemente jedes Stabtragwerks. In diesem Kapitel wollen wir uns mit Stabtragwerken und deren Tragstrukturen befassen.

Zur begrifflichen Erläuterung betrachten wir die stählerne Tragkabelbrücke auf Bild 3.1. Das geübte Auge des Ingenieurs wird aus der Abbildung dieses Bauwerks unschwer das *Tragwerk* herauslösen können. Treiben wir die Auflösung nicht zu weit, so entsteht das ebenfalls auf Bild 3.1 dargestellte Stabtragwerk. Dabei bildet der Brückenträger einen vornehmlich in der Darstellungsebene auf Biegung beanspruchten Stab, welcher zusätzliche Querbiege- (aus Wind) und Torsionsbeanspruchung (aus einseitiger Verkehrslast) erhält. Er ist durch Lager mit den Brückengründungen verbunden. Der Pylon stellt eine Pendelstütze dar, die infolge einseitiger Verkehrs- und Eigengewichtslasten über die Tragkabel zusätzliche Biegemomente erhält. Windbelastung kann wieder zu Querbiegung führen, unsymmetrische Verkehrslast bei Doppelkabeln zu Torsion. Die Tragkabel schließlich sind einfache Zugstäbe und durch Halbgelenke mit Überbau und Pylon verbunden.

Eine höhere Auflösung würde ein anderes Tragwerksmodell mit anderen Tragelementen entstehen lassen, beispielsweise versteifte Scheiben-Plattenelemente für Pylon und Brückenträger. Aus diesem Gedanken erkennen wir folgendes:

Satz: Alle Bauwerkskomponenten mit Tragfunktion bilden das *Tragwerk*. Dessen Modell—auf verschiedenen Abstraktionsstufen entwickelbar—bezeichnen wir als *Tragstruktur*.

In diesem Buch beschäftigen wir uns ausschließlich mit Tragwerken, deren Tragstrukturen durch Stäbe gebildet werden, d.h. mit *Stabtragwerken*. Aus Bild 3.1 wird deutlich, dass Stabtragwerke stets aus

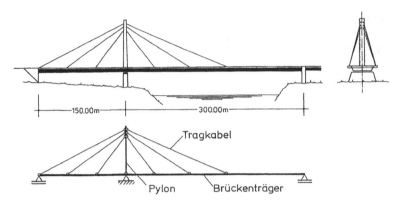

Bild. 3.1 Bauwerk und Tragstruktur

- Stabelementen,
- Stützungen bzw. Lagern sowie
- Knotenpunkten und Anschlüssen

aufgebaut sind. Die Wirkungsweisen aller drei Konstruktionselemente sollen nun kurz besprochen werden.

3.1.2 Stabelemente

Wie bereits im Abschn. 1.2 definiert, werden als *Stäbe* oder *Linienträger* solche Tragelemente bezeichnet, deren Dicken d und Breiten b klein ausfallen im Verhältnis zur Stützweite l:

$$d/l \cong b/l \ll 1. \tag{3.1}$$

Linienträger werden daher als *eindimensionale Tragelemente* idealisiert, die aus einer *Stabachse* und orthogonal hierzu liegenden *Stabquerschnitten* bestehend angesehen werden.

Stabförmige Tragelemente besitzen überaus vielfältige Formen. Die Stabachse eines Linienträgers kann gerade sein oder gekrümmt in einer Ebene liegen; sie kann aber auch gemäß einer Raumkurve verlaufen. Die Hauptachsen der einzelnen Stabquerschnitte können elementweise raumfest ausgerichtet oder verwunden sein. Tafel 3.1 bietet eine Systematik von Stabelementen unter Berücksichtigung der Beanspruchungsebenen, dabei unterscheidet man zwischen

- achsialen Stabelementen: N,
- ebenen Stabelementen: N, Q, M,
- räumlichen Stabelementen: N, Q_y, Q_z, M_T, M_y, M_z.

Balken- und *Fachwerkelemente* bilden die häufigsten Linienträger des konstruktiven Ingenieurbaus.

Tafel 3.1 Bezeichnung von Stabelementen nebst zugeordneter Schnittgrößen

Beanspruchung	Schnittgrößen	Stabachse gerade	Stabachse gekrümmt
Einachsig	N	Fachwerkelement	Seilelement Bogenelement
Eben	$N\,Q\,M$	Balkenelement	Bogenelement
Räumlich	$N\,Q_y\,Q_z\,M_T\,M_y\,M_z$		

3.1.3 Stützungen und Lager

Die Wirkungsweise von Stützungen oder Lagern, wie Stützkonstruktionen genannt werden, lässt sich besonders deutlich unter Zuhilfenahme der im Abschn. 2.2.1 eingeführten Formänderungsarbeit erläutern. Dabei wollen wir uns auf *starre, reibungsfreie* Stützungen beschränken, eine im Bauwesen übliche Idealisierung, sowie auf *Punktstützungen ebener Tragwerke*. Linienstützungen von Stabtragwerken, etwa in Form einer elastischen Bettung, werden somit nicht behandelt.

Im beliebigen Punkt P eines ebenen Stabtragwerks sollen gemäß Bild 3.2 (oben) drei *äußere Kraftgrößen* F_x, F_z, M wirken, bezeichnet nach den Achsen der lokalen Basis. Im selben Punkt führen drei *äußere Weggrößen* u, w, φ in die verformte Position P^*; diese stehen—der Einfachheit halber—in keinem ursächlichen Zusammenhang zu den drei Kraftgrößen. Damit lautet die Formänderungsarbeit in P:

$$W_p = F_x \cdot u + F_z \cdot w + M \cdot \varphi. \tag{3.2}$$

Starre, reibungsfreie Stützungen wirken nun derart, dass in jedem der drei korrespondierenden Zustandsgrößenpaare ein Faktor zu Null vorgegeben werden kann und der verbleibende Faktor als unbekannte Lagergröße zu bestimmen ist. So verschwindet beispielsweise in einem festen Gelenklager das Moment M mit den bei-

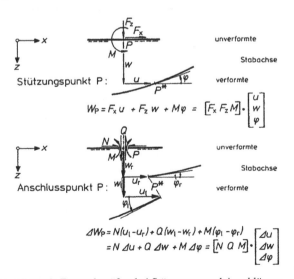

Bild. 3.2 Korrespondierende Zustandsgrößen bei Stützungen und Anschlüssen

den Verschiebungen u und w; die Lagerdrehung φ sowie F_x und F_z sind als unbekannte Lagergrößen zu bestimmen. In einem verschieblichen Gelenklager können M, F_x und w verschwinden, dafür treten φ, u und F_z als Unbekannte auf. Die Anzahl der in einem Stützungspunkt auftretenden Kraftgrößen, die Lagerreaktionen, bezeichnet man als dessen *Wertigkeit*.

Satz: Starre, reibungsfreie Stützungen dienen zur Ausschaltung einzelner *äußerer Weg- bzw. Kraftgrößen*. Die jeweils korrespondierenden äußeren Kraft- bzw. Weggrößen werden in der Stützung als Lagerreaktionen oder Lagerverschiebungen wirksam.

Die Anzahl der auftretenden Reaktionen bezeichnet man als *Wertigkeit* eines Lagers.

Tafel 3.2 liefert einen systematischen Überblick über *ebene Stützungen*, wobei das freie Ende eines Stabes als Grenzfall ebenfalls aufgenommen wurde. Die einzelnen Stützungstypen werden stets durch feste Symbole dargestellt. Sie können durch besondere Lagerkonstruktionen oder durch gelenkig miteinander verbundene Stäbe (Pendelstützen) realisiert werden. Grundtypen bilden die *feste Einspannung* und das *feste Gelenklager*, aus denen die *bewegliche Einspannung* und das *verschiebliche Gelenklager* abgeleitet worden sind.

Wirkliche Lagerkonstruktionen besitzen natürlich stets ein *räumliches* Stützungsvermögen, mit welchem sie die jeweils sechs räumlichen Kraft- und Weggrößen (2.22) beeinflussen:

$$W_p = F_x u_x + F_y u_y + F_z u_z + M_x \varphi_x + M_y \varphi_y + M_z \varphi_z. \tag{3.3}$$

Tafel 3.2 Systematik ebener Stützungen

	feste Einspannung	verschiebl. Einspannung	festes Gelenklager	verschiebliche Gelenklager		freies Ende
Symbol:						
Gelenkstab-äquivalent:						
vorgegeben:	$u = 0$ $w = 0$ $\varphi = 0$	$u = 0$ $F_z = 0$ $\varphi = 0$	$u = 0$ $w = 0$ $M = 0$	$F_x = 0$ $w = 0$ $M = 0$	$u = 0$ $F_z = 0$ $M = 0$	$F_x = 0$ $F_z = 0$ $M = 0$
unbekannt:	F_x F_z M	F_x w M	F_x F_z φ	u F_z φ	F_x w φ	u w φ
wirkende Reaktionen:						
Wertigkeit:	3	2	2	1	1	0
Freiheitsgradanzahl:	0	1	1	2	2	3
Freiheitsgrade:		w	φ	u, φ	w, φ	u, w, φ

Daher enthalten ältere Lehrbuchkonzepte [1.18, 1.22] gelegentlich Systematisierungen und Symbolisierungen räumlicher Lager in Anlehnung an Tafel 3.2. Bei räumlichen Stabtragwerken ist es jedoch vorteilhafter, die vielfältigen Wirkungsweisen räumlicher Stützungen statt in einer komplizierten, neuen Symbolik durch die auftretenden Reaktionen darzustellen.

3.1.4 Knotenpunkte und Anschlüsse

Stützungen verbinden Tragwerke mit ihren Gründungen, Anschlüsse dagegen verknüpfen Stabelemente untereinander. Wie bei den Stützungen wollen wir uns auch bei diesen Konstruktionselementen auf die Behandlung starrer, reibungsfreier Punktanschlüsse beschränken.

Hierzu betrachten wir in Bild 3.2 (unten) den Verbindungspunkt P zweier Stabelemente als beliebigen Knotenpunkt eines Tragwerks. Wir durchtrennen die Verbindung mittels eines virtuellen Schnittes, wodurch die Schnittgrößen N, Q, M freigelegt werden, und erteilen beiden Stabenden l (links), r (rechts) positive, jedoch unterschiedliche Deformationen u, w, φ. Die von diesen Zustandsgrößen geleistete Formänderungsarbeit lässt sich als

$$
\begin{aligned}
\Delta W_\mathrm{p} &= N(u_\mathrm{l} - u_\mathrm{r}) + Q(w_\mathrm{l} - w_\mathrm{r}) + M(\varphi_\mathrm{l} - \varphi_\mathrm{r}) \\
&= N\,\Delta u + Q\,\Delta w + M\,\Delta \varphi
\end{aligned}
\tag{3.4}
$$

angeben. Starre, reibungsfreie Anschlüsse werden nun—ganz analog zu den Stützungen—so konstruiert, dass in jedem der drei korrespondierenden Zustandsgrößenpaare der letzten Zeile von (3.4) entweder der Kraft- oder der Weggrößenanteil vorgegeben werden kann. Der jeweils korrespondierende Anteil ist zunächst unbekannt und kann berechnet werden. Beispielsweise ermöglicht ein Biegemomentengelenk durch die Vorgabe $M = 0$ einen Knick $\Delta\varphi \neq 0$ in der Biegelinie.

Derartige Vorgaben werden uns später als *Nebenbedingungen* erneut begegnen. Die Anzahl der in einem Anschluss wirksamen Kraftgrößen, auch als *Zwischenreaktionen* bezeichnet, führt man erneut als dessen *Wertigkeit* ein.

Satz: Starre, reibungsfreie Anschlüsse dienen zur Ausschaltung einzelner innerer *Weg- bzw. Kraftgrößen*. Die jeweils korrespondierenden inneren Kraft- bzw. Weggrößen werden in den Anschlüssen als Zwischenreaktionen bzw. Anschlussdeformationen wirksam.

Die Anzahl der Zwischenreaktionen bezeichnet man als *Wertigkeit* eines Anschlusses.

Tafel 3.3 bietet einen systematischen Überblick über zweiwertige, ebene Anschlüsse; alle geben somit *eine* Nebenbedingung vor. Als Grenzfall ist der feste, d.h. dreiwertige Anschluss ebenfalls aufgeführt. Einwertige Anschlüsse lassen sich aus den Grundtypen der Tafel 3.3 in beliebiger Weise kombinieren. Gleiches gilt für die Erweiterung auf räumlich wirksame Anschlüsse.

Tafel 3.3 Systematik ebener Anschlüsse

	fester Anschluss	Biegemomenten-gelenk	Längskraft-gelenk	Querkraft-gelenk
Symbol: Gelenkstab-äquivalent:				
vorgegeben:	$\Delta u = u_l - u_r = 0$ $\Delta w = w_l - w_r = 0$ $\Delta \varphi = \varphi_l - \varphi_r = 0$	$\Delta u = u_l - u_r = 0$ $\Delta w = w_l - w_r = 0$ $M = 0$	$N = 0$ $\Delta w = w_l - w_r = 0$ $\Delta \varphi = \varphi_l - \varphi_r = 0$	$\Delta u = u_l - u_r = 0$ $Q = 0$ $\Delta \varphi = \varphi_l - \varphi_r = 0$
unbekannt:	N Q M	N Q $\Delta \varphi$	Δu Q M	N Δw M
wirkende Zwischenreaktionen:	N, Q, M	N, Q	Q, M	N, M
Wertigkeit:	3	2	2	2
Freiheitsgradanzahl (=Nebenbedingungen):	0	1	1	1
Freiheitsgrad:		$\Delta \varphi$	Δu	Δw

3.2 Aufbau von Stabtragwerken

3.2.1 Räumliche und ebene Tragstrukturen

Bauwerke sind räumliche Konstruktionen, daher weisen auch deren Tragwerke und Tragstrukturen i.A. eine räumliche Erstreckung auf. Viele Tragstrukturen sind jedoch auf triviale Weise in *ebene Teilstrukturen* zerlegbar, was einer der Gründe für die bedeutende Rolle von ebenen Tragwerken in der Statik darstellt.

Wir wollen dies an Hand dreier Hallenüberdachungen auf Bild 3.3 näher erläutern. Oben auf Bild 3.3 findet sich eine klassische Konstruktionsform, bestehend aus

- zwei trapezförmigen Fachwerkbindern als Haupttragwerk,
- zwei Windverbänden in den beiden Dachscheiben, und
- zwei Ausfachungsverbänden in den Seitenwänden.

Jedes dieser Teiltragwerke kann für sich allein in einer Ebene abgebildet werden; daher lässt sich auch das Gesamttragwerk als Folge mehrerer ebener Teilstrukturen berechnen. Dieses Tragwerk ist somit *vollständig* in ebene Teiltragwerke zerlegbar. Bei der im mittleren Teil von Bild 3.3 dargestellten bogenförmigen Hallenüberdachung ist dies bereits nicht mehr möglich. Zwar liegen die beiden Bögen noch jeweils in einer Ebene, aber der räumlich gekrümmte Windverband ist ein echtes Raumtragwerk und nur als solches, gemeinsam mit den Bögen, berechenbar. Bei

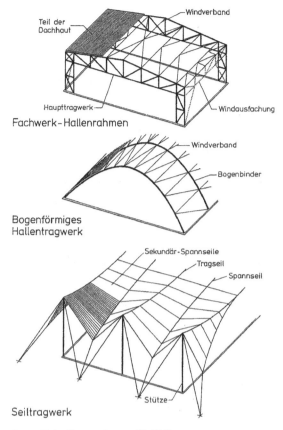

Fachwerk-Hallenrahmen

Bogenförmiges
Hallentragwerk

Seiltragwerk

Bild. 3.3 Ebene und räumliche Tragstrukturen für Hallen

dieser Struktur gelingt somit nur noch eine Teilzerlegung (für vertikale Lasten). Das in Bild 3.3 unten skizzierte räumliche Seiltragwerk ist, sieht man einmal von besonderen symmetrischen Lastkombinationen ab, überhaupt nicht mehr in ebene Teilstrukturen zerlegbar.

Fassen wir verallgemeinernd zusammen: Tragwerke bestehen stets aus *räumlichen Tragstrukturen*. Diese sind häufig *vollständig* in *ebene Teilstrukturen* zerlegbar, wodurch der Erfassungs- und Berechnungsaufwand beträchtlich reduziert werden kann. Gelegentlich gelingt eine Zerlegung noch teilweise, oftmals jedoch überhaupt nicht. In diesem Fall liegen *echte Raumtragwerke* vor, die nur als solche—oft mit hohem Aufwand—zu behandeln sind.

Satz: Räumliche Tragstrukturen sind

- vollständig oder teilweise in ebene Teilstrukturen zerlegbar bzw.
- unzerlegbar, d.h. echte Raumstrukturen.

Bei den im Verlauf dieses Buches herzuleitenden Berechnungsverfahren werden daher ebene Tragstrukturen wegen ihrer einfachen Erfassung und weiten Verbreitung eine dominierende Rolle spielen. Die dabei entwickelten vereinfachten Berechnungsverfahren sind jedoch stets auf echte Raumtragwerke erweiterbar. Oftmals erfolgt dies ausdrücklich, um auch die notwendige Behandlung räumlicher Strukturen vorzuführen.

3.2.2 Typen ebener Stabtragwerke

Ebene Stabtragwerke lassen sich nach vielen unterschiedlichen Gesichtspunkten klassifizieren: Nach ihrer äußeren Form, nach ihrer mechanischen Wirkungsweise, nach ihrem Verwendungszweck. Eine *erste Unterteilung* bietet sich nach der statischen Funktion ihrer Stabelemente an und zwar in

* *Stabwerke*, die nur aus Balkenelementen (N, Q, M) bestehen,
* *Fachwerke*, die nur aus geraden Fachwerkstäben (N) mit reibungsfreien Gelenkverbindungen zusammengesetzt sind, sowie in
* *Mischsysteme* aus beiden (und weiteren) Elementtypen.

Tafel 3.4 gibt auf dieser Grundlage eine Typenübersicht über einfache Tragstrukturen des konstruktiven Ingenieurbaus. Dabei findet sich stets links eine Stabwerkslösung, rechts eine Fachwerkkonstruktion und in der Mitte ein Mischsystem. Diese Tafel strebt keine Systematik an. Vielmehr möchte sie eine kurze Übersicht über Grundtypen und mögliche Variationen vermitteln und den Leser damit anregen, weitere ihm begegnende Tragstrukturen zu analysieren und zu klassifizieren.

3.2.3 Beschreibung der Tragstruktur

Beim Entwurf eines Bauwerks besteht eine wichtige Ingenieuraufgabe in der Wahl des geeigneten Tragwerks. Dessen statische Berechnung und spätere Bemessung vorbereitend muss das Tragwerk unter Verwendung der im Abschn. 3.1 besprochenen Konstruktionselemente in ein *Berechnungsmodell*, die Tragstruktur, überführt werden. Dies erfolgt im allgemeinen in einer *baustatischen Skizze* oder, falls die Berechnung von einem Computer durchgeführt werden soll, in einer *baustatischen Tabelle* als Programmeingabe. Baustatische Skizze oder baustatische Tabelle müssen somit sämtliche, für die durchzuführende Berechnung erforderliche Daten enthalten. Beide bilden gleichwertige Informationsmengen. Sie sind frühestens als Ergebnis eines Vorentwurfs angebbar. Daher beginnt das zu diesem Abschnitt gehörende Bild 3.4 mit der *Entwurfsskizze* eines Spannbeton-Hallenbinders und entwickelt hieraus die baustatische Skizze bzw. Tabelle.

Eine baustatische Skizze, die wir als erstes besprechen wollen, enthält mindestens die folgenden Informationen (vergleiche Bild 3.4):

Tafel 3.4 Typen ebener Stabtragwerke

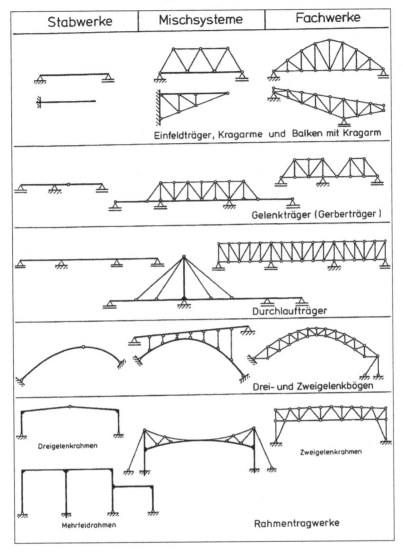

- Vermaßung aller Knotenpunkte,
- Stabachsen mit Achsmaßen,
- Steifigkeiten aller Stabelemente,
- Stützungen und Anschlüsse in symbolischer Form,
- Lagerreaktionen in positiven Wirkungsrichtungen sowie deren Bezeichnungen,
- sämtliche Lasten,
- positive Wirkungsrichtungen der Schnittgrößen, d.h. lokale Bezugssysteme oder Bezugsseiten.

Entwurfsskizze eines Spannbeton-Hallenbinders:

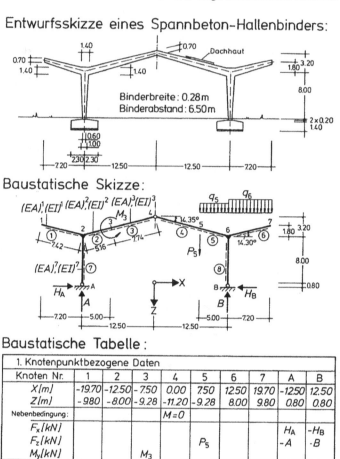

Bild. 3.4 Baustatische Skizze und baustatische Tabelle

Zur Angabe der Stabsteifigkeiten $(EA)^p$, $(EI)^p$ in Bild 3.4 sei herausgestellt, dass diese—wegen der Veränderlichkeit aller Querschnittshöhen—im vorliegenden Fall keine Festwerte, sondern Funktionen darstellen. Sie können beispielsweise, wie veränderliche Stabbelastungen, durch ihre Randwerte beschrieben werden.

Beim Aufbau der *baustatischen Tabelle*, die im unteren Teil von Bild 3.4 enthalten ist, gewinnen wir eine zunächst überraschende, im späteren Verlauf jedoch selbstverständliche Erkenntnis: Alle Eingangsgrößen lassen sich in *knotenpunktbe-*

zogene und *stabelementbezogene* Daten aufteilen. Übrigens sind alle, in der Tabelle verwendeten Bezeichnungen bereits in Kap. 2 eingeführt worden. Im einzelnen werden Mittelknoten als dreiwertige, d.h. feste Anschlüsse gemäß Tafel 3.3 angesehen; Nebenbedingungen—beispielsweise das Gelenk im Punkt 4—sind daher gesondert zu vermerken.

Wir empfehlen dem Leser ein auf Verständnis bedachtes Nachvollziehen der Daten der baustatischen Tabelle, die im übrigen selbsterklärend ist. Die Dezimalzahlen in den beiden Elementbelastungszeilen ergeben sich aus dem Sinus und Cosinus der jeweiligen Stabneigungswinkel. In den beiden letzten Zeilen stehen die Nummern der Knotenpunkte an den jeweils linken (l) bzw. rechten (r) Enden der betreffenden Elemente.

3.3 Topologische Eigenschaften der Tragstrukturen

3.3.1 Knotengleichgewichtsbedingungen und Nebenbedingungen

Zu Beginn dieses Abschnittes kehren wir noch einmal zu den in der baustatischen Tabelle auf Bild 3.4 enthaltenen Informationen zurück. Zunächst wurden dort sämtliche Knotenpunkte der Tragstruktur durch ihre globalen Koordinaten X, Z in der Darstellungsebene festgelegt. Am Tabellenende wurde vereinbart, welche Knotenpunkte durch welche Stabelemente zum Aufbau der Tragstruktur zu verbinden sind. So verbindet beispielsweise das linke (negative) Ende des Stabes 1 den Knoten 1 mit dem Knoten 2, der an dessen rechtem (positivem) Stabende liegt. Alle Anschlüsse werden dabei, wie bereits vermerkt, zunächst als dreiwertig vorausgesetzt. Nebenbedingungen, welche—wie im Punkt 4—die Wertigkeit reduzieren, müssen daher gesondert angegeben werden.

Diese Informationsmenge: die *Knotenpunktsanzahl*, ihre *Wertigkeit* und die *Zahl der Stabelemente*, beschreibt die topologischen Eigenschaften einer vorliegenden Tragstruktur. Die *Tragwerkstopologie* behandelt Anordnung und gegenseitige Beziehungen der Konstruktionselemente eines Tragwerks, dabei klammert sie sämtliche geometrischen (Abmessungen) und mechanischen (Lasten, Steifigkeiten) Eigenschaften aus. Auf ihrer Basis wollen wir in den nächsten Abschnitten grundlegende Klassifizierungsmerkmale für Tragstrukturen gewinnen.

Hierzu betrachten wir auf Bild 3.5 ein einfaches, ebenes Tragwerk und zerlegen es durch fiktive Schnitte in drei Knoten und zwei Stabelemente, wodurch wir die in den Schnittflächen wirkenden Schnittgrößen freilegen. Der Einfachheit halber sollen nur Knotenlasten in Richtung der *Knotenfreiheitsgrade* das Tragwerk beanspruchen, da nur diese im Tragwerk Schnittgrößen hervorrufen. Wie aus Bild 3.5 ersichtlich, würde eine am unverschieblichen Knoten 1 angreifende, äußere Horizontalkraft zwar die Reaktion H_1 verändern, nicht aber die Schnittgrößen des Tragwerks.

Bereits im Abschn. 2.1.5 wurde gezeigt, dass bei ebenen Stabelementen die unabhängigen Stabendkraftgrößen, beispielsweise N_r^p, M_l^p, M_r^p, beliebig vorgegeben werden dürfen. Bestimmt man die abhängigen Größen, in diesem Fall N_l^p, Q_l^p, Q_r^p,

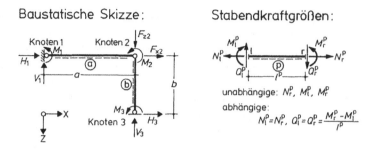

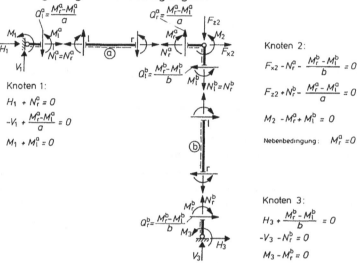

Bild. 3.5 Beispiel zur Herleitung der Knotengleichgewichtsbedingungen

sodann gemäß der in Bild 2.8 wiedergegebenen Gleichgewichtsbedingungen, so ist das betrachtete Stabelement stets im Gleichgewicht. An diese Grundzusammenhänge sei der Leser im oberen rechten Teil von Bild 3.5 erinnert.

Wenn wir nun sämtliche Schnittgrößen ausschließlich durch die unabhängigen Stabendkraftgrößen ausdrücken, so ist das *Gleichgewicht der Stabelemente automatisch* erfüllt. Formulieren wir daher im letzten Schritt das *Gleichgewicht* aller fiktiv herausgeschnittenen *Knotenpunkte*, so ist damit auch das *Gleichgewicht der Gesamtstruktur* erfüllt.

Dieses Vorgehen führen wir nun aus. Um die in Bild 3.5 nebeneinander auftretenden Knoten- und Stabelementbezeichnungen durch Indizierung unterscheiden zu können, vereinbaren wir, dass

- Elementindizes (a, b) hochgestellt,
- Knotenindizes (1, 2 und 3) dagegen tiefgestellt werden.

Zunächst werden sämtliche freigelegten Schnittgrößen in die fiktiven Schnitte des Bildes 3.5 eingezeichnet, und die an den knotenseitigen Schnittufern wirkenden

Komponenten durch ihre zugehörigen stabseitigen Komponenten bezeichnet. Abhängige Größen werden gleichzeitig durch die unabhängigen Stabendkraftgrößen ausgedrückt. Nun formulieren wir an jedem der drei Knoten das Kräfte- und Momentengleichgewicht $\sum F_x = \sum F_z = \sum M_y = 0$ und erhalten so die neun auf Bild 3.5 angegebenen Knotengleichgewichtsbedingungen. Das Momentengelenk des Knotens 2 wird durch die zusätzliche Nebenbedingung $M_r^a = 0$ berücksichtigt, womit offensichtlich das äußere Knotenmoment M_2 als am unteren Schenkel des Knotens 2 angreifend vorausgesetzt wurde.

Die erhaltenen Bedingungsgleichungen ordnen wir im weiteren auf Bild 3.6 derart in ein matriziell aufgebautes Gleichungssystem ein, dass in der linken Spalte die als bekannt vorausgesetzten Knotenlasten auftreten, die unbekannten Stabendkraftgrößen und Auflagerreaktionen dagegen in der Produktspalte rechts zusammengefasst sind. Die Gleichgewichtsbedingungen in Richtung der Auflagergrößen enthalten dann links Nullen, weshalb wir dort—bei Bedarf—die Vorzeichen so getauscht haben, dass die den einzelnen Auflagergrößen zugeordneten Koeffizienten auf der rechten Seite positiv werden. Das so entstehende Gleichungssystem besitzt damit eine sich für beliebige Tragwerke stets wiederholende Struktur: Links die um Nullen verlängerte Lastspalte $\mathbf{P}^* = \{\mathbf{P}\,0\}$, rechts die Matrix $\mathbf{g}^*$, multipliziert mit den unabhängigen Stabendkraftgrößen $\mathbf{s}$ und den Auflagergrößen $\mathbf{C}$ als Unbekannten.

Zur expliziten Bestimmung dieser Unbekannten $\mathbf{s}^*$ muss das Gleichungssystem daher aufgelöst oder invertiert werden. Hierfür sind aus der linearen Algebra zwei an $\mathbf{g}^*$ zu stellende Bedingungen bekannt: Die Systemmatrix muss

- quadratisch und
- regulär (det $\mathbf{g}^* \neq 0$)

sein. Beide Bedingungen spielen in der Topologie der Tragwerke eine Schlüsselrolle.

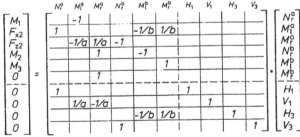

Bild. 3.6 Matrix der Knotengleichgewichts- und Nebenbedingungen zu Bild 3.5

3.3.2 Quadratische Form von g*: Abzählkriterien

Wie ein Blick auf Bild 3.6 bestätigt, ist die für das dortige Beispiel hergeleitete Matrix $\mathbf{g}^*$ quadratisch: Die erste der beiden Lösbarkeitsbedingungen ist für sie somit erfüllt!

Mit dieser Bedingung wollen wir uns nun verallgemeinernd auseinandersetzen. Die Anzahl der Bestimmungsgleichungen auf Bild 3.6, d.h. die Zeilenzahl von $\mathbf{g}^*$, entspricht augenscheinlich gerade der *Anzahl aller Knotengleichgewichtsbedingungen* $g \cdot k$, vermehrt um die *Anzahl r der Nebenbedingungen*. Die Zahl der Unbekannten, d.h. die Spaltenzahl von $\mathbf{g}^*$, setzt sich aus allen *unabhängigen Stabendkraftgrößen* $s \cdot p$ der einzelnen Stabelemente und den *möglichen Auflagerreaktionen a* zusammen.

Dieses einfache, in Tafel 3.5 erläuterte Bildungsgesetz, gilt offensichtlich ganz analog für räumliche Tragstrukturen, nur der Einfachheit halber wurde es für den ebenen Fall hergeleitet. Allerdings ist dann sowohl die Anzahl g der Gleichgewichtsbedingungen pro Knoten als auch die Zahl s der unabhängigen Stabendkraftgrößen je Element nicht mehr 3, sondern 6 (siehe Anhang 4).

Selbstverständlich ist die Unterteilung eines Tragwerks in Knotenpunkte bei einer derartigen Saldierung dem Belieben des Bearbeiters überlassen. Hätten wir beispielsweise den Horizontalstab auf Bild 3.5 durch Definition eines weiteren Knotens in *zwei* Elemente unterteilt, so wären für den neuen Knoten 3 weitere Knotengleichgewichtsbedingungen, durch das weitere Stabelement aber auch 3 neue, unbekannte Stabendkraftgrößen hinzugekommen. Die Matrix $\mathbf{g}^*$ wäre somit erwartungsgemäß quadratisch geblieben, allerdings wäre ihre Ordnung von 10 auf 13 angewachsen.

Tafel 3.5 Abzählkriterien

Allgemeine Form des Abzählkriteriums:

$$n = (a + s \cdot p) - (g \cdot k + r)$$

mit $a + s \cdot p$: Spaltenzahl von g* gleich Anzahl der Unbekannten

　　a Summe der möglichen Auflagerreaktionen

　　s Unabhängige Stabendkraftgrößen je Stabelement

　　p Summe aller Stabelemente zwischen k Knotenpunkten

$g \cdot k + r$: Zeilenzahl von g* gleich Anzahl der Bestimmungsgleichungen

　　g Anzahl der Gleichgewichtsbedingungen je Knoten

　　k Summe aller Knotenpunkte einschließlich Auflagerknoten

　　r Summe aller Nebenbedingungen (ohne Auflagerknoten)

Sonderformen des Abzählkriteriums:

Allgemeine Stabwerke

ebene:	$s = 3,$	$g = 3$	$n = a + 3(p - k) - r$
räumliche:	$s = 6,$	$g = 6$	$n = a + 6(p - k) - r$

Ideale Fachwerke ohne Nebenbedingungen

ebene:	$s = 1,$	$g = 2$	$n = a + p - 2k$
räumliche:	$s = 1,$	$g = 3$	$n = a + p - 3k$

Die eingangs aufgezählten Bestimmungsgrößen von Zeilen und Spalten der Matrix $\mathbf{g}^*$ sind in Tafel 3.5 noch einmal im einzelnen erläutert worden. Zur Beurteilung der Lösbarkeit des Gleichungssystems

$$\mathbf{P}^* = \mathbf{g}^* \cdot \mathbf{s}^* \qquad (3.5)$$

bilden wir aus ihnen den Parameter n als Differenz von Spalten- gegen Zeilenzahl von $\mathbf{g}^*$

$$n = a + s \cdot p - g \cdot k - r \qquad (3.6)$$

und unterscheiden damit drei grundsätzlich verschiedene Fälle:

- $n = 0$: Zeilen- und Spaltenzahl sind gleich, sämtliche Unbekannten können aus den verfügbaren Gleichungen, den Gleichgewichts- und Nebenbedingungen, ermittelt werden. Die vorliegende Tragstruktur bezeichnen wir als *statisch bestimmt*.
- $n > 0$: Die Zahl der Unbekannten (Spalten) übersteigt diejenige der Bestimmungsgleichungen (Zeilen) gerade um die Zahl n. Die Auflösung von (3.5) erfordert n Zusatzbedingungen. Eine derartige Tragstruktur heißt *statisch unbestimmt*.
- $n < 0$: In diesem Fall fehlen n Unbekannte, um alle Gleichgewichtsaussagen befriedigen zu können. Die vorliegende Tragstruktur ist damit unfähig, Gleichgewichtszustände zu erfüllen, sie ist *kinematisch verschieblich*.

Im oberen Teil von Bild 3.7 finden sich diese drei Grundfälle in der unterschiedlichen Gestalt ihres matriziellen Gleichungssystems (3.5) dargestellt.

Die Bedingung (3.6) wird als *Abzählkriterium* bezeichnet, weil man durch reines Abzählen der Konstruktionselemente einer Tragstruktur Aussagen über die Lösbarkeit des Gleichungssystems (3.5) treffen kann. Da die Regularität von $\mathbf{g}^*$ dabei jedoch ausgeklammert wurde, stellt (3.6) für diese Fragestellung nur eine *notwendige*, keine *hinreichende* Bedingung dar.

Neben der allgemeinen Form (3.6) des Abzählkriteriums gibt es verschiedene Sonderformen für spezielle Tragwerke; einige von ihnen enthält Tafel 3.5 im unteren Teil. Zu ihrer Herleitung wurde unterschieden, ob eine Tragstruktur nur in den dreidimensionalen Raum E3 (räumliche Strukturen) oder vollständig in eine zweidimensionale Ebene E2 (ebene Strukturen) eingebettet werden kann. Ideale Fachwerke wurden abgetrennt, da die Momentengleichgewichtsbedingungen in den Knotenpunkten *a priori* erfüllt sind und somit für g nur die Anzahl der jeweiligen Kräftegleichgewichtsbedingungen eingeführt zu werden braucht. Die Zahl s der unabhängigen Stabendkraftgrößen wird dadurch auf 1—nämlich die Normalkraft N—reduziert. Die Bilder 3.7, 3.8, und 3.9 enthalten Anwendungen dieser speziellen Formen der Abzählkriterien.

Satz: Abzählkriterien geben den Grad n der statischen Unbestimmtheit einer Tragstruktur an. Für die Lösbarkeit der Knotengleichgewichts- und Nebenbedingungen im Fall $n \geq 0$ stellen sie *notwendige*, jedoch keine *hinreichenden* Bedingungen dar.

Form des Systems der Knotengleichgewichtsaussagen:

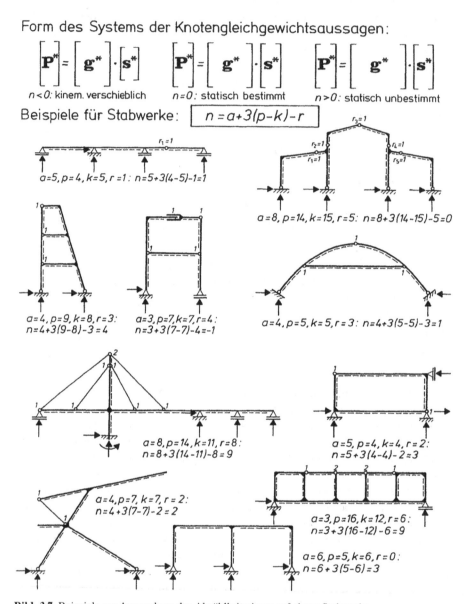

$n < 0$: kinem. verschieblich $n = 0$: statisch bestimmt $n > 0$: statisch unbestimmt

Beispiele für Stabwerke: $\boxed{n = a + 3(p-k) - r}$

$a = 5, p = 4, k = 5, r = 1 :\ n = 5 + 3(4-5) - 1 = 1$

$a = 8, p = 14, k = 15, r = 5 :\ n = 8 + 3(14-15) - 5 = 0$

$a = 4, p = 9, k = 8, r = 3 :$
$n = 4 + 3(9-8) - 3 = 4$

$a = 3, p = 7, k = 7, r = 4 :$
$n = 3 + 3(7-7) - 4 = -1$

$a = 4, p = 5, k = 5, r = 3 :\ n = 4 + 3(5-5) - 3 = 1$

$a = 8, p = 14, k = 11, r = 8 :$
$n = 8 + 3(14-11) - 8 = 9$

$a = 5, p = 4, k = 4, r = 2 :$
$n = 5 + 3(4-4) - 2 = 3$

$a = 4, p = 7, k = 7, r = 2 :$
$n = 4 + 3(7-7) - 2 = 2$

$a = 3, p = 16, k = 12, r = 6 :$
$n = 3 + 3(16-12) - 6 = 9$

$a = 6, p = 5, k = 6, r = 0 :$
$n = 6 + 3(5-6) = 3$

Bild. 3.7 Beispiele zur Anwendung des Abzählkriteriums auf ebene Stabwerke

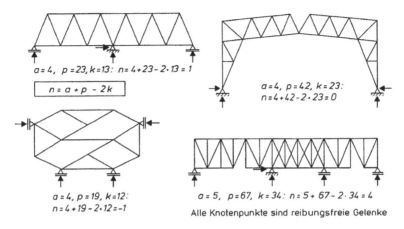

Bild. 3.8 Beispiele zur Anwendung des Abzählkriteriums auf ebene, ideale Fachwerke

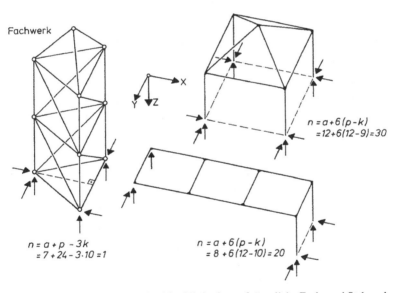

Bild. 3.9 Beispiele zur Anwendung der Abzählkriterien auf räumliche Fach- und Stabwerke

In diesem Buch werden nur statisch bestimmte Tragstrukturen behandelt werden, bei denen sämtliche Schnitt- und Auflagergrößen allein aus Gleichgewichtsaussagen bestimmbar sind. Statisch unbestimmte Tragwerke erfordern n zusätzliche, kinematische Bedingungen zur Lösung, was auf erweiterte Berechnungsverfahren führt. Kinematisch verschiebliche Systeme schließlich sind als Tragstrukturen i. a.

unbrauchbar[1] und spielen daher höchstens als Modelle für bestimmte Verfahren eine Rolle.

3.3.3 Aufbaukriterien

Zur Ermittlung des Grades der statischen Unbestimmtheit einer Struktur existieren neben den Abzählkriterien auch erheblich anschaulichere, induktive Vorgehensweisen. Sie werden vor allem im Stadium fortgeschrittener Erfahrung angewendet. Da bei ihnen die zu beurteilende Tragstruktur aus einfachen Grundstrukturen aufgebaut wird, werden sie als *Aufbaukriterien* bezeichnet. Ihr Verfahrensablauf gliedert sich immer in folgende drei Schritte:

1. Zunächst wird ein wichtiger Teil der zu beurteilenden Tragstruktur aus einer einfachen, i. A. *statisch bestimmten Grundstruktur* nachgebildet, beispielsweise aus

   - einem Einfeldträger,
   - einem Kragträger,
   - einem Dreigelenkrahmen bzw. -bogen oder
   - einem statisch bestimmt gelagerten, idealen Fachwerkdreieck.

2. Sodann erfolgt eine möglichst weitgehende Komplettierung der Tragstruktur durch Ankoppeln *statisch bestimmter Erweiterungselement*, beispielsweise von

   - Kragarmen,
   - Schleppträgern oder
   - mit je zwei Fachwerkstäben angeschlossenen neuen Fachwerkknoten.

   Gleichzeitig werden häufig Auflager in geeigneter Weise umgesetzt. Durch beide Maßnahmen bleibt die ursprüngliche statische Bestimmtheit auch für die vervollständigte Grundstruktur erhalten.

3. Die endgültige topologische Gleichheit mit der zu beurteilenden Tragstruktur wird sodann durch Hinzufügen (oder Herausnehmen) von Bindungen erreicht, beispielsweise durch

   - Erhöhen der Wertigkeit vorhandener Anschlüsse,
   - Einfügen weiterer erforderlicher Anschlüsse,
   - Einfügen weiterer Auflagerwertigkeiten,
   - Einfügen weiterer Fachwerkstäbe.

Der gesuchte Grad der statischen Unbestimmtheit ergibt sich schließlich als Summe aller zusätzlich eingefügten Bindungen.

---

[1] $n > 0$ ist notwendig, aber nicht hinreichend für die kinematische Unverschieblichkeit einer Tragstruktur, siehe Abschn. 3.3.5.

Die aufgezählten Grundstrukturen und Erweiterungselemente sind in Bild 3.10 dargestellt. Ebenfalls findet sich dort die Ermittlung des Grades der statischen Unbestimmtheit, links für ein Stabwerk und rechts für ein Fachwerk, in den angegebenen Schritten. In beiden Fällen sind die Grundstrukturen statisch bestimmt. Selbstverständlich ist dies keine zwingende Voraussetzung, sondern man kann von jeder *beliebigen* Grundstruktur mit *bekannter* statischer Unbestimmtheit ausgehen. Diese beiden Alternativen, nämlich eine statisch bestimmte und eine 2-fach statisch unbestimmte Grundstruktur, sind in Bild 3.11 für einen ebenen Rahmen gegenübergestellt. Schließlich sei noch erwähnt, dass die als Aufbaukriterium bezeichnete, induktive Vorgehensweise auch auf räumliche Tragwerke übertragen werden kann.

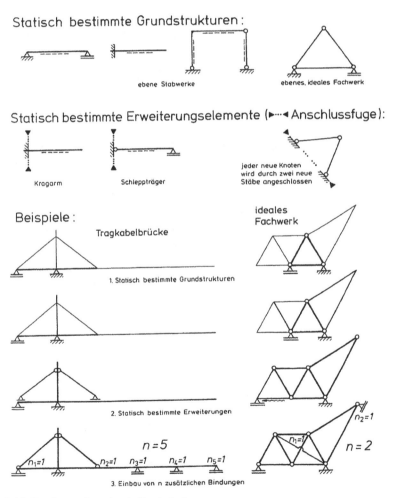

Bild. 3.10 Zur Anwendung des Aufbaukriteriums

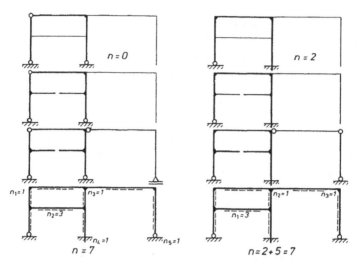

Bild. 3.11 Anwendung des Aufbaukriteriums auf einen 7-fach statisch unbestimmten Rahmen

3.3.4 Innere und äußere statisch unbestimmte Bindungen

Tragwerke setzen sich häufig aus einzelnen Stab- und Fachwerkscheiben zusammen, die durch Anschlüsse miteinander und durch Lager mit den Gründungen verbunden sind. Zur Beurteilung des Tragverhaltens derartiger Strukturen, sofern diese statisch unbestimmt sind, ist es häufig vorteilhaft, zwischen *inneren* und *äußeren statisch unbestimmten Bindungen* zu unterscheiden.

Zur Erläuterung dieser Begriffe betrachten wir die statisch bestimmt gelagerte Fachwerkscheibe links oben in Bild 3.12. Setzen wir voraus, dass sämtliche Diagonalstäbe an ihren Kreuzungspunkten in den Feldmitten *nicht* miteinander verbunden sind, so liefert das Abzählkriterium einen Grad der statischen Unbestimmtheit von

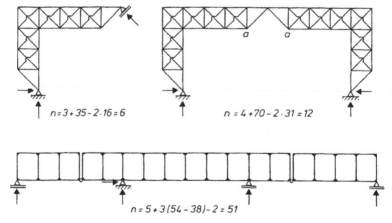

Bild. 3.12 Innerlich statisch unbestimmtes Fachwerk (*oben*) und Stabwerk (*unten*)

$n = 6$. Da das Tragwerk statisch bestimmt gelagert ist, treten somit nur *innere* statisch unbestimmte Bindungen (Stabkräfte) auf. Dies bedeutet, dass man die Auflagerreaktionen allein mit Hilfe der Gleichgewichtsbedingungen ermitteln kann. Zur Bestimmung der Stabkräfte wird allerdings eine statisch unbestimmte Berechnung erforderlich, wodurch der Kraftfluss innerhalb der Scheibe von den dort vorhandenen Stabsteifigkeiten abhängig wird.

Setzen wir nun zwei derartige Scheiben zu einem Dreigelenk-Fachwerkrahmen zusammen, so verdoppelt sich der Grad der statischen Unbestimmtheit auf 12. Wieder sind sämtliche statisch unbestimmten Bindungen innerer Natur, da für einen Dreigelenkrahmen ebenfalls alle Auflagerkräfte sowie die Zwischenreaktionen im Mittelgelenk mit Hilfe der Gleichgewichts- und Nebenbedingungen bestimmbar sind. Würde man jedoch das Firstgelenk durch einen zusätzlichen Untergurtstab a—a schließen, so stiege der Grad der statischen Unbestimmtheit nunmehr auf 13 an. Dabei wären 12 innere und 1 äußere, statisch unbestimmte Bindung unterscheidbar. Letztere jedoch ist nicht eindeutig lokalisierbar; sie wäre—in Abhängigkeit von der gewählten Grundstruktur—als horizontale Auflagerreaktion oder als eine von mehreren Stabkräften interpretierbar.

Satz:

(a) Ein Tragwerk heißt *innerlich statisch unbestimmt*, wenn statisch unbestimmte Teilscheiben statisch bestimmt zusammengesetzt sind.

(b) In diesem Fall sind alle Auflagergrößen und Zwischenreaktionen eindeutig aus den Gleichgewichts- und Nebenbedingungen bestimmbar.

Bild 3.12 zeigt im unteren Teil einen Gerberträger aus biegesteifen Stabwerkscheiben, einen sogenannten VIERENDEEL-Träger,[2] der ebenfalls nur innere statisch unbestimmte Bindungen aufweist.

3.3.5 Ausnahmefall der Statik

Bereits im Abschn. 3.3.1 hatten wir festgestellt, dass die Matrix $\mathbf{g}^*$ der Knotengleichgewichts- und Nebenbedingungen als Voraussetzung zur Inversion sowohl *quadratisch* als auch *regulär* sein muss. Die erste Bedingung ist, wie wir im folgenden Abschn. 3.3.2 gezeigt hatten, gleichbedeutend mit der statischen Bestimmtheit der zugehörigen Tragstruktur. Wir wollen uns nun der zweiten Bedingung, nämlich der Regularität von $\mathbf{g}^*$, zuwenden und uns fragen, welche Eigenschaften eine Tragstruktur mit regulärer Matrix $\mathbf{g}^*$ besitzen muss.

Dazu betrachten wir das auf Bild 3.13 dargestellte, ideale Fachwerk in Form eines Quadrats mit einem vertikalen Diagonalstab, welches nach dem Abzählkriteri-

---

[2] A. VIERENDEEL, belgischer Ingenieur und Ingenieurwissenschaftler, 1852–1940, entwickelte den nach ihm benannten Trägertyp.

Baustatische Skizze:

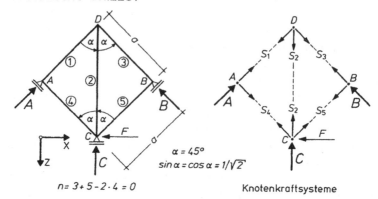

$\alpha = 45°$

$\sin \alpha = \cos \alpha = 1/\sqrt{2}$

$n = 3 + 5 - 2 \cdot 4 = 0$

Knotenkraftsysteme

System der Knotengleichgewichtsbedingungen:

$$
\begin{bmatrix}
0 \\ 0 \\ 0 \\ 0 \\ F \\ 0 \\ 0 \\ 0
\end{bmatrix}
=
\begin{bmatrix}
1/\sqrt{2} & & & 1/\sqrt{2} & & 1/\sqrt{2} & & \\
-1/\sqrt{2} & & & & 1/\sqrt{2} & -1/\sqrt{2} & & \\
& & -1/\sqrt{2} & & -1/\sqrt{2} & & -1/\sqrt{2} & \\
& & -1/\sqrt{2} & & 1/\sqrt{2} & & -1/\sqrt{2} & \\
& & & -1/\sqrt{2} & 1/\sqrt{2} & & & \\
& -1 & & -1/\sqrt{2} & -1/\sqrt{2} & & & -1 \\
-1/\sqrt{2} & & & 1/\sqrt{2} & & & & \\
1/\sqrt{2} & 1 & 1/\sqrt{2} & & & & &
\end{bmatrix}
\cdot
\begin{bmatrix}
S_1 \\ S_2 \\ S_3 \\ S_4 \\ S_5 \\ A \\ B \\ C
\end{bmatrix}
= \mathbf{g}^* \cdot \mathbf{s}^*
$$

Nach Teilelimination der Stabkräfte:

$$
\begin{bmatrix}
F \\ 0 \\ 0
\end{bmatrix}
=
\begin{bmatrix}
1/\sqrt{2} & -1/\sqrt{2} & 0 \\
1/\sqrt{2} & 1/\sqrt{2} & 1 \\
1/\sqrt{2} & -1/\sqrt{2} & 0
\end{bmatrix}
\cdot
\begin{bmatrix}
A \\ B \\ C
\end{bmatrix}
= \mathbf{g}_C^* \cdot \mathbf{C}
$$

mit: $\det \mathbf{g}_C^* = (-1) \cdot \begin{vmatrix} 1/\sqrt{2} & -1/\sqrt{2} \\ 1/\sqrt{2} & -1/\sqrt{2} \end{vmatrix} = (-1) \cdot (-1/\sqrt{2} \cdot 1/\sqrt{2} + 1/\sqrt{2} \cdot 1/\sqrt{2}) = 0$

Bild. 3.13 Beispiel zum Ausnahmefall der Statik

um statisch bestimmt ist. Als äußere Last wirke eine Horizontalkraft F im Punkt C.
Zur Aufstellung des Gleichungssystems (3.5) wurden nun alle vier Knoten A, B, C
und D durch fiktive Rundschnitte aus der Struktur herausgetrennt und für die so entstandenen zentralen Knotenkraftsysteme jeweils die beiden Kräftegleichgewichtsbedingungen $\sum F_x = \sum F_z = 0$ aufgestellt. In dieser Reihenfolge sind die acht
Knotengleichgewichtsbedingungen in Bild 3.13 wiedergegeben.

Um die Regularität der Matrix $\mathbf{g}^*$ zu überprüfen, muß der Wert ihrer Determinante als von Null verschieden nachgewiesen werden. Hierzu wurden zunächst
sämtliche Stabkräfte teileliminiert, was den Vorteil mit sich bringt, nur noch das

erheblich kleinere Gleichungssystem der Auflagerreaktionen, im unteren Teil von Bild 3.13 dargestellt, weiterbehandeln zu müssen. Bei diesem jedoch erkennen wir fast ohne Berechnung, dass seine Matrix $\mathbf{g}_c^*$ singular ist, deren Determinante verschwindet. Somit sind trotz der durch das Abzählkriterium nachgewiesenen statischen Bestimmtheit bei dieser Struktur die Auflagerkrafte nicht bestimmbar, ebenso nicht die Stabkräfte, weil mit $\mathbf{g}_c^*$ auch $\mathbf{g}_c^*$ singular ist.

Wodurch ist nun dieses überraschende Verhalten zu erklären? Wie man unschwer aus der baustatischen Skizze erkennt, sind die Larger gerade so angeordnet, dass die betrachtete Fachwerstruktur als starre Scheibe um den Knoten D drehbar ist, allerdings nur um infinitesimal kleine Beträge. Unter der angreifenden Last F kann daher überhaupt kein Gleichgewichtszustand erreicht werden. Dies spiegelt sich in der Singularitat von $\mathbf{g}^*$ weider. Eine solch Eigenschaft kann durch das Abzählkriterium, eine reine Gegenüberstellung von Unbekannten und Bestimmungsgleichungen, erwartungsgemäß nicht erkannt werden.

Unsere eingangs gestellte Frage, welche Eigenschaften eine statisch bestimmte Struktur mit regulärer Matrix $\mathbf{g}^*$ aufweisen mub, beantwortet sich demnach so, daß diese *kinematisch unverschieblich* sein muß. Ein kinematisch verschiebliches Verhalten von Strukturen, trotz ihrer nach dem Abzählkriterium ermittelten statischen Bestimmtheit, wird stets durch die Singularität von $\mathbf{g}^*$ angezeigt. Aus einer Zeit, in welcher Kenntnisse der linearen Algebra noch nicht zum ingenieurwissenschaftlichen Allgemeinwissen gehörten, stammt hierfür die Bezeichnung *Ausnahmefall der Statik*. Er kann bei vielen Tragstrukturen auftreten, weshalb wir später noch eine weitere Methode zu seiner Erkennung behandeln werden.

Auf Bild 3.14 wurden noch zwei weitere Tragstrukturen mit ähnlichen Eigenschaften dargestellt, deren kinematische Instabilität auch der ungeübte Leser mühelos erkennen kann. So sind in dem statisch bestimmten Gelenkquadrat links die Punkte A um C und D um B—drehbar. Übrigens kann kinematische Verschieblichkeit sogar bei Strukturen auftreten, die nach dem Abzählkriterium statisch unbestimmt sind. Dies beweist die rechte Fachwerkkonstruktion auf Bild 3.14 bei welcher trotz Auszählung von n = 2 das zentrale Gelenkviereck sogar um endliche Beträge kinematisch verschieblich ist. Würde man schließlich bei dem Gelenkquadrat das verschiebliche Lager im Punkt B in ein festes Gelenklager umwandeln, so

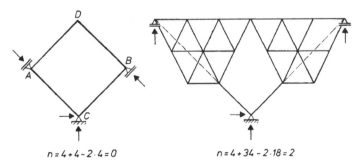

$$n = 4 + 4 - 2 \cdot 4 = 0 \qquad\qquad n = 4 + 34 - 2 \cdot 18 = 2$$

Bild. 3.14 Der Ausnahmefall der Statik bei Fachwerken

ergäbe das Abzählkriterium eine 1-fache statische Unbestimmtheit, ohne dass die Fähigkeit der Struktur zu kinematischer Verschieblichkeit hierdurch beeinträchtigt wird.

Fassen wir unsere Erkenntnisse zusammen.

Satz:

(a) Der Ausnahmefall der Statik bezeichnet eine nach dem Abzählkriterium statisch bestimmte, tatsächlich jedoch kinematisch verschiebliche Tragstruktur.

(b) Er ist gekennzeichnet durch die Singularität von $\mathbf{g}^*$, det $\mathbf{g}^* = 0$, bei $n = 0$.

(c) Der Ausnahmefall der Statik kann auch bei statisch unbestimmten Tragstrukturen auftreten.

Kapitel 4
Allgemeine Methoden der Kraftgrößenermittlung statisch bestimmter Tragwerke

4.1 Methode der Komponentengleichgewichtsbedingungen

4.1.1 Grundsätzliches

In diesem Buch wollen wir nur *statisch bestimmte Stabtragwerke* behandeln. Bei ihnen lassen sich definitionsgemäß (siehe Abschn. 3.3.2) sämtliche Schnitt- und Auflagergrößen ausschließlich aus den Gleichgewichtsbedingungen ermitteln. Lassen wir den Ausnahmefall der Statik zunächst außer Acht, so gilt:

Definition Bei statisch bestimmten Tragstrukturen sind alle Schnitt- und Auflagergrößen aus den Gleichgewichtsbedingungen eindeutig bestimmbar.

Alleinige mechanische Grundlage dieses Abschnittes bilden somit die bereits im Abschn. 2.1.1 zusammengestellten *Gleichgewichtsbedingungen* des E3 oder eines Teilraumes, wiederholt in Tafel 4.1. Je nach der Art ihrer Formulierung und den verwendeten Hilfsmitteln unterscheiden wir

- die graphische Methode, welche unmittelbar auf vektoriellen Gleichgewichtsbedingungen aufbaut,
- die Methode der Komponentengleichgewichtsbedingungen sowie,
- die kinematische Methode mit energetisch formulierten Gleichgewichtsaussagen.

Tafel 4.1 Gleichgewichtsbedingungen

Vektorielle Gleichgewichtsbedingungen:					
$\Sigma \mathbf{F} = 0$			$\Sigma \mathbf{M} = 0$		
Komponentengleichgewichtsbedingungen im E3:					
$\Sigma F_x = 0$	$\Sigma F_y = 0$	$\Sigma F_z = 0$	$\Sigma M_x = 0$	$\Sigma M_y = 0$	$\Sigma M_z = 0$
Komponentengleichgewichtsbeding. in der XZ-Ebene:					
$\Sigma F_x = 0$		$\Sigma F_z = 0$		$\Sigma M_y = 0$	

W.B. Krätzig et al., *Tragwerke 1*, Springer-Lehrbuch, 5th ed.,
DOI 10.1007/978-3-642-12284-2_4, © Springer-Verlag Berlin Heidelberg 2010

Bild. 4.1 Gleichgewicht eines zentralen, ebenen Kräftesystems in einer kartesischen und einer schiefwinkligen Basis

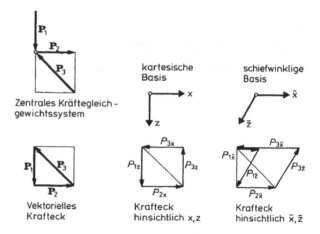

In der *graphischen Statik* sind bereits vor mehr als einem Jahrhundert grundlegende Verfahren für statisch bestimmte Tragwerke entwickelt worden, die das Kräftegleichgewicht in oftmals unübertroffen anschaulicher Weise vektoriell-zeichnerisch ermittelten. Durch ihre graphischen Hilfsmittel gelten sie heute als unmodern, jedoch bedeutet die Beschäftigung mit ihnen [2.5, 2.13, 2.17] immer noch weit mehr als nur eine historische Reminiszenz.

Die *Methode der Komponentengleichgewichtsbedingungen*, die in diesen Abschn. 4.1 behandelt werden soll, wendet die Gleichgewichtsaussagen sowohl hinsichtlich der Achsen *globaler* als auch *lokaler* Basen an. Dabei werden i.a. *kartesische Basen* verwendet, deren Achsen orthogonal, also rechtwinklig zueinander angeordnet sind. In gleicher Weise sind jedoch auch Gleichgewichtsformulierungen hinsichtlich schief aufeinander stehender Richtungen zulässig, solange diese linear unabhängig sind. Eine derartige, oft sehr vorteilhafte Anwendungsvariante verdeutlicht beispielhaft das zentrale, ebene Gleichgewichtssystem des Bildes 4.1. Erwartungsgemäß ist die durch sich schließende Kraftecke dargestellte Gleichgewichtsformulierung hinsichtlich der kartesischen Basis x, z derjenigen hinsichtlich der schiefwinkligen Basis $\bar{x}$, $\bar{z}$ (sowie derjenigen in Vektoren) völlig gleichwertig.

Die *kinematische Methode* zur Kraftgrößenermittlung werden wir in den Abschn. 4.2 behandeln.

4.1.2 Gleichgewicht an Teilsystemen

Das erste Verfahren unter Anwendung der Komponentengleichgewichtsbedingungen erfordert zur Schnittgrößenermittlung stets die Kenntnis aller Auflagergrößen, gegebenenfalls auch der Zwischenreaktionen. Es besteht daher aus den beiden aufeinander folgenden Berechnungsschritten:

- der Ermittlung der Auflagergrößen und Zwischenreaktionen sowie
- der nachfolgenden Bestimmung der Schnittgrößen.

4.1.2.1 Bestimmung der Auflagergrößen und Zwischenreaktionen

Eine *einzelne Tragwerksscheibe* erfordert zu ihrer statisch bestimmten Stützung im Raum E3 gerade sechs, in der Ebene E2 gerade drei voneinander unabhängige Auflagergrößen. Zur kinematisch unverschieblichen Lagerung dürfen darüber hinaus die Wirkungslinien der sechs Stützkräfte im E3 keine gemeinsame Schnittgerade, diejenigen der drei Stützkräfte im E2 keinen gemeinsamen Schnittpunkt aufweisen, auch nicht im Unendlichen.

Zur Behandlung einer vorgegebenen Tragstruktur zerlegen wir nun sämtliche Lasten und gesuchten Auflagergrößen in Komponenten hinsichtlich der globalen Basis und wenden sodann die Gleichgewichtsbedingungen der Tafel 4.1 an. Im Falle des ebenen Tragwerks auf Bild 4.2 (links) sind dies zwei Kräftegleichgewichtsbedingungen sowie eine Momentengleichgewichtsbedingung, beispielsweise um den Koordinatenursprung:

$$\sum F_x = 0 : A\cos\alpha_a + B\cos\alpha_b - C\cos\alpha_c + F_1\cos\alpha_1 = 0,$$

$$\sum F_z = 0 : -A\sin\alpha_a - B\sin\alpha_b - C\sin\alpha_c + F_1\sin\alpha_1 = 0,$$

$$\sum M_{y0} = 0 : A(x_a\sin\alpha_a + z_a\cos\alpha_a) + B(x_b\sin\alpha_b + z_b\cos\alpha_b)$$

$$+ C(x_c\sin\alpha_c - z_c\cos\alpha_c) - F_1(x_1\sin\alpha_1 - z_1\cos\alpha_1) = 0. \tag{4.1}$$

Wie ersichtlich wird bei diesem Vorgehen die Auflösung eines linearen *Gleichungssystems dritter* Ordnung für ebene und *sechster* Ordnung für räumliche Systeme erforderlich.

Nun darf bei der Formulierung des Momentengleichgewichtes die Lage des Bezugspunktes bei ebenen Systemen bzw. die der Bezugsachse bei räumlichen Syste-

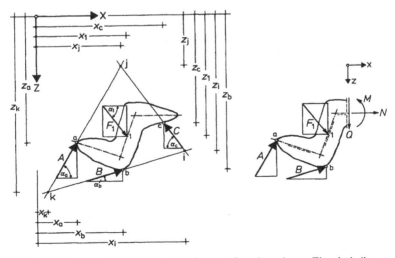

Bild. 4.2 Zur Bestimmung der Schnitt- und Auflagergrößen einer ebenen Einzelscheibe

men völlig beliebig gewählt werden. Würde man daher das Momentengleichgewicht im Bild 4.2 um einen der Schnittpunkte jeweils zweier Auflagerkräfte bilden, so erhielte man nur je *eine* Bedingungsgleichung für die verbleibende dritte Kraft:

$$\sum M_{yi} = 0 : A[-(x_i - x_a)\sin\alpha_a + (z_i - z_a)\cos\alpha_a] + F_1[(x_i - x_1)\sin\alpha_1$$
$$-(z_i - z_1)\cos\alpha_1] = 0,$$
$$\sum M_{yj} = 0 : B[-(x_j - x_b)\sin\alpha_b + (z_j - z_b)\cos\alpha_b] + F_1[(x_j - x_1)\sin\alpha_1$$
$$-(z_j - z_1)\cos\alpha_1] = 0,$$
$$\sum M_{yk} = 0 : C[-(x_k - x_c)\sin\alpha_c + (z_k - z_c)\cos\alpha_c] + F_1[(x_k - x_1)\sin\alpha_1$$
$$-(z_k - z_1)\cos\alpha_1] = 0.$$

$$(4.2)$$

Man erkennt, dass dieses vorteilhafte Vorgehen stets dann erfolgreich anwendbar ist, wenn die drei Schnittpunkte, i, j, k ein Dreieck bilden. Entartet dies zu einer Geraden oder gar zu einem Punkt (siehe das Beispiel des Bildes 3.13) oder liegen alle drei Schnittpunkte im Unendlichen, so ist die Voraussetzung der kinematischen Unverschieblichkeit verletzt und kein Gleichgewicht möglich.

Somit lassen sich bei ebenen Einzelscheiben die drei ursprünglichen Gleichgewichtsbedingungen durch drei Momentengleichgewichtsbedingungen (4.2) um besonders geeignete Bezugspunkte ersetzen. Die ursprünglichen Gleichgewichtsaussagen (4.1) dienen in diesem Fall vorteilhafterweise als nachträgliche Kontrollen, eine stets zu empfehlende Maßnahme. Diese für ebene Tragwerke erläuterte Vorgehensweise kann in analoger Weise auf räumliche Tragstrukturen übertragen werden.

Im Falle statisch bestimmter, kinematisch wieder unverschieblich gelagerter *Scheibenketten* existieren zwei Alternativen zur Auflagergrößenbestimmung. Die erste besteht in der Formulierung sämtlicher Gleichgewichts- und Nebenbedingungen für die Gesamtstruktur (Bild 4.3, links). Daneben können aber auch alle Einzelscheiben durch fiktive Schnitte in den Gelenken aus ihrem Verbund gelöst werden, wodurch die dort wirkenden Zwischenreaktionen als Hilfsvariablen eingeführt werden. In diesem Fall (Bild 4.3 rechts) werden die Gleichgewichtsbedingungen auf jede Teilscheibe angewendet. In beiden Alternativen entspricht die Anzahl der unbekannten Auflagergrößen (links) sowie die Anzahl der Auflagergrößen und Zwischenreaktionen (rechts) den verfügbaren Bedingungsgleichungen, womit eine eindeutige Ermittlung der Unbekannten möglich wird. Der Austausch von Kräfte durch Momentengleichgewichtsbedingungen um geeignet gewählte Punkte ist natürlich auch hier erneut möglich. Allerdings bleibt stets eine Kopplung der Bestimmungsgleichungen zwischen den Scheiben erhalten.

4.1.2.2 Bestimmung der Schnittgrößen

Nach Ermittlung aller Auflagergrößen sowie gegebenenfalls der Zwischenreaktionen werden durch eine Folge fiktiver Schnitte an ausgewählten Punkten die in den Schnittufern wirkenden Schnittgrößen freigelegt und dort in ihren positiven.

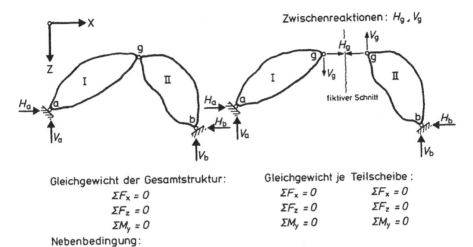

Bild. 4.3 Zur Ermittlung der Auflagergrößen einer ebenen Dreigelenkkette

Wirkungsrichtungen—siehe Tafel 2.4—angetragen. Sodann wendet man auf eines der beiden, durch den jeweiligen Schnitt entstandenen Tragwerksteile die Gleichgewichtsbedingungen in Richtung der jeweiligen positiven Schnittgröße an, wobei der Momentenbezugspunkt im betreffenden Schnitt liegt. Jede der so entstehenden Gleichungen enthält gerade *eine* unbekannte Schnittgröße und kann nach dieser aufgelöst werden. Im Falle des ebenen Tragwerks auf Bild 4.2 (rechts) führt dies auf:

$$\sum F_x = 0 : N + A\cos\alpha_a + B\cos\alpha_b + F_1\cos\alpha_1 = 0,$$

$$\sum F_z = 0 : Q - A\sin\alpha_b - B\sin\alpha_b + F_1\sin\alpha_1 = 0,$$

$$\sum M_y = 0 : M - A[(x - x_a)\sin\alpha_a - (z - z_a)\cos\alpha_a] - B[(x - x_b)\sin\alpha_b$$

$$- (z - z_b)\cos\alpha_b] + F_1[(x - x_1)\sin\alpha_1 + (z - z_1)\cos\alpha_1] = 0. \quad (4.3)$$

Es wäre wenig vorteilhaft, nunmehr diese Vorgehensweise einer Gleichgewichtsformulierung an geeigneten, durch fiktive Schnitte abgetrennten Teilsystemen weitergehend zu abstrahieren. Vielmehr erscheint es zweckmäßig, die Handhabung des Verfahrens an drei Beispielen in allen Einzelheiten zu erläutern.

4.1.3 Beispiel: Ebener Fachwerk-Kragträger

Wir beginnen mit einem ebenen Fachwerk-Kragträger, dessen vollständiger Berechnungsgang auf Tafeln 4.2 und 4.3 zusammengefasst ist. Zunächst wurden in der

Tafel 4.2 Ermittlung der Stab- und Auflagerkräfte eines Fachwerk-Kragträgers (Teil 1)

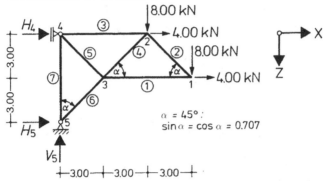

Baustatische Skizze :

$\alpha = 45°:$
$\sin \alpha = \cos \alpha = 0.707$

Bestimmung der Auflagerkräfte :

$\Sigma M_5 = 0:$ $H_4 \cdot 6.00 + 8.00 \cdot 6.00 + 4.00 \cdot 6.00 + 8.00 \cdot 9.00 + 4.00 \cdot 3.00 = 0$

$\quad\quad\quad\quad H_4 \cdot 6.00 + 156.00 = 0 \quad\quad\quad H_4 = -26.00 \text{ kN}$

$\Sigma M_4 = 0:$ $H_5 \cdot 6.00 - 8.00 \cdot 6.00 - 8.00 \cdot 9.00 + 4.00 \cdot 3.00 = 0$

$\quad\quad\quad\quad H_5 \cdot 6.00 - 108.00 = 0 \quad\quad\quad H_5 = 18.00 \text{ kN}$

$\Sigma F_z = 0:$ $-V_5 + 8.00 + 8.00 = 0 \quad\quad\quad V_5 = 16.00 \text{ kN}$

Kontrollen :

$\Sigma F_x = 0:$ $-26.00 + 18.00 + 4.00 + 4.00 = 0$

$\Sigma M_2 = 0:$ $18.00 \cdot 6.00 - 16.00 \cdot 6.00 - 8.00 \cdot 3.00 + 4.00 \cdot 3.00 = 0$

Darstellung der Stabkräfte :

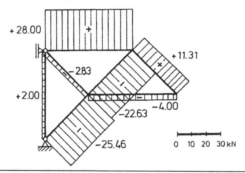

baustatischen Skizze der Tragstruktur Abmessungen, einwirkende Lasten sowie alle Knoten- und Stabnummerierungen eingetragen.

Zur Bestimmung der Auflagerkräfte formulieren wir nun in Teil 1 das Momentengleichgewicht um die Knotenpunkte 4 und 5 sowie das Kräftegleichgewicht in globaler Z-Richtung. Hierdurch erfolgt, wie ersichtlich, eine vollständige Entkopplung des Systems der zu lösenden Bedingungsgleichungen. Als Kontrollen wählen wir sodann das Kräftegleichgewicht in X-Richtung und das Momentengleichgewicht um den Knotenpunkt 2.

Tafel 4.3 Ermittlung der Stab- und Auflagerkräfte eines Frachwerk-Kragträgers (Teil 2)

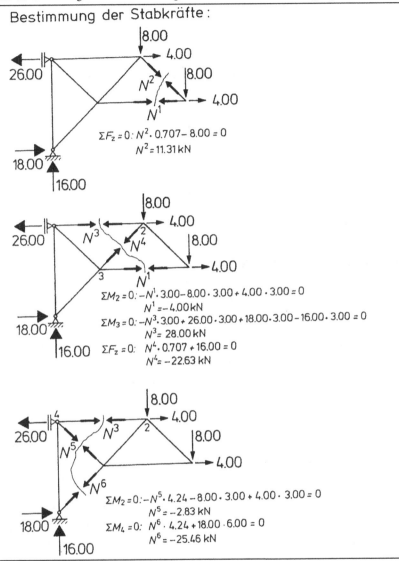

Vor der nachfolgenden Schnittgrößenermittlung in Teil 2 der Tafel 4.3 sei dem Leser zunächst in Erinnerung gerufen, dass die Annahme reibungsfreier Knotengelenke und gerader Stabachsen in Fachwerken unter reinen Knotenlasten allein *Stabnormalkräfte* entstehen lässt, also weder Biegemomente noch Querkräfte. Somit führen wir nun zweckmäßig verlaufende, fiktive Schnitte durch das Fachwerk und tragen in den Stabschnittufern die freigelegten Normalkräfte in positiver Wirkungsrichtung ein. Danach wenden wir die Gleichgewichtsbedingungen auf jeweils einen der abgetrennten Teile in geeigneter Weise an. Da ein Schnitt stets meh-

rere Fachwerkstäbe durchtrennt, erscheint die Anwendung von Momentengleichgewichtsbedingungen um den Schnittpunkt jeweils zweier Stabachsen besonders vorteilhaft: Hierdurch lassen sich für alle Stabkräfte explizite Gleichungen gewinnen.
Eine systematische Vertiefung dieses Vorgehens werden wir übrigens im 5. Kapitel
als RITTERsches Schnittverfahren kennenlernen.

Die in Tafeln 4.2 und 4.3 noch fehlende Stabkraft N^7 gewinnen wir aus der Kräftegleichgewichtsbedingung des Auflagerknotens 5, der durch einen fiktiven Rundschnitt vom übrigen Tragwerk abgetrennt wird:

$$\sum F_x = 0 : N^7 + 16.00 - 25.46 \cdot 0.707 = 0,$$
$$N^7 = 2.00 \, \text{kN}. \tag{4.4}$$

Abschließend wurden die berechneten Stabkräfte in Tafel 4.2, Teil 1 zeichnerisch
dargestellt. In der gewählten Darstellungsform geben sie einen hervorragenden Ein-
blick in den Kräftefluss des Fachwerks.

4.1.4 Beispiel: Ebenes Rahmentragwerk

Als Beispiel eines biegesteifen Tragwerks folgt ein ebener Rahmen. Seine baustati-
tische Skizze auf Tafel 4.4 weist ihn als einen zweifach abgeknickten Balken auf
zwei Stützen aus, ein offensichtlich statisch bestimmtes Tragwerk.

Zur Bestimmung der Lagerreaktionen formulieren wir erneut das Momentengleichgewicht um beide Lagerpunkte sowie das Kräftegleichgewicht in globaler
X-Richtung. Wieder wird eine vollständige Entkopplung der drei Bestimmungsgleichungen erreicht. Zwei noch unbenutzte Gleichgewichtsbedingungen dienen der
Ergebniskontrolle.

Als nächstes folgt die Bestimmung der Schnittgrößen in beiden Teilen der
Tafeln 4.5 und 4.6. An den hierfür ausgewählten Tragwerkspunkten werden fiktive
Schnitte geführt und die freigelegten Schnittgrößen in ihren positiven Wirkungsrichtungen eingetragen. An *einem* der durch einen betrachteten Schnitt entstandenen Tragwerksteile werden sodann die Gleichgewichtsbedingungen bezüglich der
jeweils lokalen Basis des Schnittes formuliert, bei *positiven* Schnittufern in Richtung *positiver* Achsen, bei negativen Schnittufern entgegengesetzt. Hierdurch entsteht für jede einzelne Schnittgröße stets eine explizite Bestimmungsgleichung. Die
so ermittelten Schnittgrößen sind in Bild 4.4 schließlich zeichnerisch dargestellt.
Nach Abschluss dieses Rechenganges werden nochmalige Gleichgewichtskontrollen empfohlen, beispielsweise an den durch Rundschnitte herausgetrennten Trag-
werksknickpunkten 2 und 4. Deren Ausführung überlassen wir dem Leser.

4.1.5 Beispiel: Räumliches Rahmentragwerk

Als letztes Beispiel untersuchen wir das auf Tafel 4.7 dargestellte räumliche Stabtragwerk. Im Punkt A besitzt es eine starre Einspannung, weshalb dort drei Reakti-

Tafel 4.4 Ebenes Rahmentragwerk mit Auflagerkräften

Baustatische Skizze:

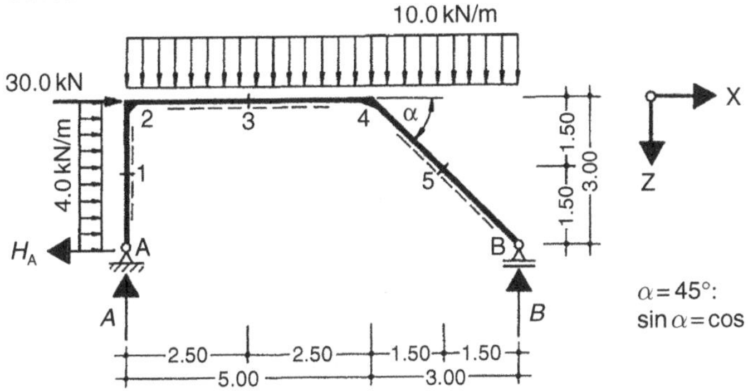

$\alpha = 45°$:
$\sin\alpha = \cos\alpha = 0.707$

Bestimmung der Auflagerkräfte:

$$\Sigma M_B = 0: \quad -A \cdot 8.00 + 10.0 \cdot \frac{8.00^2}{2} - 30.0 \cdot 3.0 - 4.0 \cdot \frac{3.00^2}{2} = 0$$

$$-A \cdot 8.00 + 212.00 = 0 \qquad A = 26.50\,\text{kN}$$

$$\Sigma M_A = 0: \quad B \cdot 8.00 - 10.0 \cdot \frac{8.00^2}{2} - 30.0 \cdot 3.0 - 4.0 \cdot \frac{3.00^2}{2} = 0$$

$$B \cdot 8.00 - 428.00 = 0 \qquad B = 53.50\,\text{kN}$$

$$\Sigma F_X = 0: \quad -H_A + 30.0 + 4.0 \cdot 3.00 = 0 \qquad H_A = 42.00\,\text{kN}$$

Kontrollen:

$$\Sigma F_Z = 0: \quad 10.0 \cdot 8.00 - 26.50 - 53.50 = 0$$

$$\Sigma M_4 = 0: \quad 10.0 \cdot 8.0 \cdot 1.0 - 26.50 \cdot 5.00 - 42.0 \cdot 3.00 + 4.0 \cdot \frac{3.00^2}{2} + 53.50 \cdot 3.00 = 0$$

$$80.00 - 132.50 - 126.00 + 18.00 + 160.50 = 0$$

onskräfte und drei Reaktionsmomente wirksam werden. Der Endpunkt B dagegen ist allseits gelenkig sowie in der globalen *XZ*-Ebene verschieblich gelagert: somit wird hier nur eine Reaktionskraft wirksam. Auf der Riegelseite des Knickpunktes 2 befindet sich ein Biegemomentengelenk mit der Gelenkachse in *Y*-Richtung. Sämtliche Knickwinkel des Tragwerks betragen 90°. Alle Abmessungen, Lasten sowie die definierten lokalen Basen sind aus der baustatischen Skizze auf Tafel 4.7 ersichtlich.

Die Ermittlung der Auflagergrößen beginnen wir mit der Tragwerksnebenbedingung, dem Momentennullpunkt im Punkt 2, aus welcher sich C_{ZB} unmittelbar bestimmen lässt. Damit können alle restlichen Reaktionsgrößen im Punkt *A* aus den Kräfte- und Momentengleichgewichtsbedingungen in Richtung dieser Größen explizit angegeben werden. Die sich anschließenden Gleichgewichtskontrollen wurden aus Platzgründen unterdrückt.

Zur Bestimmung der Schnittgrößen gehen wir erneut den schon bekannten Weg: Auf den drei Tafeln 4.8, 4.9, und 4.10 sind an ausgewählten Tragwerkspunkten, beispielsweise an Eckpunkten, Knicken oder Lastangriffen, fiktive Schnitte ge-

Tafel 4.5 Schnittgrößen eines ebenen Rahmentragwerks (Teil 1)

Bestimmung der Schnittgrößen:

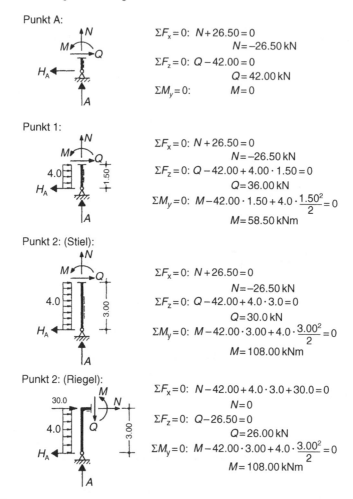

Punkt A:

$\Sigma F_x = 0:$ $N + 26.50 = 0$
$\qquad N = -26.50\,\text{kN}$

$\Sigma F_z = 0:$ $Q - 42.00 = 0$
$\qquad Q = 42.00\,\text{kN}$

$\Sigma M_y = 0:$ $M = 0$

Punkt 1:

$\Sigma F_x = 0:$ $N + 26.50 = 0$
$\qquad N = -26.50\,\text{kN}$

$\Sigma F_z = 0:$ $Q - 42.00 + 4.00 \cdot 1.50 = 0$
$\qquad Q = 36.00\,\text{kN}$

$\Sigma M_y = 0:$ $M - 42.00 \cdot 1.50 + 4.0 \cdot \dfrac{1.50^2}{2} = 0$
$\qquad M = 58.50\,\text{kNm}$

Punkt 2: (Stiel):

$\Sigma F_x = 0:$ $N + 26.50 = 0$
$\qquad N = -26.50\,\text{kN}$

$\Sigma F_z = 0:$ $Q - 42.00 + 4.0 \cdot 3.0 = 0$
$\qquad Q = 30.0\,\text{kN}$

$\Sigma M_y = 0:$ $M - 42.00 \cdot 3.00 + 4.0 \cdot \dfrac{3.00^2}{2} = 0$
$\qquad M = 108.00\,\text{kNm}$

Punkt 2: (Riegel):

$\Sigma F_x = 0:$ $N - 42.00 + 4.0 \cdot 3.0 + 30.0 = 0$
$\qquad N = 0$

$\Sigma F_z = 0:$ $Q - 26.50 = 0$
$\qquad Q = 26.00\,\text{kN}$

$\Sigma M_y = 0:$ $M - 42.00 \cdot 3.00 + 4.0 \cdot \dfrac{3.00^2}{2} = 0$
$\qquad M = 108.00\,\text{kNm}$

führt worden und in diesen die freigelegten Schnittgrößen in ihren positiven Wirkungsrichtungen eingetragen. Je Schnitt werden sodann an dem jeweils vorteilhafteren Tragwerksteil die Gleichgewichtsbedingungen angewendet, zweckmäßigerweise stets in Richtung der positiven Schnittgrößenkomponenten, und hieraus die Schnittgrößen bestimmt.

Abschließend erfolgen sorgfältige Gleichgewichtskontrollen, beispielsweise an den Knickpunkten 1 und 2. Die zeichnerische Darstellung der Zustandslinien auf Bild 4.5 schließt dieses Beispiel ab.

Tafel 4.6 Schnittgrößen eines ebenen Rahmentragwerks (Teil 2)

Punkt 3 :

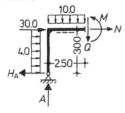

$\Sigma F_x = 0:\ \ N - 42.00 + 4.0 \cdot 3.00 + 30.0 = 0$

$N = 0$

$\Sigma F_z = 0:\ \ Q - 26.50 + 10.0 \cdot 2.50 = 0$

$Q = 1.50\ \text{kN}$

$\Sigma M_y = 0:\ \ M - 42.00 \cdot 3.00 + 4.0 \cdot \dfrac{3.00^2}{2}$

$\qquad\qquad - 26.50 \cdot 2.50 + 10.0 \cdot \dfrac{2.50^2}{2} = 0$

$M = 143.00\ \text{kNm}$

Punkt 4 (Riegel):

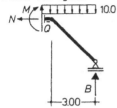

$\Sigma F_x = 0:\ \ \qquad\quad N = 0$

$\Sigma F_z = 0:\ \ Q + 53.50 - 10.0 \cdot 3.00 = 0$

$Q = -23.50\ \text{kN}$

$\Sigma M_y = 0:\ \ M - 53.50 \cdot 3.00 + 10.0 \cdot \dfrac{3.00^2}{2} = 0$

$M = 115.50\ \text{kNm}$

Punkt 4 (Schrägstiel):

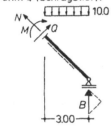

$53.50 \cdot 0.707 = 37.83$

$\Sigma F_x = 0:\ \ N + 37.83 - 10.0 \cdot 3.00 \cdot 0.707 = 0$

$N = -16.62\ \text{kN}$

$\Sigma F_z = 0:\ \ Q + 37.83 - 10.0 \cdot 3.00 \cdot 0.707 = 0$

$Q = -16.62\ \text{kN}$

$\Sigma M_y = 0:\ \ M - 53.50 \cdot 3.00 + 10.0 \cdot \dfrac{3.00^2}{2} = 0$

$M = 115.50\ \text{kNm}$

Punkt 5 :

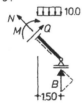

$\Sigma F_x = 0:\ \ N + 37.83 - 10.0 \cdot 1.50 \cdot 0.707 = 0$

$N = -27.23\ \text{kN}$

$\Sigma F_z = 0:\ \ Q + 37.83 - 10.0 \cdot 1.50 \cdot 0.707 = 0$

$Q = -27.23\ \text{kN}$

$\Sigma M_y = 0:\ \ M - 53.50 \cdot 1.50 + 10.0 \cdot \dfrac{1.50^2}{2} = 0$

$M = 69.00\ \text{kNm}$

Punkt B :

$\Sigma F_x = 0:\ \ N + 37.83 = 0$

$N = -37.83\ \text{kN}$

$\Sigma F_z = 0:\ \ Q + 37.83 = 0$

$Q = -37.83\ \text{kN}$

$\Sigma M_y = 0:\ \ \qquad\quad M = 0$

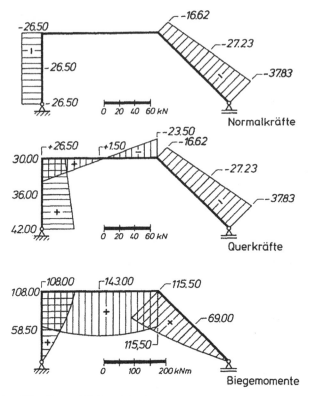

Bild. 4.4 Schnittgrößen-Zustandslinien eines ebenen Rahmentragwerks

4.1.6 Gleichgewicht an Tragwerksknoten

Das zweite Verfahren unter Anwendung der Komponentengleichgewichtsbedingungen, das wir nun kennenlernen wollen, geht einen vollständig anderen Weg: Es schließt aus dem Gleichgewicht in den Tragwerksknoten auf dasjenige der Gesamtstruktur. Bereits der Aufstellung der Abzählkriterien im Abschn. 3.3.1 lag eine derartige Betrachtung zugrunde, und das dort benutzte Beispiel soll, geringfügig erweitert, erneut die Vorgehensweise illustrieren.

Eine vorliegende Tragstruktur (Bild 4.6) wird zunächst durch fiktives Heraustrennen sämtlicher Knoten in ihre *Stabelemente* und *Knotenpunkte*, die Elementgrenzen, unterteilt. Dabei dürfen Knotenpunkte völlig willkürlich gewählt werden.

An beiden Schnittufern jedes Trennschnittes werden *Schnittgrößen als Doppelwirkungen* freigesetzt. Separiert man nun alle Stabelemente von den Knoten, so werden die elementseitigen Teile der Schnittgrößen zu *Stabendkraftgrößen*, die knotenseitigen zu inneren *Knotenkraftgrößen*.

Von den 6 (12) vollständigen Stabendkraftgrößen jedes ebenen (räumlichen) Stabelementes sind, wie bereits im Abschn. 2.1.5 erläutert, 3 (6) als *unabhängige Stabendkraftgrößen* beliebig vorgebbar; die restlichen 3 (6) folgen als *abhängige Stabendkraftgrößen* aus den Gleichgewichtsbedingungen des betreffenden Elementes.

Tafel 4.7 Räumliches Rahmentragwerk mit Auflagerkräften

Baustatische Skizze:

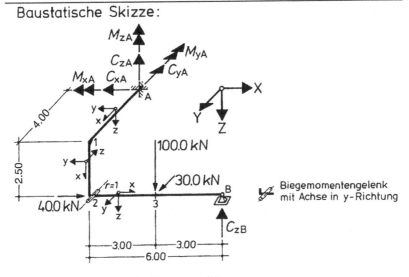

Bestimmung der Auflagergrößen:

Nebenbedingung:

$\Sigma M_{y2} = 0$: $C_{zB} \cdot 6.00 - 100.0 \cdot 3.00 = 0$ $\qquad C_{zB} = 50.0\,\text{kN}$

Kräftegleichgewichtsbedingungen:

$\Sigma F_x = 0$: $C_{xA} - 40.0 = 0$ $\qquad C_{xA} = 40.0\,\text{kN}$

$\Sigma F_y = 0$: $C_{yA} - 30.0 = 0$ $\qquad C_{yA} = 30.0\,\text{kN}$

$\Sigma F_z = 0$: $C_{zA} - 100.0 + 50.0 = 0$ $\qquad C_{zA} = 50.0\,\text{kN}$

Momentengleichgewichtsbedingungen um globale Achsen in A:

$\Sigma M_x = 0$: $M_{xA} - 100.0 \cdot 4.00 + 30.0 \cdot 2.50 + 50.0 \cdot 4.00 = 0$ $\qquad M_{xA} = 125.0\,\text{kNm}$

$\Sigma M_y = 0$: $M_{yA} - 40.0 \cdot 2.50 - 100.0 \cdot 3.00 + 50.0 \cdot 6.00 = 0$ $\qquad M_{yA} = 100.0\,\text{kNm}$

$\Sigma M_z = 0$: $M_{zA} + 40.0 \cdot 4.00 - 30.0 \cdot 3.00 = 0$ $\qquad M_{zA} = -70.0\,\text{kNm}$

Daher werden in diesem Verfahren sämtliche abhängigen Größen zunächst durch die beliebig vorgebbaren, *unabhängigen Stabendkraftgrößen* (siehe Bild 2.8) ausgedrückt, in deren knotenseitigen Pendants sodann das Gleichgewicht jedes Knotens formuliert wird. Hierdurch entsteht als Gleichgewichtsaussage der Gesamtstruktur ein lineares Gleichungssystem mit allen unabhängigen Stabendkraftgrößen sowie den Auflagergrößen als Unbekannten.

Wir erläutern diese Vorgehensweise nun an Hand des Einführungsbeispiels auf Bild 4.6. Gegenüber der Version im Abschn. 3.3.1 sei der Stab noch durch eine konstante Gleichlast $q = q_z$ beansprucht. Aus Tafel 2.6 übernehmen wir hierfür die Gleichgewichtsbedingungen des p-ten Stabelementes:

$$\begin{aligned}
N_r^p &= N_l^p, \\
Q_r^p &= Q_l^p - q l^p, \\
M_r^p &= M_l^p + Q_l^p l^p - q \frac{(l^p)^2}{2}
\end{aligned} \qquad (4.5)$$

Tafel 4.8 Schnittgrößenbestimmung und -kontrollen eines räumlichen Rahmentragwerks (Teil 1)

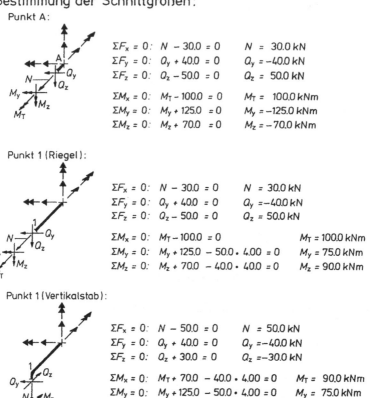

Bestimmung der Schnittgrößen:

Punkt A:

$\Sigma F_x = 0:\ N - 30.0 = 0 \qquad N = 30.0\,\text{kN}$

$\Sigma F_y = 0:\ Q_y + 40.0 = 0 \qquad Q_y = -40.0\,\text{kN}$

$\Sigma F_z = 0:\ Q_z - 50.0 = 0 \qquad Q_z = 50.0\,\text{kN}$

$\Sigma M_x = 0:\ M_T - 100.0 = 0 \qquad M_T = 100.0\,\text{kNm}$

$\Sigma M_y = 0:\ M_y + 125.0 = 0 \qquad M_y = -125.0\,\text{kNm}$

$\Sigma M_z = 0:\ M_z + 70.0 = 0 \qquad M_z = -70.0\,\text{kNm}$

Punkt 1 (Riegel):

$\Sigma F_x = 0:\ N - 30.0 = 0 \qquad N = 30.0\,\text{kN}$

$\Sigma F_y = 0:\ Q_y + 40.0 = 0 \qquad Q_y = -40.0\,\text{kN}$

$\Sigma F_z = 0:\ Q_z - 50.0 = 0 \qquad Q_z = 50.0\,\text{kN}$

$\Sigma M_x = 0:\ M_T - 100.0 = 0 \qquad M_T = 100.0\,\text{kNm}$

$\Sigma M_y = 0:\ M_y + 125.0 - 50.0 \cdot 4.00 = 0 \qquad M_y = 75.0\,\text{kNm}$

$\Sigma M_z = 0:\ M_z + 70.0 - 40.0 \cdot 40.0 = 0 \qquad M_z = 90.0\,\text{kNm}$

Punkt 1 (Vertikalstab):

$\Sigma F_x = 0:\ N - 50.0 = 0 \qquad N = 50.0\,\text{kN}$

$\Sigma F_y = 0:\ Q_y + 40.0 = 0 \qquad Q_y = -40.0\,\text{kN}$

$\Sigma F_z = 0:\ Q_z + 30.0 = 0 \qquad Q_z = -30.0\,\text{kN}$

$\Sigma M_x = 0:\ M_T + 70.0 - 40.0 \cdot 4.00 = 0 \qquad M_T = 90.0\,\text{kNm}$

$\Sigma M_y = 0:\ M_y + 125.0 - 50.0 \cdot 4.00 = 0 \qquad M_y = 75.0\,\text{kNm}$

$\Sigma M_z = 0:\ M_z + 100.0 = 0 \qquad M_z = -100.0\,\text{kNm}$

Definieren wir in diesem Bild 4.6 (oben)

$$N_r^p,\ M_l^p,\ M_r^p \tag{4.6}$$

erneut als *unabhängige Stabendkraftgrößen*, so gewinnen wir aus (4.5) die folgenden Verknüpfungen für die *abhängigen Stabendkraftgrößen*:

$$N_l^p = N_r^p,\ Q_l^p = \frac{M_r^p - M_l^p}{l^p} + q\frac{l^p}{2},\ Q_r^p = \frac{M_r^p - M_l^p}{l^p} - q\frac{l^p}{2}. \tag{4.7}$$

Nach diesen Vorarbeiten lösen wir jeden Knoten in Bild 4.6 durch einen Rundschnitt aus der Struktur heraus. Drücken wir sodann alle Stabendkraftgrößen, genauer gesagt: ihre gleich großen, aber entgegengesetzt gerichteten Gegenstücke, die *Knotenkraftgrößen*, allein durch die *unabhängigen Stabendkraftgrößen* aus, so entsteht die Darstellung auf Bild 4.6. Formulierung des Gleichgewichts

Tafel 4.9 Schnittgrößenbestimmung und -kontrollen eines räumlichen Rahmentragwerks (Teil 2)

Punkt 2 (Vertikalstab):

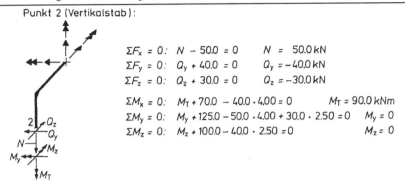

$\Sigma F_x = 0:$ $N - 50.0 = 0$ $N = 50.0\,\text{kN}$

$\Sigma F_y = 0:$ $Q_y + 40.0 = 0$ $Q_y = -40.0\,\text{kN}$

$\Sigma F_z = 0:$ $Q_z + 30.0 = 0$ $Q_z = -30.0\,\text{kN}$

$\Sigma M_x = 0:$ $M_T + 70.0 - 40.0 \cdot 4.00 = 0$ $M_T = 90.0\,\text{kNm}$

$\Sigma M_y = 0:$ $M_y + 125.0 - 50.0 \cdot 4.00 + 30.0 \cdot 2.50 = 0$ $M_y = 0$

$\Sigma M_z = 0:$ $M_z + 100.0 - 40.0 \cdot 2.50 = 0$ $M_z = 0$

Punkt 2 (Riegel):

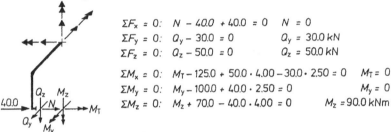

$\Sigma F_x = 0:$ $N - 40.0 + 40.0 = 0$ $N = 0$

$\Sigma F_y = 0:$ $Q_y - 30.0 = 0$ $Q_y = 30.0\,\text{kN}$

$\Sigma F_z = 0:$ $Q_z - 50.0 = 0$ $Q_z = 50.0\,\text{kN}$

$\Sigma M_x = 0:$ $M_T - 125.0 + 50.0 \cdot 4.00 - 30.0 \cdot 2.50 = 0$ $M_T = 0$

$\Sigma M_y = 0:$ $M_y - 100.0 + 40.0 \cdot 2.50 = 0$ $M_y = 0$

$\Sigma M_z = 0:$ $M_z + 70.0 - 40.0 \cdot 4.00 = 0$ $M_z = 90.0\,\text{kNm}$

Punkt 3 (links von der Last):

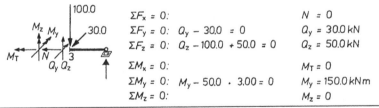

$\Sigma F_x = 0:$ $N = 0$

$\Sigma F_y = 0:$ $Q_y - 30.0 = 0$ $Q_y = 30.0\,\text{kN}$

$\Sigma F_z = 0:$ $Q_z - 100.0 + 50.0 = 0$ $Q_z = 50.0\,\text{kN}$

$\Sigma M_x = 0:$ $M_T = 0$

$\Sigma M_y = 0:$ $M_y - 50.0 \cdot 3.00 = 0$ $M_y = 150.0\,\text{kNm}$

$\Sigma M_z = 0:$ $M_z = 0$

$$\sum F_x = \sum F_z = \sum M_y = 0 \tag{4.8}$$

sämtlicher Knoten ergibt die neun dort aufgeführten Knotengleichgewichtsbedingungen. Dabei wird das Gleichgewicht an Knoten mit kinematischen Freiheitsgraden, beispielsweise dem Mittelknoten 2, stets in Richtung der positiven Achsen derglobalen Basis formuliert, das Gleichgewicht an Auflagerbindungen dagegen in Richtung der positiven Reaktionsgrößen. Knotenlasten werden nur korrespondierend zu Knotenfreiheitsgraden zugelassen, da nur diese die Tragstruktur beanspruchen. Daher sind in beiden Auflagern äußere Kraftgrößen nicht zulässig, wohl aber Knotenmomente. Das Momentengelenk des Knotens 2 schließlich wird durch die Nebenbedingung $M_r^c = 0$ berücksichtigt.

Tafel 4.10 Schnittgrößenbestimmung und -kontrollen eines räumlichen Rahmentragwerks (Teil 3)

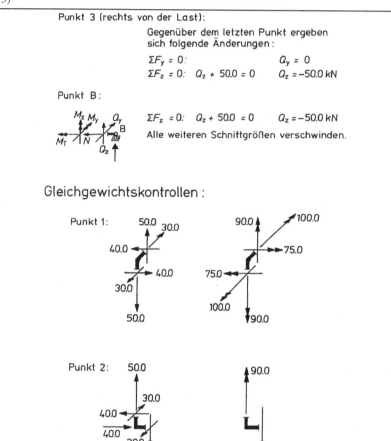

Punkt 3 (rechts von der Last):

Gegenüber dem letzten Punkt ergeben sich folgende Änderungen:

$\Sigma F_y = 0$: $Q_y = 0$

$\Sigma F_z = 0$: $Q_z + 50.0 = 0$ $Q_z = -50.0$ kN

Punkt B:

$\Sigma F_z = 0$: $Q_z + 50.0 = 0$ $Q_z = -50.0$ kN

Alle weiteren Schnittgrößen verschwinden.

Gleichgewichtskontrollen:

Punkt 1:

Punkt 2:

Kräfte   Momente

Die erhaltenen Bedingungsgleichungen ordnen wir nun in Tafel 4.11 derart in ein matrizielles Schema ein, dass in der linken Spalte **P*** die Knotenlasten—in positiver Wirkungsrichtung als positive Größen—sowie die Knotenanteile der Stabbelastung q auftreten. Diese Spalte wird stets als bekannt vorausgesetzt. Die unbekannten Stabendkraftgrößen **s** und Auflagerreaktionen **C** sind dagegen in der rechten Produktspalte zusammengefasst. Wie man erkennt, enthalten die Gleichgewichtsbedingungen in Richtung der Auflagergrößen links erneut Nullen, gegebenenfalls Knotenanteile von Stabbelastungen. In der Matrix **g*** tritt rechts unten wieder die typische Einheitsmatrix **I** auf, darüber eine Nullmatrix **0**. Das entstandene Gleichungssystem besitzt für beliebige Tragstrukturen stets diese charakteristische Struktur: Links die Lastspalte **P***, welche die Knotenlasten und Nullen bzw. Stablastanteile enthält,

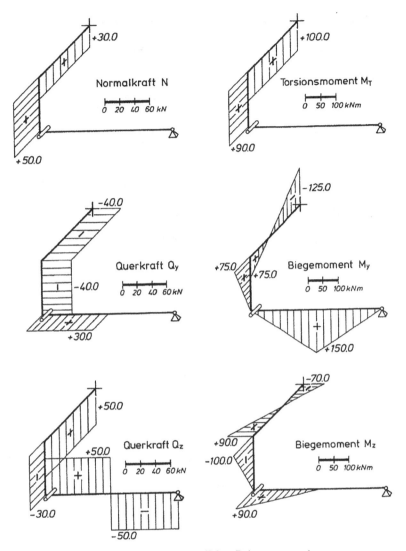

Bild. 4.5 Schnitgrößen-Zustandslinie eines räumlichen Rahmentragwerks

rechts die Matrix **g***, multipliziert mit den unabhängigen Stabendkraftgrößen **s** und den Auflagergrößen **C** als Unbekannten.

Bei diesem Verfahren verbindet somit stets ein identisch strukturiertes, lineares Gleichungssystem die Gleichgewichtsaussagen aller Knotenpunkte und damit der Gesamtstruktur. Seine Ordnung ist $a + s \cdot p$ (siehe Tafel 3.5). Damit ist es, wie die Betrachtungen des Abschn. 3.3.2 belegen, für statisch bestimmte, kinematisch starre Tragwerke zwar stets lösbar, erfordert aber für viele Tragwerke automatische Rechenhilfen. Partitioniert man **g*** gemäß Tafel 4.11, so zerfällt das Gleichungssystem—wegen der Nullmatrix—in zwei Teilsysteme. Der Lösungsvorgang erlaubt daher zwei Alternativen:

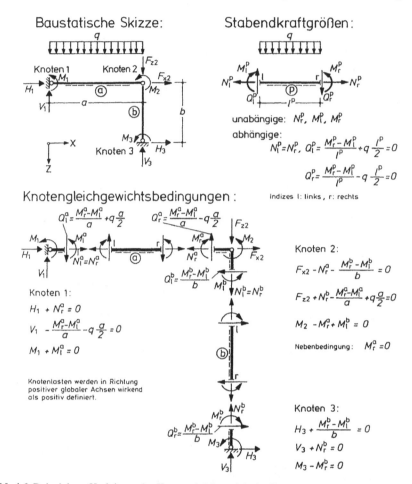

Bild. 4.6 Beispiel zur Herleitung der Knotengleichgewichtsbedingungen

- Lösung im Gesamtschritt:

$$\mathbf{P}^* = \mathbf{g}^* \cdot \mathbf{s}^* \rightarrow \mathbf{s}^* = \{\mathbf{s}\,\mathbf{C}\}\,; \qquad (4.9)$$

- vorgezogene Lösung des oberen Teilsystems sowie nachfolgende Ermittlung der Auflagerkräfte durch eine Matrizenmultiplikation nebst -addition:

$$
\begin{aligned}
\mathbf{P} &= \mathbf{g} \cdot \mathbf{s} + \mathbf{0} \cdot \mathbf{C} = \mathbf{g} \cdot \mathbf{s} \rightarrow \mathbf{s}, \\
\mathbf{P}_C &= \mathbf{g}_{sC} \cdot \mathbf{s} + \mathbf{I} \cdot \mathbf{C} = \mathbf{g}_{sC} \cdot \mathbf{s} + \mathbf{C} \rightarrow \mathbf{C} = -\mathbf{g}_{sC} \cdot \mathbf{s} + \mathbf{P}_C.
\end{aligned} \qquad (4.10)
$$

Das obere Teilsystem (4.10a) enthält nur die Knotengleichgewichtsbedingungen in Richtung der Knotenfreiheitsgrade der Struktur. Sind allein die Stabendkräfte **s** gefragt, so braucht auch nur dieses Teilsystem aufgestellt und gelöst zu werden.

Sind die unabhängigen Stabendkraftgrößen und gegebenenfalls die Auflagerkräfte bestimmt, so berechnet man die abhängigen Stabendkraftgrößen gemäß (4.7).

Tafel 4.11 Matrix der Knotengleichgewichts- und Nebenbedingungen

Knotengleichgewichtsbedingungen und Nebenbedingung des Beispiels Bild 4.6:

		N_r^a	M_l^a	M_r^a	N_r^b	M_l^b	M_r^b	H_1	V_1	H_3	V_3		
$\sum M_{y1} = 0$:	M_1		-1										N_r^a
$\sum F_{x2} = 0$:	F_{x2}	1				$-1/b$	$1/b$						M_l^a
$\sum F_{z2} = 0$:	$F_{z2}+q\frac{a}{2}$		$-1/a$	$1/a$	-1								M_r^a
$\sum M_{y2} = 0$:	M_2			1		-1							N_r^b
$\sum M_{y3} = 0$:	M_3						1					$=$	M_l^b	$\cdot$
Nebenbedingung:	0			1									M_r^b
$\sum F_{x1} = 0$:	0	1						1					H_1
$-\sum F_{z1} = 0$:	$q\frac{a}{2}$		$1/a$	$-1/a$					1				V_1
$\sum F_{x3} = 0$:	0					$-1/b$	$1/b$			1			H_3
$-\sum F_{z3} = 0$:	0				1						1		V_3

leere Positionen sind mit Nullen besetzt

Allgemeine Form:

$$\mathbf{P}^* = \mathbf{g}^* \cdot \mathbf{s}^*: \quad \begin{bmatrix} \mathbf{P} \\ \hline \mathbf{P_c} \end{bmatrix} = \begin{bmatrix} \mathbf{g}^* \end{bmatrix} \cdot \begin{bmatrix} \mathbf{s} \\ \hline \mathbf{C} \end{bmatrix} = \begin{bmatrix} \mathbf{g} & \vline & \mathbf{0} \\ \mathbf{g}_{sC} & \vline & \mathbf{I} \end{bmatrix} \cdot \begin{bmatrix} \mathbf{s} \\ \hline \mathbf{C} \end{bmatrix}$$

Schnittgrößen an weiteren Stabzwischenpunkten werden sodann zweckmäßigerweise durch stabweise Anwendung der Feldübertragungsgleichung aus Tafel 2.6 ermittelt.

4.1.7 Beispiel: Ebener Fachwerk-Kragträger

Als erstes Beispiel behandeln wir erneut den Fachwerk-Kragträger aus Abschn. 4.1.3. Ideale Fachwerke eignen sich vorzüglich für das geschilderte Verfahren: Ihre Struktur weist natürliche Knotenpunkte auf und in jedem Stab tritt nur *eine*, längs der Stabachse konstante Normalkraft auf:

$$N_r^p = N_l^p = N^p. \tag{4.11}$$

Daher lautet die Spalte der unabhängigen Stabkraftvariablen des vorliegenden Beispiels:

$$\mathbf{s} = \{N^1 N^2 N^3 N^4 N^5 N^6 N^7\} \tag{4.12}$$

und diejenige seiner Auflagergrößen:

$$\mathbf{C} = \{H_4 H_5 V_5\} \tag{4.13}$$

Abmessungen, Lasten, Knoten- und Stabnummern entsprechen dem bereits bekannten System; sie sind erneut in der baustatischen Skizze auf Tafel 4.12 aufgeführt.

Tafel 4.12 Knotengleichgewichtsbedingungen eines Fachwerk-Kragträgers

Baustatische Skizze :

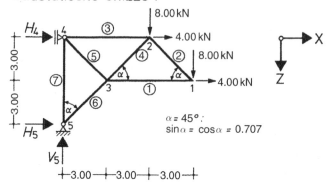

$\alpha = 45°:$
$\sin\alpha = \cos\alpha = 0.707$

Knotengleichgewichtsbedingungen :

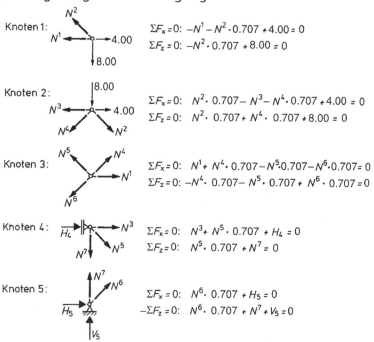

Knoten 1:

$\Sigma F_x = 0: \quad -N^1 - N^2 \cdot 0.707 + 4.00 = 0$
$\Sigma F_z = 0: \quad -N^2 \cdot 0.707 + 8.00 = 0$

Knoten 2:

$\Sigma F_x = 0: \quad N^2 \cdot 0.707 - N^3 - N^4 \cdot 0.707 + 4.00 = 0$
$\Sigma F_z = 0: \quad N^2 \cdot 0.707 + N^4 \cdot 0.707 + 8.00 = 0$

Knoten 3:

$\Sigma F_x = 0: \quad N^1 + N^4 \cdot 0.707 - N^5 \cdot 0.707 - N^6 \cdot 0.707 = 0$
$\Sigma F_z = 0: \quad -N^4 \cdot 0.707 - N^5 \cdot 0.707 + N^6 \cdot 0.707 = 0$

Knoten 4:

$\Sigma F_x = 0: \quad N^3 + N^5 \cdot 0.707 + H_4 = 0$
$\Sigma F_z = 0: \quad N^5 \cdot 0.707 + N^7 = 0$

Knoten 5:

$\Sigma F_x = 0: \quad N^6 \cdot 0.707 + H_5 = 0$
$-\Sigma F_z = 0: \quad N^6 \cdot 0.707 + N^7 + V_5 = 0$

Tafel 4.12 enthält nun sämtliche, durch fiktive Rundschnitte aus dem Fachwerk herausgetrennte Knoten nebst den dabei freigemachten Stabkräften sowie ihre Lasten und Auflagerreaktionen. Als positive Bezugsrichtungen für die nebenstehenden Kräftegleichgewichtsbedingungen wurden vereinbarungsgemäß bei frei verformbaren Knoten die positiven globalen Richtungen, bei Auflagerbindungen die positiven globalen Richtungen, bei Auflagerbindungen die positiven globalen Rich-

Tafel 4.13 Matrizielle Knotengleichgewichtsbedingungen eines Fachwerk-Kragträgers

Gleichungssystem:

P^*	=	N^1	N^2	N^3	N^4	N^5	N^6	N^7	H_4	H_5	V_5	·	s
4.00		1.000	0.707										N^1
8.00			0.707										N^2
4.00			−0.707	1.000	0.707								N^3
8.00			−0.707		−0.707								N^4
0.00		1.000			0.707	−0.707	−0.707						N^5
0.00						−0.707	−0.707	0.707					N^6
0.00						0.707	1.000						N^7
0.00			1.000		0.707				1.000				H_4
0.00						0.707				1.000			H_5
0.00						0.707	1.000				1.000		V_5

leere Positionen sind mit Nullen besetzt

$$\mathbf{P^* = g^* \cdot s^*}: \qquad \left[\frac{\mathbf{P}}{\mathbf{0}}\right] = \left[\frac{\mathbf{g} \mid \mathbf{0}}{\mathbf{g}_{sC} \mid \mathbf{I}}\right] \cdot \left[\frac{\mathbf{s}}{\mathbf{C}}\right]$$

Lösung:

$\{\,\mathbf{s} \mid \mathbf{C}\,\} = \{-4.00 \mid 11.31 \mid 28.00 \mid -22.63 \mid -2.83 \mid -25.46 \mid 2.00 \mid -26.00 \mid 18.00 \mid 16.00\,\}$

tungen, bei Auflagerbindungen die positiven Richtungen der betreffenden Reaktionen verwendet. Daher wird im Knoten 5, abweichend von den übrigen Regelfällen, das Gleichgewicht in negativer Z-Richtung formuliert. Die in den Komponentengleichgewichtsbedingungen auftretenden Winkelfunktionen $\sin\alpha = \cos\alpha = 0.707$ entstammen den Richtungsprojektionen der Kräfte in den Schrägstäben.

In Tafel 4.13 erfolgt nun der Einbau der Gleichgewichtsbedingungen in das bekannte Matrizenschema mit dem erwarteten Resultat, nämlich der charakteristischen Struktur von $\mathbf{g^*}$. Wegen der Kragarm-Topologie des Fachwerks, die sich in der Untermatrix $\mathbf{g}$ wiederspiegelt, kann das entstandene Gleichungssystem übrigens sukzessiv aufgelöst werden, beginned in der 2. Zeile. Wir jedoch bedienen uns zur Erzeugung der am Ende von Tafel 4.13 angegebenen Lösung der Hilfe eines Computers.

4.1.8 Beispiel: Ebenes Rahmentragwerk

Unser nächstes Beispiel ist wieder das ebene Rahmentragwerk aus Abschn. 4.1.4, jedoch unter geänderten Lasten. Wir bezeichnen zunächst die Auflagerreaktionen A, B, H_A und legen deren positive Wirkungsrichtungen fest, alle der globalen Basis entgegengerichtet. Sodann wählen wir, zusätzlich zu den beiden Endknoten A und B, zwei Mittelknoten 1 und 2: Hierdurch wird das Tragwerk in drei Stabelemente a, b und c unterteilt.

Verabredungsgemäß wird nun in Tafel 4.14 das Gleichgewicht an allen vier Knoten in Richtung positiver, kinematischer Freiheitsgrade formuliert, bei Auflagerbindungen in Richtung positiver Reaktionsgrößen. Dies erfolgt zunächst, der Übersicht

Tafel 4.14 Knotengleichgewichtsbedingungen eines ebenen Rahmentragwerks

Baustatische Skizze:

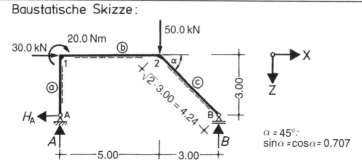

Knotengleichgewichtsbedingungen (in vollständigen Stabendkraftgrößen):

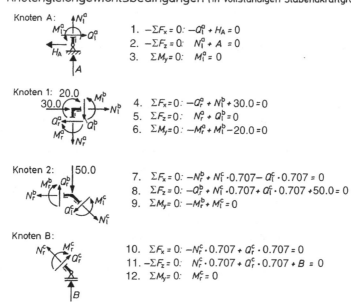

Knoten A:

1. $-\Sigma F_x = 0$: $-Q_l^a + H_A = 0$
2. $-\Sigma F_z = 0$: $N_l^a + A = 0$
3. $\Sigma M_y = 0$: $M_l^a = 0$

Knoten 1: 20.0

4. $\Sigma F_x = 0$: $-Q_r^a + N_l^b + 30.0 = 0$
5. $\Sigma F_z = 0$: $N_r^a + Q_l^b = 0$
6. $\Sigma M_y = 0$: $-M_r^a + M_l^b - 20.0 = 0$

Knoten 2:

7. $\Sigma F_x = 0$: $-N_r^b + N_l^c \cdot 0.707 - Q_l^c \cdot 0.707 = 0$
8. $\Sigma F_z = 0$: $-Q_r^b + N_l^c \cdot 0.707 + Q_l^c \cdot 0.707 + 50.0 = 0$
9. $\Sigma M_y = 0$: $-M_r^b + M_l^c = 0$

Knoten B:

10. $\Sigma F_x = 0$: $-N_r^c \cdot 0.707 + Q_r^c \cdot 0.707 = 0$
11. $-\Sigma F_z = 0$: $N_r^c \cdot 0.707 + Q_r^c \cdot 0.707 + B = 0$
12. $\Sigma M_y = 0$: $M_r^c = 0$

---

halber, in den vollständigen Stabendkraftgrößen. Die entstandenen Gleichgewichtsbedingungen werden sodann mit Hilfe von (4.7)

$$N_l^p = N_r^p, \; Q_l^p = Q_r^p = (M_r^p - M_l^p) : l^p \tag{4.14}$$

für $q = 0$ in unabhängige Stabendkraftgrößen umgeformt (Tafel 4.15) und so erneut in das bekannte Matrizenschema eingefügt. Deutlich ist wieder die charakteristische Struktur der Gleichgewichtsbedingungen zu erkennen. Ihre vollständige Lösung befindet sich ebenfalls in Tafel 4.15.

Tafel 4.15 Matrizielle Knotengleichgewichtsbedingungen eines ebenen Rahmentragwerks

Knotengleichgewichtsbedingungen (in unabhängigen Stabendkraftgrößen):

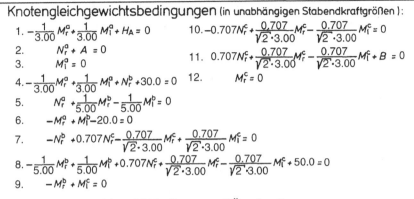

1. $-\dfrac{1}{3.00} M_r^a + \dfrac{1}{3.00} M_l^a + H_A = 0$

2. $N_r^a + A = 0$

3. $M_l^a = 0$

4. $-\dfrac{1}{3.00} M_r^a + \dfrac{1}{3.00} M_l^a + N_r^b + 30.0 = 0$

5. $N_r^a + \dfrac{1}{5.00} M_r^b - \dfrac{1}{5.00} M_l^b = 0$

6. $-M_r^a + M_l^b - 20.0 = 0$

7. $-N_r^b + 0.707 N_r^c - \dfrac{0.707}{\sqrt{2} \cdot 3.00} M_r^c + \dfrac{0.707}{\sqrt{2} \cdot 3.00} M_l^c = 0$

8. $-\dfrac{1}{5.00} M_r^b + \dfrac{1}{5.00} M_l^b + 0.707 N_r^c + \dfrac{0.707}{\sqrt{2} \cdot 3.00} M_r^c - \dfrac{0.707}{\sqrt{2} \cdot 3.00} M_l^c + 50.0 = 0$

9. $-M_r^b + M_l^c = 0$

10. $-0.707 N_r^c + \dfrac{0.707}{\sqrt{2} \cdot 3.00} M_r^c - \dfrac{0.707}{\sqrt{2} \cdot 3.00} M_l^c = 0$

11. $0.707 N_r^c + \dfrac{0.707}{\sqrt{2} \cdot 3.00} M_r^c - \dfrac{0.707}{\sqrt{2} \cdot 3.00} M_l^c + B = 0$

12. $M_r^c = 0$

Matrizielle Knotengleichgewichtsbedingungen $\mathbf{P^*} = \mathbf{g^*} \cdot \mathbf{s^*}$:

	N_r^a	M_l^a	M_r^a	N_r^b	M_l^b	M_r^b	N_r^c	M_l^c	M_r^c	A	B	H_A			Gleichung:
0.0		1												N_r^a	3
30.0		−0.333	0.333	−1										M_l^a	4
0.0	1				−0.200	0.200								M_r^a	5
−20.0			1		−1									N_r^b	6
0.0				−1			0.707	0.167	−0.167					M_l^b	7
50.0					−0.200	0.200	−0.707	0.167	−0.167				$=$	M_r^b	8
0.0						−1		1						N_r^c	9
0.0							−0.707	−0.167	0.167					M_l^c	10
0.0								1						M_r^c	12
0.0	1									1				A	2
0.0							0.707	−0.167	0.167		1			B	11
0.0		0.333	−0.333									1		H_A	1

leere Positionen sind mit Nullen besetzt

Lösung:

$\{\mathbf{s} \mid \mathbf{C}\} = \{-5.0 \mid 0 \mid 90.0 \mid 0 \mid 110.0 \mid 135.0 \mid -31.8 \mid 135.0 \mid 0 \mid 50.0 \mid 45.0 \mid 30.0\}$

Reduziertes matrizielles Teilsystem $\mathbf{P} = \mathbf{g} \cdot \mathbf{s}$:

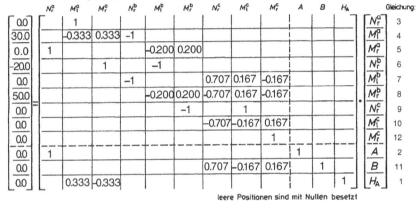

	N_r^a	M_r^a	N_r^b	M_l^b	M_r^b	N_r^c	M_l^c		
30.0		0.333	−1						N_r^a
0.0	1			−0.200	0.200				M_r^a
−20.0		1		−1					N_r^b
0.0			−1			0.707	0.167	$=$ ·	M_l^b
50.0				−0.200	0.200	−0.707	0.167		M_r^b
0.0					−1		1		N_r^c
0.0						−0.707	−0.167		M_l^c

Sicherlich haben die meisten Leser bereits beim Aufstellen der Knotengleichgewichtsbedingungen erkannt, dass sich die beiden Stabendmomente M_1^a, M_r^c zu Null ergeben müssen. Ist man nun an einem möglichst kleinen Gleichungssystem interessiert, so hätten M_1^a, M_r^c mit Hilfe der Gleichungen 3 und 12 von Anfang an aus allen übrigen Aussagen getilgt werden können. Das durch Streichen der Zeilen 3, 12 und der Spalten M_1^a, M_r^c in seiner Ordnung um zwei reduzierte Teilsystem

$\mathbf{P} = \mathbf{g} \cdot \mathbf{s}$—die von Null-Kraftgrößen befreiten Knotengleichgewichtsbedingungen nur in Richtung der kinematischen Freiheitsgrade—schließt Tafel 4.15 ab.

Schließlich berechnen wir aus dem Lösungsvektor der unabhängigen Stabendkraftgrößen mittels (4.14) wieder die abhängigen Größen

$$N_l^a = -5.0\,\text{kN}, \qquad Q_l^a = Q_r^a = (90.0 - 0.0) : 3.00 = 30.0\,\text{kN},$$
$$N_l^b = 0, \qquad Q_l^b = Q_r^b = (135.0 - 110.0) : 5.00 = 5.0\,\text{kN}, \qquad (4.15)$$
$$N_l^c = -31.8\,\text{kN}, \qquad Q_l^c = Q_r^c = (0.0 - 135.0) : 4.24 = -31.8\,\text{kN}$$

und stellen damit die Schnittgrößen-Zustandslinien auf Bild 4.7 dar.

4.1.9 Beispiel: Räumliches Rahmentragwerk

Als abschließendes Beispiel dient erneut das räumliche Rahmentragwerk aus Abschn. 4.1.5 mit seiner baustatischen Skizze auf Tafel 4.16. Neben den Tragwerksenden A und B wählen wir als Knotenpunkte die beiden Knicke des räumlichen

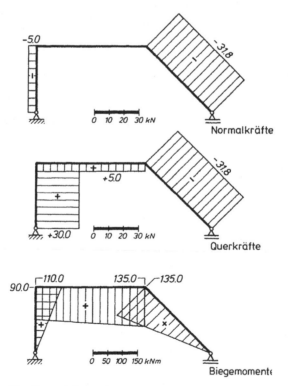

Bild. 4.7 Schnittgrößen-Zustandslinien eines ebenen Rahmentragwerks

Tafel 4.16 Räumliches Rahmentragwerk und räumliche Stabendkraftgrößen

Baustatische Skizze:

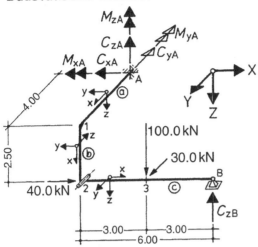

Abhängige und unabhängige Stabendkraftgrößen:

Stabelemente a und b:

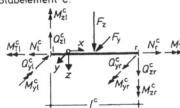

Unabhängige Stabendkraftgrößen:

$$\mathbf{s}^a = \left\{ N_r^a \ M_{Tr}^a \ M_{yl}^a \ M_{yr}^a \ M_{zl}^a \ M_{zr}^a \right\}$$

Abhängige Stabendkraftgrößen:

$$N_l^a = N_r^a$$

$$M_{Tl}^a = M_{Tr}^a$$

$$Q_{yl}^a = Q_{yr}^a = \frac{M_{zl}^a - M_{zr}^a}{l^a}$$

$$Q_{zl}^a = Q_{zr}^a = \frac{M_{yr}^a - M_{yl}^a}{l^a}$$

Stabelement c:

Unabhängige Stabendkraftgrößen:

$$\mathbf{s}^c = \left\{ N_r^c \ M_{Tr}^c \ M_{yl}^c \ M_{yr}^c \ M_{zl}^c \ M_{zr}^c \right\}$$

Abhängige Stabendkraftgrößen:

$$N_l^c = N_r^c$$

$$M_{Tl}^c = M_{Tr}^c$$

$$Q_{yl}^c = \frac{M_{zl}^c - M_{zr}^c}{l^c} + \frac{F_y}{2}$$

$$Q_{yr}^c = \frac{M_{zl}^c - M_{zr}^c}{l^c} - \frac{F_y}{2}$$

$$Q_{zl}^c = \frac{M_{yr}^c - M_{yl}^c}{l^c} + \frac{F_z}{2}$$

$$Q_{zr}^c = \frac{M_{yr}^c - M_{yl}^c}{l^c} - \frac{F_z}{2}$$

Stabzuges. Dadurch entstehen drei Stabelemente a, b und c, wobei das Stabelement c zwei mittige Einzellasten trägt.

Um später die abhängigen Stabendkraftgrößen durch die unabhängigen ausdrücken zu können, müssen wir die uns für ebene Tragwerke nun schon vertrauten Operationen (4.6) und (4.7) auf *räumliche Stabelemente* erweitern. Hierzu wenden wir die Gleichgewichtsaussagen der Tafel 4.1 auf das belastete Stabelement c (Tafel 4.16) an:

$$\sum F_x = 0 : N_r^c - N_l^c = 0,$$

$$\sum F_y = 0 : Q_{yr}^c - Q_{yl}^c + F_y = 0,$$

$$\sum F_z = 0 : Q_{zr}^c - Q_{zl}^c + F_z = 0,$$

$$\sum M_x = 0 : M_{Tr}^c - M_{Tl}^c = 0,$$

$$\sum M_y = 0 : M_{yr}^c - M_{yl}^c - Q_{zl}^c \cdot l + F_z \cdot \frac{l}{2} = 0,$$

$$\sum M_z = 0 : M_{zr}^c - M_{zl}^c - Q_{yl}^c \cdot l + F_y \cdot \frac{l}{2} = 0.$$

(4.16)

Nach Festlegung der unabhängigen Stabendkraftgrößen

$$\mathbf{s}^c = \{N_r^c M_{Tr}^c M_{yl}^c M_{yr}^c M_{zl}^c M_{zr}^c\}$$

(4.17)

ergeben sich hieraus die gesuchten Transformationen für die abhängigen Größen, aufgeführt im unteren Teil von Tafel 4.16. Unterdrückt man in ihnen die Stablasten F_y, F_z, so entstehen natürlich die für die stablastfreien Elemente a und b gültigen Beziehungen.

Wir beginnen mit dem Aufstellen der Knotengleichgewichtsbedingungen. Aus Platzgründen soll allerdings nicht das vollständige Gleichungssystem

$$\mathbf{P}^* = \mathbf{g}^* \cdot \mathbf{s}^* = \begin{bmatrix} \mathbf{g} & \vdots & \mathbf{0} \\ \text{---} & \vdots & \text{---} \\ \mathbf{g}_{sC} & \vdots & \mathbf{I} \end{bmatrix} \cdot \begin{bmatrix} \mathbf{s} \\ \text{---} \\ \mathbf{C} \end{bmatrix} = \begin{bmatrix} \mathbf{P} \\ \text{---} \\ \mathbf{P}_C \end{bmatrix}$$

(4.18)

aufgestellt werden, sondern nur das obere Teilsystem

$$\mathbf{P} = \mathbf{g} \cdot \mathbf{s},$$

(4.19)

d. h. die Gleichgewichtsbedingungen in Richtung möglicher kinematischer Freiheitsgrade. Somit sind an den Knoten 1 und 2 jeweils *sechs* Gleichgewichtsaussagen

$$\sum F_x = \sum F_y = \sum F_z = 0, \qquad \sum M_x = \sum M_y = \sum M_z = 0 \quad (4.20)$$

in Richtung positiver globaler Achsen zu formulieren, *fünf*—ausgenommen $\sum F_z = 0$—am Knoten B. Dies wird in Tafel 4.17 ausgeführt, zunächst wieder

Tafel 4.17 Knotengleichgewichtsbedingungen des räumlichen Rahmentragwerks in Richtung der Knotenfreiheitsgrade

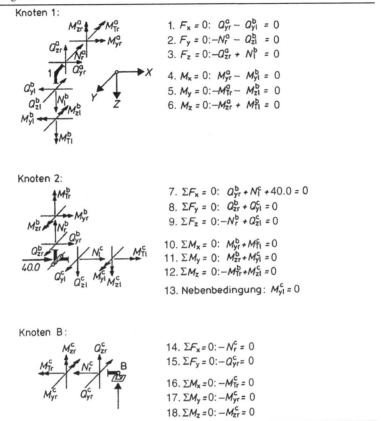

Knoten 1:

1. $F_x = 0$: $Q_{yr}^a - Q_{yl}^b = 0$
2. $F_y = 0$: $-N_r^a - Q_{zl}^b = 0$
3. $F_z = 0$: $-Q_{zr}^a + N_l^b = 0$
4. $M_x = 0$: $M_{yr}^a - M_{yl}^b = 0$
5. $M_y = 0$: $-M_{Tr}^a - M_{zl}^b = 0$
6. $M_z = 0$: $-M_{zr}^a + M_{Tl}^b = 0$

Knoten 2:

7. $\Sigma F_x = 0$: $Q_{yr}^b + N_l^c + 40.0 = 0$
8. $\Sigma F_y = 0$: $Q_{zr}^b + Q_{yl}^c = 0$
9. $\Sigma F_z = 0$: $-N_r^b + Q_{zl}^c = 0$
10. $\Sigma M_x = 0$: $M_{yr}^b + M_{Tl}^c = 0$
11. $\Sigma M_y = 0$: $M_{zr}^b + M_{yl}^c = 0$
12. $\Sigma M_z = 0$: $-M_{Tr}^b + M_{zl}^c = 0$
13. Nebenbedingung: $M_{yl}^c = 0$

Knoten B:

14. $\Sigma F_x = 0$: $-N_r^c = 0$
15. $\Sigma F_y = 0$: $-Q_{yr}^c = 0$
16. $\Sigma M_x = 0$: $-M_{Tr}^c = 0$
17. $\Sigma M_y = 0$: $-M_{yr}^c = 0$
18. $\Sigma M_z = 0$: $-M_{zr}^c = 0$

unter Verwendung der vollständigen Stabendkraftgrößen. Einschließlich der Nebenbedingung 13 am Knoten 2 werden so 18 Bestimmungsgleichungen für die 6×3 unabhängigen Stabendkraftgrößen der drei Stabelemente bereitgestellt.

Um das entstandene, für eine Wiedergabe zu große Gleichungssystem möglichst weitgehend von informationsarmem Ballast zu befreien, soll dieses nun auf die von Null verschiedenen Stabendkraftgrößen reduziert werden. Hierzu berücksichtigen wir

aus Gleichung

$$
\begin{aligned}
18 &: M_{zr}^c = 0, \\
17 &: M_{yr}^c = 0, \\
13 &: M_{yl}^c = 0, \\
16 &: M_{Tr}^c = 0, \\
14 &: N_r^c = 0, \\
11, 13 &: M_{zr}^b = 0 \\
10, 16 &: M_{yr}^b = 0
\end{aligned}
\tag{4.21}
$$

sowie aus Gleichung $\quad 15 : Q_{yr}^c = 0.$

Durch diese Operation wird die Spalte **s** aller unabhängigen Stabendkraftgrößen um *sieben* Elemente verkleinert, die Anzahl der Bedingungsgleichungen um die gleiche Zahl. Nach diesen Vorarbeiten wird nun unter Verwendung der Transformationen aus Tafel 4.16 die Substitution der abhängigen Stabendkraftgrößen durch die unabhängigen im oberen Teil von Tafel 4.18 durchgeführt.

Darunter findet sich wieder ihre matrizielle Darstellung und natürlich der Lösungsvektor **s**. Erneut mit Hilfe der Transformationen von Tafel 4.16 werden hieraus wieder die abhängigen Stabendkraftgrößen bestimmt, wobei alle nicht im Lösungsvektor vereinigten Variablen verabredungsgemäß den Wert Null annehmen. Durch

Tafel 4.18 Reduzierte matrizielle Knotengleichgewichtsbedingungen des räumlichen Rahmentragwerks

Reduzierte Knotengleichgewichtsbedingungen in unabhängigen Stabendkraftgrößen:

1.* $\dfrac{M_{zl}^a}{l^a} - \dfrac{M_{zr}^a}{l^a} - \dfrac{M_{zl}^b}{l^b} = 0$

2.* $-N_r^a + \dfrac{M_{yl}^b}{l^b} = 0$

3.* $-\dfrac{M_{yr}^a}{l^a} + \dfrac{M_{yl}^a}{l^a} + N_r^b = 0$

4.* $M_{yr}^a - M_{yl}^b = 0$

5.* $-M_{Tr}^a - M_{zl}^b = 0$

6.* $-M_{zr}^a + M_{Tr}^b = 0$

7.* $\dfrac{M_{zl}^b}{l^b} + 40.0 = 0$

8.* $-\dfrac{M_{yl}^b}{l^b} + 30.0 = 0$

9.* $-N_r^b + 50.0 = 0$

12.* $-M_{Tr}^b + M_{zl}^c = 0$

15.* $-\dfrac{M_{zl}^c}{l^c} + 15.0 = 0$

Matrizielle Darstellung:

	N_r^a	M_{Tr}^a	M_{yl}^a	M_{yr}^a	M_{zl}^a	M_{zr}^a	N_r^b	M_{Tr}^b	M_{yl}^b	M_{zl}^b	M_{zl}^c		
0.0					0.250	−0.250				−0.400			N_r^a
0.0		−1							0.400				M_{Tr}^a
0.0			0.250	−0.250			1						M_{yl}^a
0.0				1				−1					M_{yr}^a
0.0			1						1				M_{zl}^a
0.0 =						−1	1					·	M_{zr}^a
40.0										−0.400			N_r^b
30.0									0.400				M_{Tr}^b
50.0							1						M_{yl}^b
0.0								−1			1		M_{zl}^b
15.0											0.167		M_{zl}^c

leere Positionen sind mit Nullen besetzt

Lösung:

$$\mathbf{s} = \{30.0 | 100.0 | -125.0 | 75.0 | -70.0 | 90.0 | 50.0 | 90.0 | 75.0 | -100.0 | 90.0 \}$$

elementweise Anwendung der Übertragungsgleichungen (siehe Anhang 4) würden wir schließlich die Schnittgrößen des Bildes 4.5 gewinnen. Die abschließende Ermittlung der Auflagerreaktionen aus des entsprechenden Gleichgewichtsbedingungen an den Endknoten empfehlen wir dem Leser zur Übung.

Damit haben wir bereits die beiden wichtigsten Verfahren zur Kraftgrößenermittlung statisch bestimmter Strukturen kennengelernt. Beide wenden *Komponentengleichgewichtsbedingungen* an, zunächst auf *Teilsysteme*, dann auf *Tragwerksknoten*. Auch mit unseren noch geringen Erfahrungen können wir beide Vorgehensweisen bereits zutreffend charakterisieren: Die erste passt sich durch variable Schnittführungen vielfältigen Aufgabenstellungen leicht an und kommt zumeist ohne maschinelle Rechenhilfsmittel aus. Der Vorteil des zweiten Verfahrens liegt in seinem stets gleichen, fast *genormten* Formalismus; es führt jedoch schnell auf große Gleichungssysteme, zu deren Lösung Computer unerlässlich sind.

4.2 Kinematische Methode

4.2.1 Grundbegriffe der Kinematik starrer Scheiben

Bereits im zweiten Kapitel hatten wir mehrfach auf die Verwandtschaft dynamischer und kinematischer Fragestellungen hingewiesen, etwa anlässlich der Adjungiertheit des Gleichgewichtsoperators $\mathbf{D}_e$ und des kinematischen Operators $\mathbf{D}_k$. Im Folgenden werden wir diesen Aspekt durch Bewegungsstudien vertiefen und die Kraftgrößenermittlung von Gleichgewichtszuständen völlig auf kinematisch verschieblichen Mechanismen aufbauen. Die entstehenden Verfahren besitzen, mit

Ausnahme bei der Einflusslinienermittlung, allerdings nur geringe anwendungspraktische Bedeutung. Ihr Wert liegt vielmehr in einer Schulung des Vorstellungsvermögens für Verformungs- und Bewegungszustände von Tragstrukturen. Da man sich Bewegungen leichter als Kraftgrößen vorzustellen vermag, zeichnen sich kinematische Vorgehensweisen durch besondere Anschaulichkeit aus.

Tragwerke setzen sich häufig aus einzelnen Stab- und Fachwerkscheiben zusammen, die durch Anschlüsse miteinander und durch Lager mit den Gründungen verbunden sind. Als *Scheiben* fasst man dabei Teilstrukturen zusammen, deren Knotenpunkte und Tragelemente sich relativ zueinander *kinematisch starr* verhalten, also höchstens elastische Deformationen erleiden können. Dabei wird der Ausdruck *Scheibe*, wie im Bild 4.8 dargestellt, überwiegend auf *ebene* Teilstrukturen angewandt; er ist jedoch auf *räumliche* Teilstrukturen analog übertragbar.

Satz: Als Tragwerksscheibe bezeichnen wir eine kinematisch starre, höchstens elastisch deformierbare Teilstruktur.

Tragwerksscheiben können natürlich als Ganzes kinematische Verschiebungen erfahren, sofern deren Rand- und Übergangsbedingungen dies gestatten. Wir wollen zunächst kinematische Verschiebungszustände derartiger *Einzelscheiben* und spä-

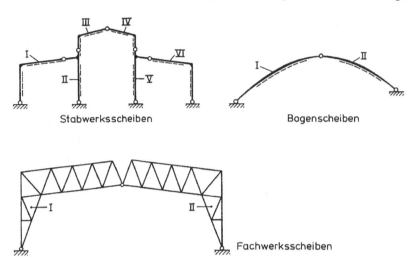

Bild. 4.8 Tragstrukturen und Tragwerksscheiben

ter auch von vollständigen Tragstrukturen, sogenannten *Scheibenketten*, behandeln. Aus Abschn. 3.3.2 wissen wir, dass das Lösen einer hinreichenden Anzahl von Bindungen bei jedem Tragwerk zur kinematischen Verschieblichkeit führt: Ein n-fach kinematisch verschiebliches System entsteht aus einem statisch bestimmten durch Herausnahme von *n* Bindungen.

In den folgenden Abschnitten interessieren uns jedoch niemals Strukturen unter *wirklichen*, sondern stets unter *virtuellen* Verformungszuständen. Was wollen wir darunter verstehen?

Definition Eine virtuelle Verschiebung oder Verrückung ist ein

- infinitesimal kleiner,
- gedachter, also nicht wirklich existierender,
- kinematisch verträglicher,
- vom einwirkenden Kräftezustand unabhängiger, sonst jedoch willkürlicher Verschiebungszustand.

Virtuelle Verschiebungszustände sind somit *fiktive* Bewegungen; sie existieren nur in unserer Vorstellung und nie in der Wirklichkeit. Dennoch müssen sie natürlich *kinematisch verträglich* sein, d.h. den kinematischen Beziehungen innerhalb einer Struktur sowie ihren Rand- und Übergangsbedingungen gehorchen. So müssen Verschiebungen an den entsprechenden Lagerbindungen grundsätzlich verschwinden (Tafel 3.2), und Knicke in der Verschiebungsfigur dürfen nur an den Biegemomentengelenken, Sprünge nur an Normal- bzw. Querkraftgelenken (Tafel 3.3) auftreten.

Virtuelle Verschiebungen beschreiben stets *infinitesimal kleine* Verschiebungszustände. Durch diese Eigenschaft können sich scheinbar widersprüchliche Darstellungen ergeben, da man auch infinitesimal kleine Deformationen nur als endliche Größen zeichnerisch darstellen kann. Wir lösen diese Schwierigkeit dadurch, dass wir virtuelle Verschiebungen grundsätzlich als *Tangentialwerte* eines *wirklichen Deformationspfades* im *Verformungsbeginn* interpretieren und beliebig vergrößert wiedergeben. Das aus [1.23] übernommene Bild 4.9 macht diesen Unterschied zwischen virtuellen und wirklichen Verschiebungszuständen am Beispiel eines einfachen Fachwerks, dem der rechte Diagonalstab entnommen wurde, deutlich. Beachten wir noch, dass für die Winkelfunktionen eines infinitesimal kleinen Drehwinkels δ_φ

$$\sin \delta\varphi \cong \tan \delta\varphi \cong \delta\varphi, \quad \cos \delta\varphi \cong 1 \qquad (4.22)$$

gilt, so können wir virtuelle Verschiebungsfiguren in beliebiger Vergrößerung darstellen: Ihr Maßstab ist somit beliebig!

Die Schwierigkeiten, infinitesimale Verschiebungen δu in endlicher Größe zeichnerisch darzustellen, wird gelegentlich durch Division dieser Werte durch ebenfalls infinitesimale Zeitinkremente dt umgangen. Das Ergebnis sind endliche

Geschwindigkeiten, *virtuelle Geschwindigkeiten* oder *Winkelgeschwindigkeiten*. Dieses Vorgehen entspricht dem geschichtlichen Ursprung. Bei der endgültigen Formulierung des Prinzips der virtuellen Verschiebungen (siehe Abschn. 4.2.6) durch

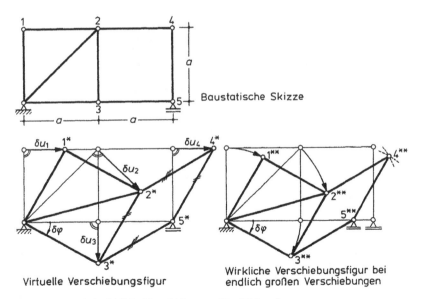

Baustatische Skizze

Virtuelle Verschiebungsfigur

Wirkliche Verschiebungsfigur bei endlich großen Verschiebungen

Bild. 4.9 Virtuelle und wirkliche Verschiebungen für gleiches $\delta\varphi$

JOHANN BERNOULLI,[1] die sich in einem an VARIGNON[2] gerichteten Brief aus dem Jahre 1717 findet, benennt dieser die beteiligten Weggrößen als *vitesses virtuelles*. Wir werden von diesem historischen Umweg jedoch keinen Gebrauch machen.

4.2.2 Kinematik der Einzelscheibe

Nach diesen Vorüberlegungen betrachten wir auf Bild 4.10 die virtuelle Drehung $\delta\varphi$ einer starren Scheibe. Bekanntlich ist jede virtuelle Starrkörperbewegung in eine *infinitesimale Translation* und eine *infinitesimale Rotation* um ihren *augenblicklichen Drehpol* oder *Momentanpol* zerlegbar. Lässt man Momentanpollagen auch im Unendlichen zu, so kann in diesem Grenzfall eine Translation auch als Rotation gedeutet werden. Jede virtuelle Starrkörperbewegung ist somit gemäß Bild 4.10 *allein* als virtuelle Drehung um einen Momentanpol beschreibbar. Bei endlich großen Bewegungen, die wir allerdings nicht behandeln, bleiben diese Beschreibungselemente in gleicher Weise erhalten, jedoch ändert der Momentanpol seine Lage im Raum entlang einer Polbahn.

Wir markieren nun auf der abgebildeten Scheibe den Momentanpol 0 sowie drei weitere, willkürliche Punkte a, b und c. Deren Verbindungsgeraden r_a, r_b und r_c zum Momentanpol werden—mathematisch wenig korrekt, denn Strecken sind keine Strahlen—als *Polstrahlen* bezeichnet. Erteilen wir nun der Scheibe eine virtuelle Verdrehung $\delta\varphi$, so erfahren die markierten Punkte virtuelle Verschiebungen:

$$\delta u_a = \delta\varphi \cdot r_a, \qquad \delta u_b = \delta\varphi \cdot r_b, \qquad \delta u_c = \delta\varphi \cdot r_c. \qquad (4.23)$$

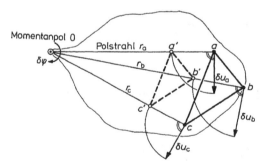

Bild. 4.10 Starre Scheibe unter virtueller Drehung $\delta\varphi$

---

[1] JOHANN BERNOULLI, Mathematiker in Groningen und seiner Heimatstadt Basel, 1667–1748, Arbeiten zur Hydrodynamik und Ballistik; gilt gemeinsam mit seinem Bruder Jacob als Begründer der Variationsrechnung.

[2] PIERRE VARIGNON, französischer Philosoph und Mathematiker, 1654–1722, erkannte als erster den Vektorcharakter des statischen Momentes einer Kraft, veröffentlichte Bruchhypothesen für Balken.

δu_a, δu_b und δu_c sind infinitesimal kleine Verschiebungsvektoren; als Tangenten an kreisförmige Verschiebungsbahnen stehen sie rechtwinklig auf den Polstrahlen. Lösen wir sodann (4.23) nach $\delta\varphi$ auf

$$\delta\varphi = \frac{\delta u_a}{r_a} = \frac{\delta u_b}{r_b} = \frac{\delta u_c}{r_c} \rightarrow \delta u_a : \delta u_b : \delta u_c = r_a : r_b : r_c, \qquad (4.24)$$

so erkennen wir, dass die virtuellen Verschiebungen mehrerer Scheibenpunkte den Längen ihrer jeweiligen Polstrahlen proportional sind. Wir fassen unsere bisherigen Erkenntnisse zusammen:

Satz: Jede virtuelle Verrückung einer starren Scheibe ist als virtuelle Drehung um einen Momentanpol darstellbar.

Die virtuelle Verschiebung eines beliebigen Scheibenpunktes steht rechtwinklig auf ihrem Polstrahl.

Die virtuellen Verschiebungen mehrerer Scheibenpunkte sind ihren Polstrahllängen proportional.

Im Verlauf unserer Betrachtungen werden wir häufig virtuelle Verschiebungszustände starrer Scheiben analysieren. Aus den geometrischen Eigenschaften der an einer solchen Verschiebung beteiligten Kinematen wollen wir nun vorsorglich verschiedene Möglichkeiten von *Bestimmungsstücken* des virtuellen Verschiebungszustandes einer Scheibe bereitstellen. Diese sind unschwer aus Bild 4.10 abzulesen:

- die Lage des Momentanpols sowie die virtuelle Verdrehung;
- die Lage des Momentanpols sowie *eine* virtuelle Verschiebung;
- *eine* virtuelle Verschiebung und *eine* weitere Verschiebungsrichtung;
- *eine* virtuelle Verschiebung und der virtuelle Drehwinkel.

Abschließend sei noch ein einfaches Verfahren zur Bestimmung der virtuellen Verschiebungen verschiedener Punkte einer starren Scheibe behandelt, eine graphische Konstruktion, die als *kinematischer Verschiebungsplan* bezeichnet wird. Hierzu drehen wir in Bild 4.10 alle Verschiebungsvektoren δu_a, δu_b und δu_c in willkürlichem, aber gleichem Drehsinn um 90° auf ihre zugehörigen Polstrahlen. Die mit a', b' und c' bezeichneten Endpunkte der gedrehten Verschiebungsvektoren bilden offensichtlich erneut ein Dreieck, welches—wegen des Strahlensatzes der ebenen Geometrie—

$$1 - \delta\varphi = 1 - \frac{\delta u_a}{r_a} = \frac{r_a - \delta u_a}{r_a} = \frac{r_b - \delta u_b}{r_b} = \frac{r_c - \delta u_c}{r_c} \qquad (4.25)$$

mathematisch ähnlich zu dem Ursprungsdreieck ist und im Hinblick auf den Pol ähnlich zu diesem liegt. Kennen wir daher die virtuelle Verschiebung *eines* beliebigen Scheibenpunktes und außerdem den Momentanpol, so können wir die Punkte des kinematischen Verschiebungsplanes, auch F'-Figur genannt, durch eine einfache *Parallelenkonstruktion* gemäß Bild 4.10 gewinnen.

Satz: Innerhalb einer starren Scheibe ist die Figur F' der um $90°$ gedrehten virtuellen Verschiebungsvektoren ähnlich zu F und liegt ähnlich zu ihr im Bezug auf den Momentanpol.

4.2.3 Zwangläufige kinematische Ketten

Wir denken uns ein beliebiges, *statisch bestimmtes*,

- ebenes: $n = a + 3p - 3k - r = 0$
- oder räumliches: $n = a + 6p - 6k - r = 0$

Tragwerk und entfernen aus ihm *eine* Bindung. Damit erhalten wir ein 1-fach *kinematisch verschiebliches Gebilde* ($n = -1$), das ohne Verbiegungen oder Längenänderungen seiner Stäbe deformierbar ist. Beispielsweise könnten wir aus dem Gelenkrahmen des Bildes 4.8 eine Auflagerbindung entfernen, in den dortigen Dreigelenkbogen ein weiteres Biegemomentengelenk einführen oder dem Fachwerkbinder einen Stab entnehmen. Derartige kinematisch verformbare Systeme heißen auch kinematische Ketten. Da die entstandenen Gebilde gerade *einen* kinematischen Freiheitsgrad aufweisen, nennen wir sie *zwangläufige kinematische Ketten*. Eine zwangläufige kinematische Kette wird sich, je nach der Kompliziertheit ihrer Ausgangsstruktur, aus mehreren starren Scheiben aufbauen, die durch reibungsfreie Anschlüsse untereinander und durch reibungsfreie Lager mit der Gründung verbunden sind.

Definition Eine zwangläufige kinematische Kette ist ein aus starren Scheiben, reibungsfreien Lagern und Anschlüssen bestehendes, bewegliches mechanisches System mit einem Freiheitsgrad.

Um nun, wie bei der Einzelscheibe des Bildes 4.10, auch für zwangläufige kinematische Ketten virtuelle Verschiebungszustände beschreiben zu können, benötigen wir die Pollagen aller beteiligten Scheiben. Hierzu werden wir zwischen dem

- *Hauptpol* einer Scheibe, ihrem *absoluten* Drehruhepunkt (Momentanpol), und dem
- *Nebenpol* zweier Scheiben, dem gemeinsamen *relativen* Drehpol,

unterscheiden. Beide Polarten werden in sogenannte Polpläne als Grundlage späterer kinematischer Verschiebungsfiguren eingetragen. Zur Konstruktion dieser Polpläne sollen nun eine Reihe von Regeln entwickelt werden, welche die kinematische Verträglichkeit virtueller Verformungszustände zwischen den einzelnen Tragwerksscheiben sicherstellen.

Diese Konstruktionsregeln fasst Tafel 4.19 zusammen, wobei der Hauptpol einer Scheibe K mit (k), der Nebenpol zweier Scheiben K und L mit (k, l) bezeichnet wird. Die beiden ersten Regeln folgen unmittelbar aus den Definitionen der Begriffe *Hauptpol* und *Nebenpol*; sie bedürfen daher keiner weiteren Begründung. In

Tafel 4.19 Regeln für Polplankonstruktionen

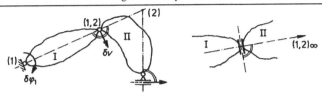

1. Jedes feste Gelenklager ist Hauptpol der angeschlossenen Scheibe.
2. Jedes Biegemomentengelenk bildet den Nebenpol der von diesem verbundenen Scheiben.
3. Die Senkrechte zur Bewegungsrichtung eines verschieblichen Gelenklagers bildet den geometrischen Ort des Hauptpols der angeschlossenen Scheibe.
4. Der Nebenpol zweier, durch einen verschieblichen Anschluß (Normalkraft- oder Querkraftgelenk) verbundenen Scheiben liegt auf der Senkrechten zur Bewegungsrichtung im Unendlichen.
5. Die Hauptpole zweier Scheiben und ihr gemeinsamer Nebenpol liegen auf einer Geraden: $(i)-(i,j)-(j)$, z.B.: $(1)-(1,2)-(2)$.

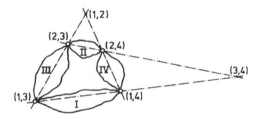

6. Die Nebenpole (i,j), (j,k), (i,k) dreier Scheiben I,J,K liegen auf einer Geraden: $(i,j)-(j,k)-(i,k)$, z.B.: $(1,3)-(1,4)-(3,4)$.
7. Fallen die Nebenpole (i,j) und (j,k) in einem Punkt zusammen, so liegt der Nebenpol (i,k) im gleichen Punkt, sofern alle drei Hauptpole (i), (j), (k) auf einer Geraden liegen.

verschieblichen Gelenklagern können Verschiebungen nur *in* der Bewegungsebene liegen, daher bildet das Lot auf die Bewegungsrichtung einen geometrischen Ort für die Lage des Hauptpols der angeschlossenen Scheibe (Regel 3). Wäre eine Scheibe *ohne* Momentengelenk verschieblich gelagert, so sind nur translatorische Bewegungen möglich und der Hauptpol läge auf dem Lot im Unendlichen. Regel 4 beschreibt eine derartige, rein translatorische Bewegungsfähigkeit zweier Scheiben, die gemäß der Skizze rechts oben auf Tafel 4.19 durch ein Kraftgelenk miteinander verbunden sind: Hier liegt der Nebenpol stets orthogonal zur Bewegungsrichtung im Unendlichen.

Die 5. Regel ist in der linken oberen Skizze auf Tafel 4.19 erläutert: Dort sind der Hauptpol (1) und der Nebenpol $(1,2)$ unmittelbar zu identifizieren. Unter einer virtuellen Drehung $\delta\varphi_1$ der Scheibe I erleidet der Nebenpol $(1,2)$—als Teil dieser Scheibe—eine virtuelle Verschiebung δv, orthogonal zu seinem Polstrahl. Da der Nebenpol aber gleichzeitig der Scheibe II angehört, δv also auch auf deren Polstrahl orthogonal steht, muss die *geradlinige* Verlängerung des Polstrahls $(1)–(1,2)$ zum

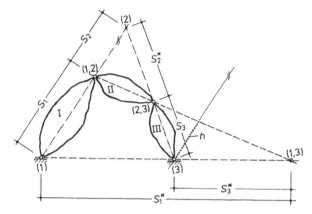

Bild. 4.11 Zur Herleitung von Regel 6

Hauptpol (2) führen, Dessen genaue Lage liefert der Schnittpunkt mit der Senkrechten durch das rechte Lager.

Die Regel 6, nach welcher die Nebenpole dreier Scheiben stets auf einer Geraden liegen, soll an Hand der zwangläufigen kinematischen Kette auf Bild 4.11 bewiesen werden. Dabei wollen wir gleichzeitig unsere Bewegungsvorstellung durch das Arbeiten mit virtuellen Drehungen und Verrückungen trainieren. Zunächst identifizieren wir die beiden Hauptpole (1) und (3) sowie die Nebenpole (1,2), (2,3). Durch zweifache Anwendung der Regel 5 gewinnen wir den Hauptpol (2) als Schnittpunkt seiner beiden strichpunktierten geometrischen Orte (1)–(1,2) und (3)–(2,3). Gesucht wird nun die Lage des noch fehlenden Nebenpols (1,3).

Hierzu erteilen wir der Scheibe I eine virtuelle Drehung $\delta\varphi_1$ um ihren Hauptpol. Die hierdurch vom Nebenpol (1,2) ausgeführte virtuelle Verrückung $s_1\delta\varphi_1$ lässt sich ebenfalls durch die noch unbekannte Drehung $\delta\varphi_2$ der Scheibe II ausdrücken:

$$s_1\delta\varphi_1 = s_2\delta\varphi_2. \tag{4.26}$$

Hieraus eliminieren wir $\delta\varphi_2$ in Abhängigkeit von $\delta\varphi_1$:

$$\delta\varphi_2 = \delta\varphi_1\frac{s_1}{s_2}. \tag{4.27}$$

Auf analoge Weise kann die virtuelle Verschiebung des Nebenpols (2,3) sowohl durch $\delta\varphi_2$ als auch durch $\delta\varphi_3$, die Drehung der Scheibe III, ausgedrückt werden, woraus mit (4.27) auch deren Abhängigkeit von $\delta\varphi_1$ bestimmt werden kann:

$$s_2^*\delta\varphi_2 = s_3\delta\varphi_3 \rightarrow \delta\varphi_3 = \delta\varphi_2\frac{s_2^*}{s_3} = \delta\varphi_1\frac{s_1}{s_2}\frac{s_2^*}{s_3}. \tag{4.28}$$

Zur Interpretation dieser Beziehung zeichnen wir nun die Geraden (1)–(3) und (1,2)–(2,3) in Bild 4.11 ein sowie ferner durch den Hauptpol (3) die Parallele zu (1)–(2) und markieren hierauf die Hilfsstrecke h. Aus der Dreiecksähnlichkeit folgt

$$\frac{s_2^*}{s_2} = \frac{s_3}{h} \quad \text{sowie} \quad \frac{s_1}{h} = \frac{s_1^*}{s_3^*} \tag{4.29}$$

und hieraus weiter:

$$\frac{s_2^*}{s_2}\frac{s_1}{s_3} = \frac{s_3}{h}\frac{s_1}{s_3} = \frac{s_1}{h} = \frac{s_1^*}{s_3^*}. \tag{4.30}$$

Substituiert man dies in (4.28)

$$\delta\varphi_3 = \delta\varphi_1 \frac{s_1^*}{s_3^*} \rightarrow s_1^*\delta\varphi_1 = s_3^*\delta\varphi_3, \tag{4.31}$$

so erhält man gerade die durch die beiden Verdrehungen $\delta\varphi_1$ und $\delta\varphi_3$ im gemeinsamen Nebenpol (1,3) der Scheiben I und III verursachte virtuelle Verschiebung. Wegen der in (4.31) auftretenden Hauptpolentfernungen s_1^*, s_3^* wird der markierte Punkt als Nebenpol (1,3) erkannt.

Damit ist gezeigt, dass die drei Nebenpole

$$(1,2) - (2,3) - (1,3)$$

stets auf einer Geraden liegen, Kennt man zwei von ihnen, so ist deren Verbindungsgerade der geometrische Ort für den dritten. Dessen Benennung findet man durch Streichung der beiden doppelt auftretenden Hauptpolnummern, beispielsweise

$$(1,2) - (2,3) :\rightarrow (1,3).$$

Diese Regel wurde auf Tafel 4.19, Punkt 6, verallgemeinert. Das dort dargestellte Gelenkviereck, ein System mit 4 kinematischen Freiheitsgraden, wurde wegen seiner Nebenpolvielfalt zur Illustration gewählt.

Schließlich findet sich in Tafel 4.19 noch eine 7. Regel, die nicht bewiesen werden soll, für die sich aber ein Beispiel auf Bild 4.14, rechts unten, findet.

4.2.4 Beispiele für Polpläne und Verschiebungsfiguren

Nach diesen grundsätzlichen Überlegungen wollen wir die in Tafel 4.19 zusammengestellten Regeln auf verschiedene Polplankonstruktionen anwenden. Beginnend auf Bild 4.12 führen wir in der linken Ecke des oberen Rahmens ein Biegemomentengelenk ein. Es entsteht eine aus 3 Scheiben zusammengesetzte, zwangläufige kinematische Kette. Ihre beiden festen Gelenklager identifizieren wir als Hauptpole

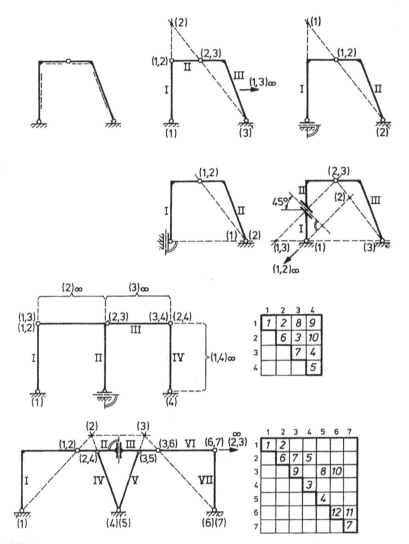

Bild. 4.12 Polpläne ebener Rahmentragwerke

der Scheiben I und III, beide Biegemomentengelenke als Nebenpole. Der fehlende Hauptpol (2) wird im Schnittpunkt der beiden Verbindungsgeraden (1)–(1,2) und (3)–(2,3) gefunden. Im Schnittpunkt der beiden parallelen Verbindungsgeraden (1,2)–(2,3) und (1)–(3), also im Unendlichen, liegt der Nebenpol (1,3).

Als nächstes befreien wir das linke Gelenklager von seiner *horizontalen* Auflagerbindung. In der entstehenden 2-Scheiben-Kette finden wir unmittelbar die Pole (2) und (1,2), deren Verbindungsgerade den ersten geometrischen Ort des Hauptpols (1) darstellt. Der zweite wird durch die Senkrechte zur Bewegungsrichtung des eingeführten, verschieblichen Gelenklagers gebildet. Mit den gleichen Regeln wird das

3. Beispiel behandelt, bei welchem die *vertikale* Auflagerbindung entfernt wurde: Hier fallen die beiden Hauptpole (1), (2) in einem Punkt zusammen.

Schließlich wird noch in der Mitte des linken Stabes des Dreigelenkrahmens ein unter 45° verlaufendes Kraftgelenk eingeführt, wodurch erneut eine 3-Scheiben-Ketten entsteht. Deren Hauptpole (1) und (3) sowie der Nebenpol (2,3) sind unmittelbar identifizierbar. Der weitere Nebenpol (1,2) liegt orthogonal zur Bewegungsrichtung des Kraftgelenkes im Unendlichen, da beide Scheiben sich nur translatorisch gegeneinander bewegen können. Somit findet man den Hauptpol (2) im Schnittpunkt der Geraden (1)–(1,2) sowie (3)–(2,3). Der Nebenpol (1,3) endlich wird im Schnittpunkt seiner beiden geometrischen Orte (1)–(3) und (1,2)–(2,3) lokalisiert.

Die beiden restlichen Polplankonstruktionen auf Bild 4.12 sollen nun nicht mehr in ihren einzelnen Konstruktionsschritten beschrieben werden. Vielmehr ist die Reihenfolge der Polbestimmung aus den neben den Strukturen wiedergegebenen *Quadraten* zu entnehmen: Im mittleren Beispiel wurde der Hauptpol (1), in der Hauptdiagonalposition 1, 1 zu finden, als erstes, der Nebenpol (1,2) als zweites, der Nebenpol (2,3) als drittes, u.s.w. bestimmt. Aus dieser Reihenfolge sind die in den Einzelschritten angewendeten Konstruktionsregeln ohne Schwierigkeiten ablesbar. Im letzten Beispiel auf Bild 4.12 sind übrigens nur die wichtigsten Pole bestimmt worden, um dem Leser die Vervollständigung zu überlassen.

Bild 4.13 enthält ergänzend Polpläne zweier Fachwerke sowie die zugehörigen kinematischen Verschiebungsfiguren. Beginnend mit einem einfachen Rautenfachwerk wurde aus diesem zunächst ein Untergurtstab, sodann ein Diagonalstab zur Erzeugung zwangläufiger kinematischer ketten entfernt. Nach Konstruktion der Polpläne, die selbsterklärend sind, werden den Nebenpolen (1,2) beliebige virtuelle Verschiebungen δv erteilt und diese um 90° auf die zugehörigen Polstrahlen gedreht. Damit ist der jeweils erste Punkt der F'-Figur in Scheibe I gefunden; alle weiteren erhält man mittels der im Abschn. 4.2.2 erläuterten Parallelkonstruktion, wobei Punkte stets auch auf dem Polstrahl ihres Ausgangspunktes liegen müssen. Wechselt man zu einer Nachbarscheibe, so ist deren erster gedrehter Punkt i.a. derjenige des gemeinsamen Nebenpoles. Zur Ermittlung weiterer Punkte der F'-Figur dient erneut die Kenntnis ihrer Polstrahllage und die Parallelkonstruktion von Bild 4.10.

Bild 4.13 enthält noch ein zusätzliches Beispiel. Unsere Leser sollten sich jedoch nicht darüber hinwegtäuschen, dass wirkliche Vertrautheit nur durch die selbständige Konstruktion weiterer Polpläne und kinematischer Verschiebungsfiguren gewonnen werden kann.

4.2.5 Ausnahmefall der Statik

Die kinematische Methode liefert uns, gewissermaßen nebenbei, sehr anschauliche, kinematische kriterien zur Identifikation des *Ausnahmefalls der Statik*. Diese topologische Ausnahmesituation hatten wir im Abschn. 3.3.5 kennengelernt. Sie bezeichnete Strukturen, welche nach dem Abzählkriterium statisch bestimmt, ja sogar

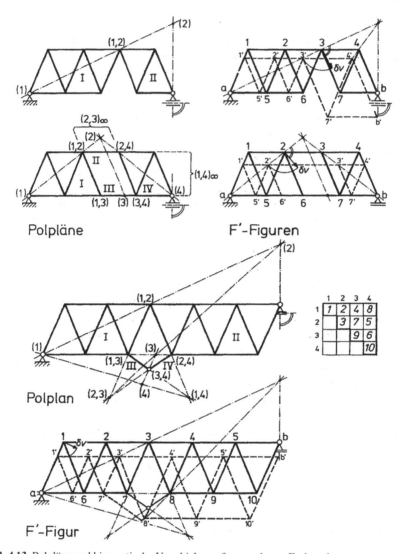

Bild. 4.13 Polpläne und kinematische Verschiebungsfiguren ebener Fachwerke

statisch unbestimmt waren, sich tatsächlich jedoch als *kinematisch verschieblich* erwiesen.

Derartige Systeme sind—zumeist unter speziellen Lasten—zum Gleichgewicht entweder völlig unfähig oder erreichen dieses nur unter unzulässig großen Verformungen und ebensolchen Schnittgrößen. Da sie somit als Tragstrukturen in der Technik weitgehend unbrauchbar sind, bedürfen wir verlässlicher Kriterien zu ihrer Erkennung. Bei statisch bestimmten Tragwerken war der Ausnahmefall der Statik durch die *Singularität der quadratischen Matrix* $\mathbf{g}^*$ gekennzeichnet; nunmehr können wir auch ein kinematisches Kriterium formulieren.

Satz: Der Ausnahmefall der Statik liegt vor, wenn sich bei $n \geq 0$ widerspruchslos ein Polplan oder eine kinematische Verschiebungsfigur konstruieren lässt.

Bild 4.14 enthält verschiedene Beispiele zum kinematischen Nachweis des Ausnahmefalls der Statik. Es beginnt mit der Fachwerkscheibe des Bildes 3.13, die zwar in sich kinematisch starr, aber insgesamt um ihren Hauptpol drehbar gelagert ist. Eine ähnlich verschiebliche Lagerung liegt beim Strebenfachwerk daneben vor. Widerspruchsfreie Polpläne lassen sich ohne Mühe auch für die drei folgenden

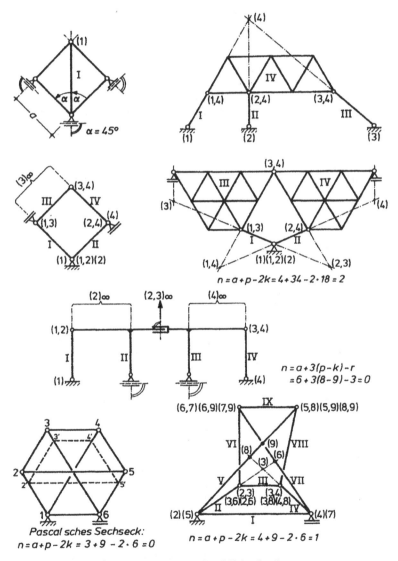

Bild. 4.14 Polpläne und F'-Figuren beim Ausnahmefall der Statik

Strukturen des Bildes 4.14 konstruieren, die somit sämtlich dem Sonderfall zuzuordnen sind.

Das PASCALsche Sechseck,[3] das keinen zentralen Mittelknoten besitzt, ist ebenfalls kinematisch verschieblich, wie mit Hilfe einer kinematischen Verschiebungsfigur nachgewiesen wird. Dieses Gebilde leitet zu analogen Fragestellungen über, die für ebene und räumliche Strukturen in der projektiven Geometrie unter dem Begriff *Wackelstrukturen* behandelt werden. So findet man dort den Nachweis, dass jedes derartig versteifte, jedoch völlig unregelmäßige Stabsechseck kinematisch verschieblich ist, wenn seine Eckpunkte wechselweise auf zwei konfokalen Kegelschnitten angeordnet sind [3.9, 3.10].

Die Bedingung der kinematischen Starrheit von Streckenzügen spielt übrigens ebenfalls bei geodätischen Triangulierungen eine bedeutsame Rolle. Es muss nämlich sichergestellt sein, dass aus den im Feld aufgenommenen Strecken und Winkeln später auch ein *eindeutiges* geodätisches Netz rekonstruierbar ist. Würde man beispielsweise in einem Netz, welches einer kinematisch verschieblichen Struktur entspricht, nur Strecken vermessen, so wären unendlich viele Rekonstruktionen möglich. Das letzte Beispiel des Bildes 4.14, sicherlich keine gebräuchliche Tragstruktur, entstammt diesem Aufgabenbereich [3.11].

4.2.6 Das Prinzip der virtuellen Verrückungen starrer Scheiben

Für die Herleitungen dieses Abschnittes betrachten wir die starre, jedoch kinematisch verschiebliche Scheibe des Bildes 4.15, auf welche an fixierten Scheibenpunkten eine im Gleichgewicht befindliche Kraftgrößengruppe einwirke. Voraus-

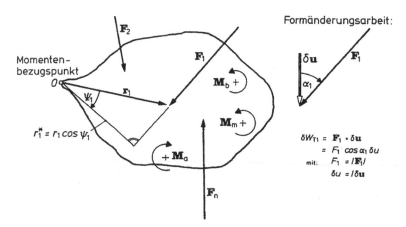

Bild. 4.15 Gleichgewichtsgruppe auf einer starren Scheibe

---

[3] BLAISE PASCAL, französischer Philosoph und Mathematiker, 1623–1662, Forschungsarbeiten aus der Geometrie und Wahrscheinlichkeitsrechnung, konstruierte u.a. eine Rechenmaschine.

setzungsgemäß unterliegen somit die dortigen Kraftvektoren $\mathbf{F}_1, \mathbf{F}_2, \ldots \mathbf{F}_n$ und die Momentenvektoren $\mathbf{M}_a, \mathbf{M}_b, \ldots \mathbf{M}_m$ den beiden vektoriellen Gleichgewichtsbedingungen:

$$\sum \mathbf{F} = \mathbf{0} : \mathbf{F}_1 + \mathbf{F}_2 + \ldots \mathbf{F}_n = \mathbf{0}, \tag{4.32}$$

$$\sum \mathbf{M} = \mathbf{0} : \mathbf{r}_1 \times \mathbf{F}_1 + \mathbf{r}_2 \times \mathbf{F}_2 + \ldots \mathbf{r}_n \times \mathbf{F}_n + \mathbf{M}_a + \mathbf{M}_b$$
$$+ \ldots \mathbf{M}_m = \mathbf{0}. \tag{4.33}$$

Der Momentenbezugspunkt 0, welchen die Radiusvektoren $\mathbf{r}_1, \mathbf{r}_2, \ldots \mathbf{r}_n$ mit den jeweiligen Kraftangriffspunkten verbinden, ist wie stets willkürlich wählbar.

Wir erteilen nun der Scheibe einschließlich des Kraftgrößensystems eine *virtuelle Translation* $\delta\mathbf{u}$ und berechnen die dabei geleistete, *virtuelle Formänderungsarbeit* δW_T. Nach Bild 2.10 entsteht diese als inneres Produkt der beteiligten Kraft- und Weggrößen zu:

$$\delta W_T = \mathbf{F}_1 \cdot \delta\mathbf{u} + \mathbf{F}_2 \cdot \delta\mathbf{u} \ldots \mathbf{F}_n \cdot \delta\mathbf{u}$$
$$= (\mathbf{F}_1 + \mathbf{F}_2 + \ldots \mathbf{F}_n) \cdot \delta\mathbf{u}. \tag{4.34}$$

In analoger Weise wird bei einer *virtuellen Rotation* $\delta\boldsymbol{\varphi}$ um den willkürlichen Punkt 0 die *virtuelle Formänderungsarbeit* δW_R geleistet:

$$\delta W_R = \mathbf{r}_1 \times \mathbf{F}_1 \cdot \delta\boldsymbol{\varphi} + \mathbf{r}_2 \times \mathbf{F}_2 \cdot \delta\boldsymbol{\varphi} + \ldots \mathbf{r}_n \times \mathbf{F}_n \cdot \delta\boldsymbol{\varphi}$$
$$+ \mathbf{M}_a \cdot \delta\boldsymbol{\varphi} + \mathbf{M}_b \cdot \delta\boldsymbol{\varphi} + \ldots \mathbf{M}_m \cdot \delta\boldsymbol{\varphi}$$
$$= (\mathbf{r}_1 \times \mathbf{F}_1 + \mathbf{r}_2 \times \mathbf{F}_2 + \ldots \mathbf{r}_n \times \mathbf{F}_n + \mathbf{M}_a$$
$$+ \mathbf{M}_b + \ldots \mathbf{M}_m) \cdot \delta\boldsymbol{\varphi}. \tag{4.35}$$

Vergleichen wir nun diese Aussagen (4.34) und (4.35) mit den Gleichgewichtsbedingungen (4.32) und (4.33), so erkennen wir, dass im vorausgesetzten Gleichgewichtsfall beide virtuellen Formänderungsarbeiten verschwinden. Darüber hinaus gilt auch die inverse Aussage: Das Verschwinden von δW_T für ein *beliebiges* virtuelles Translationsmaß $\delta\mathbf{u}$ ist der Kräftegleichgewichtsbedingung (4.32) gleichwertig, dasjenige von δW_R für ein *beliebiges* virtuelles Rotationsmaß $\delta\boldsymbol{\varphi}$ der Momentengleichgewichtsbedingung (4.33). Da sich bei starren Körpern, wie eingangs erwähnt, jede virtuelle Verschiebung auf die Superposition einer virtuellen Translation und Rotation zurückführen lässt, gilt somit:

Prinzip der virtuellen Verrückungen: Die Summe der virtuellen Arbeiten einer Gleichgewichtsgruppe verschwindet für jede beliebige virtuelle Verrückung.

Dabei entspricht im einzelnen $\delta W_T = 0$ der Kräftegleichgewichtsbedingung $\sum \mathbf{F} = 0$, $\delta W_R = 0$ der Momentengleichgewichtsbedingung $\sum \mathbf{M} = 0$.

Mit diesen, an einer Einzelscheibe gewonnenen, grundlegenden Erkenntnissen können wir erneut den Schritt zur zwangläufigen kinematischen Kette vollziehen. Dabei werden wir mit dem *Prinzip der virtuellen Verrückungen*—zunächst für *starre* Teilscheiben—ein neues Instrumentarium zur Lösung von Gleichgewichtsaufgaben gewinnen, welches ausschließlich auf kinematischen Gedankengängen und der Definition der virtuellen Arbeit aufbaut. Gelegentlich wird es als *energetisches Gleichgewichtskriterium* bezeichnet.

Vor seiner Anwendung erscheint es erforderlich, einige Regeln für das Rechnen mit Vektoren kurz zu wiederholen. So berechnet sich die virtuelle Arbeit als inneres Produkt von Kraft- und Weggrößen bekanntlich zu:

$$\begin{aligned}
\delta W_{\mathrm{Tn}} &= \mathbf{F}_{\mathrm{n}} \cdot \delta \mathbf{u} = F_{\mathrm{n}} \cos \alpha_{\mathrm{n}} \delta u, \\
\delta W_{\mathrm{Rm}} &= \mathbf{M}_{\mathrm{m}} \cdot \delta \boldsymbol{\varphi} = M_{\mathrm{m}} \cos \alpha_{\mathrm{m}} \delta \varphi,
\end{aligned} \tag{4.36}$$

wenn α den Winkel zwischen den beiden beteiligten Vektoren bezeichnet (siehe Bild 4.15). Die Beträge der in (4.35) auftretenden äußeren Produkte lassen sich mit den Bezeichnungen ebenfalls des Bildes 4.15 folgendermaßen ermitteln:

$$|\mathbf{M}_1| = |\mathbf{r}_1 \times \mathbf{F}_1| = r_1 \cos \psi_1 F_1 = r_1^* F_1. \tag{4.37}$$

Die in normaler Stärke gedruckten Buchstaben stellen dabei die Beträge (Längen) ihrer jeweiligen Vektoren dar.

Unsere Leser werden sicher bemerkt haben, dass wir augenblicklich ausschließlich *ebene* Strukturen behandeln. Der Grund hierfür liegt in der einfachen bildlichen Darstellung *ebener* kinematischer Vorgänge. Das Prinzip der virtuellen Verrückungen ist jedoch wie die gesamte kinematische Methode problemlos auf *räumliche* Strukturen übertragbar; im Abschn. 4.2.8 werden wir dies vorführen.

4.2.7 Kraftgrößenbestimmung auf der Grundlage des Prinzips der virtuellen Verrückungen

In diesem Abschnitt erläutern wir die Vorgehensweise bei der Bestimmung von Kraftgrößen mittels des Prinzips der virtuellen Verrückungen. Dabei bedienen wir uns erneut des Beispiels 4.15, stützen jedoch die starre Scheibe im Punkt 0 durch ein festes Gelenklager und im Punkt s durch einen Pendelstab ab. Hierdurch entsteht, wie in Bild 4.16 dargestellt, ein (äußerlich) statisch bestimmtes Tragwerk. Dessen Pendelstabkraft S sei zu bestimmen. Als äußere Lasten werden erneut zwei Kraftgrößensysteme $\mathbf{F}_1, \mathbf{F}_2, \ldots \mathbf{F}_{\mathrm{n}}$ sowie $\mathbf{M}_{\mathrm{a}}, \mathbf{M}_{\mathrm{b}}, \ldots \mathbf{M}_{\mathrm{m}}$ auf der Scheibe vorgegeben. Selbstverständlich lassen wir nun die Voraussetzung, dass beides Gleichgewichtssysteme sein sollen, fallen, da sich sonst die gesuchte Pendelstabkraft zu Null ergeben würde.

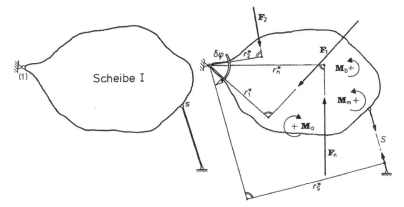

Bild. 4.16 Bestimmung der Stabkraft S nach der kinematischen Methode

Wir führen nun stets folgende Einzelschritte durch:

- Mittels eines fiktiven Schnittes lösen wir die zur gesuchten Kraftgröße korrespondierende Bindung und legen so die Kraftgröße frei. Im Beispiel durchtrennen wir somit den Pendelstab.
- Dadurch entsteht eine zwangläufige kinematische Kette, für welche ein Polplan oder eine F'-Figur die kinematische Verformungsfähigkeit beschreibt. Im vorgegebenen Fall liegt der Hauptpol der einzigen Scheibe im festen Gelenklager.
- Eine wirkliche Bewegung der kinematischen Kette verhindern wir durch Anbringen der befreiten Kraftgröße in tatsächlicher Größe (Gleichgewichtszustand!), hier also durch Eintragen der Stabnormalkraft S.
- Schließlich erteilen wir der kinematischen Kette eine virtuelle Verrückung und berechnen die hierbei geleisteten virtuellen Arbeitsanteile. Im vorliegenden Beispiel erfährt die Scheibe eine virtuelle Verdrehung $\delta\varphi$, woraus unter Beobachtung der in Bild 4.16 eingezeichneten Wirkungsrichtungen der Kraftgrößen folgende Arbeitsanteile entstehen:

$$
\begin{aligned}
\delta W &= F_1 r_1^* \delta\varphi + F_2 r_2^* \delta\varphi \ldots - F_n r_n^* \delta\varphi + M_a \delta\varphi - M_b \delta\varphi \ldots \\
&\quad - M_m \delta\varphi + S r_s^* \delta\varphi \\
&= (F_1 r_1^* + F_2 r_2^* \ldots - F_n r_n^* + M_a - M_b \ldots \\
&\quad - M_m + S r_s^*) \delta\varphi = 0.
\end{aligned}
\tag{4.38}
$$

- Durch Nullsetzen dieses virtuellen Arbeitsausdruckes entsteht die explizite Bestimmungsgleichung der gesuchten Kraftgröße.

Offensichtlich lässt sich die gesuchte Kraftgröße, hier also S, als einzige Unbekannte stets aus (4.38) bestimmen. Dabei ist die Größe der virtuellen

Verrückung belanglos. Das geschilderte Vorgehen, von LAGRANGE[4] in seiner *Me-chanique Analytique* unter Einschluss zeitabhängiger Prozesse zur Schnittgrößen-berechnung entwickelt, wird gelegentlich als LAGRANGE*sches Prinzip der Be-freiung* bezeichnet. Es eignet sich besonders zur Bestimmung *einzelner* Kraftgrö-ßen, also beispielsweise zur punktweisen Kontrolle von Zustandslinien, die nach den Verfahren der Abschn. 4.1.2 oder 4.1.6 ermittelt worden sind. Dabei können ebene wie räumliche Tragwerke gleichermaßen behandelt werden, wenngleich—wegen der einfachen zeichnerischen Darstellung von Polplänen und kinematischen Verschiebungsfiguren—*ebene* Strukturen bei der Anwendung im Vordergrund ste-hen. Im folgenden Abschnitt wollen wir das hergeleitete Verfahren an Hand ver-schiedener Beispiele eingehender kennenlernen.

4.2.8 Beispiele zur kinematischen Kraftgrößenermittlung

Wir beginnen auf Tafel 4.20 mit dem uns bereits aus Abschn. 4.1.3 vertrauten ebe-nen Fachwerk-Kragträger. Zur Bestimmung der oberen Auflagerkraft H wird, ge-mäß dem soeben erläuterten allgemeinen Vorgehen, die Auflagerbindung entfernt und damit H_4 in wahrer, allerdings noch unbekannter Größe freigelegt. Das gesam-te Fachwerk wird hierdurch als starre Scheibe um das untere Gelenklager, seinen Hauptpol, kinematisch drehbar. Als virtuelle Verrückung wählen wir nun die einge-zeichnete Größe $\delta v_2 \sqrt{2}$ im Knotenpunkt 2, die anschließend um 90° in den Punkt $2'$ gedreht wird. Mit dieser Vorgabe lassen sich die Verschiebungen aller weiterer Fachwerkknoten aus der kinematischen Verschiebungsfigur F', der bekannten Par-allelenkonstruktion, bestimmen.

Sodann sind die virtuellen Arbeitsanteile als Produkte der Kraftgrößen mit den in ihre Richtung fallenden virtuellen Verschiebungen der jeweiligen Kraftgrößen-Angriffspunkte zu bilden. In der F'-Figur liegen die virtuellen Verschiebungsvek-toren um jeweils 90° gleichsinnig gedreht vor. Wie man sich an Hand der Verhält-nisse des Knotens 2 in Tafel 4.20 leicht verdeutlichen kann, entspricht der virtuelle Arbeitsanteil einer Einzelkraft entlang einer virtuellen Verschiebung gerade dem Betrag der Kraft, multipliziert mit dem Abstand ihrer Wirkungsrichtung von der Abbildung ihres Angriffspunktes in der F'-Figur, d.h. einem "statischen Moment" dieser Kraft.

Satz: Die virtuelle Arbeit einer Kraft entspricht ihrem "statischen Moment" in Be-zug auf den Endpunkt der um 90° gedrehten virtuellen Verschiebung ihres Angriffs-punktes.

Die positive Drehrichtung dieser "statischen Momente" ist dabei willkürlich fest-legbar.

---

[4] JOSEPH LOUIS COMTE DE LAGRANGE, französischer Mathematiker, 1736–1813; bedeutende Beiträge zur Variationsrechnung, zu den Energieprinzipen und zur Schallausbreitung; energetische Begründung der Mechanique Analytique (1788) durch das Prinzip der virtuellen Verrückungen.

Auf dieser Basis ist die virtuelle Arbeit in Tafel 4.20 formuliert worden; anschließend wurde die virtuelle Verrückung δv_2 aus der Arbeitsaussage herausgekürzt. Erwartungsgemäß tritt H_4, die gesuchte Auflagerkraft, nun als einzige Unbekannte auf und kann aus der Arbeitsgleichung eliminiert werden.

Alle weiteren Beispiele in Tafel 4.20 sind in gleicher Weise behandelt worden und bedürfen somit keiner weiteren Erläuterung. Bei dem ebenen Rahmentragwerk

Tafel 4.20 Anwendung der kinematischen Methode auf einen ebenen Fachwerk-Rahmenträger

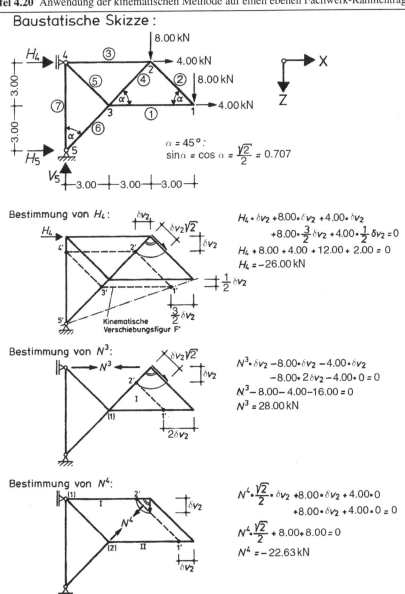

Tafel 4.21 Anwendung der kinematischen Methode auf ein ebenes Rahmentragwerk

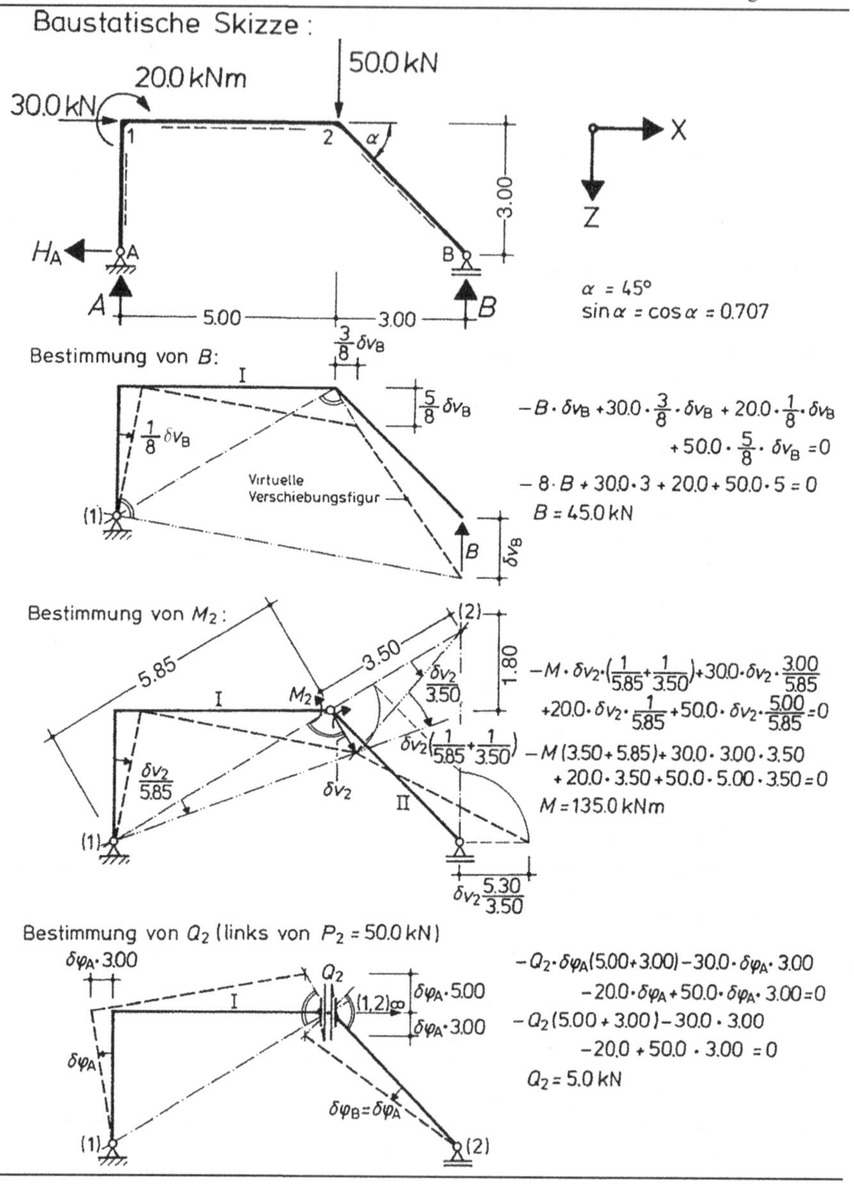

Baustatische Skizze :

$\alpha = 45°$
$\sin\alpha = \cos\alpha = 0.707$

Bestimmung von B:

$-B \cdot \delta v_B + 30.0 \cdot \frac{3}{8} \cdot \delta v_B + 20.0 \cdot \frac{1}{8} \cdot \delta v_B$
$+ 50.0 \cdot \frac{5}{8} \cdot \delta v_B = 0$
$-8 \cdot B + 30.0 \cdot 3 + 20.0 + 50.0 \cdot 5 = 0$
$B = 45.0\,kN$

Bestimmung von M_2:

$-M \cdot \delta v_2 \cdot \left(\frac{1}{5.85} + \frac{1}{3.50}\right) + 30.0 \cdot \delta v_2 \cdot \frac{3.00}{5.85}$
$+ 20.0 \cdot \delta v_2 \cdot \frac{1}{5.85} + 50.0 \cdot \delta v_2 \cdot \frac{5.00}{5.85} = 0$
$-M(3.50 + 5.85) + 30.0 \cdot 3.00 \cdot 3.50$
$+ 20.0 \cdot 3.50 + 50.0 \cdot 5.00 \cdot 3.50 = 0$
$M = 135.0\,kNm$

Bestimmung von Q_2 (links von $P_2 = 50.0$ kN)

$-Q_2 \cdot \delta\varphi_A (5.00 + 3.00) - 30.0 \cdot \delta\varphi_A \cdot 3.00$
$- 20.0 \cdot \delta\varphi_A + 50.0 \cdot \delta\varphi_A \cdot 3.00 = 0$
$-Q_2 (5.00 + 3.00) - 30.0 \cdot 3.00$
$- 20.0 + 50.0 \cdot 3.00 = 0$
$Q_2 = 5.0\,kN$

des Abschn. 4.1.4 auf Tafel 4.21 wurden virtuelle Verschiebungsfiguren für zweckmäßig gewählte Verrückungen als Grundlage der zu formulierenden Arbeitsaussage gewählt. Diese können über eine F'-Figur mit nachfolgender Rückdrehung der Verschiebungsvektoren oder unmittelbar aus einem Polplan ermittelt werden. Als Beispiel erläutern wir die auf Tafel 4.21 unten ausgeführte Bestimmung von Q_2. Hier liegt der Hauptpol der linken Scheibe I in ihrem festen Lager, der Nebenpol (1,2)

Tafel 4.22 Anwendung der kinematischen Methode auf ein räumliches Rahmentragwerk

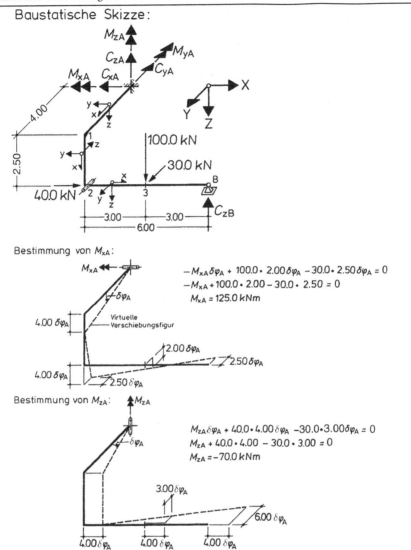

Baustatische Skizze:

Bestimmung von M_{xA}:

$$-M_{xA}\delta\varphi_A + 100.0\cdot 2.00\delta\varphi_A - 30.0\cdot 2.50\delta\varphi_A = 0$$
$$-M_{xA} + 100.0\cdot 2.00 - 30.0\cdot 2.50 = 0$$
$$M_{xA} = 125.0\ kNm$$

Virtuelle
Verschiebungsfigur

Bestimmung von M_{zA}:

$$M_{zA}\delta\varphi_A + 40.0\cdot 4.00\,\delta\varphi_A - 30.0\cdot 3.00\delta\varphi_A = 0$$
$$M_{zA} + 40.0\cdot 4.00 - 30.0\cdot 3.00 = 0$$
$$M_{zA} = -70.0\ kNm$$

rechtwinklig zum Querkraftgelenk im Unendlichen. Der Hauptpol (2) muss daher im Schnittpunkt der Geraden (1)–(1,2) und der Senkrechten durch das bewegliche Lager liegen, also in diesem selbst. Wählt man nun eine virtuelle Drehung $\delta\varphi_A$ der Scheibe I, so muss die zugeordnete Drehung der Scheibe II gleich groß sein, da das eingeführte Querkraftgelenk bekanntlich nur Parallelverschiebungen beider Scheiben zulässt. Hieraus ergibt sich sofort die konstruierte, virtuelle Verschiebungsfigur; der zugehörige Arbeitsausdruck folgt hieraus wieder selbsterläuternd.

Schließlich finden wir auf Tafel 4.22 erneut das räumliche Rahmentragwerk des Abschn. 4.1.5. Die dort zur kinematischen Ermittlung von M_{xA} bzw. M_{zA} eingeführten Momentengelenke sind durch gleichartige Symbole wie das ursprüngliche Gelenk im Punkt 2 dargestellt. Die sich aus den vorgegebenen Drehwinkeln $\delta\varphi_A$ einstellenden Verschiebungsfiguren wurden an den Tragwerkspunkten 1, 2 sowie B konstruiert und geradlinig verbunden. Alle weiteren Einzelheiten gehen aus Tafel 4.22 hervor. Wie erkennbar ist die kinematische Methode auf räumliche Strukturen prinzipiell übertragbar, aber anschaulich naturgemäß schwieriger.

Kapitel 5
Schnittgrößen und
Schnittgrößen-Zustandslinien

5.1 Allgemeine Eigenschaften

5.1.1 Definition und Darstellung von Zustandslinien

Kap. 4 war den beiden grundsätzlichen Methoden der Auflager- und Schnittgrößenermittlung gewidmet. Der Schwerpunkt dieses Kapitels liegt dagegen im Tragverhalten und den darauf aufbauenden Verfahren zur Kraftgrößenermittlung wichtiger Tragwerkstypen. Schließlich zielt es auch auf eine Erweiterung der baustatischen Fertigkeiten des Lesers ab, wozu eingangs die Funktionseigenschaften von Schnittgrößen erläutert werden sollen.

Die Schnittgrößenermittlung an einzelnen Tragwerksquerschnitten schafft oftmals nur einen unzureichenden Überblick über die Gesamtbeanspruchung eines Tragwerks. Hierzu benötigt man die Schnittgrößen nicht nur an *einzelnen* Tragwerkspunkten, sondern kontinuierlich entlang des *gesamten* Tragwerks. Den funktionalen Verlauf einer Schnittgröße $S(x)$ längs der lokalen Stabkoordinate x bezeichnet man als deren *Zustandslinie*. Für ein räumliches Stabtragwerk existieren sechs, für ein ebenes Stabtragwerk drei Zustandslinien, die dann als *Normalkraftlinie $N(x)$, Querkraftlinie $Q(x)$* und *Biegemomentenlinie $M(x)$* bezeichnet werden.

Definition Eine Schnittgrößen-Zustandslinie $S(x)$ stellt den funktionalen Verlauf

- einer bestimmten Schnittgröße S
- längs des gesamten Tragwerks
- infolge einer bestimmten Belastung
- in fixierten Tragwerkspunkten oder -bereichen wirkend dar.

Jede Zustandslinie wird durch Angabe *typischer Ordinaten* mit *Vorzeichen* ergänzt. Bei der Darstellung vereinbaren wir folgende Konvention:

Positive Ordinaten der Schnittgrößen werden auf der *Bezugsseite*, d. h. in Richtung der lokalen z-Achse, maßstäblich abgetragen, negative auf der entgegengesetzten Seite. Außerordentlich wichtig ist dabei der korrekte Antrag der Biegemomente M auf der richtigen Seite, weil hierdurch die Differenzierung von Zug- und

W.B. Krätzig et al., *Tragwerke 1*, Springer-Lehrbuch, 5th ed.,
DOI 10.1007/978-3-642-12284-2_5, © Springer-Verlag Berlin Heidelberg 2010

Druckspannungen festgelegt wird. Auf der Seite des Tragglieds, auf der M-Werte aufgetragen sind, herrscht Zug.

Diese *einheitliche Darstellung* aller Zustandsgrößen mündet für ebene Stabtragwerke unter Einzellasten in eine bemerkenswert einfache Konstruktionsvorschrift für $Q(x)$: Beginnend am rechten (positiven) Tragwerksende werden alle rechtwinklig zur Stabachse wirkenden Auflagerkräfte und Lasten in ihren jeweiligen Wirkungsrichtungen von der Bezugslinie bzw. von den bereits fertigen, horizontal verlaufenden Teilen der Querkraftlinie aus maßstäblich abgesetzt.

5.1.2 Charakteristische Merkmale von Zustandslinien

Schnittgrößen-Zustandslinien lassen sich grundsätzlich durch wiederholte Anwendung der in den Abschn. 4.1.2 und 4.2.7 behandelten Verfahren an engliegenden Tragwerkspunkten gewinnen. Zweckmäßigerweise begnügt man sich jedoch mit der Ermittlung weniger, typischer Ordinaten. Weitere Zwischenwerte entstammen dann der Kenntnis der *Funktionseigenschaften* der Zustandslinien, hergeleitet aus den differenziellen Gleichgewichtsbedingungen eines Stabelementes sowie der Knotenübertragungsgleichung aus Tafel 2.6.

Die Gleichgewichtsbedingungen eines differenziellen, ebenen und geraden Stabelementes lauten gemäß (2.4) für $m_y = 0$:

$$\frac{d}{dx}\sigma = \frac{d}{dx}\begin{bmatrix} N \\ Q \\ M \end{bmatrix} = \begin{bmatrix} -q_x \\ -q_z \\ Q \end{bmatrix}. \tag{5.1}$$

Wie bereits im Kap. 2 hervorgehoben, entsprechen die Ableitungen der Schnittgrößen $\{N, Q, M\}$ nach der Ortskoordinate x gerade $\{-q_x, -q_z, Q\}$. Hieraus folgen wichtige *Funktionseigenschaften* der Zustandslinien ebener Stabtragwerke, die dem Leser ohne weitere Erläuterungen verständlich sind.

Sätze: (a) An denjenigen Tragwerkspunkten, an welchen $\{q_x, q_z, Q\}$ verschwinden, nehmen die Schnittgrößen $\{N, Q, M\}$ Extremwerte an.

(b) In denjenigen Tragwerksbereichen, in welchen $\{q_x, q_z, Q\}$ identisch verschwinden, konstant bzw. linear veränderlich verlaufen, sind die Schnittgrößen $\{N, Q, M\}$ konstant, linear bzw. quadratisch veränderlich.

(c) In denjenigen Tragwerksbereichen, in welchen $\{q_x, q_z\}$ positive (negative) Werte aufweisen, haben die Schnittgrößen $\{N, Q\}$ negativen (positiven) Zuwachs.

(d) In denjenigen Tragwerksbereichen, in welchen die Querkraft Q positive (negative) Werte besitzt, hat das Biegemoment positiven (negativen) Zuwachs.

Nunmehr sollen die *Sprung-* und *Knickstellen* der Zustandslinien untersucht werden. Die Gleichgewichtsbedingungen eines Knotenelementes i mit den Einzelwirkungen $\{F_x F_z M_y\}_i$ führten auf die in Tafel 2.6 enthaltene Knotenübertragungsgleichung:

$$\begin{bmatrix} N \\ Q \\ M \end{bmatrix}_{il} - \begin{bmatrix} F_x \\ F_z \\ M_y \end{bmatrix}_i = \begin{bmatrix} N \\ Q \\ M \end{bmatrix}_{ir}. \qquad (5.2)$$

Hierin bezeichnete i den betrachteten Knotenpunkt, il (ir) sein linkes (rechtes) Schnittufer. Aus (5.2) gewinnen wir nun durch Trennung der drei Einzelwirkungen in

$$\begin{bmatrix} F_x \\ 0 \\ 0 \end{bmatrix}_i, \begin{bmatrix} 0 \\ F_z \\ 0 \end{bmatrix}_i, \begin{bmatrix} 0 \\ 0 \\ M_y \end{bmatrix}_i \qquad (5.3)$$

sowie Beachtung von (5.1) folgende Schnittgrößenmerkmale im Knotenpunkt i, die auf Bild 5.1 unter der Annahme dargestellt wurden, dass in Knotennähe keine Streckenlasten wirken.

Sätze: (a) Im Angriffspunkt einer Einzellast F_x besitzt die Normalkraftlinie einen Sprung vom Betrag F_x.

(b) Im Angriffspunkt einer Einzellast F_z besitzt die Querkraftlinie einen Sprung vom Betrag F_z, die Biegemomentenlinie einen Knick.

(c) Im Angriffspunkt eines Einzelmomentes M_y besitzt die Biegemomentenlinie einen Sprung vom Betrag M_y.

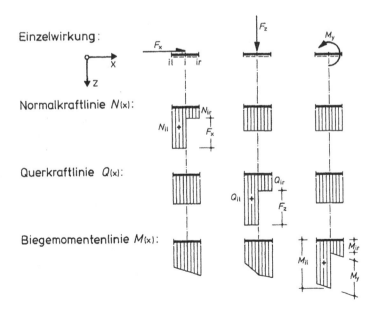

Bild. 5.1 Schnittgrößen-Zustandslinien bei Einzelwirkungen

Mit Hilfe dieser in den beiden Satzgruppen formulierten Merkmale lassen sich Schnittgrößen-Zustandslinien auch dann zuverlässig und mühelos ermitteln, wenn nur wenige Ordinaten nach einem der im Kap. 4 erläuterten Verfahren berechnet worden sind. Darüber hinaus bietet die Kenntnis dieser Merkmale ein besonders geeignetes Hilfsmittel, um den Verlauf berechneter Schnittgrößen-Zustandslinien zu überprüfen.

5.1.3 Beispiel: Schnittgrößen-Zustandslinien eines Gelenkträgers

Bei Kenntnis dieser Funktionseigenschaften lässt sich der zur Zustandslinienermittlung erforderliche Berechnungsaufwand ganz erheblich reduzieren. Bild 5.2 macht dies am Beispiel eines einfachen Zweifeldträgers mit Zwischengelenk deutlich. Nach Bestimmung der Auflagerkräfte wurden seine Schnittgrößen-Zustandslinien ohne jede Gleichgewichtsberechnung an Teilsystemen zeichnerisch dargestellt, nur durch Anwendung der soeben formulierten Funktionsmerkmale. Dabei wurden

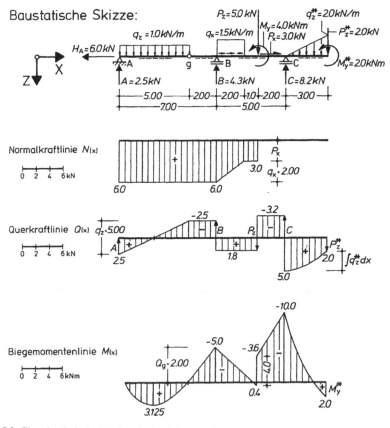

Bild. 5.2 Charakteristische Merkmale der Schnittgrößen-Zustandslinien eines Gelenkträgers

Sprünge in den Zustandslinien gemäß Bild 5.1 behandelt, stetige Änderungen über endliche Trägerabschnitte durch Integration von (5.1):

$$\Delta N = - \int_a^b q_x dx, \, \Delta Q = - \int_a^b q_z dx, \, \Delta M = \int_a^b Q dx. \qquad (5.4)$$

Wir empfehlen unseren Lesern, sämtliche Funktionseigenschaften der beiden Satzgruppen des letzten Abschnittes zunächst anhand von Bild 5.2 sorgfältig zu verifizieren und danach die Zustandslinien mit möglichst geringem Berechnungsaufwand selbst zu ermitteln.

5.1.4 Ausnutzung von Symmetrieeigenschaften

Stabtragwerke weisen oftmals Symmetrieeigenschaften auf, die sich bei der Auflager- und Schnittgrößenberechnung sehr vorteilhaft ausnutzen lassen. Wir treffen folgende Definition.

Definition Ein symmetrisches Stabtragwerk besitzt

- Stabachsensymmetrie hinsichtlich mindestens einer Symmetrieachse,
- symmetrisch zur Symmetrieachse angeordnete Bezugsseiten,
- symmetrisch zur Symmetrieachse vereinbarte positive Auflagergrößen.

Sollen Tragwerkssymmetrien auch bei der späteren Ermittlung von Formänderungen ausgenutzt werden, so müssen zusätzlich symmetrisch angeordnete Stabsteifigkeiten (EA, GA_Q, EI) gegeben sein.

Bekanntlich lässt sich jedes beliebige System äußerer Kraftgrößen in ein—hinsichtlich einer Symmetrieachse—*symmetrisches* und ein *antimetrisches* Teilkraftsystem *additiv* aufspalten. Eine solche *Belastungsumordnung* führen wir nun bei dem auf Bild 5.3 dargestellten symmetrischen Stabtragwerk durch und formulieren sodann für virtuell von beiden Kragarmenden in gleichem Abstand abgetrennte Stabteile das Gleichgewicht. Dabei stellen wir unschwer fest, dass Normalkräfte N und Biegemomente M für symmetrische (antimetrische) Lastanteile einen symmetrischen (antimetrischen) Verlauf aufweisen. Querkräfte Q dagegen verhalten sich für symmetrische (antimetrische) Lastanteile gerade antimetrisch (symmetrisch). Ferner zeigt Bild 5.3, dass sich Auflagergrößen A für symmetrische (antimetrische) Lastanteile symmetrisch (antimetrisch) zur Symmetrieachse einstellen. Begründet wird dieses Verhalten natürlich durch die obige Vereinbarung symmetrischer Auflagergrößen A sowie durch den aus einem differenziellen Stabelement des Bildes 5.3 ablesbaren symmetrischen (antimetrischen) Charakter von N und M (Q).

Symmetrisches Stabtragwerk:

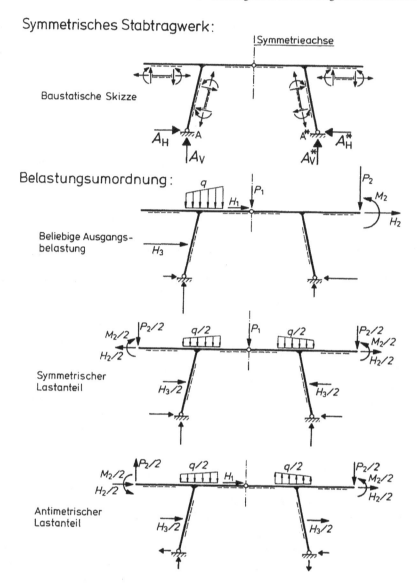

Bild. 5.3 Belastungsumordnung bei symmetrischen Tragwerken

Sätze: (a) In einem symmetrischen Tragwerk rufen symmetrische (antimetrische) Lastanteile symmetrische (antimetrische) Zustandsgrößen A, N, M sowie antimetrische (symmetrische) Querkräfte Q hervor.

(b) Antimetrische Zustandsgrößen besitzen in der Symmetrieachse einen Null-punkt.

Mit diesen Erkenntnissen braucht bei symmetrischen Tragwerken lediglich *eine* Tragwerkshäfte berechnet zu werden. Auch wenn diese für symmetrische und

antimetrische Lastanteile zu analysieren ist, und danach beide Ergebnisse zu superponieren sind, wird der ursprüngliche Berechnungsaufwand i.A. merkbar reduziert.

5.2 Gelenkträger

5.2.1 Tragwerksaufbau

Um das Tragverhalten von Gelenkträgern zu verstehen, betrachten wir auf Bild 5.4
den dort dargestellten Durchlaufträger über m Felder, der ein festes und m bewegliche Gelenklager besitzen möge. Zur Bestimmung der $(m + 2)$ Auflagerkräfte stehen
gerade die drei Gleichgewichtsbedingungen ebener Kräftesysteme zur Verfügung;
damit ist der Träger

$$(m + 2) - 3 = (m - 1) - \text{fach}$$

statisch unbestimmt. $(m - 1)$ zusätzliche *Nebenbedingungen* in Form von reibungsfreien Zwischengelenken, die keine Biegemomente, aber Längs- und Querkräfte
übertragen, reduzieren den Grad der statischen Unbestimmtheit gerade auf Null.
Einen derart aufgebauten, statisch bestimmten Träger nennt man *Gelenkträger* oder
nach seinem Ersterbauer GERBERträger.[1]

Satz: Ein Gelenkträger über m Felder besitzt $m - 1$ Biegemomentengelenke und ist
statisch bestimmt.

Durchlaufträger über m Felder:

Abzählkriterium: $n = a + 3p - 3k = m + 2 + 3m - 3(m+1) = m-1$

Einbau von $r = m-1$ Zwischengelenken liefert r Nebenbedingungen $\Sigma M_g = 0$ und
führt auf den

Gelenkträger über m Felder:

Abzählkriterium: $n = a + 3p - 3k - r = m + 2 + 3m - 3(m+1) - (m-1) = 0$

Bild. 5.4 Vom Durchlaufträger zum statisch bestimmten Gelenkträger

---

[1] HEINRICH GERBER, deutscher Ingenieur, 1832–1912, erhielt 1866 im Zuge des Entwurfs der
Mainbrücke bei Haßfurt, fertiggestellt 1867, ein Patent über Gelenkträgerbrücken.

Da sich Gerberträger wegen ihrer statischen Bestimmtheit Auflagersetzungen *zwängungsfrei* anpassen, sind sie im Bauwesen weit verbreitet. Im Hochbau findet man sie als Gelenkpfetten sowie bei Trägerzügen aus Stahlbeton-Fertigteilen, im Industriebau besonders bei unübersichtlichen Gründungsverhältnissen. Im weitspannenden Brückenbau, in welchem Gelenkträger früher ein bedeutendes Anwendungsgebiet besaßen, sind sie fast vollständig von Durchlaufträgern verdrängt worden, die infolge ihrer statischen Unbestimmtheit Verkehrslasten günstiger abtragen.

Die zur Erzwingung statisch bestimmten Tragverhaltens erforderlichen Zwischengelenke dürfen nicht beliebig angeordnet werden. Vielmehr ist darauf zu achten, dass keine lokalen kinematischen Verschieblichkeiten, sog. *Gelenkketten*, entstehen. Zu ihrer Vermeidung dürfen in Mittelfeldern höchstens *zwei* und in End-

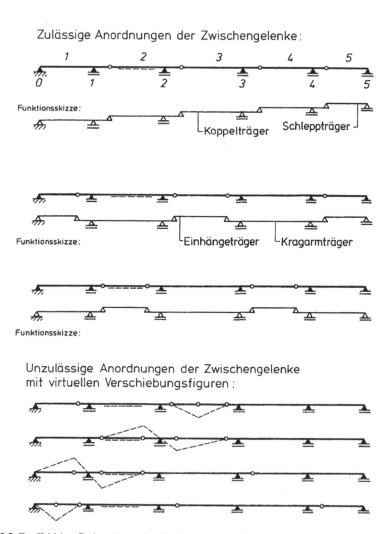

Bild. 5.5 Fünffeldrige Gerberträger mit zulässigen und unzulässigen Gelenkanordnungen

feldern höchstens *ein* Gelenk angeordnet werden. Bei *zwei* Mittelfeldgelenken dürfen darüber hinaus angrenzende Felder höchstens *ein* Gelenk, angrenzende Endfelder *kein* Gelenk enthalten. Gemäß diesen Regeln wurden in Bild 5.5 drei zulässige Ausbildungsformen eines Gelenkträgers über 5 Felder sowie vier unzulässige Gelenkanordnungen dargestellt. Dabei erkennt man, dass unzulässige Gelenkanordnungen zu kinematisch verschieblichen sowie statisch unbestimmten Teilstrukturen, d.h. zum *Ausnahmefall der Statik* führen. Die Tragfunktion von Gerberträgern als Aneinanderreihung von Einfeldträgern wird durch ihre jeweilige *Funktionsskizze* auf Bild 5.5 besonders deutlich.

Ebenso finden sich in Bild 5.5 die Namen der einzelnen, bei Gerberträgern stets wiederkehrenden Trägerelemente. Nach den Kragarmträgern erhielten diese Tragwerke übrigens ihre angelsächsische Bezeichnung als *cantilever beams*. Die 1883–1890 von B. BAKER über den *Firth of Forth* in Schottland erbaute Eisenbahnbrücke, eine *Gelenkträger-Fachwerkbrücke*, war mit zwei freien Spannweiten von 521 m für fast drei Jahrzehnte das weitest gespannte Tragwerk der Welt [2.3]. Abgelöst wurde sie durch eine Brücke gleichen Typs über den *St. Lorenzstrom* in *Quebec* mit Spannweiten von 549 m. Erst 1931 lösten Hängebrücken mit der 564 m weitgespannten *Ambassador*-Brücke in *Detroit* Gelenkträgerbrücken als Spannweiten-Rekordhalter ab.

5.2.2 Übersicht über die Berechnungsverfahren

Zur Ermittlung der Schnitt- und Auflagergrößen von Gelenkträgern sind zwei Verfahren empfehlenswert:

- das Verfahren der Gleichgewichts- und Nebenbedingungen sowie
- das Verfahren der Gelenkkräfte.

Beide Vorgehensweisen werden von uns erläutert und durch je ein Beispiel ergänzt werden. Es sollte hervorgehoben werden, dass die Literatur ältere, graphische Verfahren [1.1, 1.16] enthält, die auch mit heutigen Rechenhilfsmitteln an Schnelligkeit kaum erreicht werden.

Beim Verfahren der *Gleichgewichts- und Nebenbedingungen* werden zunächst die Bestimmungsgleichungen sämtlicher $(m + 2)$ Auflagerkräfte durch Anwendung

- der 3 globalen Gleichgewichtsbedingungen sowie
- von $r = (m - 1)$ Nebenbedingungen, in Form von Momentengleichgewichtsbedingungen um die Zwischengelenke,

aufgestellt. Es entsteht ein lineares Gleichungssystem, dessen Struktur durch geschickte Wahl vor allem der Nebenbedingungen i.A. derart beeinflusst werden kann, dass einzeln eliminierbare Teilsysteme entstehen. Nach Bestimmung der Auflagerkräfte können dann die Schnittgrößen-Zustandslinien durch Gleichgewichtsformulierung an Teilsystemen gemäß Abschn. 4.1.2 in Kombination mit den in Abschn. 5.1.2 erörterten Funktionseigenschaften gewonnen werden.

Beim *Verfahren der Gelenkkräfte* werden als erstes alle Zwischengelenke durch virtuelle Schnitte durchtrennt. Ausgehend von der Funktionsskizze des Trägers werden dadurch die dort wirkenden Gelenkkräfte als Doppelwirkungen erkennbar, welche Einhänge-, Schlepp- und Koppelträger einerseits stützen, andererseits Koppel- und Kragarmträger belasten. Es folgt die Ermittlung der Gelenk- und Auflagerkräfte durch Anwendung der Gleichgewichtsbedingungen auf alle Teilsysteme, beginnend mit der obersten Trägerebene der Funktionsskizze. Sind die Gelenkkräfte *einer* Trägerebene vollständig bestimmt, kann die nächstfolgende behandelt werden. Schließlich können die Schnittgrößen-Zustandslinien, wieder unter Rückgriff auf die Gelenk- und Auflagerkräfte, für jedes entstandene Teilsystem an einfachen Balken bzw. Kragarmen ermittelt werden.

5.2.3 Beispiel zum Verfahren der Gleichgewichts- und Nebenbedingungen

Bild 5.6 enthält zuoberst die baustatische Skizze des zu berechnenden Gelenkträgers über 4 Felder. Alle sodann aufgeführten Nebenbedingungen formulieren das Momentengleichgewicht um die Zwischengelenke für die jeweils rechtsliegenden Tragwerksteile. Dadurch wird das aus ihnen und den Gleichgewichtsbedingungen entstehende, lineare Gleichungssystem 6. Ordnung in 5 Untersysteme aufspaltbar und in den Schritten E, (C, D), H_A, B sowie A ohne Maschinenhilfe lösbar.

Die anschließende Schnittgrößenberechnung erfolgt nur an wenigen Punkten durch Formulierung des Gleichgewichts an Teilsystemen; alle weiteren Zwischenwerte werden durch Anwendung der Funktionsregeln des Abschn. 5.1.2 bestimmt. Das Ergebnis, die Schnittgrößen-Zustandslinien, findet der Leser in Bild 5.7.

5.2.4 Beispiel zum Verfahren der Gelenkkräfte

Das zugehörige Bild 5.8 beginnt erneut mit der baustatischen Skizze des zu berechnenden Gelenkträgers. Darunter enthält es eine Funktionszerlegung des Tragwerks, in welche bereits die Gelenkkräfte als Doppelwirkungen eingetragen sind. Zur Bestimmung aller rechtwinklig zur Trägerachse gerichteten Gelenk- und Auflagerkräfte werden zuerst die Teilscheiben II und IV, anschließend die Teile I und III behandelt. Dagegen müssen die axialen Gelenkkräfte und die gleichgerichtete Auflagerkraft in der Reihenfolge IV, III, II, I ermittelt werden.

Nach diesem Schritt können die Schnittgrößen praktisch ohne Berechnung, allein nach den Funktionsregeln des Abschn. 5.1.2 bestimmt werden, da nur kleinste, d.h. sehr übersichtliche Teilsysteme zu behandeln sind.

Baustatische Skizze:

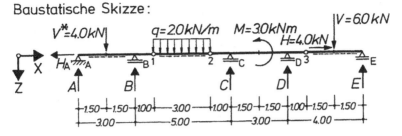

Abzählkriterium: $n = a + 3(p-k) - r = 6 + 3(7-8) - 3 = 0$

Nebenbedingungen:

1. $\Sigma M_{3r} = 0:$ $3.00 \cdot E - 1.50 \cdot 6.0 = 0$

2. $\Sigma M_{2r} = 0:$ $8.00 \cdot E + 4.00 \cdot D + 1.00 \cdot C - 6.50 \cdot 6.0 + 3.0 = 0$

3. $\Sigma M_{1r} = 0:$ $11.00 \cdot E + 7.00 \cdot D + 4.00 \cdot C - 9.50 \cdot 6.0 + 3.0 - 2.0 \cdot 3.00 \cdot 1.50 = 0$

Gleichgewichtsbedingungen:

4. $\Sigma F_x = 0:$ $-H_A + 4.0 = 0$

5. $\Sigma F_z = 0:$ $-A - B - C - D - E + 4.0 + 2.0 \cdot 3.00 + 6.0 = 0$

6. $\Sigma M_A = 0:$ $15.00 \cdot E + 11.00 \cdot D + 8.00 \cdot C + 3.00 \cdot B - 6.0 \cdot 13.50$
$+ 3.0 - 2.0 \cdot 3.00 \cdot 5.50 - 4.0 \cdot 1.50 = 0$

Gleichungssystem:

	H_A	A	B	C	D	E				
1.						3.00		H_A		-9.00
2.				1.00	4.00	8.00		A		-36.00
3.				4.00	7.00	11.00		B		-63.00
4.	-1.00							C		4.00
5.		-1.00	-1.00	-1.00	-1.00	-1.00		D		16.00
6.			3.00	8.00	11.00	15.00		E		-117.00

$\cdot \quad + \quad = 0$

Lösung:

$\{4.00 \mid 1.00 \mid 6.00 \mid 4.00 \mid 2.00 \mid 3.00\}$

Bild. 5.6 Verfahren der Gleichgewichts- und Nebenbedingungen, angewendet auf einen Gerberträger

5.3 Gelenkrahmen und Gelenkbogen

5.3.1 Tragwerksaufbau

Als *Rahmentragwerke* bezeichnet man geknickte Stabsysteme, die an ihren Knick-stellen biegesteife Ecken, Voll- oder Halbgelenke aufweisen. Die Elemente eines solchen Tragwerks werden als *Riegel* oder *Stiele* bezeichnet. Rahmentragwerke sind i.a. mehrfach statisch unbestimmt. Stabendgelenke sowie die erwähnten Zwi-schengelenke formulieren jedoch Nebenbedingungen, die zu statisch bestimmten Strukturen führen können. Nur solche *Gelenkrahmentragwerke* sollen hier behan-delt werden.

Baustatische Skizze :

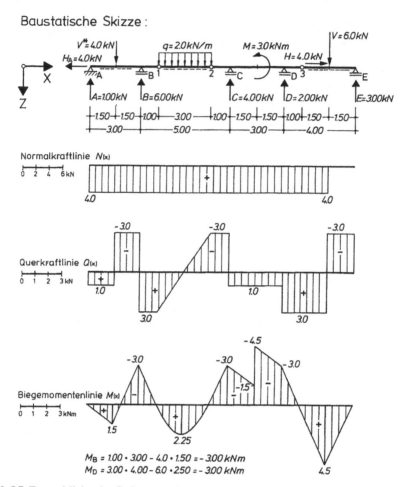

Bild. 5.7 Zustandslinien des Gerberträgers

Im Falle eines *Dreigelenkrahmens* gemäß Bild 5.9 sind die beiden Stiele gelenkig an die Gründung angeschlossen. Die zur statischen Bestimmtheit noch fehlende Nebenbedingung wird durch ein weiteres, meistens im Riegel angeordnetes *Biegemomentengelenk* gebildet. Entsprechend der im Abschn. 3.3.3 erläuterten Aufbauregel gewinnt man durch Anschließen weiterer Dreigelenkrahmen statisch bestimmte, mehrfache *Gelenkrahmen*.

Weist ein Dreigelenkrahmen einseitig ein horizontal bewegliches Auflager auf, so kann das seitliche Ausweichen des Stielfußes durch Einbau eines Pendelstabes zwischen den Stielen verhindert werden. Da dieser Stab bei den üblichen Belastungen durch Zugkräfte beansprucht wird, nennt man ihn *Zugband*. Das gesamte Tragwerk wird als *Dreigelenkrahmen mit Zugband* bezeichnet.

Ein Dreigelenkbogen gemäß Bild 5.9 ist ein *ebener Bogenträger*, dessen Tragwerksachse eine willkürlich gekrümmte Kurve oder einen Polygonzug beschreibt.

Baustatische Skizze:

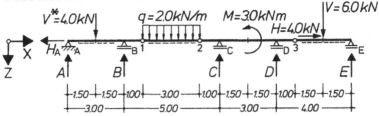

Funktionszerlegung:

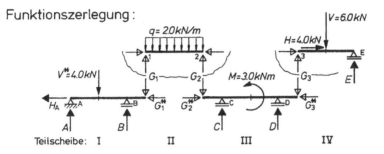

Bestimmung der Gelenk- und Auflagerkräfte:

Teilscheibe I : $\Sigma M_A = 0$: $-4.00 \cdot G_1 + 3.00 \cdot B - 1.50 \cdot 4.0 = 0$ $B = 6.00\,kN$
       $\Sigma F_z = 0$: $-A - B + G_1 + 4.0 = 0$ $A = 1.00\,kN$
       $\Sigma F_x = 0$: $-H_A - G_1^* = 0$ $H_A = 4.00\,kN$

Teilscheibe II : $\Sigma M_1 = 0$: $3.00 \cdot G_2 - 2.0 \cdot 3.00 \cdot 1.50 = 0$ $G_2 = 3.00\,kN$
       $\Sigma F_z = 0$: $-G_1 - G_2 + 2.0 \cdot 3.00 = 0$ $G_1 = 3.00\,kN$
       $\Sigma F_x = 0$: $G_1^* - G_2^* = 0$ $G_1^* = -4.00\,kN$

Teilscheibe III : $\Sigma M_C = 0$: $-4.00 \cdot G_3 + 3.00 \cdot D + 3.0 + 1.00 \cdot G_2 = 0$ $D = 2.00\,kN$
       $\Sigma F_z = 0$: $-C - D + G_2 + G_3 = 0$ $C = 4.00\,kN$
       $\Sigma F_x = 0$: $G_2^* - G_3^* = 0$ $G_2^* = -4.00\,kN$

Teilscheibe IV : $\Sigma M_E = 0$: $-3.00 \cdot G_3 + 1.50 \cdot 6.0 = 0$ $G_3 = 3.00\,kN$
       $\Sigma F_z = 0$: $-E - G_3 + 6.0 = 0$ $E = 3.00\,kN$
       $\Sigma F_x = 0$: $G_3^* + 4.0 = 0$ $G_3^* = -4.00\,kN$

Bild. 5.8 Verfahren der Gelenkkräfte, angewendet auf einen Gerberträger

Seine Widerlager werden als *Kämpfer*, die dortigen Gelenke als *Kämpfergelenke* bezeichnet. Das zusätzliche Biegemomentengelenk, das oft im Scheitel des Bogens angeordnet ist, heißt *Scheitelgelenk*. Den vertikalen Abstand des Scheitelgelenkes von der Verbindungslinie der Kämpfer nennt man dann *Bogenstich*.

Analog zum Dreigelenkrahmen unterscheiden wir zwischen *Dreigelenkbogen*, *Dreigelenkbogen mit Zugband* und *mehrfachen Gelenkbogen*. Darüber hinaus existiert die Form des *Dreigelenkbogens mit aufgeständerter Fahrbahn* (Bild 5.9), wobei eine aufgesattelte, statisch bestimmte Gelenkträgerkonstruktion ihr Eigengewicht und die Nutzlasten jeweils über Fahrbahnständer in den Bogen einleitet.

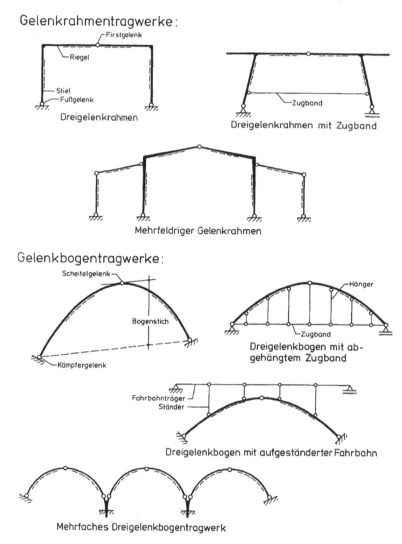

Bild. 5.9 Bauformen statisch bestimmter Gelenkrahmen und Gelenkbogen

Dreigelenkbogen mit Zugband werden angewendet, wenn der Baugrund zur Aufnahme horizontaler Belastungen ungeeignet ist. Das Zugband wird dann meistens in regelmäßigen Abständen durch *Hängestangen*, die bei einem Brückenbauwerk auch die Fahrbahnlasten übertragen können, am Bogen abgehängt.

5.3.2 Berechnungsverfahren

In diesem Abschnitt sollen die wichtigsten Berechnungsschritte für Gelenkrahmen und Gelenkbogentragwerke kurz erläutert werden.

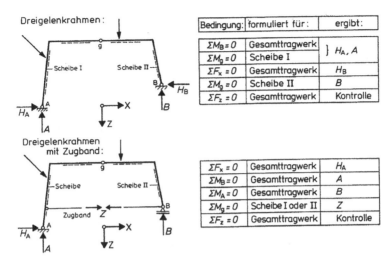

Bild. 5.10 Ermittlung der Auflagerkräfte und der Zugbandkraft bei Dreigelenkrahmen

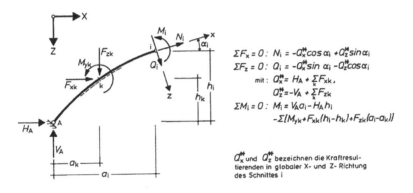

Bild. 5.11 Schnittgrößenermittlung am Bogen

5.3.2.1 Dreigelenkrahmen und -bogen

Die vier Auflagerreaktionen A, B, H_A und H_B werden aus drei *linear unabhängigen Gleichgewichtsbedingungen* und der *Nebenbedingung* $\sum M_g = 0$ entsprechend der Übersicht auf Bild 5.10 gewonnen. Anschließend können an beliebigen Tragwerkspunkten die Schnittgrößen durch Gleichgewichtsbetrachtungen an Teilsystemen ermittelt werden. Bei einen Bogentragwerk existiert dabei in jedem Punkt eine unterschiedlich gerichtete, lokale Basis x, z, in welcher die jeweiligen Schnittgrößen definiert sind. Daher bildet man zweckmäßigerweise gemäß Bild 5.11 die Resultierenden der äußeren Belastung und der Auflagergrößen eines fiktiven Teilsystems in Richtung des globalen Koordinatensystems X, Z und zerlegt diese anschließend in die jeweiligen Schnittkraftrichtungen. Das Biegemoment M_i hält wie üblich den statischen Momenten der Auflagerkräfte und angreifenden Lasten das Gleichgewicht.

5.3.2.2 Dreigelenkrahmen und -bogen mit Zugband

Sämtliche Auflagerreaktionen dieser Tragwerke ergeben sich wie bei einem Balken auf zwei Stützen. Um die Schnittgrößen-Zustandslinien zu ermitteln, sind jedoch vorher die Schnittgrößen des Zugbandes gemäß Bild 5.10 zu bestimmen. Ein *unbelastetes Zugband* überträgt dabei nur eine Normalkraft Z, deren Größe sich aus der Nebenbedingung $\sum M_g = 0$ am fiktiv zerschnittenen Teilsystem ergibt. Bei einem *querbelasteten Zugband* entstehen zusätzliche Querkräfte und Biegemomente wie in einem Balken auf zwei Stützen.

5.3.2.3 Mehrfache Gelenkrahmen und -bogen

Entsprechend dem statischen Aufbau des vorliegenden Tragwerks wird zunächst durch fiktive Schnitte eine geeignete Funktionszerlegung durchgeführt. Die bei diesem Vorgang definierten, *stützenden* Komponenten der Gelenkkräfte werden für alle direkt belasteten Teilsysteme aus den Gleichgewichtsbedingungen bestimmt, ihre *belastenden* Komponenten sodann bei den Teiltragwerken der nächsten Funktionsebene berücksichtigt. Wie erkennbar entspricht die gesamte Vorgehensweise weitgehend dem bei Gerberträgern erläuterten *Verfahren der Gelenkkräfte*.

5.3.2.4 Dreigelenkbogen mit aufgeständerter bzw. abgehängter Fahrbahn

Die *Ständer* bzw. *Hänger* übertragen jeweils nur Normalkräfte, deren Größen sich als Auflagerreaktionen derjenigen Balken auf zwei Stützen berechnen lassen, aus denen Fahrbahnträger bzw. Zugbandträger zusammengesetzt sind. Entsprechend dem Berechnungsverfahren der Gelenkkräfte bei Gerberträgern wird der eigentliche Dreigelenkbogen wieder nur mittelbar durch die Aktionskräfte der Ständer bzw. Hänger belastet.

5.3.3 *Zwei Beispiele*

Zur Erläuterung der geschilderten Vorgehensweisen dienen die beiden nun folgenden Beispiele. Auf Bild 5.12 findet sich die baustatische Skizze eines flachen Dreigelenkbogens mit unterschiedlich hohen Kämpfern. Zunächst werden die Auflagerkräfte in der auf Bild 5.10 angegebenen Reihenfolge bestimmt. Danach folgt die Schnittgrößenermittlung, exemplarisch an den beiden Tragwerkspunkten A und 1, nach den Beziehungen des Bildes 5.11. Die endgültigen Schnittgrößen-Zustandslinien enthält Bild 5.13; die dortigen Ordinaten wurden zur zeichnerischen Darstellung in äquidistanten Scheitelabständen von 5° berechnet.

Hieran anschließend wurde auf den Bildern 5.14 und 5.15 ein Dreigelenkrahmentragwerk mit Zugband berechnet. Seine Auflagerkräfte ergeben sich erwartungsgemäß wie bei einem abgeknickten Balken. Zur Ermittlung der Zugband-Gelenkkräfte wird dieses Tragelement zunächst von der Scheibe II im Punkt B getrennt. Die vertikale Komponente G_B der Gelenkkraft wird als Auflagerreaktion des

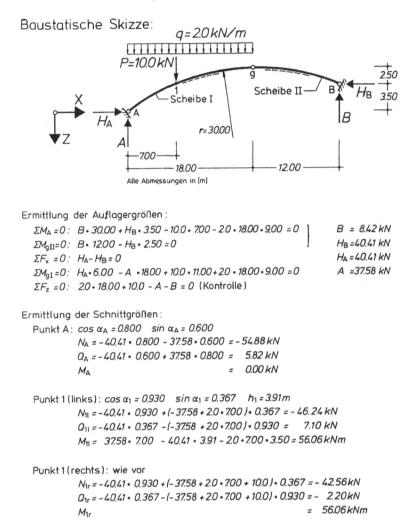

Baustatische Skizze:

Ermittlung der Auflagergrößen :

$\Sigma M_A = 0:$ $B \cdot 30.00 + H_B \cdot 3.50 - 10.0 \cdot 7.00 - 2.0 \cdot 18.00 \cdot 9.00 = 0$ $\}$ $B = 8.42\,kN$

$\Sigma M_{gII} = 0:$ $B \cdot 12.00 - H_B \cdot 2.50 = 0$ $H_B = 40.41\,kN$

$\Sigma F_x = 0:$ $H_A - H_B = 0$ $H_A = 40.41\,kN$

$\Sigma M_{gI} = 0:$ $H_A \cdot 6.00 - A \cdot 18.00 + 10.0 \cdot 11.00 + 2.0 \cdot 18.00 \cdot 9.00 = 0$ $A = 37.58\,kN$

$\Sigma F_z = 0:$ $2.0 \cdot 18.00 + 10.0 - A - B = 0$ (Kontrolle)

Ermittlung der Schnittgrößen :

Punkt A: $\cos \alpha_A = 0.800$ $\sin \alpha_A = 0.600$

$\quad N_A = -40.41 \cdot 0.800 - 37.58 \cdot 0.600 = -54.88\,kN$

$\quad Q_A = -40.41 \cdot 0.600 + 37.58 \cdot 0.800 = 5.82\,kN$

$\quad M_A \qquad\qquad\qquad\qquad\qquad = 0.00\,kN$

Punkt 1 (links): $\cos \alpha_1 = 0.930$ $\sin \alpha_1 = 0.367$ $h_1 = 3.91\,m$

$\quad N_{1l} = -40.41 \cdot 0.930 + (-37.58 + 2.0 \cdot 7.00) \cdot 0.367 = -46.24\,kN$

$\quad Q_{1l} = -40.41 \cdot 0.367 - (-37.58 + 2.0 \cdot 7.00) \cdot 0.930 = 7.10\,kN$

$\quad M_{1l} = 37.58 \cdot 7.00 - 40.41 \cdot 3.91 - 2.0 \cdot 7.00 \cdot 3.50 = 56.06\,kNm$

Punkt 1 (rechts): wie vor

$\quad N_{1r} = -40.41 \cdot 0.930 + (-37.58 + 2.0 \cdot 7.00 + 10.0) \cdot 0.367 = -42.56\,kN$

$\quad Q_{1r} = -40.41 \cdot 0.367 - (-37.58 + 2.0 \cdot 7.00 + 10.0) \cdot 0.930 = -2.20\,kN$

$\quad M_{1r} \qquad\qquad\qquad\qquad\qquad\qquad\qquad = 56.06\,kNm$

Bild. 5.12 Dreigelenkbogen mit Auflager- und Schnittgrößenermittlung

querbelasteten Zugbandträgers bestimmt, die axiale Komponente Z aus dem Momentengleichgewicht der rechten Scheibe um das Zwischengelenk im Punkt 2. Für einige ausgewählte Tragwerkspunkte wurden sodann wieder die Schnittgrößen berechnet, deren vollständige Zustandslinien abschließend dargestellt sind.

5.3.4 Stützlinie und Seileck

Die statisch vorteilhafte Wirkung einer Bogenkrümmung beruht darauf, dass vertikale äußere Lasten nicht nur über Biegemomente und Querkräfte, sondern *vornehmlich* durch Normalkräfte zu den Kämpfern abgetragen werden können. Dies wirft

Baustatische Skizze:

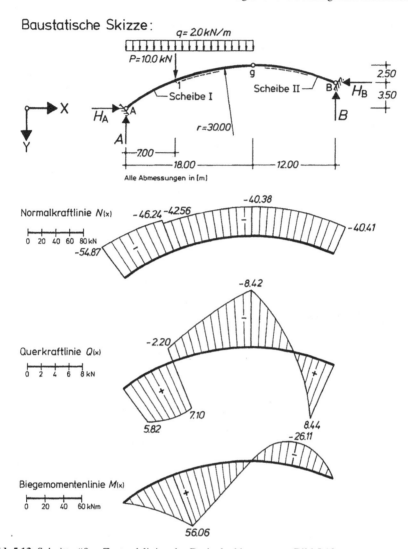

Bild. 5.13 Schnittgrößen-Zustandslinien des Dreigelenkbogens von Bild 5.12

die Frage auf, ob äußere Lasten eines Bogens auch *vollständig* durch Normalkräfte abgetragen werden können?

Jedem Kräftegleichgewichtssytem ist bekanntlich eine *Stützlinie* als Spur der Kraftresultierenden zugeordnet [1.1, 1.5, 1.8]. Folgt die *Tragwerksachse* der Stützlinie einer vorgegebenen Belastung, so entstehen in diesem Bogentragwerk ausschließlich Normalkräfte. Bei stetiger Belastung lässt sich die Stützlinie als Lösung einer Differenzialgleichung gewinnen. Sie ergibt sich beispielsweise für eine konstante, richtungsgleiche Belastung als Parabel 2. Ordnung, für eine konstante Radiallast als Kreisbogen.

Baustatische Skizze :

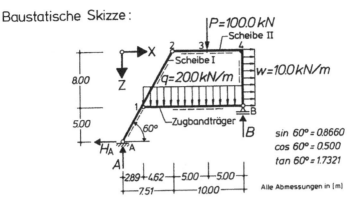

Ermittlung der Auflagerkräfte :

$\Sigma M_A = 0:$ $B \cdot 17.51 - 100 \cdot 12.51 - 10 \cdot 8.00 \cdot 9.00 - 20 \cdot 14.62 \cdot 10.20 = 0$ $B = 282.9\,kN$

$\Sigma F_z = 0:$ $100 + 20 \cdot 14.62 - A - 282.9 = 0$ $A = 109.5\,kN$

$\Sigma F_x = 0:$ $-H_A + 10 \cdot 8.00 = 0$ $H_A = 80.0\,kN$

$\Sigma M_B = 0:$ $100 \cdot 5.00 + 20 \cdot 14.62 \cdot 7.31 - 10 \cdot 8.00 \cdot 4.00 - A \cdot 17.51 - H_A \cdot 5.00 = 0$ (Kontrolle)

Ermittlung der Zugband-Gelenkkräfte im Punkt B :

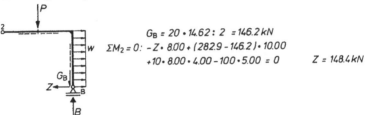

$G_B = 20 \cdot 14.62 : 2 = 146.2\,kN$

$\Sigma M_2 = 0:$ $-Z \cdot 8.00 + (282.9 - 146.2) \cdot 10.00$
$+ 10 \cdot 8.00 \cdot 4.00 - 100 \cdot 5.00 = 0$ $Z = 148.4\,kN$

Ermittlung der Schnittgrößen :

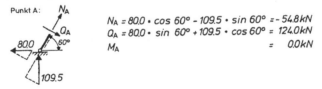

Punkt A:

$N_A = 80.0 \cdot \cos 60° - 109.5 \cdot \sin 60° = -54.8\,kN$

$Q_A = 80.0 \cdot \sin 60° + 109.5 \cdot \cos 60° = 124.0\,kN$

M_A $= 0.0\,kN$

Bild. 5.14 Berechnung eines Dreigelenkrahmens mit Zugband (Teil 1)

Bei durch Einzelkräfte belasteten Bogen ergibt sich die Stützlinie als *Polygon-zug*, dessen *graphische* Ermittlung aus einer Seileckkonstruktion möglich ist. In Bild 5.16 wird so die Stützlinie eines Dreigelenkbogens mit aufgeständerter Fahr-bahn bestimmt. Die vorab ermittelten Einzelkräfte der Ständer F_1 bis F_6 werden zunächst zu einer Resultierenden zusammengefasst und sodann mit den zwei in *vorgegebenen Richtungen* wirkenden Auflagerkräften A und B ins Gleichgewicht gesetzt. Dies erfolgt in einem Kräfteplan, in welchem die Richtungen von A und B aus dem Lageplan derart übertragen werden, dass sich das Krafteck schließt. Die sukzessive Anwendung dieser Gleichgewichtsaussage auf jede der Einzellasten F_i

Ermittlung der Schnittgrößen (Fortsetzung):

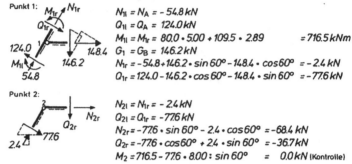

Punkt 1:

$N_{1l} = N_A = -54.8\,kN$

$Q_{1l} = Q_A = 124.0\,kN$

$M_{1l} = M_{1r} = 80.0 \cdot 5.00 + 109.5 \cdot 2.89 \qquad = 716.5\,kNm$

$G_1 = G_B = 146.2\,kN$

$N_{1r} = -54.8 + 146.2 \cdot \sin 60° - 148.4 \cdot \cos 60° = -2.4\,kN$

$Q_{1r} = 124.0 - 146.2 \cdot \cos 60° - 148.4 \cdot \sin 60° = -77.6\,kN$

Punkt 2:

$N_{2l} = N_{1r} = -2.4\,kN$

$Q_{2l} = Q_{1r} = -77.6\,kN$

$N_{2r} = -77.6 \cdot \sin 60° - 2.4 \cdot \cos 60° = -68.4\,kN$

$Q_{2r} = -77.6 \cdot \cos 60° + 2.4 \cdot \sin 60° = -36.7\,kN$

$M_2 = 716.5 - 77.6 \cdot 8.00 : \sin 60° \qquad = 0.0\,kN \text{ (Kontrolle)}$

Schnittgrößen - Zustandslinien:

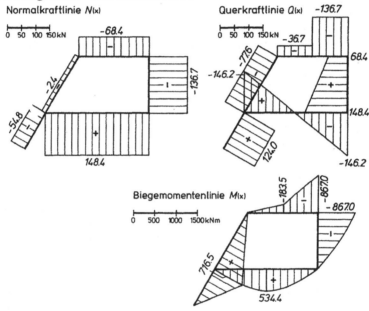

Bild. 5.15 Berechnung eines Dreigelenkrahmens mit Zugband (Teil 2)

führt zu einem *Kräftepolygon* mit den Stabkräften S_i. Wie man gut aus den geschlossenen Einzelkraftecken des Bildes 5.16 erkennt, steht nunmehr jede äußere Last F_i mit ihren zugehörigen Stabkräften S_i, S_{i+1} im Gleichgewicht. Die Übertragung der Stabkraftrichtungen in den Lageplan bildet die polygonzugartige *Stützlinie*, auch *Seileck* genannt. Fällt diese Stützlinie genau mit der Bogenachse zusammen, so ist der Bogen biegungsfrei und wird nur durch Normalkräfte S_i beansprucht.

Die in Bild 5.16 aktivierten Stabkräfte sind *Druckkräfte*. Würde man—bei gleichen äußeren Lasten—die Stützlinie an der Verbindungsgeraden *AB* der Kämpfer spiegeln, so wechselten die Stabkräfte S_i ihr Vorzeichen, und die Stützlinie würde zur *Seil-* oder *Kettenlinie*.

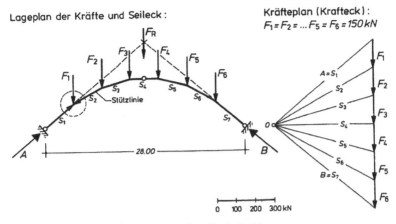

Bild. 5.16 Graphische Stützlinienermittlung eines Dreigelenkbogens

5.3.5 *Räumliche Rahmentragwerke*

Ein *räumliches Rahmentragwerk* liegt vor, wenn entweder das Rahmentragwerk selbst einen räumlich geknickten Stabzug bildet oder ein ebenes Rahmentragwerk räumlich beansprucht wird. Zur äußerlich statisch bestimmten Lagerung eines nebenbedingungsfreien, räumlichen Rahmens sind insgesamt *sechs* Einzelstützungen erforderlich. Um hierbei den Ausnahmefall der Statik auszuschließen, darf ein Lagerungspunkt durch höchstens *drei Lagerkräfte* gehalten werden. Insgesamt dürfen nur drei Auflagerkräfte parallel sein, und die Gesamtheit der Auflagerkräfte darf keine Schnittpunkte mit einer Geraden besitzen.

Durch Anwendung von sechs linear unabhängigen Komponentengleichgewichtsbedingungen gemäß Tafel 2.1 auf das Gesamttragwerk sowie auf fiktiv herausgeschnittene Teilsysteme lassen sich die Auflagergrößen und der Schnittgrößenzustand im gesamten Tragwerk ermitteln. Nebenbedingungen werden dabei wie im Fall ebener Gelenkrahmen berücksichtigt.

Ein statisch bestimmter, räumlicher Rahmen mit einer Nebenbedingung wurde bereits in den Abschn. 4.1.5 und 4.1.9 ausführlich behandelt. Ein weiteres räumliches Rahmentragwerk findet sich auf den Bildern 5.17 und 5.18. Um für die Lagerungsbedingungen von Rahmentragwerken keine umständliche, neue Symbolik einführen zu müssen, werden diese—wie in Bild 5.17 geschehen—zweckmäßigerweise durch die Reaktionsgrößen der baustatischen Skizze gekennzeichnet. Besonders wichtig für eine fehlerfreie Schnittgrößenberechnung ist bei Raumtragwerken die Vereinbarung der lokalen Basis jedes Einzelstabes; eine Bezugszone allein ist hier natürlich nicht mehr ausreichend. Im übrigen folgt das Bearbeitungsschema auf den Bildern 5.17 und 5.18 dem nun schon bekannten Verlauf und ist daher selbsterläuternd.

Baustatische Skizze:

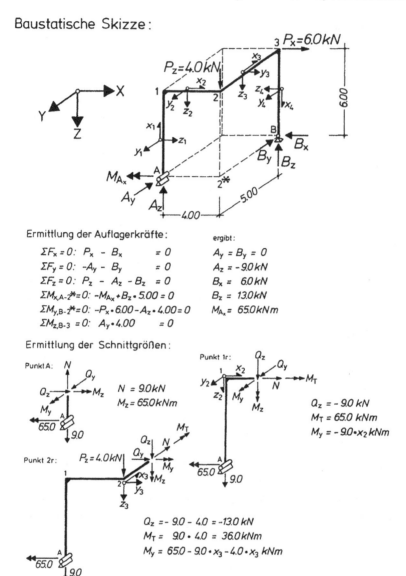

Bild. 5.17 Auflagergrößen und Schnittgrößen eines räumlichen Rahmentragwerks

5.4 Verstärkte Balken mit Zwischengelenk

5.4.1 Tragwerksaufbau

Die Tragfähigkeit eines Balkens kann auf einfache Weise durch einen polygonalen Stabzug mit gelenkig angeschlossenen Vertikalstäben verstärkt werden. Setzt man in allen Knoten reibungsfreie Idealgelenke voraus, so stellt sich der gesamte

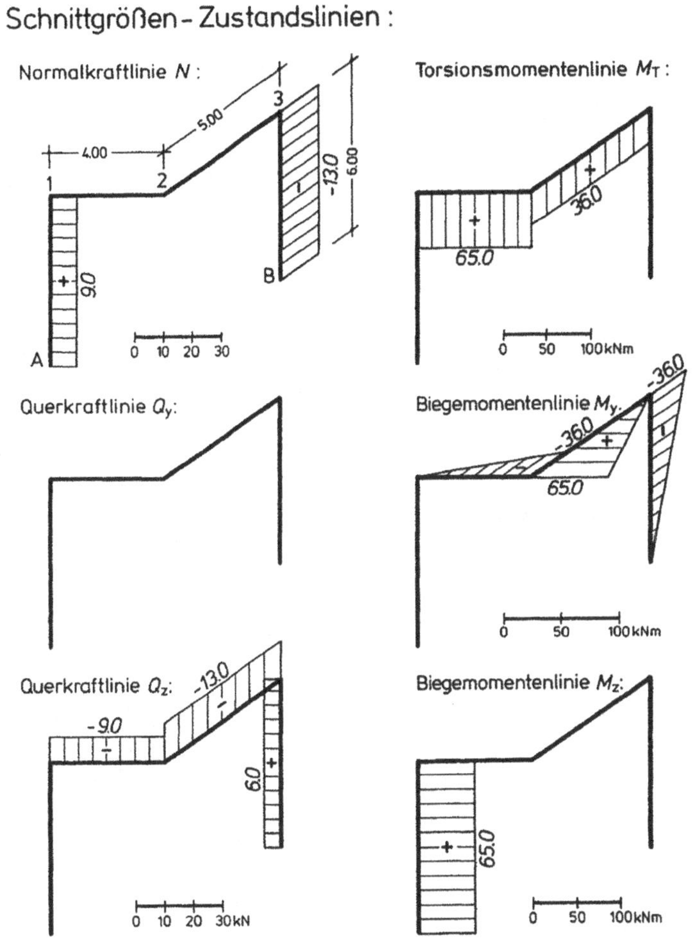

Schnittgrößen - Zustandslinien :

Normalkraftlinie N :

Torsionsmomentenlinie M_T :

Querkraftlinie Q_y :

Biegemomentenlinie M_y :

Querkraftlinie Q_z :

Biegemomentenlinie M_z :

Bild. 5.18 Schnittgrößen eines räumlichen Rahmentragwerks

Kräftezustand gerade so ein, dass die Achse des Stabzuges als Stützlinie der Vertikalstabkräfte wirksam werden kann.

Derartige Tragwerke haben schon frühzeitig Eingang in den konstruktiven Ingenieurbau gefunden. Sie sind statisch bestimmt und kinematisch unverschieblich, sofern der verstärkte Balken ein *Biegemomentengelenk* besitzt. Entsprechend den verschiedenartigen Anordnungen der Verstärkungskonstruktion unterscheidet man LANGERsche Balken,[2] *versteifte Stabbogen* und *Hängebrücken*, deren prinzipielle Bauformen im Bild 5.19 dargestellt sind. Man unterscheidet *echte* und *unechte* Hängebrücken, je nachdem, ob das Tragkabel in den Widerlagern oder im Versteifungsträger verankert ist.

---

[2] JOSEF LANGER, österreichischer Ingenieur, beschrieb 1859 erstmalig das Tragverhalten von durch Stabzügen verstärkten Balken; erste Langersche Balkenbrücke 1881 in Graz.

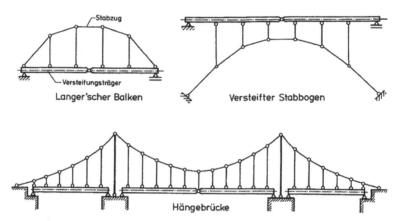

Bild. 5.19 Bauformen verstärkter Balken mit Zwischengelenk

5.4.2 Berechnungsverfahren

Wie aus Bild 5.20 erkennbar ist, lassen sich weder die Stabkräfte der Verstärkungs-konstruktion noch die Balkenschnittgrößen ohne Zusatzüberlegung angeben. An jedem durch einen Rundschnitt herausgetrennten Knoten des Stabzuges treten näm-lich drei Stabkräfte, an jedem abgetrennten Systemteil mindestens vier Schnittgrö-ßen als Unbekannte auf, denen zur Berechnung zwei bzw. drei Gleichgewichtsbe-dingungen gegenüber stehen.

Verursacht durch die gelenkigen Anschlüsse des polygonalen Stabzuges, eine gleiche Richtung aller Vertikalstäbe und durch die Voraussetzung einer ausschließ-

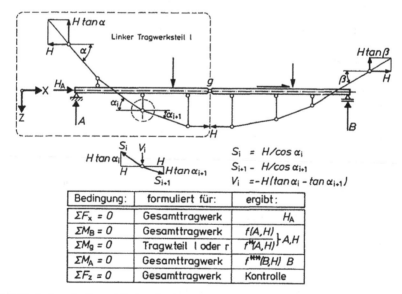

Bild. 5.20 Auflagerkräfte und Stabzugkraft H eines verstärkten Balkens mit Zwischengelenk

lichen Lasteintragung in den Balken (alle Knotenpunkte des Stabzuges sind unbelastet), lassen jedoch beliebige, fiktive Schnitte durch den vom Balken abgetrennten Stabzug aus der Gleichgewichtsbedingung $\sum F_x = 0$ erkennen, dass die Horizontalkomponenten aller Kräfte des Stabzuges von *konstantem* Betrag H sind. Mit dieser Erkenntnis können nun die in Bild 5.20 angegebenen Gleichgewichtsbedingungen und die Nebenbedingung $\sum M_g = 0$, angewendet auf den linken oder rechten Tragwerksteil, zur Ermittlung der Auflagerkräfte A, B, H_A und der Horizontalkomponente H eingesetzt werden.

Ist die Horizontalkomponente H bekannt, lässt sich jede Stabkraft des Stabzuges berechnen:

$$S_i = H / \cos\alpha_i. \tag{5.5}$$

Durch Knotenrundschnitte ergeben sich die Kräfte in den Vertikalstäben zu:

$$V_i = -H(\tan\alpha_i - \tan\alpha_{i+1}). \tag{5.6}$$

Sind alle Stabkräfte der Verstärkungskonstruktion bestimmt, so wird diese vom Balken abgetrennt. Es verbleibt das ebene Gleichgewichtssystem des Gelenkbalkens mit den ursprünglichen Lasten und den Anschlusskräften der Vertikalstäbe. Hierfür sind die Schnittgrößen und deren Zustandslinien nach Standardverfahren bestimmbar.

5.4.3 Beispiel: LANGERscher Balken

Die Bilder 5.21 und 5.22 enthalten die Berechnung eines LANGERschen Balkens. Nach der Ermittlung seiner Auflagergrößen A, B und H_a erfolgt die Bestimmung der Horizontalkomponente H der Stabbogenkraft aus der Momentengleichgewichtsbedingung des linken Tragwerksteils um das Zwischengelenk g. Danach können die Normalkräfte des gesamten Stabzuges und der vertikalen Hänger aus den auf Bild 5.20 angegebenen Knotengleichgewichtsbedingungen berechnet werden, ausgehend von der Tragwerksmitte.

Im unteren Teil von Bild 5.21 trennen wir sodann den Stabbogen durch einen fiktiven Schnitt vollständig vom Versteifungsträger und berechnen dessen Schnittgrößen-Zustandslinien nach einem Standardverfahren (siehe z.B. Abschn. 2.1.6 oder 5.1.3). Betrachtet man das Ergebnis auf Bild 5.22, so fällt die *Symmetrie* der Stabkräfte der Verstärkungskonstruktion ins Auge, trotz unsymmetrischer Lasten: Wegen der symmetrischen Form des Stabzuges können dessen Normalkräfte nur die Funktion einer Stützlinie für geeignete *symmetrische* Lastanteile übernehmen. Die durch die vorgegebene Form der Stützlinie nicht abtragbaren, symmetrischen Restlasten und die antimetrischen Lastanteile werden vom Versteifungsträger übernommen.

Baustatische Skizze :

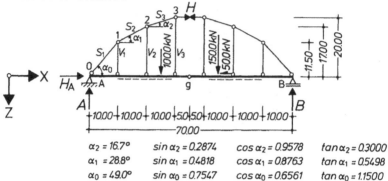

$$\alpha_2 = 16.7° \qquad sin\,\alpha_2 = 0.2874 \qquad cos\,\alpha_2 = 0.9578 \qquad tan\,\alpha_2 = 0.3000$$
$$\alpha_1 = 28.8° \qquad sin\,\alpha_1 = 0.4818 \qquad cos\,\alpha_1 = 0.8763 \qquad tan\,\alpha_1 = 0.5498$$
$$\alpha_0 = 49.0° \qquad sin\,\alpha_0 = 0.7547 \qquad cos\,\alpha_0 = 0.6561 \qquad tan\,\alpha_0 = 1.1500$$

Ermittlung der Stab- und Auflagerkräfte :

$\Sigma F_x = 0$: $H_A = 50.0\,kN$

$\Sigma M_B = 0$: $A = (100.0 \cdot 45.0 + 150.0 \cdot 25.00) : 70.00$ $\qquad\qquad = 117.9\,kN$

$\Sigma M_A = 0$: $B = (100.0 \cdot 25.0 + 150.0 \cdot 45.00) : 70.00$ $\qquad\qquad = 132.1\,kN$

$\Sigma F_z = 0$: $100.0 + 150.0 - 117.9 - 132.1 = 0$ (Kontrolle)

$\Sigma M_g = 0$: $H = -(117.9 \cdot 35.00 - 100.0 \cdot 10.00) : 20.00$ $\qquad = -156.3\,kN$

Knoten 3: $\Sigma F_x = 0$: $S_3 = H/cos\,\alpha_2 = -156.3 : 0.9578$ $\qquad\qquad = -163.2\,kN$

$\qquad\qquad$ $\Sigma F_z = 0$: $V_3 = -H\,tan\,\alpha_2 = 156.3 \cdot 0.3000$ $\qquad\quad = 46.9\,kN$

Knoten 2: $\Sigma F_x = 0$: $S_2 = H/cos\,\alpha_1 = -156.3 : 0.8763$ $\qquad\qquad = -178.4\,kN$

$\qquad\qquad$ $\Sigma F_z = 0$: $V_2 = H(tan\,\alpha_2 - tan\,\alpha_1) = -156.3(0.3000 - 0.5498) = 39.0\,kN$

Knoten 1 : $\Sigma F_x = 0$: $S_1 = H/cos\,\alpha_0 = -156.3 : 0.6561$ $\qquad\qquad = -238.2\,kN$

$\qquad\qquad$ $\Sigma F_z = 0$: $V_1 = H(tan\,\alpha_1 - tan\,\alpha_0) = -156.3(0.5498 - 1.1500) = 93.8\,kN$

Ersatzsystem für den Versteifungsträger:

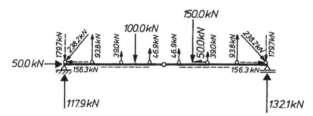

Bild. 5.21 Berechnung der Stab- und Auflagerkräfte eines LANGERschen Balkens

5.5 Ebene und räumliche Fachwerke

5.5.1 Tragverhalten

Fachwerke bestehen aus zug- und druckfesten *Stäben*, die in Knotenpunkten miteinander verbunden sind. Liegen Stabachsen, Knotenpunkte und Lasten in einer Ebene, so sprechen wir von *ebenen Fachwerken*, im anderen Fall von *räumlichen Fachwerken*.

Schnittgrößen-Zustandslinien:

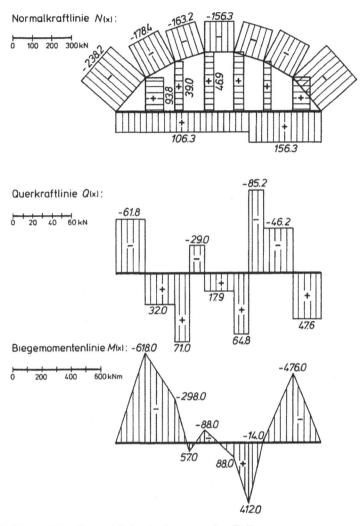

Bild. 5.22 Schnittgrößen-Zustandslinien des LANGERschen Balkens

Zur Berechnung der Schnitt- und Auflagergrößen von Fachwerken werden folgende, 1851 durch K. CULMANN[3] eingeführte Voraussetzungen getroffen:

1. alle Stabachsen seien *gerade*;
2. alle Stäbe seien in den Knotenpunkten *zentrisch*; und

---

[3] KARL CULMANN, bayrischer Eisenbahn- und Brückeningenieur, 1821–1881, ab 1855 Professor an der jetzigen ETH Zürich; entwickelte die Theorie idealer Fachwerke 1851 während einer Studienreise nach Großbritannien und Nordamerika [2.6], Mitbegründer der graphischen Statik [2.5].

3. durch *reibungsfreie* Gelenke miteinander verbunden;
4. alle Stäbe seien unbelastet, nur *Knotenlasten* treten auf.

Fachwerke, die diese Voraussetzungen erfüllen, heißen *ideale Fachwerke*. Als Folge dieser Idealisierungen bleiben die Knotenpunkte, d.h. alle Stabenden, biegemomentenfrei (2. und 3.). Die Stäbe, welche keine Querlasten erhalten (4.), übertragen daher nur Normalkräfte (1.) in Zug- und Druckform, die als *Stabkräfte* bezeichnet werden. Jeder Fachwerkknoten ermöglicht somit als zentrales Kräftesystem beliebig gerichteten äußeren Knotenlasten das Gleichgewicht. Folglich stellt ein ideales Fachwerk für willkürliche Knotenlastsysteme stellt eine *Stützlinienkonstruktion* dar, eine besonders wirtschaftliche Lastabtragungsstruktur.

Wirkliche Fachwerke entsprechen den getroffenen Idealisierungen jedoch nur unvollständig, wie Bild 5.23 verdeutlicht. An ihren Knotenpunkten sind die Stäbe über Knotenbleche *biegesteif* vernietet, verschraubt oder verschweißt, wodurch die freie Verdrehbarkeit der Stabenden aufgehoben wird: Hierdurch entsteht ein hochgradig statisch unbestimmtes, auf Biegung beanspruchtes Rahmentragwerk. Darüberhinaus können planmäßige und ungewollte *Anschlussexzentrizitäten* sowie *Vorkrümmungen* der Stabachsen auftreten, die zu weiterer Stabbiegung führen. Schließlich sind alle nicht-vertikalen Fachwerkstäbe mindestens durch ihr Eigengewicht, oft durch Zusatzlasten biegend beansprucht. Reale Fachwerke weichen somit in ihrem Tragverhalten mehr oder weniger von demjenigen idealer Fachwerke ab. Abgesehen von den Spannungen aus äußeren Querbelastungen, die bei der Stabbemessung i.a. berücksichtigt werden, gelten die weiteren, auf Bild 5.23 erläuterten Biegeeffekte als vernachlässigbare *Nebenspannungen*. In der Nähe der Traglast nämlich plastizieren alle Biege-Eigenspannungen weitgehend aus dem Fachwerk heraus, so dass sich näherungsweise das Stabkraftsystem eines idealen Fachwerks einstellt.

Ideale Fachwerke sind in den bisherigen Teilen dieses Buches bereits mehrfach behandelt worden. Schnitt- und Auflagergrößen eines Fachwerk-Kragträgers

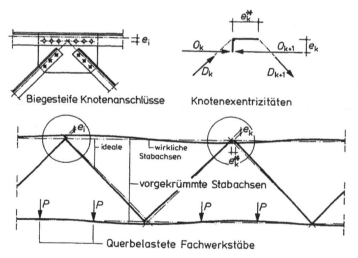

Bild. 5.23 Abweichungen wirklicher von idealen Fachwerken

wurden in den Abschn. 4.1.3 und 4.1.7 bestimmt. Bereits vorher wurden in den Abschn. 3.3.2 und 3.3.3 Regeln zur Abgrenzung kinematisch verschieblicher von statisch bestimmten und unbestimmten Fachwerken aufgestellt. In diesem Zusammenhang erinnern wir an die Abzählkriterien für ideale, *ebene*

$$n = a + p - 2k \tag{5.7}$$

sowie *räumliche* Fachwerke

$$n = a + p - 3k \tag{5.8}$$

aus Tafel 3.5, die auf den Bildern 3.8 und 3.9 erläutert wurden. Der im Abschn. 3.3.5 und auf Bild 3.14 behandelte *Ausnahmefall der Statik* soll übrigens bei den nun im Vordergrund stehenden Berechnungsmethoden für statisch bestimmte Fachwerke ($n = 0$) stets ausgeschlossen werden.

5.5.2 Tragwerksaufbau

Wir wollen zunächst ebene und räumliche *Fachwerkscheiben* topologisch näher erläutern. Hierunter seien zusammenhängende, kinematisch starre Fachwerke verstanden, die als *selbständige* Tragstrukturen eingesetzt werden können oder gemäß Tafel 3.4 als *Bestandteile* von Fachwerkkonstruktionen. Die einzelnen Stäbe einer Fachwerkscheibe heißen

- Gurtungen: Obergurte O,
               Untergurte U und
- Füllglieder: Streben oder Diagonalen D,
               Pfosten oder Vertikalen V.
  Nach der Systematik des Knotenanschlusses unterscheiden wir

- einfache und
- komplexe oder nicht-einfache

Fachwerkscheiben. Beispiele für beide Gruppen enthält Bild 5.24.

Definition Eine einfache, ebene (räumliche) Fachwerkscheibe entsteht aus einem Stabdreieck (Stabtetraeder), wenn jeder neue Knoten durch 2 (3) neue, nicht in einer Geraden (Ebene) liegende Stäbe angeschlossen wird.

Einfache Fachwerkscheiben sind innerlich statisch bestimmt und kinematisch starr.

Alle nicht diese Anschlussregel erfüllenden Fachwerkscheiben zählen zu den nichteinfachen oder komplexen Fachwerken. Entstehen letztere aus einfachen Fachwerken durch *Stabvertauschung*, so bleibt natürlich die ursprünglich statische Bestimmtheit erhalten, wenn mögliche kinematische Verschieblichkeiten im Sinne

Bezeichnung von Fachwerkstäben:

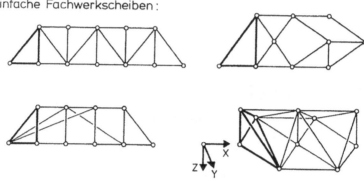

Einfache Fachwerkscheiben:

Komplexe oder nicht-einfache Fachwerkscheiben:

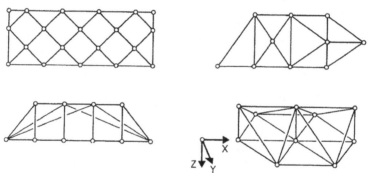

Bild. 5.24 Einfache und komplexe Fachwerkscheiben

des Ausnahmefalls der Statik vermieden werden. Der Einbau von Zusatzstäben führt zu entsprechend statisch unbestimmten Strukturen.

Für *ebene Fachwerkscheiben*, denen wir uns nun zuwenden wollen, existieren besondere Bildungsgesetze zur automatischen Erfüllung der statischen Bestimmtheit und kinematischen Starrheit. Wegen der abgeschwächten Bedeutung von Fachwerken im heutigen Ingenieurbau verweisen wir hierzu auf die Fachliteratur [1.22]. Von unveränderter Bedeutung ist dagegen die Benennung ebener Fachwerkscheiben nach der Art ihrer Ausfachung, aufgeführt im oberen Teil von Bild 5.25. Eine systematische Unterteilung kann in Strukturen

- mit einfachem Dreiecksnetz,
- mit mehrfachem Netz,
- mit Sekundärnetz

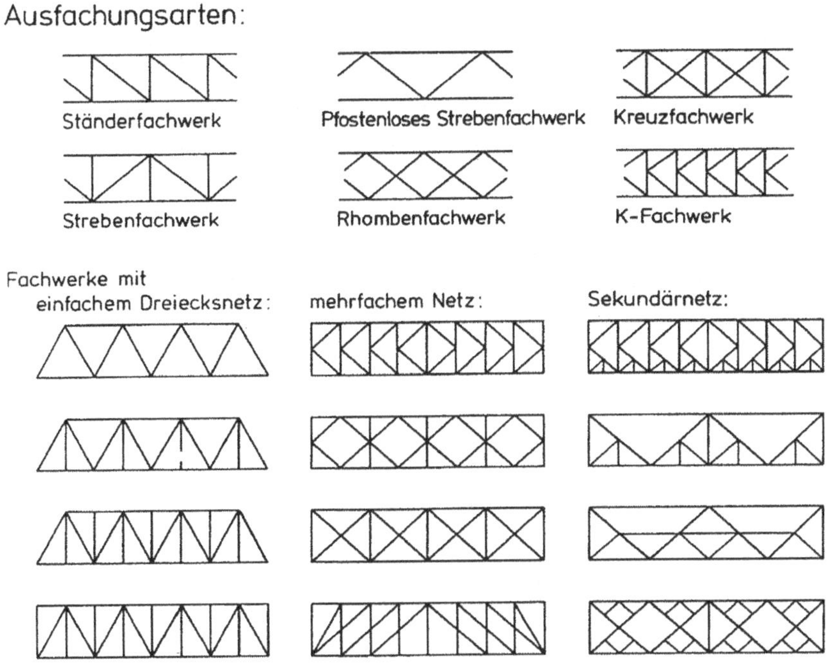

Ausfachungsarten:

Ständerfachwerk   Pfostenloses Strebenfachwerk   Kreuzfachwerk

Strebenfachwerk   Rhombenfachwerk   K-Fachwerk

Fachwerke mit
einfachem Dreiecksnetz: mehrfachem Netz: Sekundärnetz:

Bild. 5.25 Systematische Untergliederung ebener Fachwerkscheiben

erfolgen. Auch hierfür enthält Bild 5.25 eine Reihe von Beispielen, nunmehr ohne die Knotengelenke zeichnerisch hervorzuheben. Wir empfehlen unseren Lesern, den Grad der statischen Unbestimmtheit jeder dort dargestellten Fachwerkscheibe durch Auszählen (5.7, 8) zu ermitteln, zweckmäßigerweise unter Annahme einer statisch bestimmten Stützung.

Bereits A. PALLADIO[4] hat in seinen norditalienischen Landhausbauten hölzerne Fachwerkbinder verwendet. Die große Zeit der Fachwerkkonstruktionen war jedoch das 19. und beginnende 20. Jahrhundert, als unzählige hölzerne, eiserne und später stählerne Fachwerkbrücken im Zuge des Baus von Eisenbahntrassen entstanden. Aber auch als Hallenüberdachungen wurden Fachwerke in bedeutendem Maße eingesetzt.

Bild 5.26 gibt einen Überblick über mögliche Konstruktionsformen von Fachwerkträgern und -bindern; manchen von ihnen gilt nur noch unser historisches Interesse. *Parabel-* und *Fischbauchträger* wurden entwickelt, um die Gurtkräfte der Struktur besser dem Biegemomentenverlauf anpassen zu können. Vollständig gelang dies mit den linsenförmigen PAULIträgern[5] mit oftmals über ihre gesamte Länge konstanten Gurtquerschnitten und besonders niedrig beanspruchten Füllstäben. Der

---

[4] ANDREA PALLADIO, bedeutender Baumeister und Architekt der italienischen Hochrenaissance, 1518–1580; Bauwerke von strenger Harmonie und klarer Gliederung.

[5] F.A.v. PAULI, bayrischer Eisenbahningenieur, 1802–1883.

Konstruktionsformen aus dem Brückenbau:

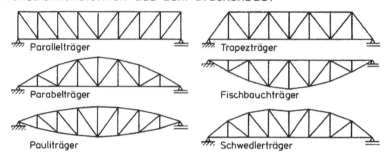

Konstruktionsformen aus dem Hallenbau:

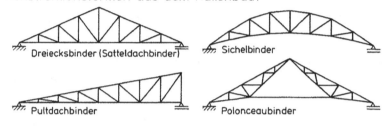

Konstruktionsformen echter Raumfachwerke:

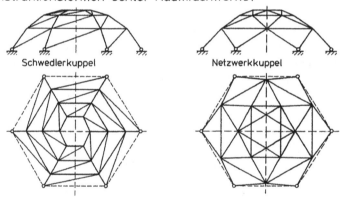

Bild. 5.26 Konstruktionsformen ebener und räumlicher, statisch bestimmter Fachwerke

SCHWEDLERträger[6] stellt ein Brückentragwerk dar, dessen Diagonalen auch unter Verkehrslast ausschließlich auf Zug beansprucht werden.

Wie eingangs erwähnt, lassen sich aus allen Fachwerkträgern des Bildes 5.26 natürlich *zusammengesetzte Fachwerkkonstruktionen*—Gerberträger, Gelenkrahmen

---

[6] J.W. SCHWEDLER, Bauingenieur und Geheimer Baurat in Berlin, 1823–1894; Konstrukteur bedeutender Stahlbauten.

Bild. 5.27 Ebene
Fachwerkscheiben einer
geraden
Fachwerk-Balkenbrücke

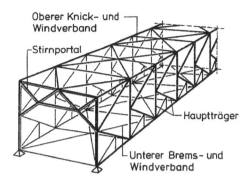

Oberer Knick- und
Windverband

Stirnportal

Hauptträger

Unterer Brems- und
Windverband

oder verstärkte Balken—aufbauen. Der *Polonceau-Dachbinder* stellt in diesem Sinne eigentlich bereits einen Dreigelenkrahmen mit Zugband dar. Viele *Raumfachwerke* bestehen aus ebenen Fachwerkscheiben. So setzt sich die auf Bild 5.27 dargestellte Fachwerkbrücke aus

- 2 Hauptträgern,
- dem unteren Brems- und Windverband,
- dem oberen Knick- und Windverband sowie
- 2 Stirnportalen,

zusammen, die alle als ebene Fachwerkscheiben berechen- und konstruierbar sind. *Echte Raumfachwerke* sind dagegen nicht in ebene Teilstrukturen zerlegbar. Hierzu gehören alle modernen Raumfachwerke für weitgespannte Dachkonstruktionen, für Türme, Maste und Krane. Oftmals werden diese als hochgradig statisch unbestimmte Strukturen ausgeführt. *Statisch bestimmte Raumfachwerke*—unter Annahme allseits gelenkiger, unverschieblicher Lager—sind die beiden Kuppelkonstruktionen im unteren Teil von Bild 5.26. Die *Schwedlerkuppel*, das wohl häufigste Raumfachwerk, besteht aus den meridionalen Gratstäben, den Ringstäben als Verbindungen von Knotenpunkten gleicher Parallelkreise sowie den schrägen Streben. Damit setzt sich ihre Dachhaut aus ebenen Trapezflächen zusammen. *Schwedlerkuppeln* sind häufig auch mit gekreuzten Streben ausgeführt worden, wodurch sie ihre statische Bestimmtheit verlieren können. Ihr Einsatzbereich liegt bei Hallen- und Turmdächern bis hin zu Gasometer- und Tankgerüsten. Bei der gleichfalls auf Bild 5.26 dargestellten *Netzwerkkuppel* weist jede einzelne Dreiecksfläche eine unterschiedliche räumliche Orientierung auf, was dieser Kuppel ein facettenartiges Aussehen verleiht.

5.5.3 Berechnungsverfahren für statisch bestimmte Fachwerke

Die ersten Berechnungsansätze für Fachwerkträger wurden 1847 von dem US-Amerikaner SQUIRE WHIPPLE[7] in seinem Buch *An Essay on Bridge Building* veröf-

---

[7] SQUIRE WHIPPLE, 1804–1888, Pionier des amerikanischen Fachwerk-Eisenbahnbrückenbaus.

Tafel 5.1 Übersicht über Berechnungsverfahren für statisch bestimmte Fachwerke

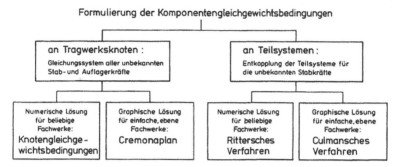

fentlicht. Ein bereits brauchbares Verfahren zur Untersuchung parallelgurtiger Fachwerke stellte 1850 der russische Ingenieur D. J. JOURAWSKI[8] vor. Heute stehen uns zur Ermittlung der Stabkräfte idealer, statisch bestimmter Fachwerke auf der Basis von Gleichgewichtsbedingungen erneut die beiden grundsätzlichen Verfahrensweisen des Kap. 4 zur Verfügung: die Formulierung des Gleichgewichts an *Tragwerksknoten* oder an *Teilsystemen*. Für beide Alternativen existiert gemäß Tafel 5.1 je ein zeichnerisches, der graphischen Statik des 19. Jahrhunderts entstammendes, sowie ein numerisches Lösungsverfahren.

Das bereits in allen Einzelheiten bekannte *Verfahren der Knotengleichgewichtsbedingungen* lässt sich auf *beliebige Fachwerke*—ebene und räumliche; einfache, komplexe und zusammengesetzte—gleichermaßen vorteilhaft anwenden. Zur Auflösung des entstehenden Gleichungssystems wird i.a. Computerhilfe erforderlich. Bei *einfachen*, ebenen (räumlichen) Fachwerken ist dieses Gleichungssystem stets knotenweise in Teilsysteme zweiter (dritter) Ordnung entkoppelbar. Das Verfahren des *Cremonaplanes* nutzt diese Entkoppelungsmöglichkeit als zeichnerische Lösungsvariante für einfache, jedoch *ebene* Fachwerke aus.

Bei der *Gleichgewichtsformulierung an Teilsystemen* stehen für ebene (räumliche) Fachwerke 3 (6) Gleichgewichtsbedingungen zur Ermittlung einer gleichen Anzahl unbekannter Stabkräfte zur Verfügung, wenn die Auflagerkräfte erneut als bekannt vorausgesetzt werden. Das *Verfahren von* A. RITTER, wieder auf *beliebige Fachwerke* anwendbar, arbeitet weitgehend mit Momentengleichgewichtsbedingungen um geeignet gewählte Punkte (im räumlichen Fall: Achsen) und erzielt damit für *einfache* Fachwerke eine vollständige Entkopplung des Gleichungssystems der Stabkräfte. Das CULMANNsche Verfahren ist seine graphische Variante für *einfache, ebene* Fachwerke: es beruht auf der zeichnerischen Zerlegung der Kraftresultierenden eines betrachteten Teilsystems in die Richtungen von höchstens 3 durchtrennten Stabachsen. Fiktive Trennschnitte durch 3, sich nicht in einem Punkt schneidende Stabachsen sind bei einfachen Fachwerken stets auffindbar. Dieses Verfahren wurde 1866 in [2.5] veröffentlicht; wegen der heute als gering angesehenen Bedeutung gra-

---

[8] DIMITRIJ J. JOURAWSKI, 1821–1891.

phischer Verfahren verzichten wir auf seine Erläuterung und verweisen interessierte Leser auf die Fachliteratur [1.1, 1.16, 1.17].

5.5.4 Verfahren der Knotengleichgewichtsbedingungen

Das Verfahren der Knotengleichgewichtsbedingungen, nämlich die Aufstellung des Gleichungssystems (4.9)

$$\mathbf{P}^* = \mathbf{g}^* \cdot \mathbf{s}^* \tag{5.9}$$

mit seinen beiden Lösungsvarianten, ist im Abschn. 4.1.6 ausführlich behandelt worden. Als erste Anwendung findet sich im Abschn. 4.1.7 das Beispiel eines ebenen Fachwerk-Kragträgers.

Dieses Verfahren ist auf beliebige Fachwerke—ebene und räumliche, einfache und komplexe—in völlig analoger Weise übertragbar. Bei zusammengesetzten Fachwerkkonstruktionen kann man, nach Berechnung der Gelenkkräfte, sowohl eine Bearbeitung der Einzelscheiben als auch eine Behandlung der Gesamtstruktur durchführen. Im letzten Fall werden die Momenten-Nebenbedingungen, die bei Fachwerken durch fehlende Stäbe gebildet werden, *automatisch* korrekt erfüllt.

Wir wiederholen das Verfahren der Knotengleichgewichtsbedingungen für den auf Bild 5.28 dargestellten Montagekran, ein räumliches Fachwerk. Neben der baustatischen Skizze sind auf diesem Bild Grund- und Aufrisse des Fachwerks sowie im unteren Teil die Richtungskosinus aller 9 Stäbe wiedergegeben. Wir beginnen die Ermittlung der Stab- und Auflagerkräfte mit der Formulierung der jeweils 3 Kräftegleichgewichtsbedingungen jedes der 5 Fachwerkknoten, aufgestellt auf Bild 5.29 unter Verwendung der Richtungskosinus. Diese sind schließlich im folgenden Bild 5.30 wieder in der bekannten Matrixform zusammengefasst worden. Dort findet sich auch die Lösung des Gleichungssystems in einer zeichnerischen Darstellung, welche den Kräftefluss in diesem Raumfachwerk besonders deutlich werden lässt.

5.5.5 Kräfteplan nach L. Cremona

Das System der Knotengleichgewichtsbedingungen lässt sich immer dann in Teilsysteme 2. (3.) Ordnung entkoppeln, wenn je Knoten höchstens 2 (bei räumlichen Fachwerken höchstens 3) unbekannte Stabkräfte auftreten. Diese Eigenschaft liegt bei allen einfachen Fachwerken vor. Ein CREMONAplan[9] stellt für *einfache, ebene Fachwerke* ein *graphisches Lösungsverfahren* des Knotengleichgewichtes dar. Da eine Kraft stets auf eindeutige Weise in zwei beliebige Richtungen zerlegbar ist,

---

[9] LUIGI CREMONA, italienischer Mathematiker, 1830–1903; veröffentlichte 1872 [2.10] den nach ihm benannten Kräfteplan, wobei er Arbeiten von J.C. MAXWELL u.a. verwendete.

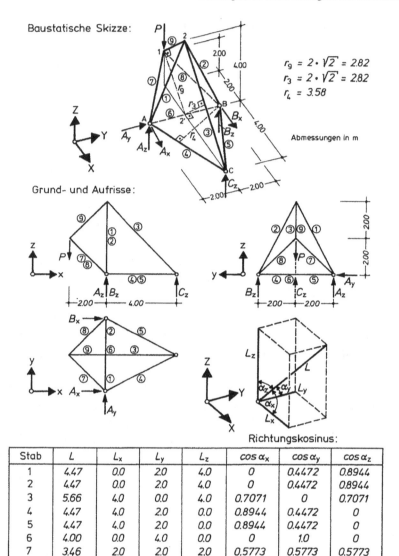

Baustatische Skizze:

$$r_9 = 2 \cdot \sqrt{2} = 2.82$$
$$r_3 = 2 \cdot \sqrt{2} = 2.82$$
$$r_4 = 3.58$$

Abmessungen in m

Grund- und Aufrisse:

Richtungskosinus:

Stab	L	L_x	L_y	L_z	$\cos\alpha_x$	$\cos\alpha_y$	$\cos\alpha_z$
1	4.47	0.0	2.0	4.0	0	0.4472	0.8944
2	4.47	0.0	2.0	4.0	0	0.4472	0.8944
3	5.66	4.0	0.0	4.0	0.7071	0	0.7071
4	4.47	4.0	2.0	0.0	0.8944	0.4472	0
5	4.47	4.0	2.0	0.0	0.8944	0.4472	0
6	4.00	0.0	4.0	0.0	0	1.0	0
7	3.46	2.0	2.0	2.0	0.5773	0.5773	0.5773
8	3.46	2.0	2.0	2.0	0.5773	0.5773	0.5773
9	2.83	2.0	0.0	2.0	0.7071	0	0.7071

Bild. 5.28 Berechnung eines Montagekranes—Geometrie

können an jedem Knoten gerade zwei unbekannte Stabkräfte bestimmt werden. Um an einem Anfangsknoten mit nur zwei unbekannten Kräften beginnen zu können, müssen i.a. die Auflagergrößen, gegebenenfalls auch die Gelenkkräfte, *vorher* bestimmt werden.

Die graphische Kräftezerlegung soll nun auf Bild 5.31 anhand des bereits aus Abschn. 4.1.3 bekannten Fachwerk-Kragarms erläutert werden. Wir beginnen mit dem Knoten 1, den wir durch einen fiktiven Rundschnitt aus dem Trag-

Knotengleichgewichtsbedingungen:

Knoten 1:

1. $\Sigma F_x = 0$: $\quad N^7 \cdot \cos\alpha_{7x} + N^8 \cdot \cos\alpha_{8x} + N^9 \cdot \cos\alpha_{9x} \quad = 0$

2. $\Sigma F_y = 0$: $\quad -N^7 \cdot \cos\alpha_{7x} + N^8 \cdot \cos\alpha_{8x} \quad = 0$

3. $\Sigma F_z = 0$: $\quad N^7 \cdot \cos\alpha_{7x} + N^8 \cdot \cos\alpha_{8x} - N^9 \cdot \cos\alpha_{9x} + P = 0$

$\cos\alpha_{ix}$: $\qquad 0.5773 \qquad 0.5773 \qquad 0.7071$

Knoten 2:

4. $\Sigma F_x = 0$: $\quad N^3 \cdot 0.7071 - N^9 \cdot 0.7071 \qquad\qquad = 0$

5. $\Sigma F_y = 0$: $\quad -N^1 \cdot 0.4472 + N^2 \cdot 0.4472 \qquad\qquad = 0$

6. $\Sigma F_z = 0$: $\quad N^1 \cdot 0.8944 + N^2 \cdot 0.8944 + N^3 \cdot 0.7071 + N^9 \cdot 0.7071 = 0$

Knoten C:

7. $\Sigma F_x = 0$: $\quad -N^4 \cdot 0.8944 - N^5 \cdot 0.8944 - N^3 \cdot 0.7071 = 0$

8. $\Sigma F_y = 0$: $\quad -N^4 \cdot 0.4472 + N^5 \cdot 0.4472 \qquad = 0$

9. $\Sigma F_z = 0$: $\quad N^3 \cdot 0.7071 + C_z \qquad\qquad = 0$

Knoten B:

10. $\Sigma F_x = 0$: $\quad N^5 \cdot 0.8944 - N^8 \cdot 0.5773 + B_x \qquad = 0$

11. $\Sigma F_y = 0$: $\quad -N^2 \cdot 0.4472 - N^5 \cdot 0.4472 - N^6 - N^8 \cdot 0.5773 = 0$

12. $\Sigma F_z = 0$: $\quad N^2 \cdot 0.8944 + N^8 \cdot 0.5773 + B_z \qquad = 0$

Knoten A:

13. $\Sigma F_x = 0$: $\quad N^4 \cdot 0.8944 - N^7 \cdot 0.5773 + A_x \qquad = 0$

14. $\Sigma F_y = 0$: $\quad N^1 \cdot 0.4472 + N^4 \cdot 0.4472 + N^6 + N^7 \cdot 0.5773 + A_y = 0$

15. $\Sigma F_z = 0$: $\quad N^1 \cdot 0.8944 + N^7 \cdot 0.5773 + A_z \qquad = 0$

Bild. 5.29 Berechnung eines Montagekranes—Knotengleichgewichtsbedingungen

werksverband herauslösen. Seine äußeren Kräfte reihen wir in einem willkürlichen Umfahrungssinn—hier entgegen der Uhrzeigerdrehung—in einem Krafteck aneinander und zerlegen deren Resultierende sodann in die Achsrichtungen der Stäbe 2 und 1, aufgeführt ebenfalls in der Reihenfolge des gewählten Umfahrungssinns. Die Größe der beiden Stabkräfte lässt sich mit einem geeigneten Kräftemaßstab aus dem Krafteck abgreifen. Ihr Vorzeichen ergibt sich aus der zum Krafteckschluss erforderlichen Richtung: Positive Stabkräfte (Zug) weisen vom Knoten weg, negative Stabkräfte (Druck) zum Knoten hin. Diese Stabkraftrichtungen markieren wir abschließend in der baustatischen Skizze durch Pfeile auf den Stabachsen in Knotennähe.

Nun wechseln wir zum Knoten 2 und verfahren dort entsprechend. Wir zeichnen ein Krafteck aus der gerade bestimmten Stabkraft N^2 sowie den beiden Einzellasten, wieder in der Reihenfolge des oben vereinbarten Umfahrungssinns aneinandergereiht. Hier führt die Kräftezerlegung zu der Zugkraft N^3 und der Druckkraft N^4.

Sukzessives Wiederholen dieser Vorgehensweise im Mittelteil von Bild 5.31 würde weitere Einzelkraftecke für die Knoten 3, 4 und 5 entstehen lassen, wobei jede einzelne Stabkraft aus schon gezeichneten Kraftecken in das jeweils aktuelle übertragen, somit *zweimal* gezeichnet werden müsste. Dieser Nachteil ist vermeidbar, wenn die Einzelkraftecke in einem einzigen Kräfteplan, dem *Cremonaplan*,

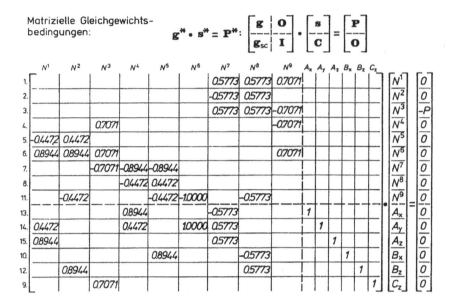

Matrizielle Gleichgewichtsbedingungen:

$$g^* \cdot s^* = P^*: \quad \left[\begin{array}{c|c} g & 0 \\ \hline g_{sc} & I \end{array}\right] \cdot \left[\begin{array}{c} s \\ \hline c \end{array}\right] = \left[\begin{array}{c} P \\ \hline 0 \end{array}\right]$$

	N^1	N^2	N^3	N^4	N^5	N^6	N^7	N^8	N^9	A_x	A_y	A_z	B_x	B_z	C_z		
1.							0.5773	0.5773	0.7071							N^1	0
2.							-0.5773	0.5773								N^2	0
3.							0.5773	0.5773	-0.7071							N^3	-P
4.			0.7071						-0.7071							N^4	0
5.	-0.4472	0.4472														N^5	0
6.	0.8944	0.8944	0.7071						0.7071							N^6	0
7.				-0.7071	-0.8944	-0.8944										N^7	0
8.					-0.4472	0.4472										N^8	0
11.		-0.4472		-0.4472	-1.0000			-0.5773								N^9	0
13.				0.8944			-0.5773			1						A_x	0
14.	0.4472			0.4472	1.0000		0.5773				1					A_y	0
15.	0.8944						0.5773					1				A_z	0
10.				0.8944			-0.5773						1			B_x	0
12.		0.8944					0.5773							1		B_z	0
9.			0.7071												1	C_z	0

Darstellung der Stabkräfte:

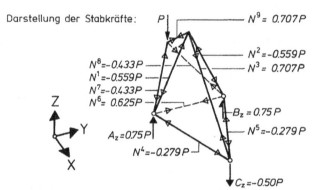

Bild. 5.30 Berechnung eines Montagekranes—Matrizielle Gleichgewichtsbedingungen und Ergebnisse

vereinigt werden, wie dies auf Bild 5.31 unten geschehen ist. Dabei sind die drei folgenden Regeln zu beachten:

- Die an jedem Knoten angreifenden Kräfte sind im *Cremonaplan* so aneinander-zureihen, wie sie beim Umfahren des Knotens in einem bestimmten, einheitlichen, aber beliebigen Umfahrungssinn angetroffen werden.
- Die äußeren Kräfte sind stets *außerhalb* der Fachwerkscheibe anzuordnen.
- Alle äußeren Kräfte und Auflagerkräfte sind erneut im gleichen Umfahrungssinn aneinanderzureihen; sie ergeben ein geschlossenes Krafteck der äußeren Kraft-größen.

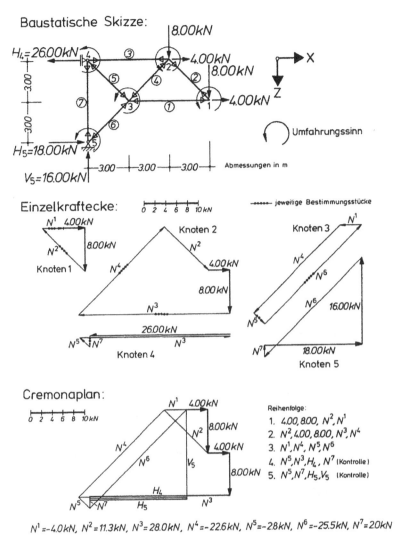

Bild. 5.31 Cremonaplan eines Fachwerk-Kragträgers

Aus Gründen der Übersichtlichkeit wird nunmehr die knotenweise Richtungsmarkierung der Stabkräfte durch Pfeile in der baustatischen Skizze unumgänglich, da im *Cremonaplan* jede Stabkraft in zwei Richtungen durchlaufen wird. Es empfiehlt sich außerdem, die Bearbeitungsreihenfolge der Knoten zu protokollieren.

Wie man erkennt, war im vorliegenden *Sonderfall eines Kragträgers* die vorausgehende Ermittlung der Auflagerkräfte nicht erforderlich. Erfolgt sie trotzdem, so bietet ein *Cremonaplan* stets hervorragende Kontrollmöglichkeiten: Die letzten Kraftecke enthalten nur noch *eine* oder gar *keine* unbekannte Kraft mehr und müssen sich trotzdem schließen.

Aus dem *Cremonaplan* des Bildes 5.31 entnehmen wir folgende allgemeine Eigenschaften:

- Die Stabkräfte eines Fachwerkknotens bilden im *Cremonaplan* ein geschlossenes Krafteck.
- Stabkräfte, deren Stabachsen im Lageplan der baustatischen Skizze ein Dreieck umschließen, besitzen im *Cremonaplan* einen gemeinsamen Schnittpunkt.

Diese Eigenschaften bezeichnet man auch als Reziprozität von Lageplan und Kräfteplan [2.10].

Ein weiteres, abschließendes Beispiel des *Cremonaplanes* für einen Fachwerkbinder enthält Bild 5.32. Wegen der Symmetrie von Tragwerk und Belastung braucht natürlich nur die Hälfte des Kräfteplanes gezeichnet zu werden.

Baustatische Skizze:

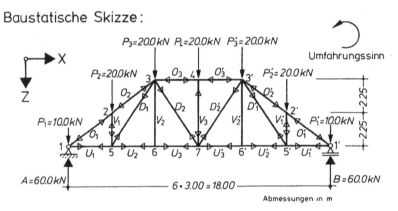

Cremonaplan:

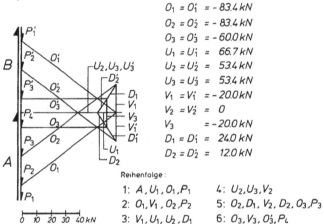

$O_1 = O'_1 = -83.4\,kN$
$O_2 = O'_2 = -83.4\,kN$
$O_3 = O'_3 = -60.0\,kN$
$U_1 = U'_1 = 66.7\,kN$
$U_2 = U'_2 = 53.4\,kN$
$U_3 = U'_3 = 53.4\,kN$
$V_1 = V'_1 = -20.0\,kN$
$V_2 = V'_2 = 0$
$V_3 = -20.0\,kN$
$D_1 = D'_1 = 24.0\,kN$
$D_2 = D'_2 = 12.0\,kN$

Reihenfolge:

1: A, U_1, O_1, P_1 4: U_2, U_3, V_2
2: O_1, V_1, O_2, P_2 5: $O_2, D_1, V_2, D_2, O_3, P_3$
3: V_1, U_1, U_2, D_1 6: O_3, V_3, O'_3, P_4

Bild. 5.32 Cremonaplan eines Fachwerkbinders

5.5.6 Schnittverfahren nach A. RITTER[10]

Baustatische Skizze:

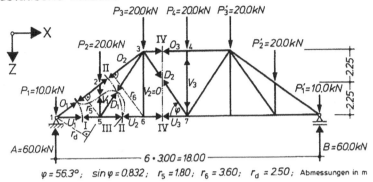

$\varphi = 56.3°$; $\sin\varphi = 0.832$; $r_5 = 1.80$; $r_6 = 3.60$; $r_d = 2.50$; Abmessungen in m

Ermittlung der Stabkräfte:

Schnitt I:

$\Sigma M_2 = 0$: $U_1 \cdot 2.25 - 50.0 \cdot 3.00 = 0$ $\qquad$ $U_1 = \frac{150.0}{2.25} = 66.7\ kN$

$\Sigma M_5 = 0$: $-O_1 \cdot 1.80 - 50.0 \cdot 3.00 = 0$ $\qquad$ $O_1 = \frac{-150.0}{1.80} = -83.4\ kN$

Schnitt II:

$\Sigma M_3 = 0$: $U_2 \cdot 4.50 - 50.0 \cdot 6.00 + 20.0 \cdot 3.00 = 0$ $\qquad$ $U_2 = \frac{240.0}{4.50} = 53.4\ kN$

$\Sigma M_1 = 0$: $D_1 \cdot 2.50 - 20.0 \cdot 3.00 = 0$ $\qquad$ $D_1 = \frac{60.0}{2.50} = 24.0\ kN$

$\Sigma M_5 = 0$: $-O_2 \cdot 1.80 - 50.0 \cdot 3.00 = 0$ $\qquad$ $O_2 = \frac{-150.0}{1.80} = -83.4\ kN$

Schnitt III:

$\Sigma M_1 = 0$: $V_1 \cdot 3.00 + 24.0 \cdot 2.50 = 0$ $\qquad$ $V_1 = \frac{-60.0}{3.00} = -20.0\ kN$

Schnitt IV:

$\Sigma M_3 = 0$: $U_3 \cdot 4.50 - 50.0 \cdot 6.00 + 20.0 \cdot 3.00 = 0$ $\qquad$ $U_3 = \frac{240.0}{4.50} = 53.4\ kN$

$\Sigma M_7 = 0$: $-O_3 \cdot 4.50 + 20.0 \cdot 3.00 + 20.0 \cdot 6.00 - 50.0 \cdot 9.00 = 0$ $\qquad$ $O_3 = \frac{-270.0}{4.50} = -60.0\ kN$

$\Sigma F_z = 0$: $D_2 \cdot \sin\varphi + 20.0 + 20.0 + 10.0 - 60.0$ $\qquad$ $D_2 = \frac{10.0}{\sin\varphi} = 12.0\ kN$

Rundschnitt um Knoten 6:

$\Sigma F_z = 0$: $-V_2 + 0 = 0$ $\quad$ $V_2 = 0$ (Nullstab)

Rundschnitt um Knoten 5 zur Kontrolle:

$\Sigma F_z = 0$: $-V_1 - D_1 \cdot \sin\varphi = 0$, $\quad$ $20.0 - 24.0 \cdot 0.832 = 0$

Bild. 5.33 Berechnung eines Fachwerkbinders nach dem RITTERschen Schnittverfahren

---

[10] AUGUST RITTER, Ingenieur und Professor für Mechanik in Hannover und Aachen, 1826–1908; veröffentlichte dieses Verfahren in [2.7], wobei er auf Gedanken von J. W. SCHWEDLER aus dem Jahre 1851 zurückgriff.

Baustatische Skizze:

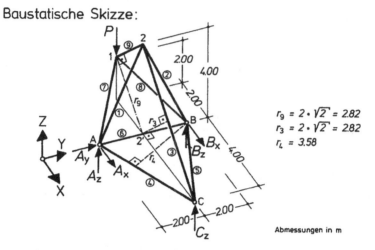

$$r_9 = 2 \cdot \sqrt{2} = 2.82$$
$$r_3 = 2 \cdot \sqrt{2} = 2.82$$
$$r_4 = 3.58$$

Abmessungen in m

Ermittlung der Auflagerkräfte:

$\Sigma F_y = 0$: $\quad A_y + 0 = 0$ $\qquad\qquad\qquad A_y = 0$

$\Sigma M_{yA} = 0$: $\quad P \cdot 2.00 + C_z \cdot 4.00 = 0$ $\qquad C_z = -0.500\,P$

$\Sigma F_x = 0$: $\quad A_x + B_x = 0$

$\Sigma M_{zz} = 0$: $\quad A_x \cdot 2.00 - B_x \cdot 2.00 = 0$ $\left.\right\}$ $A_x = B_x = 0$

$\Sigma M_{xA} = 0$: $\quad B_z \cdot 4.00 - (1.00 + 0.50) \cdot P \cdot 2.00 = 0$ $\quad B_z = 0.750\,P$

$\Sigma M_{xC} = 0$: $\quad A_z \cdot 2.00 - B_z \cdot 2.00 = 0$ $\qquad A_z = 0.750\,P$

Ermittlung einiger Stabkräfte:

Schnitt durch die Stäbe ⑦, ⑧, ⑨:

$\Sigma M_{yA} = 0$: $\quad N^9 \cdot r_9 - P \cdot 2.00 = 0$ $\qquad N^9 = 0.707\,P$

Schnitt durch die Stäbe ③, ④, ⑤:

$\Sigma M_{yA} = 0$: $\quad N^3 \cdot r_3 - P \cdot 2.00 = 0$ $\qquad N^3 = 0.707\,P$

Schnitt durch die Stäbe ③, ④, ⑤:

$\Sigma M_{zB} = 0$: $\quad N^4 \cdot r_4 + N^3 \cdot 0.707 \cdot 2.00 = 0$ $\qquad N^4 = -0.279\,P \; (= N^5)$

Bild. 5.34 Stabkraftermittlung eines Montegekranes nach dem RITTERschen Schnittverfahren

Das Prinzip dieses rechnerischen Verfahrens beruht auf dem fiktiven Abtrennen geeigneter *Teilsysteme* vom Gesamttragwerk. Dabei ist die Schnittführung so zu wählen, dass durch Anwendung *einer* Gleichgewichtsbedingung gerade *eine* unbekannte Stabkraft ermittelt werden kann. Für einfache, ebene Fachwerke führt die Verwendung von Momentengleichgewichtsbedingungen stets zur angestrebten, vollständigen Entkopplung, wenn erneut die Auflagerkräfte als bekannt vorausgesetzt werden.

In *ebenen* Fachwerken sind die Schnitte so zu führen, dass nicht mehr als 3 Stäbe durchtrennt werden. Diese können in kinematisch unverschieblichen Fachwerken—Tragwerksenden ausgenommen—keinen gemeinsamen Schnittpunkt besitzen. Daher liefert die Momentengleichgewichtsbedingung für ein Teilsystem um den

Tafel 5.2 Stabkraftformeln einfacher, ebener Fachwerke unter Querbelastung

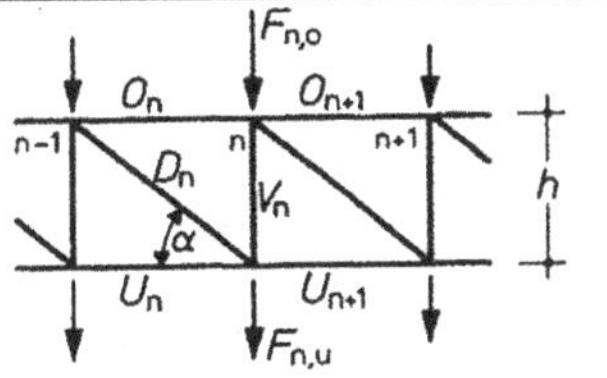

$$O_n = -M_{n,u}/h \qquad U_n = M_{n-1,o}/h$$
$$D_n = Q_n/\sin\alpha \qquad V_n = -Q_n + F_{n,u}$$

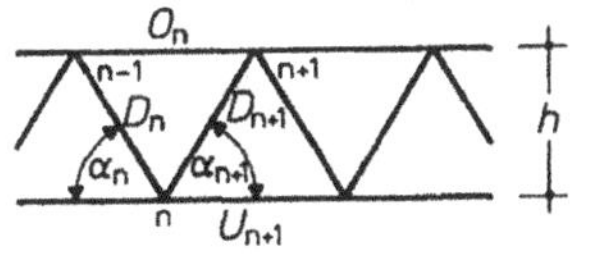

$$O_n = -M_n/h \qquad U_{n+1} = M_{n+1}/h$$
$$D_n = Q_n/\sin\alpha_n \qquad D_{n+1} = -Q_{n+1}/\sin\alpha_{n+1}$$

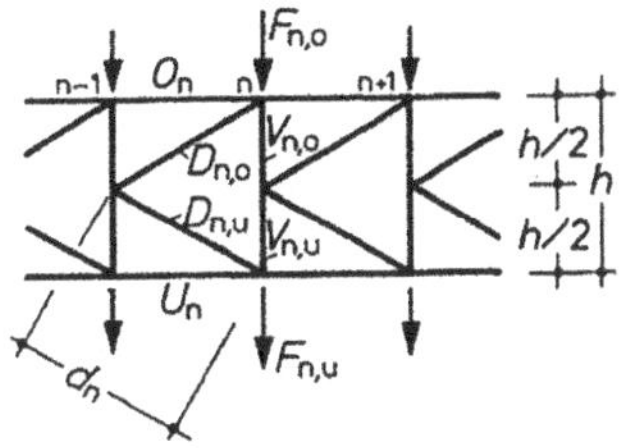

$$O_n = -M_{n-1,u}/h \qquad U_n = M_{n-1,o}/h$$
$$D_{n,o} = -Q_n\, d_n/h \qquad D_{n,u} = Q_n\, d_n/h$$
$$V_{n,o} = Q_n - F_{n,o} \qquad V_{n,u} = -Q_n + F_{n,u}$$

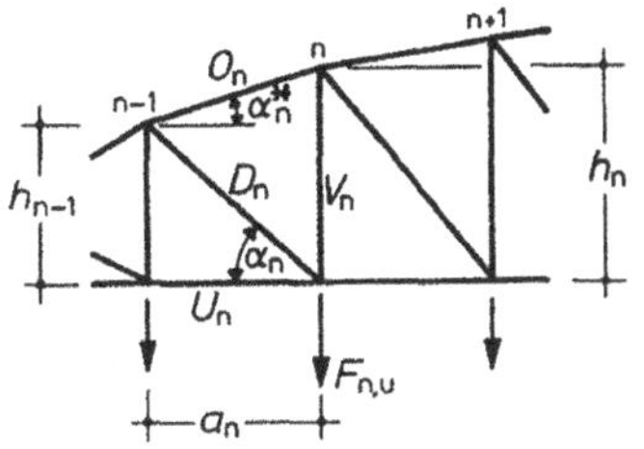

$$O_n = -M_{n,u}/h_n\cos\alpha_n^{*} \qquad U_n = M_{n-1,o}/h_{n-1}$$
$$D_n = (M_{n,u}/h_n - M_{n-1,o}/h_{n-1})/\cos\alpha_n$$
$$V_n = -h_{n-1}(M_{n,o}/h_n - M_{n-1,o}/h_{n-1})/a_n + F_{n,u}$$

Erläuterung: $M_n(Q_n)$ Biegemoment (Querkraft) im Punkt n des biegesteifen Ersatzstabwerks

Schnittpunkt zweier Stabachsen stets eine Bestimmungsgleichung für die Stabkraft des verbleibenden dritten Stabes. Den dabei jeweils verwendeten Momentenbezugspunkt bezeichnet man auch als *Ritterpunkt*. Im Beispiel des Bildes 5.33, das im übrigen kaum weiterer Erläuterungen bedarf, sind die Momentengleichgewichtsbedingungen durch die *Ritterpunkte* indiziert. So wird für die Schnittführung I zunächst das Momentengleichgewicht um den Knoten 2, sodann dasjenige um den Knoten 5 formuliert.

Bei wenig zueinander geneigten Stabachsen, z.B. Gurtungen, kann der Momentenbezugspunkt weit außerhalb der baustatischen Skizze liegen, bei Parallelträgern sogar im Unendlichen. In derartigen Fällen bestimmt man die gesuchte Stabkraft, wie im Schnitt IV des Bildes 5.33 ausgeführt, vorteilhafter aus einer geeigneten Kräftegleichgewichtsbedingung. Rundschnitte um einzelne Knotenpunkte dienen der Identifizierung von Nullstäben sowie der abschließenden Kontrolle.

Das Schnittverfahren nach RITTER kann in analoger Weise auf *räumliche* Fachwerke übertragen werden, allerdings ist dann das Momentengleichgewicht um geeignete *Achsen* zu formulieren. Bild 5.34 erläutert die Vorgehensweise anhand der Ermittlung einiger Stabkräfte des bereits im Abschn. 5.5.4 ausführlich behandelten Raumfachwerks. Das Verfahren kann übrigens bei allen *komplexen* Fachwerken in seiner ursprünglichen Form versagen, weil einzelne Schnitte eine Überzahl unbekannter Stabkräfte aufweisen können. In derartigen Fällen führen zumeist mehrere benachbarte Schnitte zu einem begrenzten *System* von Bestimmungsgleichungen, nach dessen Lösung das Standardverfahren weitergeführt werden kann.

Das Moment M_d der äußeren Kraftgrößen um den jeweiligen *Ritterpunkt d* entspricht natürlich gerade dem Biegemoment eines biegesteifen Ersatztragwerks gleicher Stützweite und gleicher Lagerungsbedingungen. Division von M_d durch den inneren Hebelarm r_d liefert die betreffende Stabkraft. Auf dieser Verwandtschaft zwischen Fachwerken und Stabwerken beruhen die in Tafel 5.2 wiedergegebenen Stabkraftformeln einfacher, ebener Fachwerke, die früher für vielfältige Ausfachungsarten und Fachwerkgeometrien im Gebrauch waren [1.22].

Kapitel 6
Kraftgrößen—Einflusslinien

6.1 Allgemeine Eigenschaften

6.1.1 Definition und Darstellung von Einflusslinien

Zustandslinien dienen zur Darstellung von Schnittgrößenverläufen infolge *ortsfester* Belastungen. Einflusslinien dagegen werden zur übersichtlichen Erfassung des Einflusses *ortsveränderlicher* Lasten auf einzelne Zustandsgrößen verwendet. Ortsveränderliche Lasten kommen auf Brücken, Kranbahnen sowie befahrenen Hochbaukonstruktionen vor; ihre dynamischen Wirkungen—Stöße und Schwingungen—bleiben im Rahmen der zeitinvarianten Betrachtungsweisen der Statik natürlich unberücksichtigt.

Wir erläutern den *Begriff der Einflusslinie* anhand der Auflagerkraftbestimmung des durch einen Pendelstab gestützten Kragarmträgers auf Bild 6.1. Der Träger werde zunächst durch eine feststehende Einzellast P_m im Punkt m, der *momentanen* Laststellung, beansprucht. Offensichtlich beeinflusst sowohl die Intensität von P_m als auch deren Laststellung x_m die Größe von V_B, wie die Gleichgewichtsbedingung um das linke Auflager A darlegt:

$$\Sigma M_\mathrm{A} = 0 : V_\mathrm{Bm} \cdot l - P_\mathrm{m} \cdot x_\mathrm{m} = 0,$$
$$V_\mathrm{Bm} = P_\mathrm{m} \frac{x_\mathrm{m}}{l} = P_\mathrm{m} \eta_\mathrm{Bm}. \tag{6.1}$$

In beiden Abkürzungen V_Bm und η_Bm bezeichnet erneut der erste Index B den *Ort*, an welchem die Auflagerkraft definiert ist, der zweite Index m die *Lastursache*.

Nun fassen wir die Einzellast P_m als ortsveränderlich längs des gesamten Kragarmträgers auf, dem *Lastgurt* des Tragwerks:

$$0 \leq x_\mathrm{m} \leq (l + l'). \tag{6.2}$$

Tragen wir demgemäß aus (6.1) die Funktionswerte

$$\eta_\mathrm{Bm} = \eta_\mathrm{Bm}(x_\mathrm{m}) = \frac{x_\mathrm{m}}{l} \tag{6.3}$$

W.B. Krätzig et al., *Tragwerke 1*, Springer-Lehrbuch, 5th ed.,
DOI 10.1007/978-3-642-12284-2_6, © Springer-Verlag Berlin Heidelberg 2010

Baustatische Skizze:

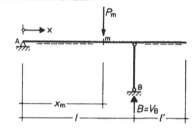

V_B - Einflusslinie: V_{Bm}

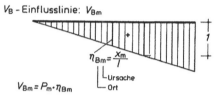

$V_{Bm} = P_m \cdot \eta_{Bm}$

Bild. 6.1 Zum Begriff der Einflusslinie

von einer lastgurtparallelen Bezugsachse aus ab, so wird durch die einzelnen Ordinaten von (6.3) der Laststellungseinfluss von P_m auf V_{Bm} beschrieben. Die Funktion $\eta_{Bm}(x_m)$ bezeichnet man als *Einflusslinie* der Auflagerkraft V_B. Wie Bild 6.1 zeigt, stellt diese Einflusslinie eine Gerade mit dem Nullpunkt in $x_m = 0$ und dem Wert 1 für $x_m = l$ dar: Steht P_m in A, so verschwindet offensichtlich V_B ($\eta_{Bm} = 0$); bei Stellung in B dagegen übernimmt V_B die Gesamtlast ($\eta_{Bm} = 1$), und Zwischenwerte folgen einem linearen Verlauf.

Diese für die Auflagerkraft-Einflusslinie V_{Bm} erfolgte Herleitung lässt sich ohne Schwierigkeiten verallgemeinern.

Definition Gilt für die im Bezugspunkt i auftretende beliebige Zustandsgröße Z_i

$$Z_{im} = P_m \eta_{im}, \tag{6.4}$$

worin P_m eine richtungsgebundene, ortsveränderliche Einzellast an der willkürlichen Lastgurtposition m und η_{im} die dem gleichen Ort zugeordnete Ordinate einer Laststellungsfunktion beschreibt, so bezeichnet man die Gesamtfunktion $\eta_{im}(x_m)$ als *Einflusslinie* oder *Einflussfunktion* der Zustandsgröße Z_i.

Aus (6.4) erkennen wir eine interessante Eigenschaft von Einflusslinien: η_{im} entspricht gerade dem funktionalen Verlauf der Zustandsgröße Z_{im}, wenn die einwirkende Last P_m zu "1" gesetzt wird.

Definition Die Ordinate η_{im} der Einflusslinie einer im Bezugspunkt i definierten Zustandsgröße Z_i ist gleich dem Wert dieser Zustandsgröße, wenn das Tragwerk durch die Last 1 an der Lastgurtposition m beansprucht wird:

$$Z_{im} = \eta_{im} \text{ für } P_m = 1.\tag{6.5}$$

Somit beschreibt eine Einflusslinie η_{im} den funktionalen Verlauf

- einer Einzelkraft P_m $(M_m) = 1$ von festgelegter Wirkungsrichtung,
- an beliebiger Stelle m des Tragwerks-Lastgurtes wirkend,
- auf eine bestimmte Zustandsgröße Z_i,
- die im Bezugspunkt i definiert ist.

Einflusslinien können beliebigen äußeren Einzelkraftgrößen P_m oder M_m von willkürlicher Einwirkungsrichtung zugeordnet werden. Im Hinblick auf ihre Anwendung bei Verkehrsbelastungen werden sie jedoch fast ausschließlich für *vertikale Einzelkräfte* P_m aufgestellt, woran auch wir uns halten wollen. In Anlehnung an die Konvention zur Darstellung von Zustandslinien werden *positive Ordinaten* von Einflusslinien ebenfalls stets auf der *Bezugsseite* abgetragen.

6.1.2 Auswertung von Einflusslinien

Will man aus einer vorhandenen Einflusslinie den Wert der zugehörigen Zustandsgröße Z_i infolge einer Einzellast P_m in einer bestimmten Laststellung x_m ermitteln, so ist gemäß (6.4) lediglich die Lastintensität mit der zur Laststellung gehörenden Einflusslinienordinate η_{im} zu multiplizieren. Für zwei, das Tragwerk *nacheinander* an unterschiedlichen Positionen beanspruchende Einzellasten P_1, P_2 erhalten wir somit:

$$Z_i = P_1\eta_{i1} \text{ und } Z_i^* = P_2\eta_{i2}.\tag{6.6}$$

Wirken mehrere Einzellasten *gleichzeitig* an verschiedenen Tragwerkspunkten, so entsteht die Gesamtgröße Z_i nach dem Superpositionsgesetz aus der Summe der Teileinflüsse, beispielsweise entsprechend Bild 6.2:

$$Z_i = P_1\eta_{i1} + P_2\eta_{i2} + P_3\eta_{i3} + P_4\eta_{i4} = \sum_{m=1}^{4} P_m\eta_{im}.\tag{6.7}$$

Einflusslinien sind somit an die *Gültigkeit des Superpositionsgesetzes* gebunden und daher ein typisches Hilfsmittel der *linearen Statik* (Abschn. 2.2.4).

Für Streckenlasten ergibt sich die gesuchte Kraftgröße Z_i durch Übertragung von (6.7) auf das differenziell kleine Lastelement $q(x)_m dx$, wodurch sich das Summenzeichen in ein bestimmtes Integral über die Einwirkungslänge $x_b - x_a$ umwandelt (siehe Bild 6.2):

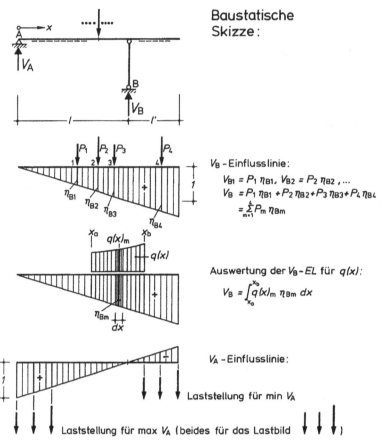

Baustatische Skizze:

V_B-Einflusslinie:

$$V_{B1} = P_1\,\eta_{B1},\ V_{B2} = P_2\,\eta_{B2}\,,\dots$$
$$V_B = P_1\,\eta_{B1} + P_2\,\eta_{B2} + P_3\,\eta_{B3} + P_4\,\eta_{B4}$$
$$= \sum_{m=1}^{4} P_m\,\eta_{Bm}$$

Auswertung der V_B-EL für $q(x)$:

$$V_B = \int_{x_a}^{x_b} q(x)_m\,\eta_{Bm}\,dx$$

V_A-Einflusslinie:

Laststellung für min V_A

Laststellung für max V_A (beides für das Lastbild ↓ ↓ ↓)

Bild. 6.2 Auswertung von Einflusslinien

$$Z_i = \int_{x_a}^{x_b} q(x)_m\,\eta_{im}\,dx. \tag{6.8}$$

Bei konstanter Streckenlast $q(x) = q =$ konst. kann diese vor das Integralzeichen gezogen werden; das verbleibende bestimmte Integral beschreibt dann den Flächeninhalt der Einflusslinie unterhalb der Last:

$$Z_i = q \int_{x_a}^{x_b} \eta_{im}\,dx. \tag{6.9}$$

Der Anwendungsschwerpunkt von Einflusslinien liegt in der Gewinnung von Grenzwerten für Zustandsgrößen infolge ortsveränderlicher Lastkombinationen.

Im Allgemeinen erfolgt dies durch Aufsuchen und Auswerten der ungünstigsten Laststellungen im positiven bzw. negativen Funktionsbereich der vorliegenden Einflusslinie. Auf Bild 6.2 sind zwei extremale Lastbild-Stellungen unter der Einflusslinie der linken Auflagerkraft V_A des Kragarmträgers eingezeichnet worden, die wir im übrigen im Abschn. 6.2.2 herleiten werden. Das verwendete Lastbild entstammt den Achslasten eines Kranwagens.

6.2 Ermittlung von Kraftgrößen-Einflusslinien mittels Gleichgewichtsbedingungen

6.2.1 Vorgehensweise

Entsprechend der Definition von Einflusslinien nach Abschn. 6.1.1 ist zur Ermittlung einer Kraftgrößen-Einflusslinie der Funktionsverlauf der Kraftgröße selbst zu bestimmen, wenn der Lastgurt des Tragwerks mit der richtungsgebundenen Einzellast $P_m = 1$ an der variablen Stelle x_m belastet wird. Demnach sind bei der Ermittlung von Einflusslinien dieselben Gleichgewichtsbetrachtungen einsetzbar, wie sie zur Bestimmung von Auflager- und Schnittgrößen bei ortsfesten Belastungen verwendet wurden.

Im Einzelnen werden daher wie im Kap. 4 erneut Gleichgewichtsbetrachtungen an Gesamt- oder Teilsystemen angestellt, aus denen bei Belastung durch eine wandernde Einheitslastgröße $P_m = 1$ die Auflager- und Schnittgrößen als Funktionen der Laststellungskoordinate x_m berechenbar sind. Dabei ist es i.A. erforderlich, zunächst die Einflusslinien der Auflagergrößen zu bestimmen, die danach bei den Gleichgewichtsformulierungen für die Schnittgrößen-Einflusslinien Verwendung finden.

Wegen der höchstens linearen Abhängigkeit der Kraftgrößen-Einflusslinien statisch bestimmter Tragwerke von der Laststellungskoordinate x_m setzen sich diese *bereichsweise* aus Geraden zusammen. Daher genügt stets eine begrenzte Anzahl von Einflusslinien-Ordinaten zu ihrer eindeutigen Darstellung.

6.2.2 Beispiel: Kragarmträger

Als Beispiel zur Ermittlung von Kraftgrößen-Einflusslinien mit Hilfe der Gleichgewichtsbedingungen sollen nun einige von ihnen für den bereits aus Bild 6.1 bekannten, durch einen Pendelstab gestützten Kragarmträger berechnet werden. Gemäß der im letzten Abschnitt geschilderten Vorgehensweise werde sein Lastgurt durch die vertikale, ortsveränderliche Einzellast $P_m = 1$ belastet. Zur Festlegung der momentanen Lastposition m verwenden wir neben der globalen Koordinatenachse x mit dem Ursprung im Punkt A zusätzlich eine rückläufige Koordinate x', die ihren Ursprung im Punkt B' oberhalb des rechten Auflagers besitzt.

Wir beginnen auf Bild 6.3 mit der Ermittlung der Auflagerkraft-Einflusslinien. Auflagerkräfte infolge $P_m = 1$ in m lassen sich aus den folgenden vier Gleichgewichtsbedingungen ermitteln:

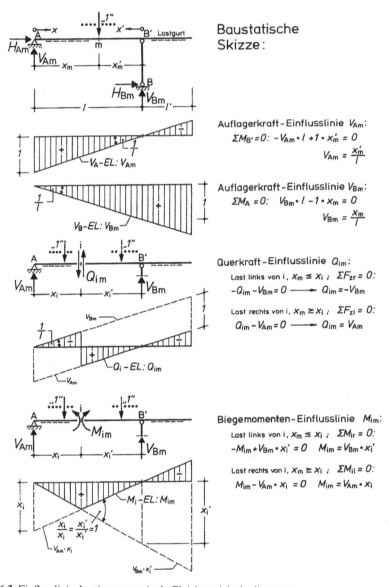

Bild. 6.3 Einflusslinienbestimmung mittels Gleichgewichtsbedingungen

$$\sum M_{\mathrm{B'}} = 0: \quad H_{\mathrm{Bm}} = 0 \text{ (Nebenbedingung)},$$

$$\sum M_{\mathrm{B'}} = 0: \quad V_{\mathrm{Am}} \cdot l - 1 \cdot x'_{\mathrm{m}} = 0 \rightarrow V_{\mathrm{Am}} = \frac{x'_{\mathrm{m}}}{l},$$

$$\sum M_{\mathrm{A}} = 0: \quad V_{\mathrm{Bm}} \cdot l - 1 \cdot x_{\mathrm{m}} = 0 \rightarrow V_{\mathrm{Bm}} = \frac{x_{\mathrm{m}}}{l},$$ (6.10)

$$\sum F_{\mathrm{x}} = 0: \quad H_{\mathrm{Am}} = 0.$$

Erwartungsgemäß existieren keine horizontalen Auflagerkomponenten H_{Am}, H_{Bm} infolge vertikaler Lasten und somit für diesen Lastangriff auch keine entsprechenden Einflusslinien. Interpretieren wir die beiden mittleren Ausdrücke (6.10) als Funktionen von x' bzw x, so stellen sich die Einflusslinien der Auflagerkräfte V_A und V_B als Geradengleichungen dar, deren Ordinaten am jeweiligen Bezugspunkt, den beiden Auflagern, den Wert 1 besitzen.

Zur Ermittlung der Schnittgrößen-Einflusslinien Q_{im} und M_{im} an einem willkürlichen Punkt i des Tragwerks wird dieses in i fiktiv in zwei Teile zerschnitten, an denen jeweils folgende Gleichgewichtsbetrachtungen durchgeführt werden:

- Steht die Einzellast *links* vom Bezugspunkt $i (x_m \leq x_i)$, so formuliert man der Einfachheit halber das Gleichgewicht am *rechten*, unbelasteten Teilsystem. Man erhält hieraus den Einflusslinienzweig für den *linken* Teilbereich.
- Steht die Einzellast *rechts* vom Bezugspunkt $i (x_m \geq x_i)$, so formuliert man entsprechend das Gleichgewicht am *linken*, nunmehr unbelasteten Teilsystem. Man erhält damit den Einflusslinienzweig für den *rechten* Teilbereich.

Angewandt auf das Beispiel in Bild 6.3 gewinnt man so:

$$x_m \leq x_i : \sum F_{zr} = 0 \rightarrow Q_{im} = -B_m,$$
$$\sum M_{ir} = 0 \rightarrow M_{im} = B_m \cdot x'_i, \tag{6.11}$$

$$x_m \geq x_i : \sum F_{zl} = 0 \rightarrow Q_{im} = A_m,$$
$$\sum M_{il} = 0 \rightarrow M_{im} = A_m \cdot x_i. \tag{6.12}$$

Hieraus lassen sich die beiden Einflusslinien unter Rückgriff auf diejenigen der Auflagerkräfte, wie in Bild 6.3 angegeben, bereichsweise konstruieren.

Eine Einflusslinie N_{im} für die Normalkraft im Bezugspunkt i existiert unter Vertikalbelastung nicht. Wie ersichtlich besitzt die Querkraft-Einflusslinie im Bezugspunkt i einen Sprung der Größe 1. Die Biegemomenten-Einflusslinie weist dort eine Neigungsänderung um den Betrag

$$\frac{x'_i}{l} - \left(-\frac{x_i}{l}\right) = \frac{x_i + x'_i}{l} = \frac{x_i + x'_i}{x_i + x'_i} = 1 \tag{6.13}$$

auf, d.h. einen Knick ebenfalls der Größe 1.

6.2.3 Indirekte Lasteintragung

Oftmals werden Tragwerke nicht wie bisher stets vorausgesetzt *direkt* belastet, sondern *indirekt* über aufgesattelte Quer- und Längsträger gemäß Bild 6.4. Einflusslinien für die Hauptträger werden in derartigen Fällen durch die Art der Lasteinleitung beeinflusst. Offensichtlich entsprechen die Ordinaten einer Einflusslinie des direkt

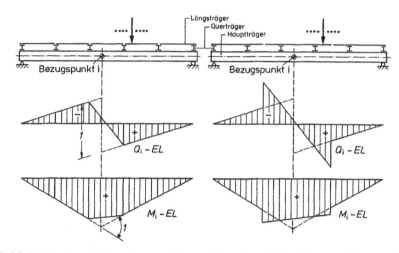

Bild. 6.4 Querkraft- und Biegemomenten-Einflusslinien für indirekte Belastung bei unterschiedlichen Längsträger-Bauweisen

belasteten Tragwerks, in Bild 6.4 gestrichelt eingezeichnet, denjenigen der indirekt belasteten Variante nur in den *Auflagerpunkten* der Längsträger, an welchen über die Querträger stets eine *direkte* Lasteintragung erfolgt.

Lasten zwischen den Auflagerpunkten werden zunächst durch die Längsträger aufgenommen und als deren Auflager-Aktionskräfte in den Hauptträger eingetragen. Werden nun die Längsträger als *statisch bestimmte* Sekundärtragwerke vorausgesetzt, so erfolgt die Lastübertragung durch diese—dem Verlauf von Auflagerkraft-Einflusslinien entsprechend—gemäß einer geradlinigen Verbindung der Auflagerwerte. Somit empfehlen wir bei indirekt belasteten Tragwerken folgendes Vorgehen zur Konstruktion ihrer Kraftgrößen-Einflusslinien:

Satz: Bei indirekter Lasteinwirkung ermittelt man zunächst die Einflusslinie für direkte Lasteintragung. Deren Ordinaten unter den beiden Auflagerpunkten jedes Längsträgers werden danach durch Geraden verbunden, die bis zu den jeweiligen Längsträgerenden zu verlängern sind.

Bild 6.4 demonstriert die sich ergebenden, sehr unterschiedlichen Querkraft und Biegemomenten-Einflusslinien bei geringfügig voneinander abweichenden Längsträgerkonstruktionen. Während lasteintragende Sekundärtragwerke, wie im linken Bildteil, i.A. die Ordinaten der Hauptträgereinflusslinien reduzieren, tritt bei der ungünstigeren Konstruktion rechts in Bild 6.4 der umgekehrte Fall auf.

6.3 Kinematische Ermittlung von Kraftgrößen-Einflusslinien

6.3.1 Vorgehensweise

Besonders vorteilhaft gestaltet sich die Ermittlung von Kraftgrößen-Einflusslinien durch Einsatz kinematischer Betrachtungen im Rahmen des *Prinzips der virtuellen*

Arbeiten. Seine Anwendung auf die Berechnung von Kraftgrößen, die wir im Abschn. 4.2.7 als LAGRANGE*sches Prinzip der Befreiung* kennengelernt hatten, greifen wir nun erneut auf.

Zur Bestimmung der Einflusslinie η_{im} einer beliebigen Kraftgröße wird zunächst wieder die zu Z_i korrespondierende Bindung im Bezugspunkt i fiktiv gelöst und damit eine zwangläufige kinematische Kette geschaffen. Aus Gründen des Gleichgewichts zur Last P_m auf dem Lastgurt muss dabei die Kraftgröße mit ihrem wirklichen, noch unbekannten Betrag Z_{im} in positiver Wirkungsrichtung angebracht werden.

Der entstandenen kinematischen Kette erteilt man nun eine mit den übrigen Bindungen des Systems verträgliche virtuelle Verrückung δu. Dabei treten nur zwei Arbeitsanteile auf: Die freigelegte Kraftgröße Z_{im} leistet längs ihrer korrespondierenden, virtuellen Weggröße δu_i virtuelle Arbeit, die Einzellast P_m längs ihrer korrespondierenden Verrückung δu_m. Deren Summe muss nach dem Prinzip der virtuellen Arbeiten im Gleichgewichtszustand verschwinden:

$$\delta A = Z_{im} \cdot \delta u_i + P_m \cdot \delta u_m = 0 \rightarrow Z_{im} \cdot (-\delta u_i) = P_m \cdot \delta u_m. \tag{6.14}$$

Wählt man nun die virtuelle Verrückung zu $\delta u_i = -1$, d.h., *entgegen* der positiven Kraftgröße Z_i, so entsteht aus (6.14) die Aussage:

$$Z_{im} = P_m \delta u_m. \tag{6.15}$$

Diese ist aber gerade mit der Definition (6.4) der Z_i-Einflusslinie identisch. Durch Vergleich können wir somit die Kraftgrößen-Einflusslinie η_{im} (6.4) als die zu P_m korrespondierenden, d.h. richtungsgleichen virtuellen Verschiebungskomponenten δu_m des Lastgurtes gemäß (6.15) gewinnen:

$$\eta_{im} = \delta u_m. \tag{6.16}$$

Satz: Die Einflusslinie η_{im} einer Kraftgröße Z_i im Bezugspunkt i entsteht als virtuelle Verschiebungsfigur $\delta u(x_m) = \delta u_m$ des Lastgurtes in Richtung der Belastung P_m derjenigen kinematischen Kette, die sich ausbildet, wenn die zu Z_i korrespondierende Weggröße $\delta u_i = -1$ gesetzt wird.

Die den einzelnen Kraftgrößen im Bezugspunkt i zugeordneten virtuellen Klaffungen $\delta u_i = -1$ sind im Bild 6.5 zusammengestellt. Die Größe -1 erzwingt dabei laut (6.14) die Leistung *negativer*, virtueller Arbeitsanteile, also eine Verrückung *entgegen* den positiven Kraftgrößen. Bei der Ermittlung von Biegemomenten-Einflusslinien ist die korrespondierende Weggröße δu_i im Bezugspunkt eine gegenseitige Verdrehung $\delta \Delta \varphi_i = -1$ der an das eingeführte Biegemomentengelenk angrenzenden starren Scheiben, für Querkraft-Einflusslinien die gegenseitige Verschiebung $\delta \Delta w_i = -1$ in transversaler z-Richtung. Einflusslinien für Normalkräfte entstehen aus gegenseitigen Verschiebungen $\delta \Delta u_i = -1$ in Achsialrichtung, solche für Auflagerkräfte aus entgegengerichteten Absolutverschiebungen.

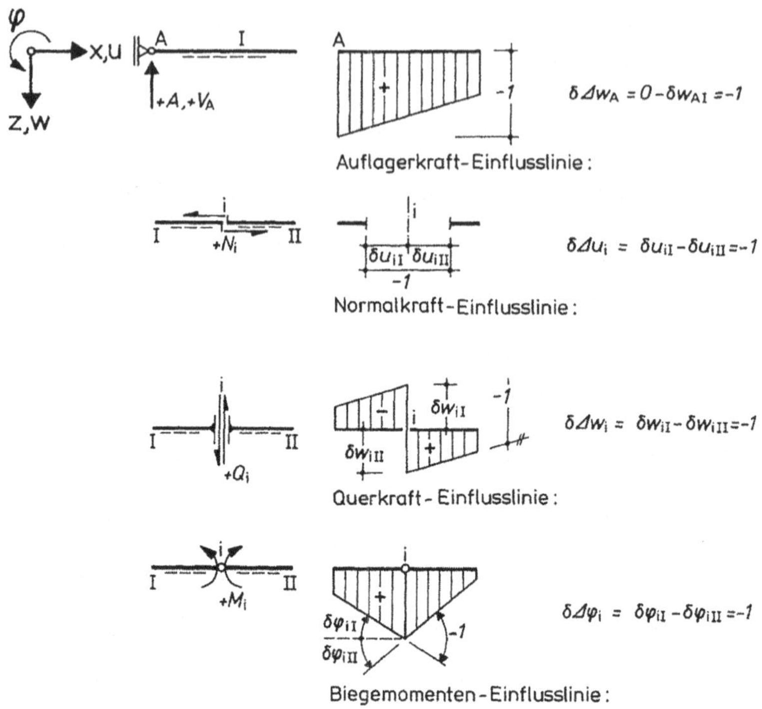

Auflagerkraft-Einflusslinie: $\delta\Delta w_A = 0 - \delta w_{AI} = -1$

Normalkraft-Einflusslinie: $\delta\Delta u_i = \delta u_{iI} - \delta u_{iII} = -1$

Querkraft-Einflusslinie: $\delta\Delta w_i = \delta w_{iI} - \delta w_{iII} = -1$

Biegemomenten-Einflusslinie: $\delta\Delta\varphi_i = \delta\varphi_{iI} - \delta\varphi_{iII} = -1$

Bild. 6.5 Virtuelle Klaffungen $\delta u_i = -1$ für die kinematische Ermittlung von Kraftgrößen-Einflusslinien

Im Rahmen des LAGRANGES*schen Prinzips*, innere Kraftgrößen nach Aufheben ihrer Bindungen durch gleich große, äußere Kraftgrößen zu ersetzen, bilden die zu N_i, Q_i und M_i auf Bild 6.5 korrespondierenden virtuellen Verrückungen $\delta u_i = -1$ *Sprünge in den äußeren Weggrößen.* Verzichtet man auf diese Betrachtungsweise und behält N_i, Q_i und M_i als innere Kraftgrößen bei, so stellen nun die virtuellen Verrückungen *Sprünge in den Verzerrungsgrößen* dar, sogenannte *Einheitsversetzungen*:

$$\delta\varepsilon_i^* = \delta\Delta u_i = -1,\ \delta\gamma_i^* = \delta\Delta w_i = -1,\ \delta\kappa_i^* = \delta\Delta\varphi_i = -1. \tag{6.17}$$

6.3.2 Beispiel: Kragarmträger

Wir wollen nun verschiedene Kraftgrößen-Einflusslinien am Beispiel des bereits aus Bild 6.1 bekannten, pendelstabgestützten Kragarmträgers nach der kinematischen Methode bestimmen (Bild 6.6). Zur Ermittlung beispielsweise der Biegemomenten-Einflusslinie $M_{im}(P_m = 1)$ führen wir am Bezugspunkt i ein Biegemomentengelenk ein und erhalten eine zwangläufige kinematische Kette der starren Scheiben I, II und III. Der zugehörige Polplan mit seinen drei Haupt- und Nebenpolen legt nun den möglichen virtuellen Verschiebungszustand δu dadurch fest, dass entsprechend

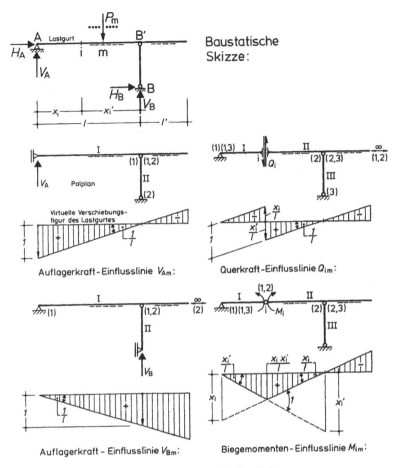

Bild. 6.6 Kinematische Ermittlung von Kraftgrößen-Einflusslinien

Bild 6.5 dem System im Bezugspunkt *i* die virtuelle Verrückung

$$\delta u_i = \delta \Delta \varphi_i = \delta \varphi_{iI} - \delta \varphi_{iII} = -1 \tag{6.18}$$

erteilt wird. Dabei verschieben sich beide Scheiben des Lastgurtes nach unten, womit der *qualitative* Verlauf und das *Vorzeichen* der Einflusslinie sofort festliegen. Aus der Bedingung (6.18) lässt sich darüber hinaus die maximale Einflusslinienordinate im Bezugspunkt zu

$$\eta_{ii} = x_i x_i' / l \tag{6.19}$$

bestimmen; hieraus folgen weitere Ordinaten durch Anwendung des Strahlensatzes.

Auf völlig analogem Wege lassen sich, wie in Bild 6.6 näher erläutert, die übrigen Einflusslinien für die Querkraft Q_i und die beiden Auflagerkräfte V_A, V_B ermitteln.

Jede einzelne Einflusslinie entsteht dabei durch eine getrennte kinematische Überlegung völlig unabhängig von den anderen.

Sicherlich werden unsere Leser beim Nachvollziehen des Bildes 6.6 über den geringen, erforderlichen Aufwand bei der kinematischen Ermittlung von Kraftgrößen-Einflusslinien überrascht sein. Das Bedeutsamste dieses Vorgehens ist jedoch die Erkenntnis, dass Einflusslinien *virtuelle Verschiebungsfiguren* sind. Dieses sind nach Abschn. 4.2.1 gedachte, *infinitesimal kleine*, jedoch in beliebiger Vergrößerung darstellbare Verschiebungen, in Bild 4.9 als Tangentialwerte endlicher Deformationspfade erläutert. Virtuelle Verschiebungen stehen daher stets *orthogonal* zu ihren Polstrahlen, und für virtuelle Drehwinkel $\delta\varphi$ gilt (4.22):

$$\sin\delta\varphi \cong \tan\delta\varphi \cong \delta\varphi, \quad \cos\delta\varphi \cong 1. \tag{6.20}$$

Diese Eigenschaften mögen durch eine Vergrößerung bei der zeichnerischen Darstellung teilweise verloren gehen, aber selbstverständlich sind sie in der Beschriftung und während einer numerischen Weiterverarbeitung beizubehalten. So ergibt sich beispielsweise der Betrag des Knickwinkels im Bezugspunkt i der Biegemomenten-Einflusslinie zu

$$\delta\Delta\varphi_i = \frac{x_i}{x_i} = \frac{x_i'}{x_i'} = 1, \tag{6.21}$$

und die Randwinkel lauten:

$$\delta\varphi_A = \frac{x_i'}{l}\text{sowie } \delta\varphi_B = \frac{x_i}{l}. \tag{6.22}$$

6.3.3 *Charakteristische Eigenschaften von Kraftgrößen-Einflusslinien*

Die kinematische Ermittlung von Kraftgrößen-Einflusslinien als virtuelle Verschiebungsfiguren zwangläufiger Scheibenketten lässt die charakteristischen Eigenschaften dieser Funktionen deutlich hervortreten. Diese Eigenschaften werden durch die Vorgaben von Bild 6.5 und die Polpläne des Bildes 6.6 vollständig erläutert; wir fassen sie wie folgt zusammen:

- Im Bereich jeder *Lastgurtscheibe* verläuft die Einflusslinie *geradlinig*.
- Kraftgrößen-Einflusslinien statisch bestimmter Stabtragwerke setzen sich daher aus *stückweise geraden Linienzügen* zusammen.
- Einflusslinien besitzen unter den *Hauptpolen Nullstellen* und unter den *Nebenpolen Knicke*.
- An den Bezugspunkten, an welchen die jeweilige Kraftgröße Z_i definiert ist, treten nach Bild 6.5 folgende *Sprünge* bzw. *Knicke* auf:

Auflagerkraft A	: Sprung vom Betrag 1 entgegen $+ A$,
Normalkraft N_i	: Sprung vom Betrag 1 entgegen $+ N_i$,
Querkraft Q_i	: Sprung vom Betrag 1 entgegen $+ Q_i$,
Biegemoment M_i	: Knick vom Betrag 1 entgegen $+ M_i$.

Aufgrund des stückweise geradlinigen Verlaufs von Kraftgrößen-Einflusslinien genügt jeweils die Ermittlung *einer* Einflusslinienordinate zur quantitativen Festlegung der Einflusslinie des gesamten Lastgurtes. Diese kann aus einer *kinematischen* Überlegung gewonnen werden, aber ebenso auch durch *Kraftgrößenberechnung* mit Hilfe der Gleichgewichtsbedingungen für eine bestimmte Laststellung *m*. Hält man sich an die vereinbarten Vorzeichenkonventionen und Sprung- bzw. Knickdefinitionen, so nehmen Einflusslinienordinaten oberhalb der Bezugslinie stets negative, unterhalb dagegen positive Vorzeichen an.

6.4 Kraftgrößen-Einflusslinien verschiedener Stabtragwerke

6.4.1 Gelenkträger

Wägt man die beiden alternativen Ermittlungsweisen für Kraftgrößen-Einflusslinien gegeneinander ab, so erkennt man die beträchtliche Überlegenheit des kinematischen Vorgehens gegenüber demjenigen unter Verwendung von Gleichgewichtsaussagen. Daher werden wir in den folgenden Beispielen die Einflusslinien typischer Stabtragwerke zur Methodenvertiefung nur auf kinematischem Wege bestimmen.

Wir beginnen mit dem Gelenkträger des Bildes 6.7, der uns bereits aus den Abschn. 5.2.3 und 5.2.4 vertraut ist. In dem erwähnten Bild findet man die Einflusslinien C_m, Q_{im} und M_{im} als virtuelle Verschiebungsfiguren für geeignete Weggrößensprünge sowie die zu ihrer Ermittlung erforderlichen Polpläne. Dabei bleibt der linke Kragarmträger in allen Fällen kinematisch starr, somit verschwinden dort sämtliche ermittelten Einflusslinien.

Dem Leser empfehlen wir, die im Abschn. 6.2.3 erläuterte indirekte Lasteintragung noch einmal selbst aufzugreifen und beispielsweise die Modifikationen der obigen Einflusslinien für unterschiedliche Längsträgeranordnungen auf kinematischem Wege selbst zu ermitteln. Auch die Einflusslinien des Bildes 6.4 erklären sich mit den nun vorhandenen kinematischen Kenntnissen von allein.

6.4.2 Dreigelenkbogen und Gelenkrahmen

Die bisher behandelten Tragwerke bildeten insofern einen Sonderfall, als deren Tragwerksachsen und Lastgurte stets parallel zu den Bezugsachsen der jeweiligen Einflusslinien verliefen. Diese Eigenschaft geht bei geneigten, gekrümmten oder geknickten Tragwerken natürlich verloren, was einige Sonderüberlegungen erfordert.

Baustatische Skizze:

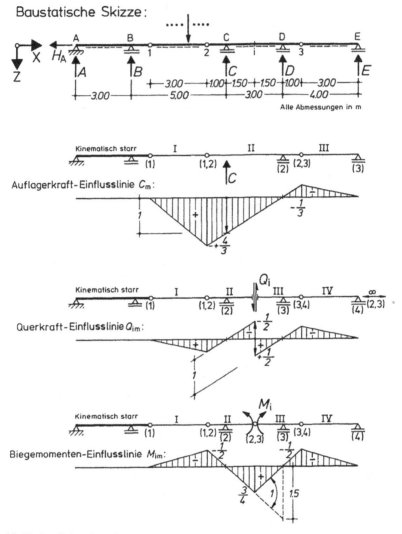

Bild. 6.7 Einflusslinien eines Gerberträgers

Wir erläutern diese am Beispiel des bereits im Abschn. 5.3.3 berechneten, flachen Dreigelenkbogens.

Aus der Arbeitsaussage (6.15) hatten wir erkannt, dass nur die *parallel* zur Lastrichtung von P_m wirkenden, virtuellen Verschiebungskomponenten δu_m Ordinaten einer Einflusslinie darstellen. Daher hatten wir Einflusslinienordinaten stets parallel zur Lastrichtung von einer *orthogonal* zu P_m liegenden Bezugsachse aus aufgetragen, die virtuellen Verschiebungen gewissermaßen *in* die Lastrichtung projiziert. Bei Tragwerken mit geneigten, gekrümmten oder abgeknickten Stabachsen ist es nun am vorteilhaftesten, alle Teilscheiben und Pollagen

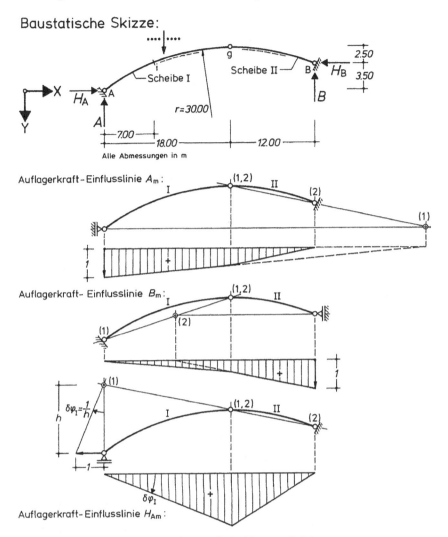

Bild. 6.8 Kraftgrößen-Einflusslinien eines Dreigelenkbogens, Teil 1

lastparallel auf die Bezugsachse zu projizieren, also mit der *Projektion der kinematischen Kette* zu arbeiten. Für alle vertikalen Auflagerkräfte erhält man hierdurch unmittelbar die Einflusslinien, wie die beiden Beispiele in Bild 6.8 belegen.

Bei Einflusslinien für horizontale oder schräge Auflagerkraftkomponenten bestimmt man dagegen besser zunächst die aus der virtuellen Verrückung δu_i herrührenden *Scheibendrehungen* und ermittelt mit diesen die lastparallelen Verschiebungskomponenten unmittelbar an der Tragwerksprojektion (siehe H_{Am} auf Bild 6.8). Dieses Vorgehen empfiehlt sich ebenfalls bei Biegemomenten-

Einflusslinien, beispielsweise M_{im} auf Bild 6.9. Bei Einflusslinien für Quer- und Normalkräfte müssen zunächst virtuelle *Verschiebungen* der Größe – 1 am wirklichen Tragwerk vorgenommen werden. Um jedoch erneut mit der Tragwerksprojektion arbeiten zu können, verschiebt man die projizierten Scheiben um die *in die Lastrichtung projizierte* virtuelle Verrückung. Alle weiteren Einzelheiten sind aus Bild 6.9 zu entnehmen

Auf Bild 6.10 wurde dieses Vorgehen für Einflusslinien eines Mehrgelenkrahmens wiederholt.

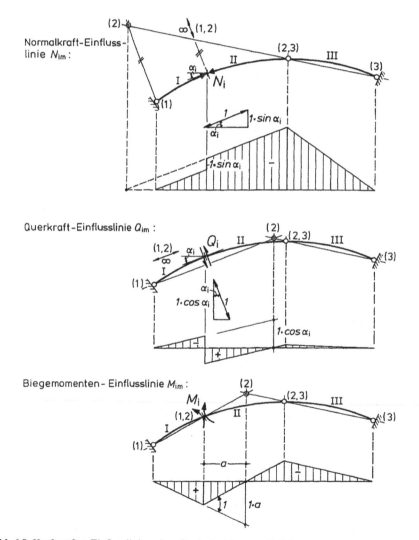

Bild. 6.9 Kraftgrößen-Einflusslinien eines Dreigelenkbogens, Teil 2

Baustatische Skizze:

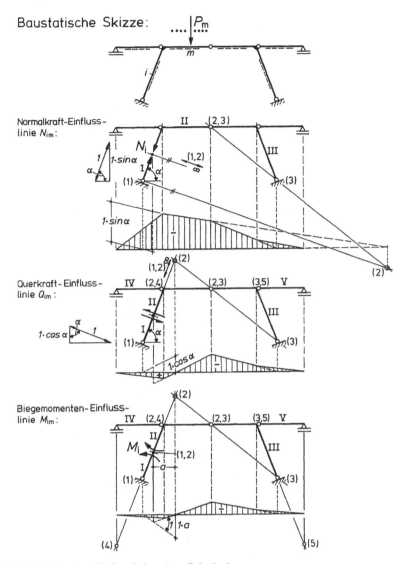

Bild. 6.10 Kraftgrößen-Einflusslinien eines Gelenkrahmens

6.4.3 Fachwerke

Der zweckmäßigste Weg zur Ermittlung von Stabkraft-Einflusslinien bei Fachwerken führt ebenfalls über Scheibendrehungen. Man durchtrennt die jeweilige Stabkraft und konstruiert den Polplan der entstandenen, zwangläufigen kinematischen Kette. Sodann werden die Schnittufer des durchtrennten Stabes um den Betrag – 1 auseinandergedrückt. Hierdurch entsteht eine gegenseitige, virtuelle Verdrehung

$$\delta \Delta \varphi = -1/r \qquad (6.23)$$

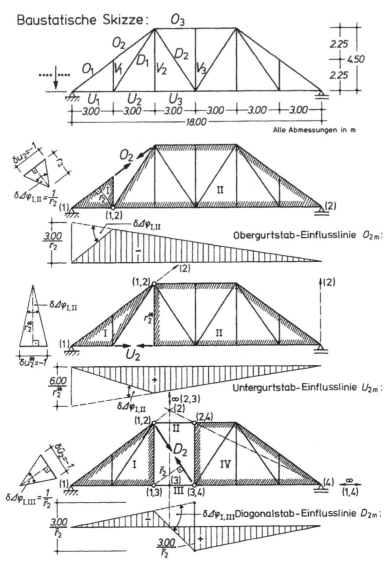

Bild. 6.11 Einflusslinien eines Fachwerkbinders

derjenigen beiden Scheiben, welche der durchtrennte Stab ursprünglich verband. Diese Verdrehung ist im lastparallelen, virtuellen Verschiebungsfeld des Lastgurtes, der Einflusslinie, wiederzufinden. r bezeichnet in (6.23) den Abstand der Stabachse vom drehungsaktiven Nebenpol, der übrigens i.A. mit dem *Ritterpunkt*—siehe Abschn. 5.5.6—identisch ist.

Bild 6.11 zeigt das erläuterte Vorgehen anhand von drei Stabkraft-Einflusslinien des im Abschn. 5.5.5 behandelten Fachwerkbinders. Da ideale Fachwerke nur in ihren Knotenpunkten belastet sind, gelten für alle Einflusslinien zunächst nur ihre

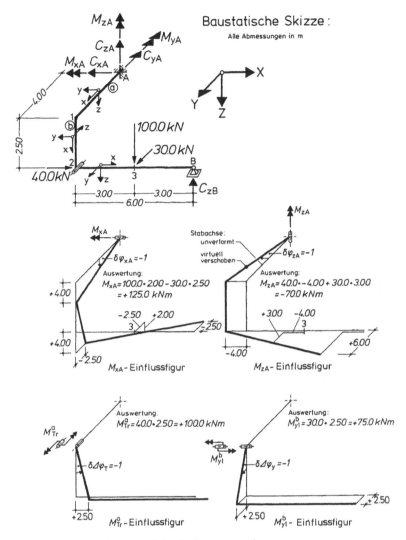

Bild. 6.12 Einflusslinien eines räumlichen Rahmentragwerks

Knotenordinaten. Vereinbaren wir jedoch eine statisch bestimmte, indirekte Lasteintragung zwischen den einzelnen Knoten, so dürfen die Knotenordinaten geradlinig verbunden werden, wie dies auf Bild 6.11 erfolgt ist.

6.4.4 Räumliche Rahmentragwerke

Einflusslinien stellen ein typisches Arbeitsmittel für *ebene Stabtragwerke* dar. Dies ist vor allem durch unser begrenztes, räumliches Anschauungs- und Darstellungsvermögen begründet. Selbstverständlich finden Einflussfunktionen auch bei räumlichen Stabtragwerken Verwendung und ihre mechanische Grundlage, das Prinzip der virtuellen Arbeiten, gilt dort unverändert.

Bereits im Abschn. 4.2.8 hatten wir dieses Prinzip zur Kraftgrößenermittlung an einem räumlichen Gelenkrahmen angewendet. Verfolgen wir die damaligen Berechnungsschritte auf Tafel 4.22, so wird nunmehr deutlich, dass die dort wiedergegebenen virtuellen Verschiebungsfiguren für

$$\delta\varphi_A = \delta u_i = -1 \tag{6.24}$$

bereits weitgehend den Einflusslinien ebener Tragwerke entsprechen, wenn das Gesamttragwerk als Lastgurt angesehen wird.

Auf der Grundlage der Tafel 4.22 haben wir in Bild 6.12 noch einmal die virtuellen Verschiebungsfiguren für die Einspannmomente M_{xA} sowie M_{zA} dargestellt, nun unter Beachtung von (6.24). Gleichzeitig wurden diese um entsprechende Darstellungen für das Torsionsmoment M_{Tr}^a und das Biegemoment M_{yl}^b ergänzt. Im Einzelnen entspricht die eingeschlagene Vorgehensweise vollständig derjenigen bei ebenen Tragwerken: Nach Aufheben der jeweiligen Bindung wird die virtuelle Verrückung – 1 *entgegen* der positiven Kraftgröße vorgenommen, und die entstehenden Lastgurtverschiebungen werden als *positiv (negativ)* identifiziert, wenn sie *in Richtung (Gegenrichtung)* der positiven, globalen Lastachsen auftreten. Zur Erhöhung seiner Anschaulichkeit haben wir in Bild 6.12 darauf verzichtet, die virtuellen Verschiebungsfiguren in die einzelnen Lastrichtungen F_x, F_y und F_z zu projizieren. Daher wurde dort statt des Wortes *Einflusslinie* die Bezeichnung *Einflussfigur* verwendet.

Wirkliche Einflusslinien, d.h. die Projektionen dieser Einflussfiguren in die jeweilige Lastrichtung, können für räumliche Stabtragwerke wegen der dort möglichen Darstellungsprobleme erheblich unübersichtlicher werden als für ebene. Nicht zuletzt deshalb werden sie bei diesen nicht graphisch, sondern durch Zahlenwerte dargestellt.

Kapitel 7
Formänderungsarbeit

7.1 Eigenschaften der Formänderungsarbeit

7.1.1 Wiederholung der Definition

Ausgehend vom allgemeinen Begriff der mechanischen Arbeit hatten wir im Abschnitt. 2.2.1 die *Formänderungsarbeit* eingeführt. In den Kap. 2 und 4 war diese dann bereits mehrfach angewendet worden, so diente sie zur Definition *korrespondierender mechanischer Variablen* oder ermöglichte als *virtuelle Arbeit* die Kraftgrößenberechnung nach der kinematischen Methode (Abschn. 4.2.6). Nun wollen wir zunächst ihre Definition kurz wiederholen und uns sodann mit Eigenschaften und Anwendungen der Formänderungsarbeit auseinandersetzen. Alle Erkenntnisse dieses Kapitels gelten auch für statisch unbestimmte Tragwerke.

Auf Bild 2.10 war die mechanische Arbeit dW einer Einzelkraft $\mathbf{F}$ entlang eines Verschiebungsdifferenzials $d\mathbf{u}$ bzw. diejenige eines Einzelmomentes $\mathbf{M}$ entlang eines Verdrehungsdifferenzials $d\boldsymbol{\varphi}$ definiert worden. Mit den willkürlichen Zustandsgrößen $\mathbf{F}, d\mathbf{u}$ bzw. $\mathbf{M}, d\boldsymbol{\varphi}$ eines Tragwerkspunktes lauteten die Formänderungsdifferenziale

$$
\begin{aligned}
dW &= \mathbf{F} \cdot d\mathbf{u} = F \cos \alpha \, du \qquad \text{bzw.} \\
dW &= \mathbf{M} \cdot d\boldsymbol{\varphi} = M \cos \alpha \, d\varphi.
\end{aligned}
\tag{7.1}
$$

Darin wurden die Winkel zwischen den beteiligten Zustandsvektoren mit α bezeichnet und die Vektorbeträge mit F, du bzw. $M, d\varphi$. Die Formänderungsarbeiten W selbst bestimmen sich hieraus durch Integration über die Deformationswege:

$$
\begin{aligned}
W &= \int_0^{\mathbf{u}} \mathbf{F} \cdot d\mathbf{u} = \int_0^{\mathbf{u}} F \cos \alpha \, du \qquad \text{bzw.} \\
W &= \int_0^{\boldsymbol{\varphi}} \mathbf{M} \cdot d\boldsymbol{\varphi} = \int_0^{\varphi} M \cos \alpha \, d\varphi.
\end{aligned}
\tag{7.2}
$$

W.B. Krätzig et al., *Tragwerke 1*, Springer-Lehrbuch, 5th ed., DOI 10.1007/978-3-642-12284-2_7, © Springer-Verlag Berlin Heidelberg 2010

Bereits früher erzielte Erkenntnisse konkretisierend definieren wir die Formänderungsarbeit nun wie folgt:

Definition Sind **F** bzw. **M** beliebige äußere (innere) Kraftgrößen und **u** bzw. φ die korrespondierenden äußeren (inneren) Weggrößen, so bezeichnet man W als Formänderungsarbeit der äußeren (inneren) Zustandsgrößen oder abgekürzt als äußere (innere) Formänderungsarbeit.

Liegen Streckenlasten **q**(x) oder Streckenmomente **m**(x) vor, so ist in (7.1) und (7.2) zusätzlich über deren Einwirkungslängen $x_k - x_i$ mit den Grenzen x_i:i, x_k: k zu integrieren:

$$dW = \int\limits_i^k \mathbf{q}(x) \cdot d\mathbf{u}\, dx, \quad W = \int\limits_i^k \int\limits_0^u \mathbf{q}(x) \cdot d\mathbf{u}\, dx \quad \text{bzw.}$$

$$dW = \int\limits_i^k \mathbf{m}(x) \cdot d\varphi\, dx, \quad W = \int\limits_i^k \int\limits_0^\varphi \mathbf{m}(x) \cdot d\varphi\, dx. \tag{7.3}$$

7.1.2 Herleitung der Formänderungsarbeit für ebene, gerade Stabkontinua

Zur Herleitung der Formänderungsarbeit betrachten wir in Bild 7.1 den beliebigen Abschnitt $x_b - x_a$ eines ebenen, geraden Stabtragwerks, in welchem die einwirkenden Lasten q_x, q_z, m_y sowie H_i, P_i, M_i einem im *Gleichgewicht befindlichen Kraftgrößenzustand* angehören sollen. Gleichzeitig werde der Stabwerksabschnitt einem *kinematisch kompatiblen Weggrößenzustand* unterworfen, dessen Ursache zunächst offen bleiben soll. Wir werden nun die von dem Kraftgrößenzustand längs der Verformungswege geleistete Formänderungsarbeit als *Wechselwirkungsenergie* der korrespondierenden Variablen beider Zustände berechnen.

Zweckmäßigerweise beginnen wir mit der *Arbeit der äußeren Zustandsgrößen*, die durch einen Kopfindex[(a)] gekennzeichnet werden soll. Hierzu wird die bereits erwähnte, repräsentative Lastauswahl in positiver Wirkugsrichtung auf den Stabwerksabschnitt aufgebracht. Ihr Arbeitsanteil längs positiver, äußerer Weggrößen lautet:

$$W_I^{(a)} = \int\limits_a^b \left[\int\limits_0^u q_x\, du + \int\limits_0^w q_z\, dw + \int\limits_0^\varphi m_y\, d\varphi \right] dx + \int\limits_0^{u_i} H_i\, du_i$$

$$+ \int\limits_0^{w_i} P_i\, dw_i + \int\limits_0^{\varphi_i} M_i\, d\varphi_i. \tag{7.4}$$

Endlicher Tragwerksabschnitt:

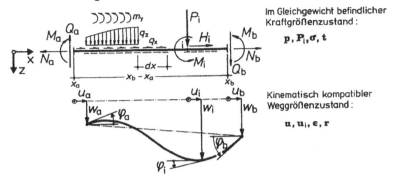

Im Gleichgewicht befindlicher
Kraftgrößenzustand:

$\mathbf{p}, \mathbf{P_i}, \boldsymbol{\sigma}, \mathbf{t}$

Kinematisch kompatibler
Weggrößenzustand:

$\mathbf{u}, \mathbf{u_i}, \boldsymbol{\epsilon}, \mathbf{r}$

Differentielles Tragwerkselement mit
Schnittgrößen und inneren **Weggrößen**:

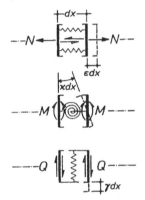

Bild. 7.1 Zur Herleitung der Formänderungsarbeit

Der Einfachheit halber wurden hierin Weggrößenvariablen und -integrationsgrenzen gleich bezeichnet. Die Integrationsgrenzen x_a, x_b entlang der Stabachse werden wie bereits im Abschn. 2.4.4 mit a, b abgekürzt.

Die an beiden Abschnittsenden x_a und x_b freigelegten Randschnittgrößen sind—entsprechend dem Schnittprinzip—ebenfalls als äußere Kraftgrößen aufzufassen. Beachtet man deren in Bild 7.1 wiedergegebene positive Wirkungsrichtungen, so liefern diese entlang positiven Stabendweggrößen den Arbeitsanteil

$$
\begin{aligned}
W_{II}^{(a)} = & -\int_0^{u_a} N_a\, du_a + \int_0^{u_b} N_b\, du_b - \int_0^{w_a} Q_a\, dw_a + \int_0^{w_b} Q_b\, dw_b \\[2mm]
& -\int_0^{\varphi_a} M_a\, d\varphi_a + \int_0^{\varphi_b} M_b\, d\varphi_b.
\end{aligned} \tag{7.5}
$$

Zur Abkürzung substituieren wir hierin die bereits im Abschn. 2.4.4 verwendete, aus der Integralrechnung übernommene Kurzschreibweise

$$- \int\limits_0^{u_a} N_a \, du_a + \int\limits_0^{u_b} N_b \, du_b = \int\limits_0^u [N \, du]_a^b \tag{7.6}$$

und erhalten hiermit zusammenfassend für die äußere Formänderungsarbeit

$$W^{(a)} = \int\limits_a^b \left[\int\limits_0^u q_x \, du + \int\limits_0^w q_z \, dw + \int\limits_0^\varphi m_y \, d\varphi \right] dx + \int\limits_0^{u_i} H_i \, du_i + \int\limits_0^{w_i} P_i \, dw_i$$
$$+ \int\limits_0^{\varphi_i} M_i \, d\varphi_i + \int\limits_0^u [N \, du]_a^b + \int\limits_0^w [Q \, dw]_a^b + \int\limits_0^\varphi [M \, d\varphi]_a^b. \tag{7.7}$$

Formänderungsarbeit der inneren Zustandsgrößen wird durch die innerhalb des Stabwerksabschnittes wirkenden, inneren Kraftgrößen längs ihrer korrespondierenden Weggrößen geleistet. Die Beträge der einzelnen Arbeitsanteile entnehmen wir der Zusammenstellung auf Bild 2.12; ihre Vorzeichefestlegung jedoch erzwingt eine Sonderüberlegung.

Bisher hatten wir, dem Schnittprinzip folgend, nach jedem fiktiven Heraustrennen eines differenziellen Stabelementes dx stets die *freigelegten Schnittgrößen* in positiver Wirkungsrichtung an den *Außenseiten* der Elementschnittflächen angetragen und diese als innere *Kraftgrößen* angesehen. Dieses Vorgehen ist jedoch nicht völlig korrekt, denn die freigelegten Schnittgrößen sind für das Stabelement ja erneut keine inneren Kraftgrößen, da sie an dessen *äußeren Schnittflächen* wirken. Natürlich können wir schlussfolgern, dass an beliebigen weiteren Stellen innerhalb eines Stabelementes stets innere Kraftgrößen wirken, beispielsweise auch auf den Innenseiten der Schnittflächen. Durch das Schnittprinzip können wir diese allerdings wieder nur in Form von *Schnittgrößen* erkennen. Die wirklichen inneren Kraftgrößen im Elementinneren entsprechen aus Gleichgewichtsgründen dem Betrag der von uns verwendeten Schnittgrößen, besitzen jedoch gerade die umgekehrte Wirkungsrichtung.

Dieser Unterschied zwischen Schnittgrößen und inneren Element-Kraftgrößen ist in der Statik nur bei der Herleitung der Formänderungsarbeit von Bedeutung. Zur Veranschaulichung wurden, in Anlehnung an [1.19], auf Bild 7.1 differenzielle Stabelemente mit inneren Federn eingeführt. Diese simulieren das Tragverhalten wie bisher, geben aber gleichzeitig die *inneren Kraftgrößen* als die von den Federn auf die Innenflächen der Elementgrenzen ausgeübten Wirkungen korrekt wieder.

Vergegenwärtigt man sich nun die Arbeitsleistungen eines Stabelementes entlang *positiver Verzerrungen*, so wird deutlich, dass die inneren Kraftgrößen positiven Verzerrungen stets *Widerstand* entgegensetzen. Formänderungsarbeiten positiver

Verzrrungsgrößen sind daher immer *gegen* die inneren Kraftgrößen zu leisten, also
negativ. Aus Bild 2.12 erhalten wir daher die gesamte innere Formänderungsarbeit
mit korrektem Vorzeichen zu:

$$W^{(i)} = - \int\limits_a^b \left[\int\limits_0^\varepsilon N \, d\varepsilon + \int\limits_0^\gamma Q \, d\gamma + \int\limits_0^\kappa M \, d\kappa \right] dx. \qquad (7.8)$$

Abschließend führen wir erneut die bereits durch Bild 2.21 vertrauten matriziellen Zustandsgrößen innerhalb des Stabelementes

$$\mathbf{p} = \begin{bmatrix} q_x \\ q_z \\ m_y \end{bmatrix}, \quad \boldsymbol{\sigma} = \begin{bmatrix} N \\ Q \\ M \end{bmatrix}, \quad \mathbf{u} = \begin{bmatrix} u \\ w \\ \varphi \end{bmatrix} = \begin{bmatrix} u_i \\ w_i \\ \varphi_i \end{bmatrix}, \quad \boldsymbol{\varepsilon} = \begin{bmatrix} \varepsilon \\ \gamma \\ \kappa \end{bmatrix} \qquad (7.9)$$

sowie an dessen Rändern

$$\mathbf{t} = \begin{bmatrix} N \\ Q \\ M \end{bmatrix}, \quad \mathbf{r} = \begin{bmatrix} u \\ w \\ \varphi \end{bmatrix} \qquad (7.10)$$

ein, die wir durch die Einzelwirkung

$$\mathbf{P} = \begin{bmatrix} H_i \\ P_i \\ M_i \end{bmatrix} \qquad (7.11)$$

im Punkt *i* ergänzen. Hiermit lässt sich nun die Gesamtheit der geleisteten äußeren
(7.7) und inneren (7.8) Formänderungsarbeiten

$$W = W^{(a)} + W^{(i)} = \int\limits_a^b \left[\int\limits_0^u q_x \, du + \int\limits_0^w q_z \, dw + \int\limits_0^\varphi m_y d\varphi \right] dx$$

$$+ \int\limits_0^{u_i} H_i \, du_i + \int\limits_0^{w_i} P_i \, dw_i + \int\limits_0^{\varphi_i} M_i \, d\varphi_i$$

$$+ \int\limits_0^u [N \, du]_a^b + \int\limits_0^w [Q \, dw]_a^b + \int\limits_0^\varphi [M \, d\varphi]_a^b$$

$$- \int\limits_a^b \left[\int\limits_0^\varepsilon N \, d\varepsilon + \int\limits_0^\gamma Q \, d\gamma + \int\limits_0^\kappa M \, d\kappa \right] dx$$

$$\qquad (7.12)$$

in wesentlich vereinfachter Form darstellen:

$$W = W^{(a)} + W^{(i)} = \int\limits_a^b \int\limits_0^u \mathbf{p}^T\,d\mathbf{u}\,dx + \int\limits_0^u \mathbf{P}^T\,d\mathbf{u} + \int\limits_0^r \left[\mathbf{t}^T\,d\mathbf{r}\right]_a^b - \int\limits_a^b \int\limits_0^\varepsilon \boldsymbol{\sigma}^T\,d\boldsymbol{\varepsilon}\,dx\,.$$

$$(7.13)$$

Unsere Überlegungen zum Vorzeichen der Formänderungsarbeiten fassen wir wie folgt zusammen:

Definition Positive äußere Zustandsgrößen leisten *positive*, positive innere Zustandsgrößen dagegen stets *negative* Anteile zur Formänderungsarbeit.

Selbstverständlich kann der Stabwerksabschnitt $x_b - x_a$ des Bildes 7.1, der allen Herleitungen zugrundegelegt wurde, ohne weiteres auf vollständige Tragwerke erweitert werden. Die Integration über dx ist dann über das gesamte Tragwerk $x_a = 0$, $x_b = l$, zu erstrecken; Randschnittgrößen sind mit den Kraftgrößen an den Tragwerksrändern, Randverformungen mit den dortigen Weggrößen zu identifizieren. Dabei bleibt natürlich die eingangs getroffene Voraussetzung erhalten, nach welcher der betrachtete Kräftezustand im Gleichgewicht, der Weggrößenzustand kinematisch verträglich sei.

7.1.3 Eigenarbeit oder aktive Arbeit

Im letzten Abschnitt war die Ursache des kinematisch kompatiblen Weggrößenzustandes zunächst einmal offen geblieben. Zur Weiterbehandlung von (7.12) muss diese Lücke geschlossen werden, was auf zwei Arten von Formänderungsarbeit führen wird, nämlich *Eigenarbeit* und *Verschiebungsarbeit*. Treten beide bei wirklichen Belastungsporzessen gemeinsam auf, so werden ihre Einzelbeiträge zur Gesamtarbeit additiv zusammengefasst.

Für das weitere Vorgehen in diesem Abschnitt treffen wir nun drei Voraussetzungen:

- Der Weggrößenzustand werde durch den im Gleichgewicht befindlichen Kraftgrößenzustand selbst hervorgerufen.
- Das Tragwerk weise linear elastisches Werkstoffverhalten auf.
- Die Belastung wirke durch proportionale Erhöhung eines Grundlastzustandes auf das Tragwerk ein.

Formänderungsarbeit, welche unter diesen Voraussetzungen entsteht, wird als *Eigenarbeit* oder *aktive Arbeit* bezeichnet.

Die ersten Voraussetzungen bedürfen kaum einer Erläuterung: Die in (7.12) auftretenden Schnittgrößen sind Ursache der dortigen Verzerrungen und zwischen beiden besteht gemäß (2.64) eine lineare Kopplung:

$$N = EA\varepsilon, \quad Q = GA_Q\gamma, \quad M = EI\kappa. \tag{7.14}$$

Erwähnenswert erscheint, dass auch im Rahmen der im Abschn. 2.3.5 hergeleiteten einfachen Kriechtheorien unserer DIN-Normen Eigenarbeit geleistet werden kann, da die angegebenen Kriechgesetze die in (7.14) auftretenden Steifigkeitsfaktoren zeitabhängig reduzieren (2.66). Schwindvorgänge, Temperatureinwirkungen oder Stützensenkungen erfüllen dagegen beide Voraussetzungen nicht und können somit niemals zu Eigenarbeiten führen.

Die dritte Voraussetzung einer Proportionalitätsbelastung verlangt, dass während der Arbeitsleistung die Gesamtlast des Tragwerks von Null auf ihren Endwert allein durch Erhöhung eines Lastfaktors gesteigert wird. Eine Einzellast erfüllt diese Bedingung stets. Bei komplizierten Lastbildern wird gedanklich ein Grundlastzustand $\mathbf{P}_0$ mit einer Lastintensität $\lambda = 0$ auf das Tragwerk aufgebracht, der dann durch quasistatische Erhöhung des Intensitätsfaktors λ auf seinen Endzustand anwächst:

$$\mathbf{P} = \lambda\mathbf{P}_0. \tag{7.15}$$

Da im Rahmen der linearen Statik äußere und innere Kraftgrößen ebenso wie äußere und innere Weggrößen durch *lineare* Transformationen miteinander verknüpft sind, bewirkt die dritte Voraussetzung (7.15) gemeinsam mit den beiden ersten, dass auch zwischen den äußeren Kraft- und Weggrößen in (7.12) *lineare* Beziehungen bestehen:

$$H_\mathrm{i} = c_\mathrm{H}\, u_\mathrm{i}, \quad P_\mathrm{i} = c_\mathrm{P} w_\mathrm{i}, \quad M_\mathrm{i} = c_\mathrm{M}\varphi_\mathrm{i}, \quad N_\mathrm{a} = c_\mathrm{N} u_\mathrm{a}, \quad Q_\mathrm{a} = c_\mathrm{Q} w_\mathrm{a}, \ldots \tag{7.16}$$

Die hierin definierten Proportionalitätsfaktoren c werden Federsteifigkeiten genannt.

Nun sollen die Arbeitsanteile in (7.12) unter den getroffenen Voraussetzungen integriert werden. Stellvertretend erfolgt dies an drei Einzelbestandteilen:

$$\int_0^{u_\mathrm{i}} H_\mathrm{i}\, du_\mathrm{i}, \quad \int_0^{w_\mathrm{a}} Q_\mathrm{a}\, dw_\mathrm{a}, \quad \int_0^{\kappa} M\, d\kappa. \tag{7.17}$$

Mittels (7.14) und (7.16) substituieren wir hierin die beteiligten Kraftgrößen durch ihre jeweiligen Steifigkeitsbeziehungen

$$H_\mathrm{i} = c_\mathrm{H}\, u_\mathrm{i}, \quad Q_\mathrm{a} = c_\mathrm{Q} w_\mathrm{a}, \quad M = EI\kappa \tag{7.18}$$

und erhalten bei der anschließenden Integration die Ausdrücke:

$$\int_0^{u_i} H_i \, du_i = c_H \int_0^{u_i} u_i \, du_i = \frac{1}{2} c_H \, (u_i)^2 \Big|_0^{u_i},$$

$$\int_0^{w_a} Q_a \, dw_a = c_Q \int_0^{w_a} w_a \, dw_a = \frac{1}{2} c_Q (w_a)^2 \Big|_0^{w_a}, \qquad (7.19)$$

$$\int_0^x M \, d\kappa = EI \int_0^x \kappa \, d\kappa = \frac{1}{2} EI \, (\kappa)^2 \Big|_0^\kappa.$$

Nach Einsetzen der Integrationsgrenzen und Rücksubstitution (7.14) und (7.16) entsteht hieraus:

$$\frac{1}{2} H_i u_i, \quad \frac{1}{2} Q_a w_a, \quad \frac{1}{2} M\kappa. \qquad (7.20)$$

Ohne weitere Details herzuleiten erkennen wir bereits jetzt die endgültige Form der Eigenarbeit in der Schreibweise von (7.13):

$$W = W^{(a)} + W^{(i)} = \frac{1}{2} \underbrace{\left(\mathbf{P}^T \mathbf{u} + \int_a^b \mathbf{p}^T \mathbf{u} dx + [\mathbf{t}^T \mathbf{r}]_a^b \right)}_{W^{(a)}} \underbrace{- \frac{1}{2} \int_a^b \boldsymbol{\sigma}^T \boldsymbol{\varepsilon} \, dx.}_{W^{(i)}} \qquad (7.21)$$

Wir fassen die bisherigen Erkenntnisse wie folgt zusammen.

Satz: Die Formänderungsarbeit W von Kraftgrößen längs ihrer *eigenen* Verformungswege heißt *Eigenarbeit* oder *aktive Arbeit*.

Innere und äußere Formänderungsarbeitsanteile sind bei linear elastischem Werkstoffverhalten durch den Faktor 1/2 gekennzeichnet.

Oftmals werden in der inneren Arbeit $W^{(i)}$ von (7.21) die Verzerrungen $\boldsymbol{\varepsilon}$ durch die i.A. frühzeitig bekannten Schnittgrößen $\boldsymbol{\sigma}$ ersetzt

$$\boldsymbol{\varepsilon} = \mathbf{E}^{-1} \boldsymbol{\sigma}, \qquad (7.22)$$

was zu

$$W^{(i)} = -\frac{1}{2} \int_a^b \boldsymbol{\sigma}^T \boldsymbol{\varepsilon} \, dx = -\frac{1}{2} \int_a^b \boldsymbol{\sigma}^T \mathbf{E}^{-1} \boldsymbol{\sigma} \, dx \qquad (7.23)$$

führt. Nach Ausschreiben der Matrizenmultiplikationen unter Verwendung der Elastizitätsmatrix $\mathbf{E}$ gemäß (2.64)

$$\begin{bmatrix} N_{\mathrm{x}i} \\ Q_{\mathrm{x}i} \\ M_{\mathrm{x}i} \end{bmatrix}$$

$$\begin{bmatrix} \frac{1}{EA} & 0 & 0 \\ 0 & \frac{1}{GA_{\mathrm{Q}}} & 0 \\ 0 & 0 & \frac{1}{EI} \end{bmatrix} \begin{bmatrix} \frac{N_{\mathrm{x}i}}{EA} \\ \frac{Q_{\mathrm{x}i}}{GA_{\mathrm{Q}}} \\ \frac{M_{\mathrm{x}i}}{EI} \end{bmatrix} \qquad (7.24)$$

$$\begin{bmatrix} N_{\mathrm{x}i} & Q_{\mathrm{x}i} & M_{\mathrm{x}i} \end{bmatrix} \begin{bmatrix} \dfrac{N_{\mathrm{x}i}^2}{EA} + \dfrac{Q_{\mathrm{x}i}^2}{GA_{\mathrm{Q}}} + \dfrac{M_{\mathrm{x}i}^2}{EI} \end{bmatrix}$$

gewinnt man hieraus:

$$W^{(i)} = -\frac{1}{2} \int_a^b \left(\frac{N_{\mathrm{x}i}^2}{EA} + \frac{Q_{\mathrm{x}i}^2}{GA_{\mathrm{Q}}} + \frac{M_{\mathrm{x}i}^2}{EI} \right) dx. \qquad (7.25)$$

Dabei führen wir eine zusätzliche Indizierung ein. Der erste Index x bezeichnet den Ort, der zweite Index i die gemeinsame Ursache.

Abschließend soll der Arbeitsausdruck (7.21) auf das in Bild 7.2 dargestellte ebene Stabtragwerk spezialisiert werden. Streckenlasten entfallen, und das Tragwerk weist nur eine einzige Beanspruchungsursache auf: die Einzellast F_i im Punkt i. Die durch sie hervorgerufene, korrespondierende Verschiebung lautet δ_{ii}. In den Lagern ist stets eine der korrespondierenden Randvariablen Null, so dass auch die Randarbeiten entfallen:

	t	r				t	r
Lager A :	H_A	$N_A,$	$u = 0$	$u_x = 0,$	Lager B :	$H_B,$	$u = 0$
	bzw.		bzw.				
	V_A	$Q_A,$	$w = 0$	$u_z = 0,$		$V_B,$	$w = 0$
		$M_A = 0, \varphi;$				$M_B,$	$\varphi = 0.$

Daher lauter die gesamte Eigenarbeit:

$$W = W^{(a)} + W^{(i)} = \frac{1}{2} F_i \, \delta_{ii} - \frac{1}{2} \int_0^1 \left(\frac{N_{\mathrm{x}i}^2}{EA} + \frac{Q_{\mathrm{x}i}^2}{GA_{\mathrm{Q}}} + \frac{M_{\mathrm{x}i}^2}{EI} \right) dx, \qquad (7.26)$$

wobei die Integration über das ganze Tragwerk zu erstrecken ist.

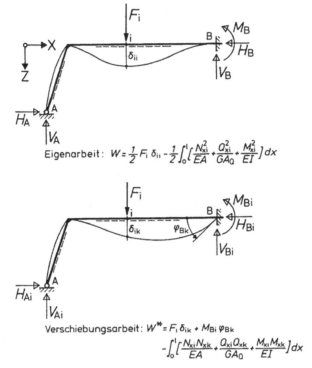

Eigenarbeit: $W = \frac{1}{2} F_i \, \delta_{ii} - \frac{1}{2} \int_0^l [\frac{N_{xi}^2}{EA} + \frac{Q_{xi}^2}{GA_Q} + \frac{M_{xi}^2}{EI}] \, dx$

Verschiebungsarbeit: $W^* = F_i \, \delta_{ik} + M_{Bi} \, \varphi_{Bk}$
$$- \int_0^l [\frac{N_{xi} N_{xk}}{EA} + \frac{Q_{xi} Q_{xk}}{GA_Q} + \frac{M_{xi} M_{xk}}{EI}] \, dx$$

Bild. 7.2 Eigenarbeit und Verschiebungsarbeit eines Rahmentragwerks

7.1.4 Verschiebungsarbeit oder passive Arbeit

In diesem Abschnitt soll über die in (7.12) offen gelassene Deformationsursache dergestalt verfügt werden, dass

der Formänderungsarbeit leistende Gleichgewichtszustand in *keiner* ursächlichen Verbindung zu dem kinematisch vertäglichen Weggrößenzustand stehe.

Daher wirkt der Kraftgrößenzustand (Index/Ursache: i) während der zur Formänderungsarbeit führenden Deformation (Index/Ursache: k) mit gleichbleibender Intensität. Die unter dieser Voraussetzung geleistete Formänderungsarbeit werde—sehr anschaulich—als *Verschiebungsarbeit* oder *passive Arbeit* bezeichnet.

Die Deformationsursache kann—bei linear elastischem oder auch beliebig nichtlinearem Werkstoffverhalten—in einem weiteren Gleichgewichtszustand liegen, aber auch Schwindverformungen, Temperatureinwirkungen oder Auflagerverschiebungen sind zugelassen. Die Verschiebungsarbeit besitzt also im Vergleich zur Eigenarbeit ein viel breiteres Anwendungsspektrum.

Wir wollen nun den allgemeinen Ausdruck (7.12) der Formänderungsarbeit unter der geänderten Voraussetzung ebenfalls integrieren. Betrachten wir hierzu stellvertretend das Glied

$$W_{\mathrm{P}} = \int\limits_0^{w_{ik}} P_i \, dw_{ik}, \tag{7.27}$$

in welchem der erste oder ein einziger Index den Ort, der zweite die Ursache kennzeichnet, und halten die Kraft P_i voraussetzungsgemäß während der Integration konstant, so entsteht:

$$W_{\mathrm{P}} = P_i \int\limits_0^{w_{ik}} dw_{ik} = P_i \, w_{ik} \Big|_0^{w_{ik}} = P_i \, w_{ik} = W_{\mathrm{P}}^*. \tag{7.28}$$

Alle weiteren Anteile in (7.12) verhalten sich analog. Die gesamte Verschiebungsarbeit W^* lässt sich somit ohne weitere Integrationsbeispiele in der Form (7.13) als

$$W^* = W^{*(a)} + W^{*(i)} = \underbrace{\mathbf{P}_i^{\mathrm{T}} \mathbf{u}_k + \int\limits_a^b \mathbf{p}_i^{\mathrm{T}} \mathbf{u}_k \, dx}_{W^{*(a)}} + \underbrace{\left[\mathbf{t}_i^{\mathrm{T}} \mathbf{r}_k\right]_a^b - \int\limits_a^b \boldsymbol{\sigma}_i^{\mathrm{T}} \boldsymbol{\varepsilon}_k \, dx}_{W^{*(i)}}. \tag{7.29}$$

angeben. Die verwendeten Indizes heben hierin die beiden voneinander unabhängigen Zustände—i den im Gleichgewicht befindlichen Kraftgrößenzustand und k den kinematisch kompatiblen Weggrößenzustand—besonders hervor. Zusammenfassend gilt:

Satz: Die Formänderungsarbeit W^* von Kraftgrößen längs *fremdverursachter* Weggrößen heißt *Verschiebungsabeit* oder *passive Arbeit*.

Um die Dualität zur Eigenarbeit hervorzuheben, wählen wir als Deformationsursache ebenfalls einen Kraftgrößenzustand k und setzen linear elastisches Werkstoffverhalten voraus:

$$\boldsymbol{\varepsilon} = \mathbf{E}^{-1}\boldsymbol{\sigma}. \tag{7.30}$$

Aus der inneren Verschiebungsarbeit

$$W^{*(i)} = -\int\limits_a^b \boldsymbol{\sigma}_i^{\mathrm{T}} \boldsymbol{\varepsilon}_\kappa \, dx = -\int\limits_a^b \boldsymbol{\sigma}_i^{\mathrm{T}} \mathbf{E}^{-1} \boldsymbol{\sigma}_\kappa \, dx \tag{7.31}$$

wird nun durch eine zu (7.24) gleichartige Matrizenmultiplikation der mit (7.25) vergleichbare Ausdruck:

$$W^{*(i)} = - \int_a^b \left(\frac{N_{xi} N_{xk}}{EA} + \frac{Q_{xi} Q_{xk}}{GA_Q} + \frac{M_{xi} M_{xk}}{EI} \right) dx, \qquad (7.32)$$

in welchem die Schnittgrößenfunktionen nunmehr zwei unterschiedlichen Zuständen entstammen.

Schließlich spezialisieren wir auch (7.29) wieder auf das in Bild 7.2 dargestellte Rahmentragwerk. Als äußere Last wirke erneut F_i und rufe die Schnittgrößen $\{N_{xi} Q_{xi} M_{xi}\}$ sowie die eingezeichneten Auflagergrößen hervor. Die hiervon unabhängigen Deformationswege werden durch die vergrößert dargestellte Auflagerverdrehung φ_{BK} hervorgerufen, die auch die Schnittgrößen $\{N_{xk} Q_{xk} M_{xk}\}$ verursacht. Wie der Leser leicht nachvollziehen kann, lautet die geleistete Verschiebungsarbeit:

$$W^* = W^{*(a)} + W^{*(i)} = F_i w_{ik} + M_{Bi} \varphi_{Bk}$$

$$- \int_0^1 \left(\frac{N_{xi} N_{xk}}{EA} + \frac{Q_{xi} Q_{xk}}{GA_Q} + \frac{M_{xi} M_{xk}}{EI} \right) dx . \qquad (7.33)$$

7.1.5 Zusammenfassung und Verallgemeinerung

In diesem Abscnitt wollen wir die zur Formänderungsarbeit gewonnenen Erkenntnisse kurz wiederholen, sie auf Tafel 7.1 zusammenfassen und abrunden.

Je nach der Ursache der Verformungswege war es zweckmäßig, *Eigenarbeit* und *Verschiebungsarbeit* zu unterscheiden. Eigenarbeit ist stets an *elastisches* Tragverhalten gebunden; Verschiebungsarbeit konnte dagegen ohne eine derartige Einschränkung definiert werden. Setzt man *lineare Elastizität* voraus, so besteht zwischen allen korrespondierenden. Kraft- und Weggrößen ein linearer Zusammenhang. Die Eigenarbeit ist dann durch den gemeinsamen Faktor 1/2 gekennzeichnet, und in einer charakteristischen Kraft-Verformungs-Darstellung gemäß Tafel 7.1 bildet sie den Flächeninhalt des Dreiecks unterhalb des Kraftverlaufs. Die Verschiebungsarbeit dagegen lässt sich als Flächeninhalt eines Rechtecks darstellen. Da in diesem Fall alle Kraftgrößen während der Arbeitsleistung konstant gehalten werden, entfallen Beschränkungen über Ursache und Verlauf der korrespondierenden Weggrößen.

Die *inneren Formänderungsarbeiten* sind auf Tafel 7.1 für drei Tragwerksklassen detailliert worden: für *ideale Fachwerke*, *ebene* und *räumliche Stabwerke*. Aus den Arbeitsausdrücken (7.25) und (7.32) für ebene Stabwerke entstehen durch Streichung der Biegemomenten- und Querkraftanteile diejenigen für *ideale Fachwerke*. Wegen der stabweisen Konstanz der Normalkräfte und Dehnsteifigkeiten in Fachwerken können N_i^2/EA bzw. $N_i N_k/EA$ vor das jeweilige Integral gezogen werden, welches dann in die Stablänge s übergeht. Das Ergebnis ist eine schlichte Summation aller Stabarbeiten über die Einzelstäbe des Fachwerks.

Tafel 7.1 Definition, Formen und Eigenschaften von Formäderungsarbeit

> Formänderungsarbeit ist mechanische Arbeit korrespondierender Zustandsgrößen eines Tragwerks. Wir unterscheiden Eigenarbeit und Verschiebungsarbeit.

1. Eigenarbeit: Formänderungsarbeit von Kraftgrößen (Index: i) längs eigener (selbstverursachter), elastischer Verformungswege (Index: i): $W = W^{(a)} + W^{(i)}$

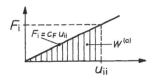

- Äußere Eigenarbeit einer Einzelkraft F_i:

$$W^{(a)} = \frac{1}{2} F_i \, u_{ii}$$

- Innere Eigenarbeit
  eines idealen Fachwerks:

$$W^{(i)} = \frac{1}{2} \sum_{\text{alle Stäbe}} \frac{N_i^2}{EA} \, s \, ,$$

  eines ebenen Stabwerks:

$$W^{(i)} = \frac{1}{2} \int_o^l \left[\frac{N_{xi}^2}{EA} + \frac{Q_{xi}^2}{GA_Q} + \frac{M_{xi}^2}{EI} \right] dx \, ,$$

  eines räumlichen Stabwerks:

$$W^{(i)} = \frac{1}{2} \int_o^l \left[\frac{N_i^2}{EA} + \frac{Q_{yi}^2}{GA_{Qy}} + \frac{Q_{zi}^2}{GA_{Qz}} + \frac{M_{Ti}^2}{GI_T} + \frac{M_{yi}^2}{EI_y} + \frac{M_{zi}^2}{EI_z} \right] dx$$

2. Verschiebungsarbeit: Formänderungsarbeit von Kraftgrößen (Index: i) längs fremdverursachter Verformungswege (Index: k): $W^* = W^{*(a)} + W^{*(i)}$

- Äußere Verschiebungsarbeit einer Einzellast F_i:

$$W^{*(a)} = F_i \, u_{ik}$$

- Innere Verschiebungsarbeit (Unter Voraussetzung linear elastischer Verzerrungen des Kraftgrößenzustandes k)
  eines idealen Fachwerks:

$$W^{*(i)} = \sum_{\text{alle Stäbe}} \frac{N_i N_k}{EA} \, s \, ,$$

  eines ebenen Stabwerks:

$$W^{*(i)} = \int_o^l \left[\frac{N_{xi} N_{xk}}{EA} + \frac{Q_{xi} Q_{xk}}{GA_Q} + \frac{M_{xi} M_{xk}}{EI} \right] dx \, ,$$

  eines räumlichen Stabwerks:

$$W^{*(i)} = \int_o^l \left[\frac{N_i N_k}{EA} + \frac{Q_{yi} Q_{yk}}{GA_{Qy}} + \frac{Q_{zi} Q_{zk}}{GA_{Qz}} + \frac{M_{Ti} M_{Tk}}{GI_T} + \frac{M_{yi} M_{yk}}{EI_y} + \frac{M_{zi} M_{zk}}{EI_z} \right] dx$$

Schließlich können wir aus der matriziellen Form (7.23) und (7.31) der inneren Arbeiten und Übernahme der gemäß (7.24) benötigten Martrizen aus dem Anhang 4 auf die innere Arbeit *räumlicher Stabwerke* schließen. Zur besseren Übersicht wurde dabei der Ortsindex x unterdrückt, da sämtliche Bestandteile des Integranden Ortsfunktionen der Koordinate x sein können. Die Indizes i, k bezeichnen erneut zwei *Zustände*, denen die einzelnen Kraftgrößen zuzuordnen sind. Bei der Verschiebungsarbeit wurden wieder elastische Verzerrungen des Kräftezustandes k vorausgesetzt; selbstverständlich sind die beträchtlich allgemeineren Dehnungsursachen der Abschn. 2.3.5 und 2.3.6 zugelassen.

7.2 Energieaussagen

7.2.1 Energiesatz der Mechanik

Im Abschn. 2.4.4 hatten wir durch Umformung aus den beiden Wechselwir-
kungsintegralen

$$\int_a^b EA\,u_1''\,u_2\,dx \quad \text{und} \quad \int_a^b EA\,w_1''''\,w_2\,dx$$

das 1. GREENsche Funktional

$$\int_a^b \mathbf{p}_1^{\mathrm{T}}\,\mathbf{u}_2\,dx = -\left[\mathbf{t}_1^{\mathrm{T}}\,\mathbf{r}_2\right]_a^b + \int_a^b \boldsymbol{\sigma}_1^{\mathrm{T}}\,\boldsymbol{\varepsilon}_2\,dx \qquad (7.34)$$

gewonnen. Hierin bezeichnete der Index 1 einen im Gleichgewicht befindlichen
Kraftgrößenzustand, der Index 2 einen kinematisch kompatiblen Deformationszustand. Die Herleitung erfolgte zwar unter Annahme der Normalenhypothese, also mit den matriziellen Abkürzungen des Bildes 2.22; das formulierte Funktional
(7.34) gilt aber unverändert auch bei Berücksichtigung von Schubverzerrungen,
dann allerdings mit den Matrizen (7.9) und (7.10) des Bildes 2.21.

In Anlehnung an die Herleitungen des Abschn. 7.1.2 sollen in (7.3) auch Ein-
zelwirkungen integriert werden. Hierzu spalten wir von den Streckenlasten $\mathbf{p}$ einen
Lastanteil $\mathbf{p}^*$ ab, den wir uns in einem kleinen Intervall $\Delta x = x_{b*} - x_{a*}$ um den
Punkt i des Bildes 7.1 herum wirkend vorstellen:

$$\int_a^b \mathbf{p}^{\mathrm{T}}\mathbf{u}\,dx : \quad \int_{a*}^{b*} \mathbf{p}^{*\mathrm{T}}\mathbf{u}\,dx + \int_a^b \mathbf{p}^{\mathrm{T}}\mathbf{u}\,dx. \qquad (7.35)$$

Seine Komponenten $\mathbf{p}^* = \{q_x^*\ q_z^*\ m_y^*\}$ sollen beim Grenzübergang $\Delta x \to 0$
zu Einzelkraftgrößen $\{\mathrm{H}_i\ \mathrm{P}_i\ \mathrm{M}_i\}$ zusammenschrumpfen:

$$\lim_{\Delta x \to 0} \int_{a*}^{b*} q_x^*\,dx = H_i, \quad \lim_{\Delta x \to 0} \int_{a*}^{b*} q_z^*\,dx = P_i, \quad \lim_{\Delta x \to 0} \int_{a*}^{b*} m_y^*\,dy = M_i. \quad (7.36)$$

Damit degenerieren auch die Komponenten des Verschiebungsfeldes $\mathbf{u}$ zu korrespondierenden Einzelverformungen $\{u_i\ w_i\ \varphi_i\}$ im Punk i, und das Arbeitsintegral
(7.35) nimmt unter Verwendung von (7.11) die folgende Form an:

$$\mathbf{P}^T\mathbf{u} + \int\limits_a^b \mathbf{p}^T\mathbf{u}\, dx. \tag{7.37}$$

Für die Bild 7.1 entsprechende Lastvielfalt lautet daher das 1. GREENsche Funktional

$$\mathbf{P}_i^T\mathbf{u}_k + \int\limits_a^b \mathbf{p}_i^T\mathbf{u}_k\, dx + \left[\mathbf{t}_i^T\,\mathbf{r}_k\right]_a^b - \int\limits_a^b \boldsymbol{\sigma}_i^T\boldsymbol{\varepsilon}_k\, dx = 0, \tag{7.38}$$

wenn erneut die beiden beteiligten Zustände mit i und k indiziert werden. Durch Vergleich mit der Verschiebungsarbeit (7.29) wird die Identität beider Ausdrücke ersichtlich. Auch die mechanischen Voraussetzungen ihrer Herleitungen, nämlich Gleichgewicht des Kraftgrößenzustandes i und kinematische Verträglichkeit der auftretenden Deformationswege k, sind in beiden Fällen identisch. Daher folgern wir aus (7.38) das Verschwinden der Verschiebungsarbeit unter den getroffenen Voraussetzungen:

$$W^* = W^{*(a)} + W^{*(i)} = 0. \tag{7.39}$$

Setzen wir nun als Verformungsursache den in (7.38) vorhandenen Kraftgrößenzustand voraus, streichen folgerichtig alle Indizes und multiplizieren das Funktional anschließend mit dem Faktor 1/2, so können wir den entstandenen Ausdruck mit der Eigenarbeit (7.21) identifizieren und erhalten:

$$W = W^{(a)} + W^{(i)} = 0. \tag{7.40}$$

Beide Ausagen werden als *Energie-* oder *Arbeitssatz der Mechanik* bezeichnet. Sie verknüpfen das Gleichgewicht und die kinematische Verträglichkeit zweier Zustände zu einer skalaren, energetischen Aussage. In der vorliegenden Form gelten sie für quasistatische und isotherme Vorgänge [1.5]. Häufig werden bei Belastungsprozessen Eigen- und Verschiebungsarbeiten gleichzeitig geleistet; bei Einhaltung der obigen Voraussetzungen gilt dann:

$$W = W^{(a)} + W^{(i)} + W^{*(a)} + W^{*(i)} = 0. \tag{7.41}$$

Wir fassen das Ergebnis zusammen:

Energiesatz der Mechanik: Für die Formänderungsarbeit von im Gleichgewicht befindlichen Kraftgrößenzuständen längs kinematisch verträglicher Verformungswege gilt

- für die Leistung von Eigenarbeit:

$$W = W^{(a)} + W^{(i)} = \frac{1}{2}\left(\mathbf{P}^T\mathbf{u} + \int\limits_a^b \mathbf{p}^T\mathbf{u}\, dx + \left[\mathbf{t}^T\,\mathbf{r}\right]_a^b\right) - \frac{1}{2}\int\limits_a^b \boldsymbol{\sigma}^T\boldsymbol{\varepsilon}\, dx = 0,$$
$$\tag{7.42}$$

- für die Leistung von Verschiebungsarbeit:

$$W^* = W^{*(a)} + W^{*(i)} = \mathbf{P}_i^T \mathbf{u}_k + \int_a^b \mathbf{p}_i^T \mathbf{u}_k \, dx + \left[\mathbf{t}_i^T \mathbf{r}_k\right]_a^b - \int_a^b \boldsymbol{\sigma}_i^T \boldsymbol{\varepsilon}_k \, dx = 0. \quad (7.43)$$

In der vorliegenden Form gilt der Energiesatz der Mechanik für quasistatische und isotherme Prozesse.

7.2.2 Prinzip der virtuellen Arbeiten

Das Prinzip der virtuellen Arbeiten bildet eine methodische Weiterentwicklung des Energiesatzes der Mechanik. Ausgehend von dessen Formulierung für Verschiebungsarbeiten (7.43) lässt sich mit den Hilfsmitteln der Variationsrechnung nämlich nachweisen, dass die beiden Voraussetzungen,

- das Gleichgewicht des Kraftgrößenzustandes $\mathbf{P}_i$, $\mathbf{p}_i$, $\boldsymbol{\sigma}_i$, $\mathbf{t}_i$ und
- die kinematische Verträglichkeit der Deformationswege $\mathbf{u}_k$, $\boldsymbol{\varepsilon}_k$, $\mathbf{r}_k$, sowie der hergeleitete Energiesatz
- $w^* = w^{*(a)} + w^{*(i)} = 0$

Wechselweise austauschbar sind: Zwei dieser Teilaussagen sind hinreichend und notwendig für die jeweils dritte.

In diesem Sinne besitzt das Prinzip der virtuellen Arbeiten in der Statik der Tragwerke vielfältige Anwendbarkeit. Beispielsweise kann man das Gleichgewicht eines vorliegenden Kräftesystems nachweisen, indem man dessen Verschiebungsarbeiten längs eines gedachten, d.h. *virtuellen*, kinematisch kompatiblen Deformationszustandes zu Null setzt. Umgekehrt kann ein wirklicher Verformungszustand als kinematisch verträglich identifiziert werden, wenn dessen Verschiebungsarbeit mit einem *virtuellen* Gleichgewichtssystem verschwindet. Dabei versieht man die jeweils *virtuellen Zustandsgrößen* und die geleistete *virtuelle* Arbeite mit dem Symbol δ als Kennzeichen einer Variation.

Wir untergliedern das Prinzip der virtuellen Arbeiten nach dem vorgegebenen, virtuellen Zustand wie folgt:

Prinzip der virtuellen Verschiebungen: Ein Kraftgrößenzustand $\mathbf{P}$, $\mathbf{p}$, $\boldsymbol{\sigma}$, $\mathbf{t}$ befindet sich im Gleichgewicht, wenn für einen beliebigen *virtuellen*, kinematisch kompatiblen Deformationszustand $\delta\mathbf{u}$, $\delta\boldsymbol{\varepsilon}$, $\delta\mathbf{r}$ die Summe der virtuellen Arbeiten verschwindet:

$$\delta^* W = \mathbf{P}^T \delta\mathbf{u} + \int_a^b \mathbf{p}^T \delta\mathbf{u} \, dx + \left[\mathbf{t}^T \delta\mathbf{r}\right]_a^b - \int_a^b \boldsymbol{\sigma}^T \delta\boldsymbol{\varepsilon} \, dx = 0. \quad (7.44)$$

Prinzip der virtuellen Kraftgrößen: Ein Deformationszuztand $\mathbf{u}$, $\boldsymbol{\varepsilon}$, $\mathbf{r}$ ist kinematisch verträglich wenn für einen beliebigen *virtuellen*, im Gleichgewicht befindlichen

Kraftgrößenzustand $\delta\mathbf{P}$, $\delta\mathbf{p}$, $\delta\boldsymbol{\sigma}$, $\delta\mathbf{t}$ die Summe der virtuellen (konjugierten) Arbeiten

$$\delta^* \bar{W} = \mathbf{u}^T \delta \mathbf{P} + \int\limits_a^b \mathbf{u}^T \delta \mathbf{p} \, dx + \left[\mathbf{r}^T \delta \mathbf{t} \right]_a^b - \int\limits_a^b \boldsymbol{\varepsilon}^T \delta \boldsymbol{\sigma} \, dx = 0. \qquad (7.45)$$

Das Verschwinden von $\delta^* W$ entspricht somit einer Gleichgewichtsaussage, dasjenige von $\delta^* \bar{W}$ einer kinematischen Kompatibilitätsforderung für den jeweils untersuchten Zustand. Die virtuellen Zustände $\delta \mathbf{P}$, $\delta \mathbf{p}$, $\delta \boldsymbol{\sigma}$, $\delta \mathbf{t}$ bzw. $\delta \mathbf{u}$, $\delta \boldsymbol{\varepsilon}$, $\delta \mathbf{r}$ bilden erste Variationen des wirklichen Gleichgewichts- bzw. Deformationszustandes. Wie man unschwer (7.44) und (7.45) entnimmt, stellen beide Prinzipe erste Variationen des Funktionals (7.43) hinsichtlich der Weg- bzw. Kraftgrößen dar. Allerdings handelt es sich mathematisch nicht um vollständige Variationen, weshalb die Bezeichnungen $\delta^* W$ bzw. $\delta^* \bar{W}$ gewählt wurden.

Fast immer sind in der Statik der Tragwerke *Lasten* vorgegeben, deren Variationen somit gleich Null sind:

$$\delta \mathbf{P} = \delta \mathbf{p} = \mathbf{0}. \qquad (7.46)$$

Das Prinzip der virtuellen Kraftgrößen (7.45) nimmt dann die einfachere Form

$$\delta^* \bar{W} = \left[\mathbf{r}^T \delta \mathbf{t} \right]_a^b - \int\limits_a^b \boldsymbol{\varepsilon}^T \delta \boldsymbol{\sigma} \, dx = 0 \qquad (7.47)$$

an. Im Allgemeinen, insbesondere bei nichtlinearen Problemstellungen stellt $\delta^* \bar{W}$ übrigens keine mechanische Arbeit, sondern *konjugierte* Arbeit dar, die im Gegensatz zu (7.2) durch

$$\bar{W} = \int\limits_0^F \mathbf{u} \cdot d\mathbf{F} \quad \text{bzw.} \quad \bar{W} = \int\limits_0^M \boldsymbol{\varphi} \cdot d\mathbf{M} \qquad (7.48)$$

definiert ist. Da dieser Unterschied aber in der linearen Statik belanglos ist, wurde er hier unterdrückt [1.4, 1.5].

Bereits bei der Herleitung der kinematischen Methode hatten wir *virtuelle Verschiebungen* oder *Verrückungen* verwendet, allerdings an zwangläufigen kinematischen Ketten, d.h. an teilstarren Mechanismen. Deren im Abschn. 4.2.1 vereinbarte Definition als eines

- infinitesimal kleinen,
- gedachten, also nicht wirklich existierenden,
- kinematisch verträglichen,
- vom einwirkenden Kräftezustand unabhängigen,

sonst jedoch willkürlichen Verformungszustandes entspricht exakt dem in (7.44) verwendeten Begriff einer virtuellen Verschiebung, der nun allerdings auf deformierbare Tragwerksteile ausgedehnt wurde. Entsprechend wollen wir einen *virtuellen Kraftgrößenzustand* als einen

- gedachten, also nicht wirklich existierenden,
- im Gleichgewicht befindlichen,
- vom vorhandenen Deformationszustand unabhängigen,

sonst jedoch willkürlichen Kraftgrößenzustand definieren, nunmehr im Einklang mit (7.45).

7.2.3 Satz von CASTIGLIANO: Vom Differenzialquotienten der Eigenarbeit

In diesem Abschnitt wollen wir eine erste Anwendung des Begriffs der Formänderungsarbeit kennenlernen. Dazu soll das elastische Tragwerk des Bildes 7.3 mit der ebenfalls dort dargestellten, willkürlichen Gruppe von Einzelkraftgrößen F_1, F_2, ... F_i, ... F_m belastet werden. Die entlang der Wege der enstehenden Biege-

Ursprüngliches Kraftgrößensystem:

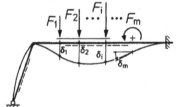

$$W^{(a)} = \frac{1}{2}(F_1\delta_1 + F_2\delta_2 + ... F_i\delta_i + ... F_m\delta_m)$$

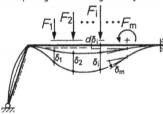

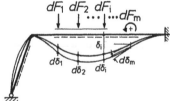

$W^{(a)} + dW^{(a)}$

$= \frac{1}{2}(dF_1 d\delta_1 + dF_2 d\delta_2 + ... dF_i d\delta_i + ... dF_m d\delta_m)$
$+ W^{(a)}$
$+ dF_1 \delta_1 + dF_2 \delta_2 + ... dF_i \delta_i + ... dF_m \delta_m$

$W^{(a)} + dW^{(a)}$

$= W^{(a)}$
$+ \frac{1}{2}(dF_1 d\delta_1 + dF_2 d\delta_2 + ... dF_i d\delta_i + ... dF_m d\delta_m)$
$+ F_1 d\delta_1 + F_2 d\delta_2 + ... F_i d\delta_i + ... F_m d\delta_m$

Bild. 7.3 Erläuterungen zum Satz von CASTIGLIANO

linie, die stark vergrößert gezeichnet wurde, geleistete äußere Eigenarbeit beträgt gemäß (7.21):

$$W^{(a)} = \frac{1}{2}\left(F_1\delta_1 + F_2\delta_2 + \ldots F_i\delta_i + \ldots F_m\delta_m\right). \tag{7.49}$$

Als nächstes wollen wir die Einzelkraftgrößen um differenzielle Zuwächse dF_i erhöhen. Die gleiche pauschale Lastaufbringung wie eben vergrößert damit die geleistete Eigenarbeit um einen ebenfalls differenziellen Zuwachs auf

$$W^{(a)} + dW^{(a)}. \tag{7.50}$$

Zur näheren Bestimmung von $dw^{(a)}$ wählen wir nun zwei unterschiedliche Belastungsreihenfolgen. Links auf Bild 7.3 lassen wir zunächst das differenzielle Kraftgrößensystem dF_i auf das Tragwerk einwirken und erst danach das ursprüngliche. Dabei entsteht anfangs die in der zweiten Formelzeile des Bildes angegebene Eigenarbeit entlang der durch dF_i hervorgerufenen, differenziellen Verformungswege $d\delta_i$. Beim nachfolgenden Aufbringen des ursprünglichen Lastsystems F_i leistet dieses entlang δ_i die schon bekannte Eigenarbeit $W^{(a)}$. Zusätzlich verschiebt es das bereits einwirkende, differenzielle Kraftgrößensystem dF_i, welches dabei den Verschiebungsanteil

$$dF_1\delta_1 + dF_2\delta_2 + \ldots dF_i\delta_i + \ldots dF_m\delta_m \tag{7.51}$$

verrichtet. Die gesamte Formänderungsarbeit muss natürlich wegen des gleichen Endzustandes dem Ursprungswert $W^{(a)} + dW^{(a)}$ entsprechen. Aus der Gleichsetzung auf Bild 7.3 gewinnen wir daher, nach Unterdrückung der von höherer Ordnung kleinen Arbeitsanteile

$$\frac{1}{2}\sum_{i=1}^{m} dF_i\, d\delta_i \tag{7.52}$$

und nach Herauskürzen von (7.49):

$$dW^{(a)} = dF_1\delta_1 + dF_2\delta_2 + \ldots dF_i\delta_i + \ldots dF_m\delta_m \tag{7.53}$$

Im rechten Teil des Bildes 7.3 drehen wir nun die Belastungsreihenfolge um: Zunächst leistet das ursprüngliche Kraftgrößensystem die Eigenarbeit $W^{(a)}$; das sodann aufgebrachte differenzielle Lastsystem verrichtet wieder die Eigenarbeit (7.52). Außerdem bewirkt jetzt das ursprüngliche Kraftgrößensystem F_i auf den differenziellen Verformungswegen $d\delta_i$ den Verschiebungsarbeitsanteil

$$F_1\, d\delta_1 + F_2\, d\delta_2 + \ldots F_i\, d\delta_i + \ldots F_m\, d\delta_m. \tag{7.54}$$

Wie im linken Bildteil gewinnen wir durch Vergleich der ursprünglichen mit der nunmehr geleisteten Formänderungsarbeit den folgenden differenziellen Arbeitszuwachs:

$$dW^{(a)} = F_1\,d\delta_1 + F_2\,d\delta_2 + \ldots F_i\,d\delta_i + \ldots F_m\,d\delta_m. \tag{7.55}$$

Beide Arbeitszuwächse (7.54) und (7.55) bilden vollständige Differenziale, wenn $W^{(a)}$ im ersten Fall als Funktion der ursprünglichen Kraftgrößen, im zweiten Fall als Funktion der korrespondierenden Weggrößen vorausgesetzt wird:

$$dW^{(a)}(F_i) = \frac{\partial W^{(a)}}{\partial F_1}dF_1 + \frac{\partial W^{(a)}}{\partial F_2}dF_2 + \ldots \frac{\partial W^{(a)}}{\partial F_i}dF_i + \ldots \frac{\partial W^{(a)}}{\partial F_m}dF_m,$$
$$dW^{(a)}(\delta_i) = \frac{\partial W^{(a)}}{\partial \delta_1}d\delta_1 + \frac{\partial W^{(a)}}{\partial \delta_2}d\delta_2 + \ldots \frac{\partial W^{(a)}}{\partial \delta_i}d\delta_i + \ldots \frac{\partial W^{(a)}}{\partial \delta_m}d\delta_m, \tag{7.56}$$

Durch gliedweisen Vergleich mit (7.53) und (7.55) lesen wir daraus ab:

$$\frac{\partial W^{(a)}}{\partial F_i} = \delta_i, \qquad \frac{\partial W^{(a)}}{\partial \delta_i} = F_i, \quad i = 1, 2, \ldots m. \tag{7.57}$$

Beide Kraftgößensysteme setzen wir wieder als im Gleichgewicht mit ihren Schnitt- und Auflagergrößen befindlich voraus, beide Verschiebungsfiguren als kinematisch verträglich zu ihren Verzerrungen und Randverformungen. Damit gilt der Energiesatz, und die äußere Eigenarbeit kann ebenso durch die innere ersetzt werden. Als Gesamtergebnisse erhalten wir daher die beiden folgenden Sätze von CASTIGLIANO,[1] die eine sehr anschauliche Interpretation des physikalischen Charakters der Eigenarbeit bzw. Ihrer Differenzialquotienten darstellen.

Satz: Die partielle Ableitung der äußeren (oder negativen inneren) Eigenarbeit einer Kraftgrößengruppe nach einer Kraftgröße (Weggröße) liefert die korrespondierende Weggröße (Kraftgröße):

$$\frac{\partial W^{(a)}}{\partial F_i} = -\frac{\partial W^{(i)}}{\partial F_i} = \delta_i, \qquad \frac{\partial W^{(a)}}{\partial \delta_i} = -\frac{\partial W^{(i)}}{\partial \delta_i} = F_i. \tag{7.58}$$

7.2.4 Satz von BETTI: Von der Gegenseitigkeit der Verschiebungsarbeit

Die beiden nun folgenden Abschnitte behandeln zwei grundsätzliche Symmetrieeigenschaften der Formänderungsarbeit. Zur Herleitung des zunächst behandelten

---

[1] ALBERTO CASTIGLIANO, italienischer Mathematiker aus Turin, 1847-1884; die Formulierung der beiden Sätze findet sich in einer elastizitätstheoretischen Arbeit aus dem Jahre 1879.

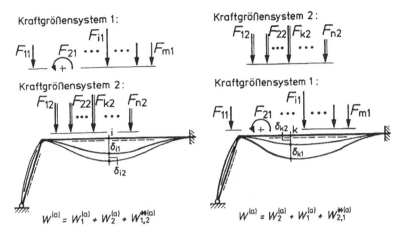

Bild. 7.4 Belastungsreihenfolge beim Satz von BETTI

Satzes von BETTI betrachten wir das bereits bekannte, linear elastische Tragwerk auf Bild 7.4, auf welches zwei verschiedene, nunmehr endliche Kraftgrößensysteme einwirken sollen:

Kraftgrößensysteme 1: $F_{11}, F_{21}, \ldots F_{i1}, \ldots F_{m1}$;
Kraftgrößensysteme 2: $F_{12}, F_{22}, \ldots F_{k2}, \ldots F_{n2}$

Wir lassen zunächst im linken Teil von Bild 7.4 das erste Kraftgrößensystem zur Wirkung gelangen, Durch die dabei entstehenden, erneut stark vergrößert dargestellten Verschiebungen δ_{i1} wird die äußere Eigenarbeit $W_1^{(a)}$ geleistet, die der Leser ausschreiben möge. Beim nachfolgenden Aufbringen des zweiten Kraftgrößensystem leistet dieses die Eigenarbeit $W_2^{(a)}$ längs der zusätzlich sich ausbildenden Verformungswege δ_{k2}. Auf diesen, nämlich δ_{i2}, wird außerdem das erste Kraftgrößensystem verschoben, wodurch äußere Verschiebungsarbeit $W^{*(a)}$ des ersten Kraftgrößensystems auf den Wegen des zweiten verrichtet wird. Die insgesamt geleistete äußere Formänderungsbeit summiert sich daher zu:

$$W^{(a)} = W_1^{(a)} + W_2^{(a)} + W_{1,2}^{*(a)}. \tag{7.59}$$

Nach diesem Gedankenexperiment vertauschen wir im rechten Teil des Bildes 7.4 den Einwirkungsablauf und erhalten folgerichtig:

$$W^{(a)} = W_2^{(a)} + W_1^{(a)} + W_{2,1}^{*(a)}, \tag{7.60}$$

wobei der letzte Ausdruck die Verschiebungsarbeit des zweiten Kraftgrößensystems auf den Wegen des ersten abkürzt.

Wegen der vorausgesetzten linear elastischen Werkstoffeigenschaften stimmt die endgültige Verformungsfigur und die geleistete Formänderungsarbeit natürlich wieder in beiden Fällen überein:

$$W_1^{(a)} = W_2^{(a)} + W_{1,2}^{*(a)} = W_2^{(a)} + W_1^{(a)} + W_{2,1}^{*(a)}. \tag{7.61}$$

Hierdurch folgt durch Herauskürzen gleicher Arbeitsanteile:

$$W_{1,2}^{*(a)} = W_{2,1}^{*(a)}. \tag{7.62}$$

Aus Gründen der Anschaulichkeit wurden auch hier nur äußere Formänderungsarbeiten betrachtet. Bei Gleichgewicht beider Lastsysteme zu ihren jeweiligen Schnitt- und Auflagergrößen sowie bei kinematischer Verträglichkeit beider Verschiebungsfiguren zu ihren jeweiligen Verzerrungen und Randdeformationed gilt erneut der Energiesatz der Mechanik (7.43) und die Aussage (7.62) somit auch für die inneren Verschiebungsarbeiten. Wir fassen das Ergebnis als Satz von der Gegenseitigkeit der Verschiebungsarbeiten zusammen:

Satz von BETTI: Die elastische, äußere (innere) Verschiebungsarbeit eines Kraftgrößensystems auf den Wegen eines zweiten entspricht derjenigen des zweiten Systems auf den Wegen des ersten:

$$W_{1,2}^{*(a)} = W_{2,1}^{*(a)} \quad \text{bzw.} \quad W_{1,2}^{*(i)} = W_{2,1}^{*(i)}. \tag{7.63}$$

Schreiben wir die in Bild 7.4 geleistete Verschiebungsarbeit für beide Fälle aus, so lautet sie mit den dortigen Bezeichnungen

$$\sum_{i=1}^{m} F_{i1}\delta_{i2} = \sum_{k=1}^{n} F_{k2}\delta_{k1}. \tag{7.64}$$

Eine andere Schreibweise gewinnen wir durch Zusammenfassung beider Kraftgrößensysteme und deren Verformungswege in den paarweise korrespondierenden Spaltenmatrizen:

$$\mathbf{F}_1 = \{F_{11}, F_{21}, \ldots F_{i1}, \ldots F_{m1}\}, \quad \mathbf{F}_2 = \{F_{12}, F_{22}, \ldots F_{k2}, \ldots F_{n2}\},$$
$$\delta_2 = \{\delta_{12}, \delta_{22}, \ldots \delta_{i2}, \ldots \delta_{m2}\}, \quad \delta_1 = \{\delta_{11}, \delta_{21}, \ldots \delta_{k1}, \ldots \delta_{n1}\}: \tag{7.65}$$
$$\mathbf{F}_1^T \delta_2 = \mathbf{F}_2^T \delta_1.$$

Dabei entspricht einer Kraft in $\mathbf{F}_1$, $\mathbf{F}_2$ eine gleichgerichtete Verschiebung in δ_2, δ_1, einem Moment eine Verdrehung gleicher vektorieller Wirkungsachse.

In den Herleitungen dieses Abschnittes waren nur Einzelkraftgrößen als einwirkende Lasten zugelassen. Für Streckenbelastung und Randwirkungen hatten wir den Satz von BETTI in (2.82) auf völlig anderem Wege hergeleitet; in zu (7.65) analoger Bezeichnung der einwirkenden Kraftgrößensysteme lautete er:

$$\int_0^1 \mathbf{p}_1^T \mathbf{u}_2 \, dx + \left[\mathbf{t}_1^T \mathbf{r}_2\right]_0^1 = \int_0^1 \mathbf{p}_2^T \mathbf{u}_1 \, dx + \left[\mathbf{t}_2^T \mathbf{r}_1\right]_0^1. \tag{7.66}$$

Mit Blick auf (7.43) können wir nunmehr seine beiden allgemeinsten Formen wie folgt angeben:

$$\mathbf{P}_1^T \mathbf{u}_2 + \int\limits_0^1 \mathbf{p}_1^T \mathbf{u}_2 \, dx + \left[\mathbf{t}_1^T \mathbf{r}_2\right]_0^1 = \mathbf{P}_2^T \mathbf{u}_1 + \int\limits_0^1 \mathbf{p}_2^T \mathbf{u}_1 \, dx + \left[\mathbf{t}_2^T \mathbf{r}_1\right]_0^1$$

$$(7.67)$$

$$\text{bzw.} \int\limits_0^1 \boldsymbol{\sigma}_1^T \boldsymbol{\varepsilon}_2 \, dx = \int\limits_0^1 \boldsymbol{\sigma}_2^T \boldsymbol{\varepsilon}_1 \, dx.$$

7.2.5 Satz von MAXWELL : Von der Vertauschbarkeit der Indizes

Wir wiederholen erneut das Belastungsexperiment des letzten Abschnittes, gemäß Bild 7.5 allerdings unter zwei Restriktionen:

- Wir beschränken uns auf eine *einzige* Einzelkraftgröße je Lastsystem,
- der wir den Betrag "1" zuweisen.

Aus (7.64) können die gegenseitigen Verschiebungsarbeiten sofort explizit angegeben werden:

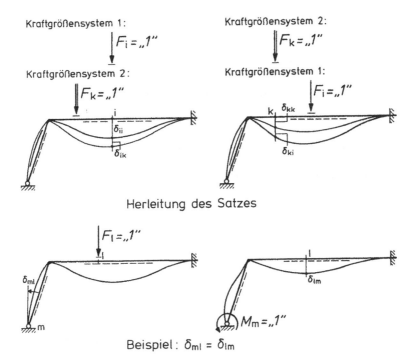

Bild. 7.5 Zum Satz von MAXWELL

$$W_{\mathrm{i,k}}^{*(a)} = F_{\mathrm{i}}\,\delta_{\mathrm{ik}} = F_{\mathrm{k}}\,\delta_{\mathrm{ki}} = W_{\mathrm{k,i}}^{*(a)}, \tag{7.68}$$

wobei die Verschiebungen wieder gemäß der vertrauten Doppelindizierung bezeichnet werden: 1. Ort, 2. Ursache. Setzen wir nun noch die Beträge der beiden Kraftgrößen gleich "1", so erhalten wir den Satz von MAXWELL:

$$\text{"1"} \cdot \delta_{\mathrm{ik}} = \text{"1"} \cdot \delta_{\mathrm{ki}} \rightarrow \delta_{\mathrm{ik}} = \delta_{\mathrm{ki}}. \tag{7.69}$$

Satz von MAXWELL[2]: Elastische Verformungen infolge von Kraftgrößen "1" sind in den Indizes vertauschbar:

$$\delta_{\mathrm{ik}} = \delta_{\mathrm{ki}}. \tag{7.70}$$

Bei Anwendungen dieses Satzes darf nie der Charakter der *Arbeitsaussage* des Satzes von MAXWELL übersehen werden. Auch wenn in ihm die beiden Einzelkraftgrößen "1" i.a. herausgekürzt werden, so müssen doch deren *Dimensionen* erhalten bleiben, um die Dimensionsechtheit der Arbeitsaussage zu bewahren. Ein erläuterndes Beispiel befindet sich im unteren Teil von Bild 7.5. Die erste Kraftgröße F_{l} sei eine Einzelkraft der Dimension (K), die zweite M_{m} ein Moment (KL). Hierzu korrespondierende Weggrößen sind eine Verschiebung (L) und eine Winkeldrehung $(-)$. Die dimensionsechte Schreibweise des MAXWELLschen Satzes lautet somit

$$\text{"1"}(K) \cdot \delta_{\mathrm{lm}}(L) = \text{"1"}(KL) \cdot \delta_{\mathrm{ml}}(-) \tag{7.71}$$

und korrigiert den im unteren Teil von Bild 7.5 hervorgerufenen Anschein, dass eine Verschiebung einer Verdrehung physikalisch gleichwertig sein könnte.

Abschließend sei noch einmal betont, dass die Sätze von BETTI und MAXWELL nur im Rahmen der *linearen Statik*, also für infinitesimal kleine Verschiebungen und für linear elastisches Werkstoffverhalten, gelten.

7.2.6 Einflusslinien für äußere Weggrößen

Eine besonders anschauliche Anwendung des Satzes von MAXWELL eröffnet sich bei der Ermittlung von Einflusslinien für äußere Weggrößen. Im Kap. 6 war die Einflusslinie η_{j} einer beliebigen Kraftgröße Z_{j} an der Tragwerksstelle j durch die Beziehung

$$Z_{\mathrm{jm}} = P_{\mathrm{m}}\eta_{\mathrm{jm}} \tag{7.72}$$

---

[2] JAMES CLERK MAXWELL, britischer Physiker, 1831-1879, Arbeiten zur kinetischen Gastheorie und zum Elektromagnetismus; veröffentlichte 1864 den nach ihm benannten Satz von der Vertauschbarkeit der Indizes.

definiert worden: Die Kraftgröße Z_{jm} infolge einer Einzellast P_m ergibt sich als Produkt des Betrages dieser Einzellast mit der Ordinate η_{jm} der Einflusslinie im Lastangriffspunkt m. Diese Definition lässt sich natürlich ohne weiteres auf Weggrößen—und damit auf beliebige Zustandsgrößen—übertragen:

$$\delta_{jm} = P_m \eta_{jm}. \tag{7.73}$$

Somit berechnet sich jede beliebige Weggröße δ_{jm} (j: Ort, m: Ursache) infolge einer Einzellast P_m als Produkt des Betrages von P_m mit der Einflusslinienordinate η_{jm} im Lastangriffspunkt m.

Um nun die Einflusslinie η_{jm} zu bestimmen, substituieren wir in (7.73)

$$P_m = 1 : \quad \eta_{jm} = \delta_{jm} \tag{7.74}$$

und erhalten damit η_{jm} als Verformung infolge einer Kraft "1", für welche nach dem Satz von MAXWELL Vertauschbarkeit der Indizes gilt:

$$\eta_{jm} = \delta_{jm} = \delta_{mj}. \tag{7.75}$$

Zur Interpretation dieses Ergebnisses vergegenwärtigen wir uns noch einmal, dass j einen *festen* Tragwerkspunkt bezeichnet, m dagegen alle von P_m besetzbaren Punkte des Lastgurtes. Während δ_{jm} daher eine in j definierte Weggröße infolge der in (7.74) zu "1" gesetzten Kraft P_m an allen Punkten m des Lastgurtes verkörpert, eben die *Einflusslinie*, stellt δ_{mj} die Weggröße an allen Punkten m des Lastgurtes—also seine *Verformungsfigur*—infolge der korrespondierenden Kraftgröße "1" in j

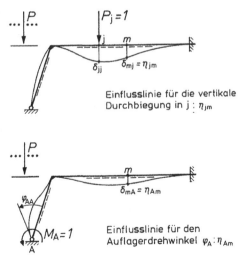

Bild. 7.6 Zur Anwendung des MAXWELLschen Satzes bei der Ermittlung von Einflusslinien für äußere Weggrößen

dar. Solange P_m, wie bei Einflusslinien fast immer üblich, rechtwinklig zum Lastgurt angreift, ist δ_mj die *Biegelinie* des Lastgurtes infolge $P_\mathrm{j} = 1$.

Satz: Die Einflusslinie η_jm einer Weggröße δ_j entsteht als Biegelinie δ_mj des Lastgurtes (genauer: als Verformungsfigur in Richtung P_m), wenn im Punkt j die zur
Weggröße korrespondierende Kraftgröße "1" wirkt.

Bild 7.6 enthält zwei einführende Beispiele. Die Einflusslinie für die lotrechte
Durchbiegung des Riegels im Punkt j entspricht der Biegelinie des Lastgurtes infolge eines vertikalen Einzelkraftangriffs $P_\mathrm{j} = 1$. Zur Ermittlung der Einflusslinie
des Drehwinkels im linken Auflager bestimmt man die Biegelinie infolge $M_\mathrm{A} = 1$,
deren Lastgurtordinaten δ_mA die gesuchte Funktion darstellen.

Damit beschließen wir unsere Ausführungen zur Formänderungsarbeit. Wie bereits erwähnt, gelten alle Herleitungen unverändert auch für *statisch unbestimmte*
Stabtragwerke. Mit den erweiterten, matriziellen Zustandsgrößen des Anhangs 4
lassen sich die gewonnenen Erkenntnisse ebenfalls auf *räumliche* Stabtragwerke
übertragen.

Kapitel 8
Verformungen einzelner Tragwerkspunkte

8.1 Grundlagen der Verformungsberechnung

8.1.1 Aufgabenstellung

Neben der Ermittlung von Kraftgrößenzuständen stellt die Bestimmung korrespondierender *Verformungszustände* eine gleichermaßen wichtige Aufgabe der Statik der Tragwerke dar. Zur Beschreibung von Verformungszuständen hatten wir in den Tafeln 2.7 und 2.8 zwischen *äußeren Weggrößen*, den Verschiebungen und Verdrehungen, sowie *inneren Weggrößen*, den Verzerrungen, unterschieden. Im Gegensatz zu den Verzerrungsgrößen, die aus Schnittgrößen mühelos über die Werkstoffbeziehungen ermittelt werden können, sind zur Berechnung äußerer Weggrößen Sonderverfahren erforderlich. Deren Herleitung und Anwendung soll in den beiden folgenden Kapiteln vorgeführt werden, wobei wir mit Berechnungsverfahren für Verschiebungsgrößen *einzelner* Tragwerkspunkte beginnen.

Warum kann die genaue Kenntnis der Verformungszustände eines beanspruchten Tragwerks für den konstruierenden Ingenieur von großer Bedeutung sein? Bekanntlich erfordern neben der Dimensionierung nach Kraftgrößenrestriktionen oftmals Gebrauchsfähigkeitsgesichtspunkte auch eine Begrenzung der auftretenden Verformungen. Daneben werden Tragwerke stets mit geeigneten Überhöhungen versehen, um mindestens die Verformungen unter Gebrauchslasten optisch zu kompensieren. Gewissenhafte Kenntnisse der jeweiligen Verformungszustände sind hierfür erforderlich. Weiterhin führen Montagezustände von Ingenieurbauwerken häufig zu besonders hohen Beanspruchungen und bedürfen daher—beispielsweise im Brückenbau—außergewöhnlich sorgfältiger Verformungsberechnungen und -kontrollen. Schließlich hängt die numerische Erfassung von Instabilitätserscheinungen, welche die Standsicherheit druckbeanspruchter Konstruktionen gefährden können, entscheidend von der genauen Kenntnis ihres Verformungsverhaltens ab. Ähnliches gilt für die Eigenfrequenzen und Schwingungsformen dynamisch beanspruchter Tragwerke.

Von zentraler Bedeutung aber ist die genaue Kenntnis des Verformungsverhaltens für die Berechnung *statisch unbestimmter* Tragwerke. Bei diesen reichen bekanntlich die Gleichgewichtsbedingungen allein zur Ermittlung des Kraftgrößenzustan-

W.B. Krätzig et al., *Tragwerke 1*, Springer-Lehrbuch, 5th ed.,
DOI 10.1007/978-3-642-12284-2_8, © Springer-Verlag Berlin Heidelberg 2010

des nicht mehr aus, erst zusätzliche Verformungsbedingungen liefern den Schlüssel zur erfolgreichen numerischen Berechnung.

Im Folgenden werden wir im Sinne einer Theorie 1. Ordnung erneut alle auftretenden Verschiebungen als klein gegenüber den Tragwerksabmessungen voraussetzen.

8.1.2 Verformungsermittlung unter Anwendung der Verschiebungsarbeit

Im Abschn. 7.2.1 hatten wir den *Energiesatz der Mechanik* (7.43), auch *Arbeitssatz* genannt, kennengelernt:

$$W^* = W^{*(a)} + W^{*(i)} = \mathbf{P}_i^T \mathbf{u}_k + \int_a^b \mathbf{p}_i^T \mathbf{u}_k dx + [t_i^T \mathbf{r}_k]_a^b - \int_a^b \sigma_i^T \varepsilon_k dx = 0. \quad (8.1)$$

In dieser Form drückt er das Verschwinden aller von den äußeren und inneren, matriziellen Zustandsgrößen (7.9), (7.10), und (7.11) geleisteten Verschiebungsarbeiten aus, ein Äquivalent für *Gleichgewicht* des Kraftgrößenzustandes $\mathbf{P}_i$, $\mathbf{p}_i$, $\mathbf{t}_i$, σ_i und *kinematisch kompatible Deformationen* des Weggrößenzustandes $\mathbf{u}_k$, $\mathbf{r}_k$, ε_k. Diese Identität soll nun der Bestimmung beliebiger äußerer Einzelverformungen zugrunde gelegt werden.

Hierzu denken wir uns ein willkürliches, statisch bestimmtes Tragwerk unter einem kompatiblen, durch den Index k gekennzeichneten *Deformationszustand* als vorgegebener *Beanspruchungsursache*. Eine beliebige Einzelverformungsgröße δ_{ik} dieses Zustandes an einem durch i gekennzeichneten Tragwerkspunkt soll ermittelt werden, d.h.:

$$\delta_{ik} = \mathbf{u}_k = \begin{bmatrix} u_i \\ 0 \\ 0 \end{bmatrix}_k \quad \text{bzw.} \quad \begin{bmatrix} 0 \\ w_i \\ 0 \end{bmatrix}_k \quad \text{bzw.} \quad \begin{bmatrix} 0 \\ 0 \\ \varphi_i \end{bmatrix}_k. \quad (8.2)$$

Der *Kraftgrößenzustand* in (8.1) sei voraussetzungsgemäß ein Gleichgewichtszustand und dadurch definiert, dass er *allein* durch die zu der gesuchten Verformungsgröße δ_{ik} korrespondierende, äußere Kraftgröße in i der Intensität "1" hervorgerufen werde:

$$\mathbf{P}_i = \begin{bmatrix} H_i \\ P_i \\ M_i \end{bmatrix} = \begin{bmatrix} 1 \\ 0 \\ 0 \end{bmatrix} \quad \text{bzw.} \quad \begin{bmatrix} 0 \\ 1 \\ 0 \end{bmatrix} \quad \text{bzw.} \quad \begin{bmatrix} 0 \\ 0 \\ 1 \end{bmatrix}. \quad (8.3)$$

Andere äußere Kraftgrößen treten unter der Indizierung i nicht auf ($\mathbf{p}_i \equiv 0$). Der durch (8.3) hervorgerufene Kraftgrößenzustand $\mathbf{P}_i$, $\mathbf{t}_i$, σ_i ist somit ein geeignet konstruierter, nicht wirklich vorhandener Hilfszustand: Die äußere Verschiebungsarbeit der Einzelkraftgröße (8.3) längs der gesuchten Verformungsgröße (8.2) lautet nämlich stets

$$\mathbf{P}_i^T \mathbf{u}_k = 1 \cdot \delta_{ik} = \delta_{ik}. \tag{8.4}$$

Dabei stellt die Kraftgröße "1" eine Einzelkraft oder ein Einzelmoment dar, δ_{ik} demgemäß eine Verschiebung oder eine Verdrehung, d.h. stets die zur Kraftgröße "1" korrespondierende Verformung. Die in (8.1) auszuführende Integration ist natürlich über das gesamte Tragwerk $(0,l)$ zu erstrecken, hierbei geht die eckige Klammer in die Arbeitsanteile sämtlicher Tragwerks-Randpunkte über. Fassen wir die bisherigen Erkenntnisse zusammen, so erhalten wir folgende Aussage.

Satz: Zur Ermittlung einer willkürlichen, äußeren Weggröße δ_{ik} im Tragwerkspunkt i als Folge einer beliebigen Beanspruchungsursache k werde das Tragwerk durch die zu δ_{ik} korrespondierende Einzelkraftgröße der Intensität "1" belastet. Die gesuchte Einzelverformung bestimmt sich aus dem Energiesatz für Verschiebungsarbeit (8.1) gemäß:

$$1 \cdot \delta_{ik} = \delta_{ik} = \int_0^1 \boldsymbol{\sigma}_i^T \boldsymbol{\varepsilon}_k dx - [\mathbf{t}_i^T \mathbf{r}_k]_0^1. \tag{8.5}$$

Der soeben erläuterte Kraftgrößen-Hilfszustand $\mathbf{P}_i = $ "1", $\mathbf{p}_i = 0$, $\mathbf{t}_i$, $\boldsymbol{\sigma}_i$ wurde als ein gedachter, nicht wirklich existierender Gleichgewichtszustand eingeführt, völlig unabhängig von den Deformationen der vorgegebenen Beanspruchungsursache k. Damit aber entspricht er gerade dem im Abschn. 7.2.2 definierten *virtuellen Kraftgrößenzustand* Die abschließende Form (8.5) des Energiesatzes ist daher identisch mit dem *Prinzip der virtuellen Kraftgrößen* (7.45) unter den getroffenen Lastannahmen:

$$\delta\mathbf{P} = \mathbf{P}_i = \text{"1"}, \quad \delta\mathbf{p} = \mathbf{p}_i = 0, \, \delta\mathbf{t} = \mathbf{t}_i, \delta\boldsymbol{\sigma} = \boldsymbol{\sigma}_i :$$

$$\delta^*\overline{W} = \mathbf{u}^T \delta\mathbf{P} + [\mathbf{r}^T \delta\mathbf{t}]_0^1 - \int_0^1 \boldsymbol{\varepsilon}^T \boldsymbol{\sigma} dx = 0. \tag{8.6}$$

Deshalb wird auch das Prinzip der virtuellen Kraftgrößen in der Literatur gleichermaßen als Begründung für die hier gezeigte Vorgehensweise herangezogen.

8.1.3 Beansprchungsursachen

In (8.5) verkörpert $\boldsymbol{\sigma}_i$ die Schnittgrößenfunktion des Hilfszustandes "1", $\boldsymbol{\varepsilon}_k$ beschreibt die zu $\boldsymbol{\sigma}_i$ korrespondierenden Verzerrungsgrößen derjenigen Beanspruchungsursache k für welche eine Verformungsgröße ermittelt werden soll:

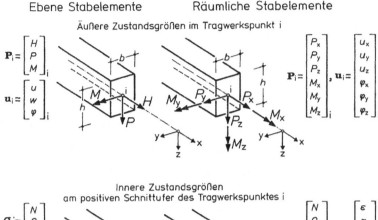

Bild. 8.1 Kraftgrößen und korrespondierende Weggrößen ebener sowie räumlicher Stabelemente

$$
\boldsymbol{\sigma}_i = \begin{bmatrix} N \\ Q \\ M \end{bmatrix}_i, \quad \boldsymbol{\varepsilon}_k = \begin{bmatrix} \varepsilon \\ \gamma \\ \kappa \end{bmatrix}_k. \tag{8.7}
$$

Beide Zustände setzen wir als bekannt voraus. Zunächst wollen wir gemäß Bild 8.1 (links) wieder *ebene* Stabelemente behandeln, wobei für $\boldsymbol{\varepsilon}_k$ verschiedene Beanspruchungsursachen unterschieden werden sollen.

Als anwendungstechnisch bedeutsamste Ursache sei das vorliegende Tragwerk durch äußere Lasten $\mathbf{P}_k$, $\mathbf{p}_k$ beansprucht, welche zu Schnittgrößenfunktionen $\boldsymbol{\sigma}_k$ führen. Setzen wir *elastisches Werkstoffverhalten* voraus, so bestimmen sich die zu $\boldsymbol{\sigma}_k$ korrespondierenden Verzerrungsfunktionen $\boldsymbol{\varepsilon}_k$ gemäß (2.64) zu:

$$
\boldsymbol{\varepsilon}_{\mathrm{el}\,k} = \mathbf{E}^{-1}\boldsymbol{\sigma}_k : \begin{bmatrix} \varepsilon \\ \gamma \\ \kappa \end{bmatrix}_{\mathrm{el}\,k} = \begin{bmatrix} \dfrac{1}{EA} & 0 & 0 \\ 0 & \dfrac{1}{GA_Q} & 0 \\ 0 & 0 & \dfrac{1}{EI} \end{bmatrix} \cdot \begin{bmatrix} N \\ Q \\ M \end{bmatrix}_k = \begin{bmatrix} \dfrac{N}{EA} \\ \dfrac{Q}{GA_Q} \\ \dfrac{M}{EI} \end{bmatrix}_k.
\tag{8.8}
$$

Setzen wir sodann *kriechfähiges Materialverhalten* und $\boldsymbol{\sigma}_k$ als Schnittgrößen infolge von *Dauereinwirkungen* voraus, so entstehen im Verlaufe der Zeit Kriechverzerrungen (2.65)

$$\varepsilon_{kk} = \varphi_t \varepsilon_{elk} = \begin{bmatrix} \varepsilon \\ \gamma \\ \kappa \end{bmatrix}_{kk} = \begin{bmatrix} \varphi_t \dfrac{N}{EA} \\ 0 \\ \varphi_t \dfrac{M}{EI} \end{bmatrix}_k . \tag{8.9}$$

Hierin bezeichnet die Kriechzahl φ_t das Verhältnis der Kriechverzerrungen ε_k zu den elastischen Gegenstücken ε_{el} während eines betrachteten Zeitintervalls. Schubkriechen wurde als unbedeutend vernachlässigt.

Schwindverkürzungen der Stabachse werden gemäß (2.66) durch das Schwindmaß ε_s beschrieben. Über die Querschnittshöhe h ungleichmäßiges Schwinden $\Delta\varepsilon_s$, auf der Querschnittsunterseite ($+ z$) stärker schwindend als oben ($- z$), führt zu *Schwindverkrümmungen*. Dabei besitzt $\Delta\varepsilon_s$, wie ΔT_M in (2.67), seinen Nulldurchgang gerade in der Stabachse:

$$\varepsilon_{xx}(z) = -\frac{\Delta\varepsilon_s}{h} z = -\kappa_s \cdot z. \tag{8.10}$$

$$\varepsilon_{sk} : \begin{bmatrix} \varepsilon \\ \gamma \\ \kappa \end{bmatrix}_{sk} = \begin{bmatrix} -\varepsilon_s \\ 0 \\ -\dfrac{\Delta\varepsilon_s}{h} \end{bmatrix}_k . \tag{8.11}$$

Querschnittsverzerrungen infolge gleichmäßiger Temperaturänderungen ΔT_N sowie Temperaturdifferenzen ΔT_M schließlich lauten gemäß Bild 2.20:

$$\varepsilon_{Tk} : \begin{bmatrix} \varepsilon \\ \gamma \\ \kappa \end{bmatrix}_{Tk} = \begin{bmatrix} \alpha_T \Delta T_N \\ 0 \\ \alpha_T \dfrac{\Delta T_M}{h} \end{bmatrix}_k . \tag{8.12}$$

Dabei kürzt α_T die lineare Wärmeausdehnungszahl ab. Alle hergeleiteten Verzerrungsgrößen (8.8), (8.9), (8.10), (8.11), und (8.12) wurden in den jeweils 2. Zeilen von Tafel 8.1 übersichtlich zusammengestellt.

Die für ebene Strukturen durchgeführten Herleitungen der Kap. 2 und 7 lassen sich ohne Schwierigkeiten auf *räumliche* Stabelemente übertragen. In diesem Fall sind zunächst die Spalten der Schnitt- und Verzerrungsgrößen σ_i, ε_k gemäß Anhang 4 oder Bild 8.1 (rechts unten) auf die doppelte Länge zu erweitern. Dabei treten nunmehr zwei Querkräfte Q_y, Q_z nebst Schubverzerrungen γ_y, γ_z und zwei Biegemomente M_y, M_z nebst Biegeverkrümmungen κ_y, κ_z auf. Völlig neu erscheinen die Verdrillung ϑ und das Torsionsmoment M_T. Entscheidend für die Übertragung auf räumliche Stabelemente ist jedoch, dass die Matrixform der inneren Verschiebungsarbeiten in (8.5) unverändert bleibt. Gemeinsam mit dem räumlichen Stoffgesetz aus Anhang 4 lassen sich somit zu den ebenen Ausdrücken (8.8), (8.9) und (8.11), (8.12) völlig analoge Verzerrungsfunktionen herleiten.

Tafel 8.1 Verzerrungsgrößen ebener und räumlicher Stabelemente

		Verzerrungsgrößen ε_k der Querschnitte					
räumlicher Stabelemente :		ε	γ_y	γ_z	ϑ	$\varkappa_y$	$\varkappa_z$
ebener Stabelemente :		ε		γ		$\varkappa$	
Lasten, elastisches Werkstoffverhalten		$\dfrac{N_k}{EA}$	$\dfrac{Q_{yk}}{GA_{Qy}}$	$\dfrac{Q_{zk}}{GA_{Qz}}$	$\dfrac{M_{Tk}}{GI_T}$	$\dfrac{M_{yk}}{EI_y}$	$\dfrac{M_{zk}}{EI_z}$
		$\dfrac{N_k}{EA}$		$\dfrac{Q_k}{GA_Q}$		$\dfrac{M_k}{EI}$	
Lasten, kriechfähiges Werkstoffverhalten		$\varphi_t\dfrac{N_k}{EA}$			$\varphi_t\dfrac{M_{Tk}}{GI_T}$	$\varphi_t\dfrac{M_{yk}}{EI_y}$	$\varphi_t\dfrac{M_{zk}}{EI_z}$
		$\varphi_t\dfrac{N_k}{EA}$				$\varphi_t\dfrac{M_k}{EI}$	
Schwinden		$-\varepsilon_s$				$-\dfrac{\Delta\varepsilon_{sz}}{h}$	$-\dfrac{\Delta\varepsilon_{sy}}{b}$
		$-\varepsilon_s$				$-\dfrac{\Delta\varepsilon_s}{h}$	
Temperatureinwirkung		$\alpha_T\Delta T_N$				$\alpha_T\dfrac{\Delta T_{Mz}}{h}$	$\alpha_T\dfrac{\Delta T_{My}}{b}$
		$\alpha_T\Delta T_N$				$\alpha_T\dfrac{\Delta T_M}{h}$	

(linke Randbeschriftung, vertikal:) Beanspruchungsursachen k:

Diese finden sich in Tafel 8.1 in den jeweils ersten Zeilen. Dabei wurde Werkstoffkriechen für Dehnungs-, Biege- und Torsionsbeanspruchungen berücksichtigt, Schwinden für achsiale Deformationen und Verkrümmungen. Bei den Temperatureinwirkungen beschreibt $\Delta T_{Mz}(\Delta T_{My})$ gemäß Bild 2.20 das Gesamtmaß einer linear über den Querschnitt in z-Richtung (y-Richtung) sich verändernden Temperatur mit den wärmeren Werten im $+z$-Bereich ($+y$-Bereich). In analoger Weise wurde $\Delta\varepsilon_{sz}(\Delta\varepsilon_{sy})$ definiert, wobei stärkeres Schwinden dort im $+z$-Bereich ($+y$-Bereich) des Querschnitts auftritt.

8.1.4 Satz der Verschiebungsarbeit

Bei Übertragung der Gl. (8.5) auf räumliche Stabtragwerke verdoppeln sich natürlich ebenfalls die in (8.2) bestimmbaren 3 Verformungsgrößen δ_{ik} von $\{uw\phi\}_{ik}$ auf 3 mögliche *Verschiebungen* $\{u_x\,u_y\,u_z\}_{ik}$ und 3 Verdrehungen $\{\varphi_x\varphi_y\varphi_z\}_{ik}$ entsprechend Bild 8.1 (oben rechts). Wählt man jedoch auch in diesem Fall wieder den jeweiligen Kraftgrößen-Hilfszustand "1" als zu δ_{ik} korrespondierend (8.3), so verbleibt die linke Seite von (8.5) stets unverändert: $1 \cdot \delta_{ik} = \delta_{ik}$.

Nun wollen wir noch die in (8.5) vorhandene Klammer näher untersuchen und umformen. Ursprünglich (7.6) beschrieb sie die Formänderungsarbeit an den Integrationsgrenzen des Stabelementes von Bild 7.1, seinen Rändern. Dabei bezeichnete b das positive und a das negative Elementschnittufer:

$$\Delta W^{*(a)} = \left[\mathbf{t}_i^T\mathbf{r}_k\right]_a^b = N_{bi}u_{bk} + Q_{bi}w_{bk} + M_{bi}\varphi_{bk} - N_{ai}u_{ak} - Q_{ai}w_{ak} - M_{ai}\varphi_{ak}.$$

$$(8.13)$$

Hierin wurden die negativen Vorzeichen durch die entgegengesetzt zu $\{u_a\ w_a\ \varphi_a\}$ definierten, positiven Wirkungsrichtungen von $\{N_a\ Q_a\ M_a\}$ erforderlich. Die Integration über das Gesamttragwerk überführte a, b in die Summe aller Tragwerksränder, die Randkraftgrößen $\mathbf{t}$ in die Auflagerreaktionen und die Randverformungen $\mathbf{r}$ in zugehörige Auflagerdeformationen. Ordnet man nun alle *Reaktionskräfte* in der Spalte $\mathbf{C}_i$, alle *Reaktionsmomente* in $\mathbf{M}_i$ an:

$$\mathbf{C}_i = \{C_1 C_2 \ldots C_1\}_i\,, \quad \mathbf{M}_i = \{M_1 M_2 \ldots M_w\}_i\,, \tag{8.14}$$

gruppiert man ferner alle zu C_1 korrespondierenden Auflagerverschiebungen in $\mathbf{c}_k$, alle Verdrehungen in $\boldsymbol{\varphi}_k$:

$$\mathbf{c}_k = \{c_1 c_2 \ldots c_1\}_k\,, \quad \boldsymbol{\varphi}_k = \{\varphi_1 \varphi_2 \ldots \varphi_w\}_k\,, \tag{8.15}$$

so ersetzt die Produktsumme

$$\mathbf{C}_i^{\mathrm{T}} \mathbf{c}_k + \mathbf{M}_i^{\mathrm{T}} \boldsymbol{\varphi}_k \tag{8.16}$$

gerade die eckige Klammer in (8.5). Dabei wurde jede Auflagerverformung als positiv in Richtung ihrer zugeordneten Reaktionsgröße definiert. Bild 8.2 erläutert im oberen Teil derartige Arbeitsbeiträge.

Mit diesen Ergänzungen nimmt der Arbeitssatz (8.5) folgende endgültige Form an:

$$1 \cdot \delta_{ik} = \delta_{ik} = \int_0^1 \boldsymbol{\sigma}_i^{\mathrm{T}} \boldsymbol{\varepsilon}_k dx - \mathbf{C}_i^{\mathrm{T}} \mathbf{c}_k - \mathbf{M}_i^{\mathrm{T}} \boldsymbol{\varphi}_k. \tag{8.17}$$

Ihm zufolge ist eine gesuchte Verformungsgröße gleich der inneren Verschiebungsarbeit der Schnittgrößen des Kraftgrößen-Hilfszustandes "1" längs den

Eingeprägte Lagerverschiebung

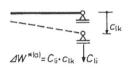

Eingeprägte Widerlagerverdrehung

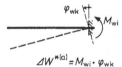

Federelastisches Lager

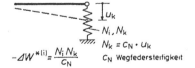

Federelastische Einspannung

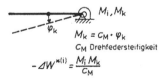

Bild. 8.2 Arbeitsanteile bei eingeprägten Lagerverschiebungeb und federelastischen Lagern

Tafel 8.2 Verschiebungsarbeitsanteile räumlich beanspruchter Stabtrgwerke

Beanspruchungsursachen k:	$1\cdot\delta_{ik}=$					
Lasten, elastisches Werkstoffverhalten	$\int_0^l \dfrac{N_i N_k}{EA}dx$	$\int_0^l \dfrac{Q_{yi}Q_{yk}}{GA_{Qy}}dx$	$\int_0^l \dfrac{Q_{zi}Q_{zk}}{GA_{Qz}}dx$	$\int_0^l \dfrac{M_{Ti}M_{Tk}}{GI_T}dx$	$\int_0^l \dfrac{M_{yi}M_{yk}}{EI_y}dx$	$\int_0^l \dfrac{M_{zi}M_{zk}}{EI_z}dx$
Lasten, kriechfähiges Werkstoffverhalten	$\varphi_t\int_0^l \dfrac{N_i N_k}{EA}dx$			$\varphi_t\int_0^l \dfrac{M_{Ti}M_{Tk}}{GI_T}dx$	$\varphi_t\int_0^l \dfrac{M_{yi}M_{yk}}{EI_y}dx$	$\varphi_t\int_0^l \dfrac{M_{zi}M_{zk}}{EI_z}dx$
Schwinden	$-\int_0^l N_i\,\varepsilon_s\,dx$				$-\int_0^l M_{yi}\dfrac{\Delta\varepsilon_{sz}}{h}dx$	$\int_0^l M_{zi}\dfrac{\Delta\varepsilon_{sy}}{b}dx$
Temperatureinwirkungen	$\int_0^l N_i\alpha_T\Delta T_N dx$				$\int_0^l M_{yi}\alpha_T\dfrac{\Delta T_{Mz}}{h}dx$	$\int_0^l M_{zi}\alpha_T\dfrac{\Delta T_{My}}{b}dx$
Federelastische Lager	$\sum\limits_n \dfrac{N_{ni}N_{nk}}{c_{Nn}}$			$\sum\limits_m \dfrac{M_{mi}M_{mk}}{c_{Mm}}$		
Eingeprägte Lagerverschiebungen	$-\sum\limits_l C_{li}c_{lk}$			$-\sum\limits_w M_{wi}\varphi_{wk}$		

Deformationswegen einer vorgegebenen Beanspruchungsursache, vermindert um die Stützensenkungs- und Widerlagerverdrehungsarbeit.

Substituieren wir nun in (8.17) alle in Tafel 8.1 aufgeführten einzelnen Verzerrungsanteile, so entsteht eine Vielzahl von Einzelintegralen, die über das Gesamttragwerk zu erstrecken sind und in Tafel 8.2 für räumliche Stabtragwerke zusammengefasst wurden. Dort finden sich auch die Anteile der eben behandelten Stützensenkungsarbeit, jetzt allerdings in einer Summenschreibweise, in welcher gemäß (8.14) und (8.15) l die Anzahl der Reaktionskräfte, w diejenige der Reaktionsmomente des Tragwerks bezeichnet:

$$\mathbf{C}_i^T \mathbf{c}_k + \mathbf{M}_i^T \boldsymbol{\varphi}_k = \sum_l C_{li}c_{lk} + \sum_w M_{wi}\varphi_{wk}. \tag{8.18}$$

Die in Tafel 8.2 ergänzend aufgeführten Arbeitsanteile für federelastische Lagerungen lassen sich leicht aus dem unteren Teil von Bild 8.2 herleiten.

Hierauf aufbauend formulieren wir abschließend in Tafel 8.3 die langschriftliche Form des vollständigen Arbeitsausdrucks für räumlich beanspruchte Stabtragwerke. Aus diesem wird durch Streichung entsprechender Glieder derjenige Ausdruck für ebene Stabtragwerke hergeleitet, der in der Baustatik weithin als *Arbeitssatz* bekannt ist.

8.1.5 Verwendung der Eigenarbeit

Selbstverständlich kann man Verformungsgrößen auch mit Hilfe der Eigenarbeit ermitteln, beispielsweise unter Rückgriff auf den ersten Satz von CASTIGLIANO (7.58):

Tafel 8.3 Vollständige Formen des Arbeitssatzes

Räumlich beanspruchte Stabtragwerke:

$$\delta_{ik} = \int\limits_0^1 \{N_i[\frac{N_k}{EA}(1+\varphi_t) + \alpha_T \Delta T_N - \varepsilon_s] + \frac{Q_{yi}Q_{yk}}{GA_{Qy}} + \frac{Q_{zi}Q_{zk}}{GA_{Qz}}$$

$$+\frac{M_{Ti}M_{Tk}}{GI_T}(1+\varphi_t) + M_{yi}[\frac{M_{yk}}{EI_y}(1+\varphi_t) + \alpha_T \frac{\Delta T_{Mz}}{h} - \frac{\Delta \varepsilon_{sz}}{h}]$$

$$+M_{zi}[\frac{M_{zk}}{EI}(1+\varphi_t) + \alpha_T \frac{\Delta T_{My}}{b} - \frac{\Delta \varepsilon_{sy}}{b}]\}dx$$

$$+\sum_n \frac{N_{ni}N_{nk}}{c_N} + \sum_m \frac{M_{mi}M_{mk}}{c_M} - \sum_l C_{li}c_{lk} - \sum_w M_{wi}\varphi_{wk}$$

Ebene Stabtragwerke:

$$\delta_{ik} = \int_0^1 \{N_i[\frac{N_k}{EA}(1+\varphi_t) + \alpha_T \Delta T_N - \varepsilon_s] + \frac{Q_iQ_k}{GA_O} + M_i[\frac{M_k}{EI}(1+\varphi_t) + \alpha_T \frac{\Delta T_M}{h} - \frac{\Delta \varepsilon_s}{h}]\}dx$$

$$+\sum_n \frac{N_{ni}N_{nk}}{c_N} + \sum_m \frac{M_{mi}M_{mk}}{c_M} - \sum_l C_{lt}c_{lk} - \sum_w M_{wi}\varphi_{wk}$$

$$\delta_i = \frac{\partial W^{(a)}}{\partial F_i} = -\frac{\partial W^{(i)}}{\partial F_i}. \tag{8.19}$$

Dieser Satz sagt aus, dass die zu einer einwirkenden Lastgröße F_i in einem Tragwerk sich ausbildende, korrespondierende Weggröße δ_i durch partielle Differentiation der Eigenarbeit $W^{(a)}$ oder $- W^{(i)}$ gewonnen werden kann. Liegt somit ein durch beliebige Einzelwirkungen $F_1, F_2, \ldots F_i, \ldots F_m$ belastetes, ebenes Tragwerk vor, beispielsweise dasjenige des Bildes 7.3, und ist die Eigenarbeit $W^{(i)}$ der inneren Kraftgrößen gemäß (7.25) als Funktion dieser Einzelwirkungen bekannt, so folgt aus (8.19):

$$\delta_i = -\frac{\partial W^{(i)}(F_1, F_2, \ldots F_i, \ldots F_m)}{\partial F_i} = \frac{\partial}{\partial F_i}\left(\frac{1}{2}\int\limits_0^1 \sigma_i^T \varepsilon_i dx\right)$$

$$= \frac{\partial}{\partial F_i}\left[\frac{1}{2}\int\limits_0^1 \left(\frac{N_{xi}^2}{EA} + \frac{Q_{xi}^2}{GA_Q} + \frac{M_{xi}^2}{EI}\right)dx\right]. \tag{8.20}$$

Diese Vorgehensweise ist natürlich auch wieder auf räumliche Tragwerke verallgemeinbar; mit den Bezeichnungen der Tafel 7.1 erhalten wir für diese:

$$\delta_i = \frac{\partial}{\partial F_i}\left[\frac{1}{2}\int\limits_0^1 \left(\frac{N_i^2}{EA} + \frac{Q_{yi}^2}{GA_{Qy}} + \frac{Q_{zi}^2}{GA_{Qz}} + \frac{M_{Ti}^2}{GI_T} + \frac{M_{yi}^2}{EI_y} + \frac{M_{zi}^2}{EI_z}\right)dx\right]. \tag{8.21}$$

Der Satz von CASTIGLIANO führt oft zu aufschlussreichen Tragverhaltenseinsichten, seine praktische Anwendbarkeit bei der Bestimmung von Einzelverformungen unterliegt allerdings starken Einschränkungen. Definitionsgemäß entstand Eigenarbeit nämlich nur dann, wenn der Weggrößenzustand aus *elastischen* Deformationen ε_i des Gleichgewichtszustandes $\mathbf{P}_i$, σ_i hervorging. Schwindprozesse, Temperatureinwirkungen, Stützensenkungen oder Widerlagerverdrehungen lassen sich somit als Beanspruchungsursachen nicht erfassen. Als weiterer Nachteil erweist sich zudem, dass aus (8.20) und (8.21) nur die zu vorhandenen Einzelwirkungen *korrespondierenden* Verformungsgrößen bestimmt werden können: Zu einer Einzelkraft eine gleichgerichtete Verschiebung, zu einem Einzelmoment eine Verdrehung. Beide Einschränkungen ziehen enge Anwendungsgrenzen nach sich, besonders im Vergleich zur Verformungsberechnung mittels der Verschiebungsarbeit.

8.2 Weggrößenbestimmung aus der Verschiebungsarbeit

8.2.1 Vereinfachung der Grundgleichungen

Wir wollen nun der Frage nachgehen, ob die vollständigen Formen des Arbeitssatzes auf Tafel 8.3 für gewisse Tragwerkstypen vereinfacht werden können.

Beginnen wir mit *idealen* ebenen oder räumlichen *Fachwerken*. Die diese Tragwerke ausschließlich beanspruchenden Knotenlasten lassen in den mit Gelenkanschlüssen idealisierten Fachwerkstäben nur über die Stablängen *konstante Normalkräfte* entstehen. Damit reduziert sich das Formänderungsarbeitsintegral des Arbeitssatzes (8.17) auf die Elemente der ersten Spalte in Tafel 8.2. Werden außerdem alle Stabsteifigkeiten EA, Temperaturausdehnungskoeffizienten α_T, Temperaturänderungen ΔT_N, Kriechzahlen φ_t und Schwindmaße ε_s stabweise als konstant vorausgesetzt, so lassen sich die Integranden aller Stäbe *vor* das jeweilige Integralzeichen ziehen, und die verbleibenden Integrationen liefern gerade die jeweiligen Stablängen s. Summiert man schließlich die Arbeitsanteile aller Fachwerkstäbe, so nimmt der Arbeitssatz folgende einfache Form an:

$$\delta_{ik} = \sum_{\text{alle Stäbe}} N_i \left[\frac{N_k}{EA}(1 + \varphi_t) + \alpha_T \Delta T_N - \varepsilon_s \right] s + \sum_n \frac{N_{ni} N_{nk}}{c_{Nn}} - \sum_l C_{li} c_{lk}. \tag{8.22}$$

Nun wenden wir uns biegebeanspruchten Tragwerken zu. Nur selten werden sämtliche, in den Tafeln 8.2 oder 8.3 aufgeführten Beanspruchungsursachen *gleichzeitig* wirken, wodurch stets anwendungsorientierte Vereinfachungen möglich sind. In diesem Sinne wollen wir daher zunächst alle Einflüsse nichtelastischer Werkstoffdeformationen, d.h. Temperatureinwirkungen, Schwinden und Kriechen, aber auch federelastische Lagerungen und Stützensenkungen unberücksichtigt lassen. Wir stellen uns die Frage, ob alle dann im Arbeitssatz verbleibenden Schnittgrößen elastischen Ursprungs gleichermaßen bedeutende Arbeitsbeiträge leisten.

Zur Beantwortung wählen wir das einfache, ebene Rahmentragwerk auf Bild 8.3, das durch die Horizontallast P_B sowie die Vertikallast P_1 beansprucht werde. Für

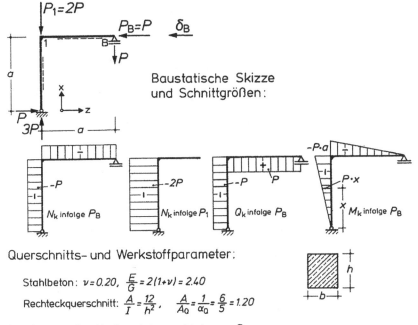

Baustatische Skizze
und Schnittgrößen:

N_k infolge P_B N_k infolge P_1 Q_k infolge P_B M_k infolge P_B

Querschnitts- und Werkstoffparameter:

Stahlbeton: $\nu = 0.20$, $\dfrac{E}{G} = 2(1+\nu) = 2.40$

Rechteckquerschnitt: $\dfrac{A}{I} = \dfrac{12}{h^2}$, $\dfrac{A}{A_0} = \dfrac{1}{\alpha_0} = \dfrac{6}{5} = 1.20$

Ermittlung der Horizontalverschiebung δ_B:

$$\delta_{ik} = \delta_B = \int_0^l \left[\frac{N_i N_k}{EA} + \frac{Q_i Q_k}{GA_0} + \frac{M_i M_k}{EI} \right] dx = 2\int_0^a \frac{(-1)\cdot(-P)}{EA}dx + \int_0^a \frac{(-1)\cdot(-2P)}{EA}dx + 2\int_0^a \frac{1\cdot P}{GA_0}dx + 2\int_0^a \frac{(-x)\cdot(-Px)}{EI}dx$$

$$= 2\left[\frac{P\cdot a}{EA} + \frac{P\cdot a}{EA} + \frac{P\cdot a}{GA_0} + \frac{P\cdot a^3}{3EI} \right] = \frac{4\,P\cdot a}{EA}\left[1 + 1.44 + \frac{2}{(h/a)^2} \right]$$

Arbeitsanteile der Schnittgrößen:

h/a:	1/20	1/10	1/5	1/2
Prozentualer Anteil von N	0.12	0.49	1.91	15.53
Q	0.18	0.71	2.75	22.36
M	99.70	98.80	95.34	62.11

Stabtragwerke ◄──►◄ Scheibentragwerke

Bild. 8.3 Formänderungsarbeitsanteile der Schnittgrößen eines ebenen Rahmentragwerks

dieses wollen wir die zu P_B korrespondierende Horizontalverschiebung δ_B mittels der Verschiebungsarbeit berechnen. Zuerst werden die Schnittgrößenverläufe infolge der beiden Beanspruchungsursachen k ermittelt und dargestellt: Während aus P_B Normal- und Querkräfte sowie Biegemomente entstehen, ruft P_1 nur Stielnormalkräfte hervor. Die Schnittgrößen des virtuellen Hilfszustandes i entstehen aus denjenigen für P_B infolge $P = 1$. Damit können die Formänderungsarbeitsintegrale auf Bild 8.3 angeschrieben und ohne Mühe gelöst werden. Wählen wir nun für deren Zusammenfassung einen Rechteckquerschnitt aus Stahlbeton mit den ebenfalls auf Bild 8.3 angegebenen Querschnitts- und Stoffparametern, so enthält die abschließende Form des Arbeitssatzes die Einzelbeiträge in der Reihenfolge N, Q, M.

Deren prozentuale Anteile in Abhängigkeit des Schlankheitsparameters h/a liefert die Bild 8.3 abschließende Tabelle.

Diese weist aus, dass der Formänderungsarbeitsanteil der *Biegemomente* bei Stabwerken stets stark überwiegt, zunehmend mit ansteigender Schlankheit. Der Arbeitsanteil der *Querkräfte* wächst mit abnehmender Schlankheit an, gewinnt aber erst an der Gültigkeitsgrenze der Stabtheorie nennenswerte Bedeutung. Ebenfalls mit abnehmender Schlankheit wächst der Arbeitsanteil der *Normalkräfte*; sein Verhältnis zu demjenigen der Biegemomente hängt im übrigen stark von der Form und Intensität der Belastung ab, wie der Leser durch Substitution von $P_1 = 4\,P$ ausprobieren möge.

Die gewonnenen Erkenntnisse lassen sich unschwer auf beliebige *ebene* oder *räumliche Stabtragwerke* verallgemeinern:

Satz: Im Formänderungsarbeitsintegral von Stabtragwerken überwiegt stets der Biegemomentenanteil.

Der Arbeitsanteil der Querkräfte darf, außer bei sehr gedrungenen Stäben, in der Regel vernachlässigt werden.

Der Arbeitsanteil der Normalkräfte ist bei gedrungenen Stäben oder dominanten Normalkräften zu berücksichtigen, stets natürlich bei idealen Fachwerken.

Somit können in beiden Formen des Arbeitssatzes auf Tafel 8.3 die Querkraftanteile stets, die Normalkraftanteile häufig gestrichen werden. Dominant sind die Arbeitsanteile der Biegemomente sowie gegebenenfalls der Torsionsmomente.

8.2.2 Grundfälle der Verformungsberechnung

Im Abschn. 8.1.2 hatten wir den fiktiven Kraftgrößen-Hilfszustand $\mathbf{P}_i$ derart gewählt, dass dieser längs der zu berechnenden Weggröße δ_{ik} gerade die äußere Formänderungsarbeit $1 \cdot \delta_{ik}$ leistete: $\mathbf{P}_i =$ "1" und δ_{ik} waren korrespondierende Variablen. Auf diesem Wege können sämtliche Komponenten des Verschiebungs- und Verdrehungsvektors eines beliebigen Tragwerkspunktes i berechnet werden, wie die beiden ersten Zeilen von Tafel 8.4 noch einmal andeuten sollen.

Beliebig gerichtete Verschiebungen oder Verdrehungen δ_{ik} können durch geeignete, gleichfalls korrespondierende Hilfszustände $\mathbf{P}_i =$ "1" natürlich ebenso ermittelt werden. Eine *Kombination* der Einheitsbelastungszustände (8.3) erlaubt darüber hinaus die Bestimmung abgeleiteter Verformungsgrößen in einem einzigen Rechengang. Als Beispiel hierfür betrachten wir die dritte Zeile in Tafel 8.4. Wählen wir *nur* die im Punkt i_2 eingezeichnete Kraft "1" als Hilfszustand, so könnten wir mit ihrer Hilfe die Verschiebung δ_2 bestimmen. Die *allein* mit dem im Punkt i_1 angreifenden Hilfszustand sich ergebende Verschiebung wäre δ_1, im Beispiel negativ, da entgegen der Kraft "1" gerichtet. Wirken jedoch beide Kräfte als *ein gemeinsamer* Hilfszustand, so erhält man gerade die relative Abstandsänderung zwischen i_1 und i_2, nämlich $\delta_2 - \delta_1$, positiv im Sinne des Kräfteangriffs als Verlängerung, negativ als Verkürzung.

Tafel 8.4 Grundfälle der Verformungsberechnung

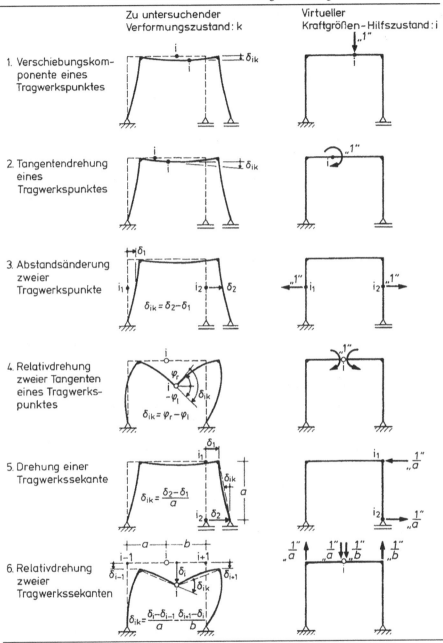

In ähnlicher Weise wird in der folgenden Zeile der Tafel 8.4 die Relativver-
drehung zweier Tangenten eines Tragwerkspunktes mittels eines Momentenpaares
"1" als korrespondierender Kraftgröße bestimmt. Als weitere Grundfälle schließen
sich die Ermittlung einer Sekantendrehung sowie einer Relativdrehung zweier Trag-
werkssekanten an, wiederum mit Hilfe geeignet gewählter Kräftepaare "1/c" als
korrespondierender Kraftgrößen, wobei c den Abstand der Sekantenschnittpunkte
bezeichnet.

8.2.3 Berechnung der Formänderungsarbeitsintegrale

Auf der rechten Seite des Arbeitssatzes (8.17) treten gemäß Tafel 8.2 stets Integrale
auf, deren Integranden als Produkte zweier Funktionen darstellbar sind, beispielsweise[1]:

$$\int_a^b f(x)g(x)dx \text{ mit } f(x): \quad N_\mathrm{i} \qquad\qquad M_\mathrm{i}, \tag{8.23}$$

$$g(x): \quad \frac{N_\mathrm{k}}{EA}, \; \alpha_\mathrm{T}\,\Delta T_\mathrm{N}, \; \varepsilon_\mathrm{s}, \frac{M_\mathrm{k}}{EI}, \alpha_\mathrm{T}\frac{\Delta T_\mathrm{M}}{h}, \ldots.$$

Als Teilfunktionen $f(x)$, $g(x)$ können dabei in Abhängigkeit der Zustandsgrößen-
und Steifigkeitsverläufe beliebige, sogar unstetige Funktionen auftreten. Welche
Verfahren sind zur Integration von (8.23) zweckmäßigerweise zu verwenden?

Analytische Integrationsverfahren, wie auf Bild 8.3 angewendet, sind nur für besonders einfach verlaufende Teilfunktionen zu empfehlen. Diese Vorbedingung ist,
von Ausnahmefällen abgesehen, selten gegeben.

Häufig sind die Stabsteifigkeiten abschnittsweise vollständig oder näherungsweise konstant. Da die Schnittgrößen für gerade Stabachsen in den meisten Fällen
Polynomverläufe aufweisen, können dann die Integrale (8.23) für normierte Funk-
tionsverläufe $f(x)$, $g(x)$ vorberechnet werden. In Tafeln 8.5 und 8.6 findet sich
eine so erhaltene Ergebnissammlung in Abhängigkeit typischer Funktionsordina-
ten als Grundlage einer *tabellarischen Integration.* Der Tafelwert ist noch mit der
Abschnittslänge l zu multiplizieren:

$$\int_a^b f(x)g(x)dx = \text{Tafelwert} \cdot l. \tag{8.24}$$

Bei Anwendung dieser vielbenutzten Integrationstafeln ist es vorteilhaft, zunächst $EI_\mathrm{c}-$*fache* Verformungsgrößen zu bestimmen. Dabei ist I_c als beliebiges

---

[1] Analoge Integrale sind übrigens auch bei der Auswertung von Einflusslinien für Streckenlasten
zu lösen.

Tafel 8.5 Werte der bestimmten Integrale $\dfrac{1}{l}\displaystyle\int_a^b f(x)g(x)dx$, Teil 1

		g	g	$g_1 \quad g_2$	$g_1 \quad g_2$
1.	f	fg	$\frac{1}{2}fg$	$\frac{1}{2}f(g_1+g_2)$	$\frac{1}{2}f(g_1-g_2)$
2.	f	$\frac{1}{2}fg$	$\frac{1}{3}fg$	$\frac{1}{6}f(g_1+2g_2)$	$\frac{1}{6}f(g_1-2g_2)$
3.	f	$\frac{1}{2}fg$	$\frac{1}{6}fg$	$\frac{1}{6}f(2g_1+g_2)$	$\frac{1}{6}f(2g_1-g_2)$
4.	$f_1 \quad f_2$	$\frac{1}{2}g(f_1+f_2)$	$\frac{1}{6}g(f_1+2f_2)$	$\frac{1}{6}[f_1(2g_1+g_2)+f_2(g_1+2g_2)]$	$\frac{1}{6}[f_1(2g_1-g_2)+f_2(g_1-2g_2)]$
5.	$f_1 \quad f_2$	$\frac{1}{2}g(f_1-f_2)$	$\frac{1}{6}g(f_1-2f_2)$	$\frac{1}{6}[f_1(2g_1+g_2)-f_2(g_1+2g_2)]$	$\frac{1}{6}[f_1(2g_1-g_2)-f_2(g_1-2g_2)]$
6.	$\frac{1}{2} \frac{1}{2}\ f$	0	$-\frac{1}{6}fg$	$\frac{1}{6}f(g_1+g_2)$	$\frac{1}{6}f(g_1+g_2)$
7.	$\frac{1}{2} \frac{1}{2}\ f$	$\frac{1}{2}fg$	$\frac{1}{4}fg$	$\frac{1}{4}f(g_1+g_2)$	$\frac{1}{4}f(g_1-g_2)$
8.	$\gamma l \quad \delta l$	$\frac{1}{2}fg$	$\frac{1}{6}fg(1+\gamma)$	$\frac{1}{6}f[g_1(1+\delta)+g_2(1+\gamma)]$	$\frac{1}{6}f[g_1(1+\delta)-g_2(1+\gamma)]$
9.	$\frac{1}{2} \frac{1}{2}\ sf$	$\frac{2}{3}fg$	$\frac{1}{3}fg$	$\frac{1}{3}f(g_1+g_2)$	$\frac{1}{3}f(g_1-g_2)$
10.	$s \quad f$	$\frac{2}{3}fg$	$\frac{1}{4}fg$	$\frac{1}{12}f(5g_1+3g_2)$	$\frac{1}{12}f(5g_1-3g_2)$
11.	$s \quad f$	$\frac{2}{3}fg$	$\frac{5}{12}fg$	$\frac{1}{12}f(3g_1+5g_2)$	$\frac{1}{12}f(3g_1-5g_2)$
12.	$f \quad s$	$\frac{1}{3}fg$	$\frac{1}{12}fg$	$\frac{1}{12}f(3g_1+g_2)$	$\frac{1}{12}f(3g_1-g_2)$
13.	$s \quad f$	$\frac{1}{3}fg$	$\frac{1}{4}fg$	$\frac{1}{12}f(g_1+3g_2)$	$\frac{1}{12}f(g_1-3g_2)$

Vergleichsträgheitsmoment frei wählbar. Die bei dieser Vorgehensweise auftretenden Steifigkeitsverhältnisse lassen sich stabweise mit den jeweiligen Abschnittslängen zu *reduzierten Abschnittslängen* vereinigen. Beispielsweise lassen sich aus

$$\delta_{ik} = \int_0^l \left[\frac{N_i N_k}{EA} + \frac{Q_i Q_k}{GA_Q} + \frac{M_i M_k}{EI} + M_i \alpha_T \frac{\Delta T_M}{h} \right] dx \qquad (8.25)$$

durch Multiplikation mit EI_c

Tafel 8.6 Werte der bestimmten Integrale $\dfrac{1}{l}\displaystyle\int_a^b f(x)g(x)\,dx$, Teil 2

		$\overbrace{}^{1/2\ \ 1/2}$	$\overbrace{}^{\alpha\ \ \beta}$	$\overbrace{}^{1/2\ \ 1/2}\ _{s}$
1.		0	$\frac{1}{2}fg$	$\frac{1}{2}fg$	$\frac{2}{3}fg$
2.		$-\frac{1}{6}fg$	$\frac{1}{4}fg$	$\frac{1}{6}fg(1+\alpha)$	$\frac{1}{3}fg$
3.		$\frac{1}{6}fg$	$\frac{1}{4}fg$	$\frac{1}{6}fg(1+\beta)$	$\frac{1}{3}fg$
4.		$\frac{1}{6}g(f_1-f_2)$	$\frac{1}{4}g(f_1+f_2)$	$\frac{1}{6}g[f_1(1+\beta)+f_2(1+\alpha)]$	$\frac{1}{3}g(f_1+f_2)$
5.		$\frac{1}{6}g(f_1+f_2)$	$\frac{1}{4}g(f_1-f_2)$	$\frac{1}{6}g[f_1(1+\beta)-f_2(1+\alpha)]$	$\frac{1}{3}g(f_1-f_2)$
6.		$\frac{1}{3}fg$	0	$\frac{1}{6}fg(1-2\alpha)$	0
7.		0	$\frac{1}{3}fg$	$\frac{1}{12}fg\dfrac{3-4\alpha^2}{\beta}$	$\frac{5}{12}fg$
8.		$\frac{1}{6}fg(1-2\gamma)$	$\frac{1}{12}fg\dfrac{3-4\gamma^2}{\delta}$	$\frac{1}{6}fg\dfrac{2\gamma-\gamma^2-\alpha^2}{\beta\gamma}$ $\gamma\geq\alpha$	$\frac{1}{3}fg(1+\gamma\delta)$
9.		0	$\frac{5}{12}fg$	$\frac{1}{3}fg(1+\alpha\beta)$	$\frac{8}{15}fg$
10.		$\frac{1}{6}fg$	$\frac{17}{48}fg$	$\frac{1}{12}fg(5-\alpha-\alpha^2)$	$\frac{7}{15}fg$
11.		$-\frac{1}{6}fg$	$\frac{17}{48}fg$	$\frac{1}{12}fg(5-\beta-\beta^2)$	$\frac{7}{15}fg$
12.		$\frac{1}{6}fg$	$\frac{7}{48}fg$	$\frac{1}{12}fg(1+\beta+\beta^2)$	$\frac{1}{5}fg$
13.		$-\frac{1}{6}fg$	$\frac{7}{48}fg$	$\frac{1}{12}fg(1+\alpha+\alpha^2)$	$\frac{1}{5}fg$

$$EI_c\delta_{ik} = \int_0^1 N_iN_k\underbrace{\frac{I_c}{A}dx}_{dx'} + \int_0^1 Q_iQ_k\underbrace{\frac{EI_c}{GA_Q}dx}_{dx''} + \int_0^1 M_iM_k\underbrace{\frac{I_c}{I}dx}_{dx'''} + \int_0^1 M_i\alpha_T\frac{\Delta T_M}{h}\underbrace{EI_cdx}_{dx''''}$$

$$(8.26)$$

reduzierte Abschittslängen herleiten, die nicht unbedingt mehr Längendimensionen besitzen müssen. Man erhält für Beanspruchungen infolge

Normalkraft: $L' = l \cdot I_c/A,$

Querkraft: $L'' = l \cdot EI_c/GA_Q,$

Biegemomente: $l''' = l \cdot I_c/I,$

Temperatur oder Schwinden: $l'''' = l \cdot EI_c.$

Bei komplizierten Zustandslinien, für welche die Integrationstafel 8.5 keine Lösungen mehr bereit hält, oder auch im Falle stark veränderlicher Steifigkeiten finden *numerische Integrationsverfahren* Verwendung. Als Beispiel seien hier die *Trapezregel* (*n* beliebig):

$$\int\limits_a^b f(x)g(x)dx = \int\limits_a^b y(x)dx = \frac{h}{2}[y_0 + 2(y_1 + y_2 \ldots y_{n-1}) + y_n] \qquad (8.27)$$

und die SIMPSON*regel*[2] (*n* gerade):

$$\int\limits_a^b y(x)dx = \frac{h}{3}[y_0 + 4y_1 + 2y_2 + 4y_3 + 2y_4 + \ldots 4y_{n-1} + y_n] \qquad (8.28)$$

angeführt. In (8.27) und (8.28) bezeichnen y_n die in äquidistantem Abstand h liegenden Funktionswerte des Integranden.

Abschließend sei der Leser noch an die Ausnutzung von Symmetrieeigenschaften zur Berechnungsvereinfachung erinnert, einer bereits im Abschn. 5.1.4 vorteilhaft verwendeten Vorgehensweise. Ist bei symmetrischen Tragwerken eine der beiden Zustandsgrößenfunktionen ($g(x)$) *symmetrisch*, die andere dagegen *antimetrisch* ($f(x)$) zu einer Symmetrieachse, so verschwindet das Formänderungsarbeitsintegral

$$\int\limits_0^1 f(x)g(x)dx = \int\limits_0^{1/2} f(x)g(x)dx + \int\limits_{1/2}^1 -f(x)g(x)dx = 0, \qquad (8.29)$$

wenn auch die in $g(x)$ berücksichtigten Steifigkeiten symmetrisch sind. Beide Teilintegrale besitzen dann nämlich die gleiche Größe, jedoch entgegengesetztes Vorzeichen.

Satz: Das Formänderungsarbeitsintegral verschwindet, wenn bei symmetrischen Tragwerken eine *symmetrische* und eine *antimetrische* Zustandsgrößenfunktion miteinander zu überlagern sind.

8.2.4 Methodisches Vorgehen

Bevor im nächsten Abschnitt verschiedene Beispiele behandelt werden, fassen wir die einzelnen Bearbeitungsschritte einer Verformungsberechnung mittels des Satzes der Verschiebungsarbeit noch einmal zusammen:

---

[2] THOMAS SIMPSON, britischer Mathematiker, 1710–1761.

- Ermittlung

  der Schnittgrößenzustandslinien　　　　　　$N_{xk}, Q_{xk}, M_{xk},$

  der Lagerdeformationen　　　　　　　　　　c_{ik}, φ_{wk}

  sowie der eingeprägten Deformationen　　　$\varepsilon_s, \alpha_T \Delta T_N, \alpha_T \frac{\Delta T_M}{h}$

  für den vorgegebenen Beanspruchungszustand　$k.$

- Wahl eines geeigneten, fiktiven Kraftgrößen-Hilfszustandes i, verursacht durch die zur gesuchten Verformungsgröße δ_{ik} korrespondierende Kraftgröße $\mathbf{P}_i =$"1".

- Ermittlung

  der Schnittgrößenzustandslinien　　　　　$N_{xi}, Q_{xi}, M_{xi},$

  sowie der Lagerreaktionen　　　　　　　　C_{li}, M_{wi}

  für den Kraftgrößen-Hilfszustand $i.$

- Wahl des zutreffenden Arbeitssatzes gemäß Tafel 8.3 und Bestimmung der verschiedenen reduzierten Abschittslängen $l', l'', \ldots$

- Stabweise Auswertung der Integrale und Summenausdrücke des Arbeitssatzes, beispielsweise unter Verwendung von Tafeln 8.5 und 8.6, sowie anschließende Zusammenfassung zur gesuchten Verformungsgröße.

Es versteht sich von selbst, dass nur die im Arbeitssatz zu kombinierenden Schnittgrößenzustandslinien und Lagerreaktionen ermittelt zu werden brauchen.

8.3 Beispiele

8.3.1 Endverformung eines ebenen Kragarmes

Als einführendes Beispiel behandeln wir den durch zwei Einzelwirkungen beanspruchten Kragarm auf Bild 8.4. Zunächst werde die Verschiebung δ_{ii} sowie die Verdrehung φ_{ii} des Kragarmendes unter Verwendung des Satzes von CASTIGLIANO (8.19) ermittelt. Bei der vorangehenden Bestimmung der Eigenarbeit $W^{(i)}$ gemäß (7.25) werden nur die Anteile der Biegemomente berücksichtigt ($GA_Q = \infty$). Durch Differentiation von $- W^{(i)}$ nach den beiden Einzelwirkungen gemäß (8.19) entstehen die beiden zu P_i, M_i korrespondierenden Verformungsgrößen δ_{ii} und φ_{ii}. Nur diese beiden Endverformungen sind unter Heranziehung des Satzes von CASTIGLIANO für das vorliegende Tragwerk bestimmbar.

Auf dem nächsten Bild 8.5 kontrollieren wir das soeben erhaltene Ergebnis mit Hilfe des Satzes der Verschiebungsarbeit auf Tafel 8.3, ebenfalls nur unter Berücksichtigung der Biegemomentenanteile. Wir übernehmen zunächst die Biegemomente des vorgegebenen Beanspruchungszustandes P, M, den wir mit k indizieren. Sodann wählen wir zwei Kraftgrößen-Hilfszustände i: eine vertikale Einzellast "1" an der Kragarmspitze zur Bestimmung der dortigen Vertikalverschiebung sowie ein Einzelmoment "1" an der gleichen Stelle für die Verdrehung. Die aus den Hilfszuständen resultierenden Biegemomente M_i superponieren wir im unteren Teil von Bild 8.5 mit den ursprünglichen Biegemomenten M_k zur Ermittlung der jeweiligen Formänderungsarbeitsintegrale gemäß Tafeln 8.5 und 8.6. Wie ersichtlich erhalten wir so in zwei Schritten die gleichen Verformungswerte wie auf Bild 8.4 mit Hilfe der Eigenarbeit.

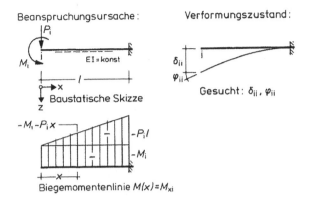

Ermittlung der Eigenarbeit nach (7.25):

$$-W^{(i)} = \frac{1}{2}\int_o^l \frac{M_{xi}^2}{EI}\,dx = \frac{1}{2EI}\int_o^l (-M_i - P_i\,x)^2 dx = \frac{1}{2EI}\int_o^l (M_i^2 + 2M_i\,P_i\,x + P_i^2\,x^2)\,dx$$

$$= \frac{1}{2EI}(M_i^2\,x + M_i\,P_i\,x^2 + \frac{1}{3}P_i\,x^3)\Big|_o^l = \frac{1}{EI}(M_i^2\,\frac{l}{2} + M_i\,P_i\,\frac{l^2}{2} + P_i^2\,\frac{l^3}{6})$$

Anwendung des Satzes von CASTIGLIANO (7.58 , 8.19):

$$\delta_i = \frac{\partial W^{(a)}}{\partial P_i} = -\frac{\partial W^{(i)}}{\partial P_i} = \frac{1}{EI}(M_i\,\frac{l^2}{2} + P_i\,\frac{l^3}{3})$$

$$\varphi_i = \frac{\partial W^{(a)}}{\partial M_i} = -\frac{\partial W^{(i)}}{\partial M_i} = \frac{1}{EI}(M_i\,l + P_i\,\frac{l^2}{2})$$

Bild. 8.4 Verformungsgrößenermittlung eines Kragarmes mit Hilf des Satzes von CASTIGLIANO

8.3.2 Ebener Fachwerk-Kragträger

Als nächstes greifen wir den bereits mehrfach, zuerst im Abschn. 4.1.3 behandelten, ebenen Fachwerk-Kragträger wieder auf. Die Vertikalverschiebung der Spitze (Knotenpunkt 1) dieses Tragwerks soll unter verschiedenen Beanspruchungsfällen bestimmt werden, nämlich gemäß Bild 8.6

- infolge der eingezeichneten äußeren Lasten, für welche die Stabkräfte bereits in Tafel 4.2 bestimmt wurden,
- infolge einer Temperaturerhöhung in allen Stäben um $\Delta T_N = 30\,K$,
- infolge elastisch nachgiebiger Lagerungen sowie
- infolge einer nach rechts gerichteten, horizontalen Auflagerverschiebung des Punktes 4 um 4 mm.

Da es sich um ein Fachwerk handelt, kann die einfachste Form (8.22) des Arbeitssatzes verwendet werden, die auf Bild 8.6 wiederholt wurde.

Alle Berechnungsschritte werden wieder tabellarisch durchgeführt, wobei die Stabkräfte der äußeren Lasten Tafel 4.2 entnommen wurden und die Stabkräfte des Hilfszustandes ohne Berechnungsdetails angeführt sind. Die erforderlichen Spaltenmultiplikationen sind in Bild 8.6 angegeben; schließlich entstehen die gesuchten Verschiebungswerte durch additive Zusammenfassung der Elemente der vier letzten

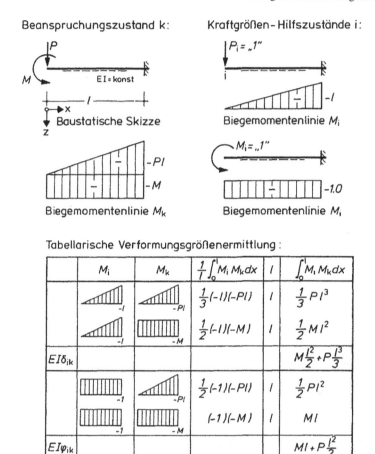

Bild. 8.5 Verformungsgrößenermittlung eines Kragarmes mit Hilf des Satzes von der Verschiebungsarbeit

Spalten. Dabei sind alle Verformungen als *Einzelanteile* angeführt: Beispielsweise enthält Spalte 9 *allein* den Einfluss federelastischer Lagerungen auf die Durchbiegung des Punktes 1 infolge der eingetragenen Lasten. In Spalte 10 wird der Einfluss einer horizontalen Lagerverschiebung des Punktes 4 auf die Absenkung der Tragwerksspitze bestimmt; damit wird eine reine Starrkörperdeformation beschrieben, wie sie bereits in den Abschn. 4.2.7 und 4.2.8 behandelt wurde.

8.3.3 Ebenes Rahmentragwerk

Die Beispiele zur Verformungsberechnung fortsetzend soll nun für das im Abschn. 4.1.8 unter Einzellasten behandelte ebene Rahmentragwerk zuerst die Horizontalverschiebung des Knotens 1 ermittelt werden, anschließend dessen Verdrehung unter einer Temperatureinwirkung.

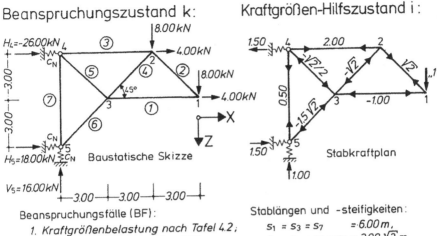

Beanspruchungsfälle (BF):
1. Kraftgrößenbelastung nach Tafel 4.2;
2. Temperaturerhöhung aller Stäbe um $\Delta T_N = 30 K$, $\alpha_T = 1.2 \cdot 10^{-5} K^{-1}$;
3. Elastische Lagerung mit $c_N = 10 \cdot 10^3$ kN/m;
4. Auflagerverschiebung Punkt 4 um $c_4 = 0.004$ m nach rechts, Federn blockiert.

Stablängen und -steifigkeiten:
$s_1 = s_3 = s_7 = 6.00$ m,
$s_2 = s_4 = s_5 = s_6 = 3.00 \sqrt{2}$ m,
$A_1 = A_5 = A_7 = 1.0 A$,
$A_2 = 1.5 A$,
$A_3 = A_4 = A_6 = 2.0 A$,
$EA = 126 \cdot 10^3$ kN.

Tabellarische Ermittlung von δ_{1k}:

$$\delta_{1k} = \sum_{\substack{\text{alle} \\ \text{Stäbe}}} \left[\frac{N_i N_k}{EA} \cdot s + N_i \, \alpha_T T \cdot s \right] + \sum_{\text{alle Federn}} \frac{N_i N_k}{c_N} - \sum_i C_{li} \cdot c_{lk}$$

Beanspruchungsfälle: 1   2   3   4

Stab	N_i	N_k	$\alpha_T \Delta T_N \cdot s \cdot 10^5$	$\frac{1}{c_N} \cdot 10^5$	$C_{lk} \cdot 10^5$	$\frac{s}{EA} \cdot 10^5$	$BF1 \cdot 10^5$	$BF2 \cdot 10^5$	$BF3 \cdot 10^5$	$BF4 \cdot 10^5$
Spalte:	1	2	3	4	5	6	$7:=1\cdot2\cdot6$	$8:=1\cdot3$	$9:=1\cdot2\cdot4$	$10:=1\cdot5$
1	-1.00	-4.00	216.00			4.76	19.04	-216.00		
2	$\sqrt{2}$	11.31	152.74			2.24	35.83	216.00		
3	2.00	28.00	216.00			2.38	133.28	432.00		
4	$-\sqrt{2}$	-22.63	152.74			1.68	53.77	-216.00		
5	$-\sqrt{2}/2$	-2.83	152.74			3.37	6.74	-108.00		
6	$-1.5\sqrt{2}$	-25.46	152.74			1.68	90.73	-324.00		
7	0.50	2.00	216.00			4.76	4.76	108.00		
H_4/Feder	1.50	26.00		10.00	400.00				390.00	600.00
H_5/Feder	-1.50	-18.00		10.00					270.00	
V_5/Feder	-1.00	-16.00		10.00					160.00	
Σ								344.15	-108.00	820.00	600.00
Verschiebungen δ_{1k} in mm							3.44	-1.08	8.20	6.00

Bild. 8.6 Ermittlung der Vertikalverschiebung δ_{1k} eines ebenen Fachwerk-Kragträgers

Bild 8.7 enthält zuoberst die baustatische Skizze des belasteten Tragwerks mit den gewählten Stabsteifigkeiten. Die unter den dargestellten Lasten entstehenden Biegemomente wurden Bild 4.7 entnommen. Als Kraftgrößen-Hilfszustand wird eine im Punkt 1 angreifende, *dimensionslose* Horizontalkraft "1" gewählt. Diese

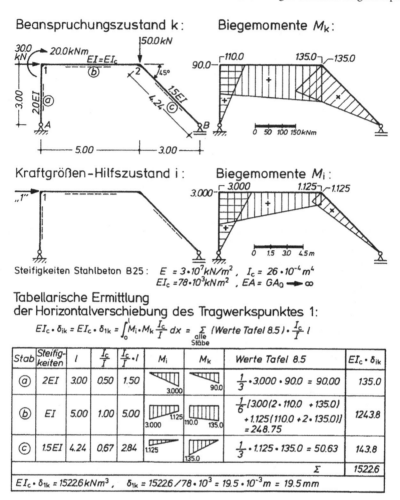

Bild. 8.7 Verformungsberechnungen eines ebenen Rahmentragwerks, Teil 1

Dimensionsfreiheit gestattet vorteilhafterweise die völlige Unterdrückung der Einzelkraft "1" auf der linken Seite des Arbeitssatzes (8.17). Ihre nachteilige Folge besteht darin, dass die Biegemomente M_t dann die verfremdete Maßeinheit kNm/kN = m aufweisen. Da nur die Formänderungsarbeit der Biegemomente berücksichtigt werden soll, findet die im unteren Teil von Bild 8.7 wiedergegebene Form des Arbeitssatzes Anwendung. Dessen zahlenmäßige Auswertung erfolgt hieran anschließend in Tabellenform. Auf Bild 8.8 wird das Rahmentragwerk einer ungleichmäßigen Temperatureinwirkung unterworfen. Die vorgegebenen Temperaturdehnungen sowie-verkrümmungen werden ermittelt und zeichnerisch dargestellt. Der Kraftgrößen-Hilfszustand entsteht nun durch einen *dimensionslosen* Momentenangriff im Punkt 1; seine Biegemomente M_i sind somit ebenfalls dimensionslos: kNm/kNm = 1, seine Normalkräfte N_i weisen die Maßeinheit kN/kNm = 1/m auf.

Beanspruchungszustand k:

Kraftgrößen-Hilfszustand i:

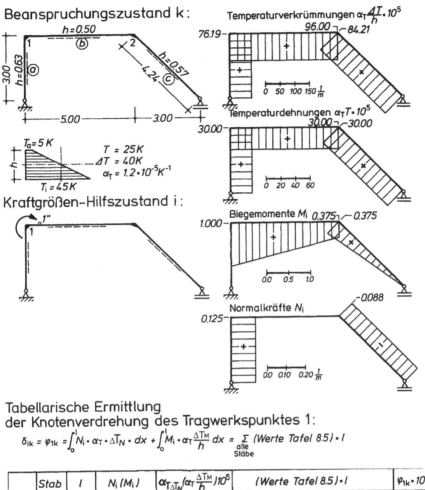

Tabellarische Ermittlung der Knotenverdrehung des Tragwerkspunktes 1:

$$\delta_{ik} = \varphi_{1k} = \int_0^l N_i \cdot \alpha_T \cdot \Delta T_N \cdot dx + \int_0^l M_i \cdot \alpha_T \frac{\Delta T_M}{h} dx = \sum_{\substack{alle \\ Stäbe}} (Werte\ Tafel\ 8.5) \cdot l$$

	Stab	l	$N_i\ (M_i)$	$\alpha_T \Delta T_N (\alpha_T \frac{\Delta T_M}{h}) 10^5$	(Werte Tafel 8.5)·l	$\varphi_{1k} \cdot 10^5$
ΔT_N	ⓐ	3.00	0.125	30.00	$1 \cdot 0.125 \cdot 30.00 \cdot 3.00$	11.25
	ⓑ	5.00	—	30.00	—	0.00
	ⓒ	4.24	-0.088	30.00	$1 \cdot (-0.088) \cdot 30.00 \cdot 4.24$	-11.19
ΔT_M	ⓐ	3.00	—	76.19	—	0.00
	ⓑ	5.00	1.000 0.375	96.00	$\frac{1}{2} \cdot (1.000 + 0.375) \cdot 96.00 \cdot 5.00$	330.00
	ⓒ	4.24	0.375 0.375	84.21	$\frac{1}{2} \cdot 0.375 \cdot 84.21 \cdot 4.24$	66.94
$\varphi_{1k} = 397.00 \cdot 10^{-5} = 0.2275°$						397.00

Bild. 8.8 Verformungsberechnungen eines ebenen Rahmentragwerks, Teil 2

Die eigentliche Berechnung der Knotenverdrehung erfolgt erneut tabellarisch im unteren Teil von Bild 8.8. Dabei werden neben Temperaturverkrümmungen auch Temperaturdehnungen berücksichtigt, die allerdings nur zu unbedeutenden Verdrehungsbeiträgen führen.

8.3.4 Räumliches Rahmentragwerk

Als letztes Beispiel bestimmen wir die schräggerichtete Verformungskomponente im Punkt 3 des im Abschn. 4.1.5 erstmals behandelten, räumlichen Rahmentragwerks. Seine baustatische Skizze ist auf Bild 8.9, Teil 1 dargestellt; ebenfalls dort finden sich die drei aus Bild 4.5 übernommenen Zustandslinien für M_T, M_y und M_z, deren Beiträge im Formänderungsarbeitsintegral berücksichtigt werden sollen.

Der Kraftgrößen-Hilfszustand werde durch die wiederum *dimensionslose*, im Punkt 3 unter 45° zur Z- sowie Y-Achse angreifende Kraft "1" hervorgerufen,

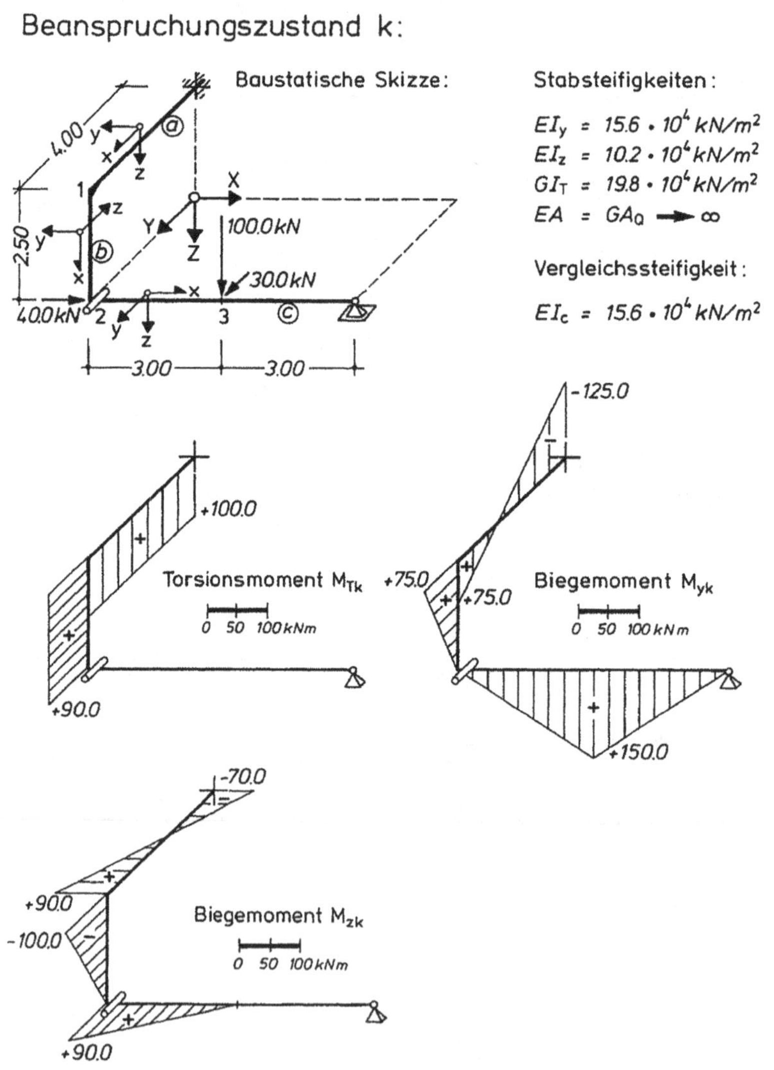

Beanspruchungszustand k:

Bild. 8.9 Grundzustände für die Verformungsermittlung eines räumlichen Rahmentragwerks, Teil 1

Kraftgrößen – Hilfszustand i:

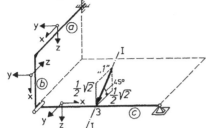

Reduzierte Stablängen l_{red}:				
Stab	l	$l'=\frac{I_c}{I_y}l$	$l''=\frac{I_c}{I_z}l$	$l'''=\frac{EI_c}{GI_T}l$
ⓐ	4.00	4.00	6.12	3.15
ⓑ	2.50	2.50	3.82	1.97
ⓒ	6.00	6.00	9.18	4.73

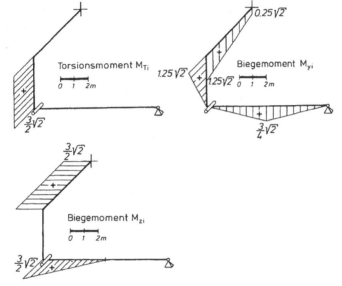

Bild. 8.10 Grundzustände für die Verformungsermittlung eines räumlichen Rahmentragerks, Teil 2

wobei die Kraftrichtung der Richtung I-I der gesuchten Verformungsgröße entspricht. Die entstehenden Torsions- und Biegemomente sind, in den Maßeinheiten kNm/kN = m, ohne den sie ergebenden Berechnungsgang, im Teil 2 des Bildes 8.10 dargestellt.

Auf Tafel 8.7 findet sich sodann die zugrunde gelegte Form des Arbeitssatzes sowie die tabellarische Verformungsberechnung. Vorbereitend hierzu wurden bereits auf Bild 8.9 die Steifigkeitsverhältnisse mit den jeweiligen Stababschnitten zu *reduzierten Stablängen* zusammengefasst, über welche die tabellarische Integration erfolgt. Der schließlich aus allen drei Arbeitsanteilen M_T, M_y und M_z ermittelte Verschiebungswert ergibt sich zu 7.8 mm.

Tafel 8.7 Tabellarische Ermittlung der Verformung im Tragwerkspunkt 3 des räumlichen Rahmentragwerks von Bild 8.9

$$EI_c\,\delta_{ik} = EI_c\,\delta_{3k} = \int_0^1 M_{Ti}\cdot M_{Tk}\,\frac{EI_c}{GI_T}\,dx + \int_0^1 M_{yi}\cdot M_{yk}\,\frac{I_c}{I_y}\,dx + \int_0^1 M_{zi}\cdot M_{zk}\,\frac{I_c}{I_z}\,dx$$

$$= \sum_{\substack{alle\\Stäbe}}(Werte\ Tafeln\ 8.5\ und\ 8.6)\cdot l_{red}$$

Anteil	Stab	l_{red}	S_i	S_k	(Werte Tafeln 8.5 und 8.6)·l_{red}	$EI_c\,\delta_{ik}$
M_T	a	3.15	–	100.0	–	0.00
	b	1.97	3/2√2	90.0	$\frac{3}{2}\sqrt{2}\cdot 90.0\cdot 1.97$	376.11
	c	4.73	–	–	–	0.00
M_y	a	4.00	1.25√ 0.25√2	75.0 / −125.0	$\frac{1}{6}[1.25\sqrt{2}(2\cdot 75.0-125.0)+0.25\sqrt{2}(75.0-2\cdot 125.0)]4.00$	−11.79
	b	2.50	1.25√2	75.0	$\frac{1}{3}\cdot 1.25\sqrt{2}\cdot 75.0\cdot 2.50$	110.49
	c	6.00	3/4√2	150.0	$\frac{1}{3}\cdot\frac{3}{4}\sqrt{2}\cdot 150.0\cdot 6.00$	318.20
M_z	a	6.12	3/2√2	90.0 / −70.0	$\frac{1}{2}\cdot\frac{3}{2}\sqrt{2}(90.0-70.0)6.12$	129.82
	b	3.82	–	−100.0	–	0.00
	c	$\frac{1}{2}$ 9.18	3/2√2	90.0	$\frac{1}{3}\cdot\frac{3}{2}\sqrt{2}\cdot 90.0\cdot\frac{1}{2}\cdot 9.18$	292.11
$EI_c\,\delta_{3k}=1214.94\ kNm^3$,				$\delta_{3k}=\dfrac{1214.94}{15.6\cdot 10^4}=7.79\cdot 10^{-3}\ m=7.8\ mm$		1214.94

Kapitel 9
Biegelinien und Verformungslinien

9.1 Das Randwertproblem der Normalentheorie

9.1.1 Begriffe und Aufgabenstellung

Jeder Tragwerkspunkt erleidet als Folge von Beanspruchungen eine—voraussetzungsgemäß—infinitesimal kleine Verformung, gelangt also an eine andere, seine *verformte* Position im Raum. Die Verbindungslinie aller verformten Positionen repräsentiert die *Zustandslinie* des Verformungsvektors **u**, meist als *Biege-* oder *Verformungslinie* des Tragwerks bezeichnet.

Gemäß Tafel 2.8, Bild 2.11 oder 8.1 besitzt der Verformungsvektor **u** im Falle ebener Stabelemente 2 Komponenten u, w, welche die

- Verformungslinie $u(x)$ in Stabachsenrichtung sowie die
- Biegelinie $w(x)$ normal zur Stabachse

definieren. Räumlich beanspruchte Stabelemente dagegen weisen 3 Komponenten u_x, u_y, u_z auf, aus denen

- eine Verformungslinie $u_x(x)$ in Stabachsenrichtung sowie
- zwei Biegelinien $u_y(x)$, $u_z(x)$, jeweils in lokaler y- und z-Richtung,

entwickelt werden können.

Die im Kap. 8 beschriebenen Vorgehensweisen ermöglichten die Bestimmung der Verformungsvektoren einzelner Tragwerkspunkte. Bei hinreichend engen Abständen lassen sich damit approximative Biege- und Verformungslinien von Tragwerken konstruieren. Zur Ermittlung des *genauen, funktionalen Verlaufs* der Komponenten des Verformungsvektors dienen jedoch spezifische Verfahren, die analog zu den Zustandslinien von Schnittgrößen auf der Integration von Differentialgleichungen basieren. Diese Vorgehensweisen sollen nun behandelt werden.

W.B. Krätzig et al., *Tragwerke 1*, Springer-Lehrbuch, 5th ed.,
DOI 10.1007/978-3-642-12284-2_9, © Springer-Verlag Berlin Heidelberg 2010

9.1.2 Differentialgleichungen ebener, gerader Stabelemente

Zur Herleitung der Differentialbeziehungen zwischen den (vorgegebenen) Lasten und den (gesuchten) Verformungen beschränken wir uns zunächst auf gerade, *ebene* Stabelemente unter Quer- und Achsiallasten. Entstehende Schubverzerrungen seien im Sinne der im Abschn. 2.2.6 eingeführten Normalenhypothese (2.47) vernachlässigbar, und Deformationsanteile aus Temperaturänderungen, Schwind- und Kriechvorgängen bleiben vorerst unbeachtet.

Bild 9.1 stellt erneut ein differentielles Stabelement in seiner unverformten und verformten Position dar und enthält die aus Kap. 2 übernommenen

- Gleichgewichtsbedingungen gemäß Tafel 2.5 ($m_y \equiv 0$),
- Werkstoffgesetze gemäß (2.64) sowie
- kinematischen Beziehungen gemäß Tafel 2.10.

Kennzeichnend für *gerade* Stabelemente ist die erkennbare Entkopplung in das achsiale Dehnungsproblem für $u(x)$ und das Biegeproblem für $w(x)$. Bei gekrümmten Stabelementen sind beide Teilprobleme gekoppelt.

Verknüpft man nun die Grundgleichungen durch schrittweise Substitution in der auf Bild 9.1 angegebenen Weise, so gewinnt man die gewöhnlichen Differentialgleichungen 4. Ordnung für das Biege- und 2. Ordnung für das Dehnungsproblem:

$$
\begin{aligned}
(EI\,w'')'' &= q_z, & EI\,w''{}'' &= q_z, \\
& \quad\text{bzw.} & & \quad (9.1) \\
(EI\,u')' &= -q_x & EI\,u'' &= -q_x.
\end{aligned}
$$

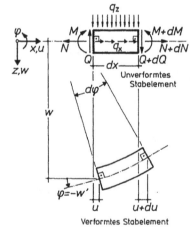

1. Gleichgewichtsbedingungen :

$$Q' = -q_z \qquad\qquad N' = -q_x$$
$$M' = Q \quad (m_y \equiv 0)$$

2. Werkstoffgesetze :

$$M = EI\varkappa \qquad\qquad N = EA\varepsilon$$

3. Kinematische Beziehungen :

$$\varphi = -w'$$
$$\varkappa = -w'' \; (\gamma \equiv 0) \qquad \varepsilon = u'$$

Differentialgleichungen :

1. $\begin{cases} q_z = -Q' & \qquad -q_x = N' \\ Q = M' \end{cases}$

2. $\qquad\qquad M = EI\varkappa \qquad\qquad N = EA\varepsilon$

3. $\underline{\qquad\qquad\qquad\qquad \varkappa = -w'' \qquad\qquad \varepsilon = u'}$

$$\boxed{q_z = (EI w'')''} \qquad\qquad \boxed{-q_x = (EA u')'}$$

Bild. 9.1 Differentialgleichungen der Normalentheorie gerader, ebener Stabtragwerke

Unter Annahme konstanter Dehn- und Biegesteifigkeit entstehen hieraus die in der zweiten Spalte aufgeführten, bereits aus Tafel 2.13 bekannten NAVIERschen Differentialgleichungen.

Diese Differentialgleichungen gelten für alle, aus stückweise geraden Stabelementen aufgebauten, statisch bestimmten und statisch unbestimmten Stabtragwerke gleichermaßen. Deren unterschiedliche Topologien sind in den bei der Lösung des Randwertproblems vorzugebenden Rand- und Übergangsbedingungen zu berücksichtigen: Für die Differentialgleichung 4. Ordnung in w sind je Stabende *zwei*, für diejenige 2. Ordnung in u je Stabende *eine* Bedingung anzugeben. Tafel 9.1 enthält eine Auswahl für gängige Rand- bzw. Anschlusspunkte. Kraftgrößenbedingungen sind dabei stets mit Hilfe der aus Bild 9.1 zu übernehmenden Transformationen

$$
\begin{aligned}
N &= EA\,\varepsilon = EA u', \\
M &= EI\,\kappa = -EI\,w'', \\
Q &= M' = -(EI\,w'')' \quad bzw. \quad Q = -EI\,w'''
\end{aligned}
\tag{9.2}
$$

in zugeordnete Ableitungen der Lösungsfunktionen umzuformen. Die Beziehungen (9.2) dienen gleichfalls zur Herleitung von Zustandslinien für Kraftgrößen aus den Lösungsfunktionen u, w.

Setzt man bei statisch bestimmten Tragwerken die Schnittgrößen-Zustandslinien N und M als bereits bekannt voraus, so entfallen im Eliminationsprozess des Bildes 9.1 die mit 1. gekennzeichneten Gleichgewichtsbedingungen. Die verbleibenden Verknüpfungen der Werkstoffgleichungen mit den kinematischen Beziehungen führen sodann zu den reduzierten Differentialgleichungen 2. bzw. 1. Ordnung:

$$
\begin{aligned}
EI w'' &= -M, \\
EI u' &= N.
\end{aligned}
\tag{9.3}
$$

9.1.3 Einschluss nichtelastischer Deformationen

In diesem Abschnitt sollen die beiden Randwertprobleme (9.1) um Deformationen infolge von Kriechen, Schwinden und von Temperaturänderungen erweitert werden. Zur Herleitungsvereinfachung unterstellen wir dabei, dass die Steifigkeiten EA, EI, die Kriechzahl φ_{t}, die Schwindverzerrungen ε_{s}, $\Delta\varepsilon_{\mathrm{s}}/h$ sowie die Temperaturverzerrungen $\alpha_{\mathrm{T}}\Delta T_{\mathrm{N}}$, $\alpha_{\mathrm{T}}\Delta T_{\mathrm{M}}/h$ stabweise konstant seien.

Stellen N und M Schnittgrößen infolge dauernder Einwirkungen dar, so lautet die Summe der elastischen und kriechverursachten Dehnungen sowie Verkrümmungen gemäß Tafel 8.1:

$$
\begin{bmatrix} \varepsilon \\ \kappa \end{bmatrix} = (1 + \varphi_{\mathrm{t}}) \begin{bmatrix} \dfrac{N}{EA} \\[2mm] \dfrac{M}{EI} \end{bmatrix}.
\tag{9.4}
$$

Tafel 9.1 Rand- und Übergangsbedingungen der Normalentheorie

Differentialgleichungen: $\boxed{(EIw'')'' = q_z}$ $\boxed{(EAu')' = -q_x}$

Randbedingungen:

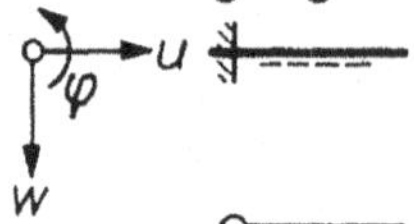

$$w = 0$$
$$w' = 0$$
$$u = 0$$

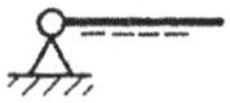

$$w = 0$$
$$M = 0 \rightarrow w'' = 0$$
$$u = 0$$

$$w = 0$$
$$w'' = 0$$
$$N = 0 \rightarrow u' = 0$$

$$M = 0 \rightarrow w'' = 0$$
$$Q = 0 \rightarrow (EIw'')' = 0$$
$$N = 0 \rightarrow u' = 0$$

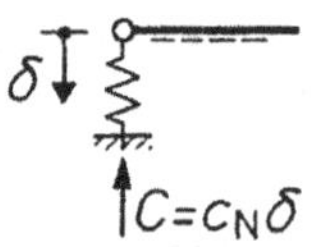

$$w = \delta = \frac{C}{c_N}$$
$$Q = C \rightarrow (EIw'')' = C$$
$$w'' = 0$$
$$N = 0 \rightarrow u' = 0$$

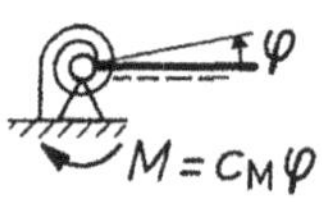

$$w = 0$$
$$w' = -\varphi = -\frac{M}{c_M}$$
$$EIw'' = M$$
$$u = 0$$

Übergangsbedingungen:

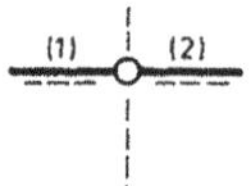

$$w_{(1)} = w_{(2)}$$
$$w''_{(1)} = w''_{(2)} = 0$$
$$u_{(1)} = u_{(2)}$$

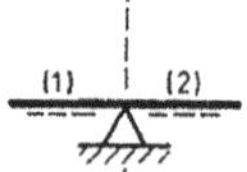

$$w_{(1)} = w_{(2)} = 0$$
$$w'_{(1)} = w'_{(2)}$$
$$u_{(1)} = u_{(2)}$$

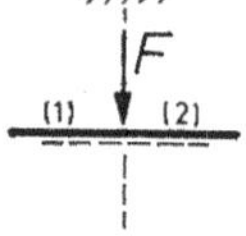

$$M_{(1)} = M_{(2)} \rightarrow EIw_{(1)} = EIw_{(2)} \quad u_{(1)} = u_{(2)}$$
$$Q_{(1)} = F + Q_{(2)}$$
$$\rightarrow (EIw''_{(1)})' = (EIw''_{(2)})' - F$$

Ebenfalls aus Tafel 8.1 übernehmen wir die entsprechenden Verzerrungsgrößen infolge von Schwindprozessen und Temperaturänderungen:

$$\begin{bmatrix} \varepsilon \\ \kappa \end{bmatrix} = - \begin{bmatrix} \varepsilon_s \\ \dfrac{\Delta \varepsilon_s}{h} \end{bmatrix} + \alpha_T \begin{bmatrix} \Delta T_N \\ \dfrac{\Delta T_M}{h} \end{bmatrix}. \tag{9.5}$$

Zusammengefasst erhalten wir hieraus das inverse Werkstoffgesetz für elastische und nichtelastische Phänomene in einer für baustatische Probleme hinreichend genauen Approximation:

$$\varepsilon = (1 + \varphi_t)\frac{N}{EA} - \varepsilon_s + \alpha_T \Delta T_N,$$

$$\kappa = (1 + \varphi_t)\frac{M}{EI} - \frac{\Delta\varepsilon_s}{h} + \alpha_T \frac{\Delta T_M}{h}. \tag{9.6}$$

Substituiert man hierin die kinematischen Beziehungen des Bildes 9.1 und löst sodann nach den Schnittgrößen auf

$$N = \frac{EA}{1 + \varphi_t}(u' + \varepsilon_s - \alpha_T \Delta T_N),$$

$$-M = \frac{EI}{1 + \varphi_t}\left(w'' - \frac{\Delta\varepsilon_s}{h} + \alpha_T \frac{\Delta T_M}{h}\right), \tag{9.7}$$

so gewinnt man nach ein- bzw. zweimaliger Differentiation sowie nachfolgendem Einsetzen der Gleichgewichtsbedingungen die folgenden, endgültigen Differentialgleichungen:

$$\frac{EA}{1 + \varphi_t}u'' = -q_x, \quad \frac{EI}{1 + \varphi_t}w'''' = q_z. \tag{9.8}$$

Wegen der eingangs vorausgesetzten, stabweisen Konstanz vieler Funktionen entspricht deren Aufbau völlig den Differentialgleichungen (9.1) für rein elastische Beanspruchung, lediglich die Steifigkeiten sind durch den Faktor $1/(1 + \varphi_t)$ abgemindert. Im Lösungsprozess sind allerdings die modifizierten Bedingungen (9.7) zu beachten, was auf Tafel 9.2 noch einmal zusammengefasst ist.

9.1.4 Einfluss von Querkraftdeformationen

In den bisherigen Herleitungen war, der im Abschn. 8.2.1 gewonnenen, empirischen Begründung von Normalentheorien entsprechend, der Deformationseinfluss der Querkräfte Q auf w stets vernachlässigt worden. Soll dieser nunmehr, beispiels-

Tafel 9.2 Erweiterung der Differentialbeziehungen von Bild 9.1 für inelastische Prozesse

Differentialgleichungen :	$\dfrac{EI}{1+\varphi_t}\, w'''' = q_z$	$\dfrac{EA}{1+\varphi_t}\, u'' = -q_x$
Werkstoffgesetze :	$\varkappa = \dfrac{1+\varphi_t}{EI}M - \dfrac{\Delta\varepsilon_s}{h} + \alpha_T\dfrac{\Delta T_M}{h}$	$\varepsilon = \dfrac{1+\varphi_t}{EA}N - \varepsilon_s + \alpha_T\Delta T_N$
Schnittgrößen :	$M = -\dfrac{EI}{1+\varphi_t}\left[w'' - \dfrac{\Delta\varepsilon_s}{h} + \alpha_T\dfrac{\Delta T_M}{h}\right]$ $Q = -\dfrac{EI}{1+\varphi_t}w'''$	$N = \dfrac{EA}{1+\varphi_t}\left[u' + \varepsilon_s - \alpha_T\Delta T_N\right]$

weise für Stäbe mit sehr gedrungenem Querschnitt, *nachträglich* bestimmt werden, so greifen wir auf die kinematische Beziehung

$$\frac{dw_S}{dx} = w'_S = \gamma \tag{9.9}$$

aus Bild 2.12 zurück. Durch Substitution des Werkstoffgesetzes (2.64) der Querkräfte

$$\gamma = \frac{Q}{GA_Q} \tag{9.10}$$

entsteht hieraus die folgende Differentialbeziehung:

$$w'_S = \frac{Q}{GA_Q}, \tag{9.11}$$

deren Lösung für stabweise konstante Schubsteifigkeit

$$w_S = \frac{1}{GA_Q} \int Q\,dx = \frac{M}{GA_Q} + C \tag{9.12}$$

ohne Schwierigkeiten einer numerischen Auswertung zugängig ist.

Satz: Der Querkraftanteil $w_S(x)$ der Biegelinie folgt in seinem funktionalen Verlauf demjenigen der Biegemomente $M(x)$ bei zusätzlicher Berücksichtigung *einer* geometrischen Anfangsbedingung.

Besonders anschauliche Darstellungen des Querkrafteinflusses auf die Biegelinie gewinnen wir durch Substitution der inversen Werkstoffgesetze für M und Q in die aus Tafel 2.10 entnommene kinematische Beziehung:

$$w'' + \kappa - \gamma' = w'' + \frac{M}{EI} - \left(\frac{Q}{GA_Q}\right)' = 0. \tag{9.13}$$

Durch zweifache Integration folgt hieraus die Aufteilung von w in einen Biege- und einen Schubanteil:

$$w = -\iint \frac{M}{EI}dx\,dx + \int \frac{Q}{GA_Q}dx = w_B + w_S. \tag{9.14}$$

Unter erneuter Voraussetzung konstanter Schubsteifigkeit sowie unter Berücksichtigung von $Q' = -q_z$ entsteht aus (9.13) alternativ:

$$w'' = -\left(\frac{M}{EI} + \frac{q_z}{GA_Q}\right). \tag{9.15}$$

Gegenüber (9.3) erkennt man nunmehr die um q_z/GA_Q verstärkte rechte Seite, welche die Durchbiegungen der Normalentheorie um den Anteil w_S (9.12) der Querkraftdeformationen vergrößert. Wegen der Gleichgewichtsbeziehung $q_z = -M''(m_y = 0)$ stellt (9.15) allerdings keine explizit integrierbare Differentialgleichung 2. Ordnung mehr dar.

Biegemomentenlinien weisen bekanntlich an Lager- und Lasteinleitungspunkten *Knickstellen* auf, die laut (9.12) zu ebensolchen Knicken in der Biegelinie $w_S(x)$ führen [1.11]. Diese Verformungsinkompatibilität ist eine Folge der Verwendung des approximativen, über die Querschnittshöhe gemittelten Schubverzerrungsmaßes γ. Unter Berücksichtigung der wirklich auftretenden Querschnittsverwölbung, wie beispielsweise auf Bild 2.19 dargestellt, würde ein derartiger Knick natürlich nicht auftreten.

9.1.5 Differentialgleichungen räumlicher, ebener Stabelemente

Zu (9.1) verwandte Systeme entkoppelter Differentialgleichungen lassen sich ebenfalls für *räumlich* beanspruchte Stabelemente aufstellen, solange die Stabachsen gerade bleiben. So gewinnt man aus den Beziehungen des Anhangs 4 mühelos die folgenden Grund- und Differentialgleichungen der Normalentheorie derartiger Stabelemente in Anlehnung an die Vorgehensweise von Bild 9.1:

$$
\begin{array}{ll}
q_y = M_z'' & q_z = -M_y'' \\
\quad M_z = EI_z\kappa_z & \quad M_y = EI_y\kappa_y \\
\qquad \kappa_z = u_y'' & \qquad \kappa_y = -u_z'' \\
\hline
q_y = (EI_z u_y'')'', & q_z = (EI_y u_z'')'',
\end{array}
\tag{9.16}
$$

$$
\begin{array}{ll}
q_x = -N' & m_x = -M_T' \\
\quad N = EA\varepsilon & \quad M_T = GI_T\vartheta \\
\qquad \varepsilon = u_x' & \qquad \vartheta = \varphi_x' \\
\hline
q_x = -(EA\,u_x')', & m_x = -(GI_T\varphi_x')'.
\end{array}
\tag{9.17}
$$

Die in den folgenden Abschnitten für den ebenen Fall zu entwickelnden Integrationsverfahren lassen sich daher sinngemäß auf alle Raumtragwerke, welche aus *geraden* Stabelementen aufgebaut sind, übertragen.

Sind die Stabachsen dagegen *gekrümmt* und die Querschnittshauptachsen möglicherweise verwunden, so entstehen die bereits erwähnten *gekoppelten* Differentialgleichungssysteme [1.6, 1.19, 1.33]. In der Konstruktionspraxis werden gekrümmte Stabzüge oftmals durch stückweise gerade Stabelemente approximiert, wobei die Kopplung der Zustandsgrößen nur an den Elementgrenzen, dort jedoch in exakter Weise, erfolgt [1.16].

9.2 Integrationsverfahren

9.2.1 Analytische Integration

Nun sollen die soeben hergeleiteten, gewöhnlichen Differentialgleichungen 4. und 2. Ordnung integriert werden. Dabei beschränken wir uns auf Differentialgleichungen mit konstanten Koeffizienten, die aus stabweise konstanten Steifigkeiten entstanden sind.

Wir beginnen mit den beiden Differentialgleichungen (9.1), für die wir durch mehrfaches Integrieren die in der oberen Hälfte von Tafel 9.3 angegebenen Lösungen gewinnen. Für den Sonderfall konstanter Lasten q_z = konst, q_x = konst. finden sich die zugehörigen Lösungen im unteren Teil von Tafel 9.3. Die in der allgemeinen Lösung auftretenden freien Konstanten $C_1, \ldots, C_6$ sind aus den jeweiligen Rand- und Übergangsbedingungen gemäß Tafel 9.1 zu bestimmen, wie dies in den beiden folgenden Beispielen gezeigt werden soll.

Bei allen statisch bestimmten Tragwerken sind Schnittgrößenverläufe bekanntlich unabhängig von Verformungsrandbedingungen ermittelbar. Deshalb werden in diesem Fall zweckmäßigerweise die Differentialgleichungen (9.3) zugrundegelegt:

$$EI\,w'' = -M: \quad EI\,w' = -\int M\,dx + C_1^*$$

$$EI\,w = -\iint M(dx)^2 + C_1^*\,x + C_2^*, \qquad (9.18)$$

$$EA\,u' = N: \quad EA\,u = \int N\,dx + C_3^*.$$

Tafel 9.3 Integration der Differentialgleichungen der Verformungslinien

$EI\,w'''' = q_z$	$EA\,u'' = -q_x$
Beliebige Lastfunktionen:	
$EIw''' = \int q_z\,dx \quad +C_1$	$EAu' = -\int q_x\,dx \ +C_5$
$EIw'' = \iint q_z(dx)^2 \ +C_1 x \ +C_2$	$EAu = -\iint q_x(dx)^2 +C_5 x +C_6$
$EIw' = \iiint q_z(dx)^3 + C_1\frac{x^2}{2} +C_2 x +C_3$	
$EIw = \iiiint q_z(dx)^4 + C_1\frac{x^3}{6} +C_2\frac{x^2}{2} +C_3 x +C_4$	
Sonderfall konstanter Lasten:	
$EIw''' = q_z x \ +C_1$	$EAu' = -q_x x \ +C_5$
$EIw'' = q_z\frac{x^2}{2} +C_1 x +C_2$	$EAu = -q_x\frac{x^2}{2} +C_5 x +C_6$
$EIw' = q_z\frac{x^3}{6} +C_1\frac{x^2}{2} +C_2 x +C_3$	partikuläre / allgemeine Lösung
$EIw = q_z\frac{x^4}{24} +C_1\frac{x^3}{6} +C_2\frac{x^2}{2} +C_3 x +C_4$	
partikuläre / allgemeine Lösung	

Verformungslinien infolge von Temperatur- oder Schwindeinwirkungen lassen sich schließlich aus den Differentialgleichungen (9.7) für $N = M \equiv 0$ herleiten. Bei ihrer Integration berücksichtigen wir erneut die im Abschn. 9.1.3 als stabweise konstant vorausgesetzten Einwirkungen:

$$w'' = \frac{\Delta\varepsilon_s}{h} - \alpha_T \frac{\Delta T_M}{h} : \quad w' = \frac{1}{h}(\Delta\varepsilon_s - \alpha_T \Delta T_M)x + \overline{C}_1$$

$$w = \frac{1}{2h}(\Delta\varepsilon_s - \alpha_T \Delta T_M)x^2 + \overline{C}_1 x + \overline{C}_2, \quad (9.19)$$

$$u' = -\varepsilon_s + \alpha_T \Delta T_N : \quad u = (-\varepsilon_s + \alpha_T \Delta T_N)x + \overline{C}_3.$$

9.2.2 Beispiele zur analytischen Integration

Als Einführungsbeispiel soll der bereits mehrfach behandelte Kragträger unter Wirkung von zwei Einzellasten am Kragarmende erneut aufgegriffen werden. Da die Schnittgrößen N, M des statisch bestimmten Tragwerks bekannt sind, verwenden wir auf Bild 9.2 die allgemeinen Lösungen (9.18), die noch den kinematischen Randbedingungen anzupassen sind. Die so entstehenden *speziellen Lösungen* sind als Verformungslinien des Kragträgers abschließend auf Bild 9.2 dargestellt und formelmäßig angegeben.

Sodann behandeln wir den beidseitig eingespannten Stab des Bildes 9.3, ein 3-fach statisch unbestimmtes Tragwerk. Nunmehr sind natürlich die Schnittgrößen bei Rechnungsbeginn unbekannt. In der allgemeinen, aus Tafel 9.3 übernommenen Lösung für EIw bestimmen wir daher alle 4 freien Konstanten durch je zwei Randbedingungen an den Stabenden und gewinnen so die *spezielle Lösung* des vorliegenden Randwertproblems. Zwei- bzw. dreimalige Differentiation der *EI*-fachen Biegelinie

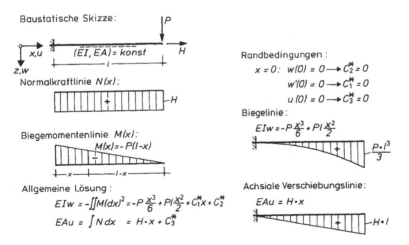

Bild. 9.2 Verformungslinien eines Kragträgers

Baustatische Skizze:

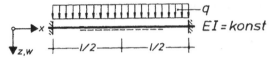

Allgemeine Lösung:

$$EIw = q\frac{x^4}{24} + C_1\frac{x^3}{6} + C_2\frac{x^2}{2} + C_3 x + C_4$$

Randbedingungen:

$x = 0:\quad w(0) = 0 \qquad\qquad \longrightarrow C_4 = 0$

$\qquad\qquad w'(0) = 0 \qquad\qquad \longrightarrow C_3 = 0$

$x = l:\quad w(l) = 0 = q\dfrac{l^4}{24} + C_1\dfrac{l^3}{6} + C_2\dfrac{l^2}{2}\;\Big\}\;\longrightarrow\; C_1 = -q\dfrac{l}{2}$

$\qquad\qquad w'(l) = 0 = q\dfrac{l^3}{6} + C_1\dfrac{l^2}{2} + C_2 l \qquad\qquad C_2 = q\dfrac{l^2}{12}$

Biegelinie:

$$EIw = q\frac{x^4}{24} - q\frac{lx^3}{12} + q\frac{l^2 x^2}{24} = q\frac{l^4}{24}\left(\frac{x^2}{l^2} - 2\frac{x^3}{l^3} + \frac{x^4}{l^4}\right)$$

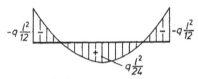

Biegemomentenlinie:

$$M = -EIw'' = -q\frac{x^2}{2} + q\frac{lx}{2} - q\frac{l^2}{12} = -q\frac{l^2}{2}\left(\frac{1}{6} - \frac{x}{l} + \frac{x^2}{l^2}\right)$$

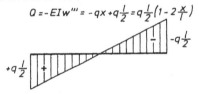

Querkraftlinie:

$$Q = -EIw''' = -qx + q\frac{l}{2} = q\frac{l}{2}\left(1 - 2\frac{x}{l}\right)$$

Bild. 9.3 Biegelinien und Schnittgrößen-Zustandslinien eines beidseitig eingespannten Stabes

gemäß (9.2) liefert unmittelbar den funktionalen Verlauf der Biegemomente und Querkräfte dieses statisch unbestimmten Systems. Aus diesem Beispiel erkennen wir, dass die auf der Lösung von Differentialgleichungen basierende, mathematisch orientierte Vorgehensweise keine prinzipiellen Unterschiede bei der Behandlung statisch bestimmter oder unbestimmter Tragwerke aufweist.

Bild 9.4 schließlich ergänzt diese Beispiele durch Ermittlungen der Biegelinie infolge einer ungleichmäßigen Temperatureinwirkung ΔT_M gemäß (9.19) sowie des Querkraftverformungsanteils w_S gemäß (9.12), nunmehr erneut für das Elementartragwerk des Kragarms.

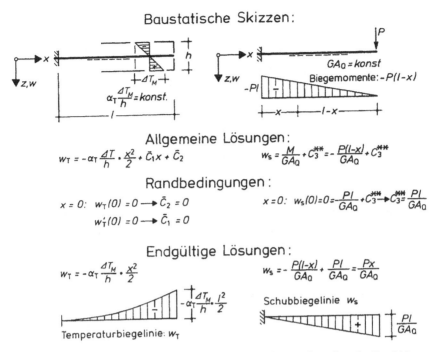

Bild. 9.4 Biegelinien infolge Temperatureinwirkung sowie Querkraftanteil an der Durchbiegung

9.2.3 Das Verfahren der ω-Funktionen

Schnittgrößen-Zustandslinien werden im allgemeinen zeitlich *vor* den Verformungslinien eines zu entwerfenden Tragwerks bestimmt, daher bilden die Differentialgleichungen (9.3) einen besonders geeigneten Ausgangspunkt für deren Ermittlung:

$$EI\,w'' = -M\,, \quad EA\,u' = N\,. \tag{9.20}$$

Durch zweifache Integration ergibt sich hieraus die *Biegelinie* $w(x)$ eines geraden Einzelstabes konstanter Biegesteifigkeit gemäß (9.18) zu

$$EI_{\mathrm{c}}w = \frac{I_{\mathrm{c}}}{I}\left[-\iint M(dx)^2 + C_1^* x + C_2^*\right], \tag{9.21}$$

wobei I_{c} ein beliebig gewähltes, konstantes Vergleichsträgheitsmoment bezeichnet. Wird der betrachtete Stab nun an beiden Enden $x = 0$, $x = l$ als durchbiegungsfrei angegeben:

$$x = 0: \quad w(0) = 0,$$
$$x = l: \quad w(l) = 0, \tag{9.22}$$

so können diese kinematischen Randvorgaben zur Elimination der beiden Integrationskonstanten C_1^*, C_2^* in (9.21) verwendet werden. Die eckige Klammer stellt danach die zweifache Integralfunktion des Biegemomentes mit homogenen Randwerten (9.22) dar; sie lässt sich in Abhängigkeit von der dimensionslosen Stabachsenkoordinate $\zeta = x/l$ sowie einem typischen Vorfaktor tabellieren:

$$E I_c w = \frac{I_c}{I} \cdot \text{Faktor} \cdot \omega(\zeta). \tag{9.23}$$

Diese Integralfunktion wird als ω-Funktion bezeichnet und ist natürlich von der Form der Biegemomentenlinie abhängig. ω-Funktionen für häufig vorkommende Momentenlinien enthält Tafel 9.4.

Wir wollen das soeben geschilderte Vorgehen nun im Einzelnen an Hand eines Stabelementes mit konstantem Biegemoment M erläutern, dargestellt auf Bild 9.5. Nach Ausführung der zweifachen Integration in (9.21) werden die beiden freien Konstanten aus den Randbedingungen (9.22) ermittelt und in die Lösung substituiert. Deren Transformation auf die dimensionslose Koordinate ζ definiert abschließend die Durchbiegungsfunktion

$$E I_c w = \frac{I_c}{I} \cdot \frac{M l^2}{2} \cdot (\zeta - \zeta^2) = \frac{I_c}{I} \cdot \frac{M l^2}{2} \cdot \omega_R, \tag{9.24}$$

die mit der ersten Zeile der Tafel 9.4 identisch ist.

Satz: Die ω-Funktionen stellen, bis auf einen Faktor, die $E I_c$-fachen Biegelinien eines geraden Stabelementes konstanter Steifigkeit für spezielle Biegemomentenverläufe $M(x)$ sowie für homogene Randbedingungen $w(l) = w(r) = 0$ dar.

Zur Ermittlung einer Biegelinie mittels der ω-Funktionen ist zunächst die Biegemomentenlinie $M(x)$, wie im Einführungsbeispiel des Bildes 9.6 im Einzelnen ausgeführt, in geeignete Grundfälle der Tafel 9.4 zu zerlegen.

Sodann warden die $E I_c$-fachen Durchbiegungsfunktionen oder verwandte Weggrößen aus den jeweiligen Zeilen der Tafel 9.4 wie angegeben superponiert.

Um die ω-Funktionen der Tafel 9.4 explizit angeben zu können, waren an beiden Stabenden homogene Randbedingungen (9.22) vorausgesetzt worden. Oftmals sind jedoch bei einzelnen Stabelementen eines Gesamttragwerks *eine* oder auch *beide* Randverschiebungen nicht Null, wie beispielsweise bei dem Tragwerk des Bildes 9.8. In diesem Fall müssen den speziellen Lösungen der Tafel 9.4 noch entsprechende Lösungen der homogenen Differentialgleichung überlagert werden.

Zur näheren Erläuterung dieses Sachverhaltes betrachten wir auf Bild 9.7 erneut ein beliebiges, gerades Stabelement p in seiner unverformten und verformten Konfiguration. Seine beiden, mit l und r bezeichneten Knotenpunkte erleiden äußere,

Tafel 9.4 Grundbeziehungen zur Tafel der ω-Funktionen für gerade Stäbe konstanter Biegesteifigkeit

$$\xi = \frac{x}{l}, \quad \xi' = \frac{x'}{l} = 1-\xi, \quad w' = \frac{dw}{dx} = \frac{dw}{l\,d\xi} = -\varphi$$

$$F = \int_0^l w\,dx, \quad F_x = \int_0^x w\,dx$$

	Biegemoment	$EI_c \cdot w$	$EI_c \cdot \tau_l$	$EI_c \cdot \tau_r$	$EI_c \cdot w'$	$\max(EI_c w)$	bei $\xi=$	$EI_c \cdot F$	$EI_c \cdot F_x$
1.	M	$\frac{Ml^2}{2}\cdot\frac{I_c}{I}\cdot w_R$	$\frac{Ml}{2}\cdot\frac{I_c}{I}$	$\frac{Ml}{2}\cdot\frac{I_c}{I}$	$\frac{Ml}{2}\cdot\frac{I_c}{I}(1-2\xi)$	$0.1250\,Ml^2\frac{I_c}{I}$	0.5000	$\frac{Ml^3}{12}\cdot\frac{I_c}{I}$	$\frac{Ml^3}{12}\cdot\frac{I_c}{I}(3\xi^2-2\xi^3)$
2.	M	$\frac{Ml^2}{6}\cdot\frac{I_c}{I}\cdot w_D$	$\frac{Ml}{6}\cdot\frac{I_c}{I}$	$\frac{Ml}{3}\cdot\frac{I_c}{I}$	$\frac{Ml}{6}\cdot\frac{I_c}{I}\,w_M$	$0.0642\,Ml^2\frac{I_c}{I}$	0.5775	$\frac{Ml^3}{24}\cdot\frac{I_c}{I}$	$\frac{Ml^3}{12}\cdot\frac{I_c}{I}\,w_\varphi$
3.	M	$\frac{Ml^2}{6}\cdot\frac{I_c}{I}\cdot w'_D$	$\frac{Ml}{3}\cdot\frac{I_c}{I}$	$\frac{Ml}{6}\cdot\frac{I_c}{I}$	$\frac{Ml}{6}\cdot\frac{I_c}{I}\,w'_M$	$0.0642\,Ml^2\frac{I_c}{I}$	0.4225	$\frac{Ml^3}{24}\cdot\frac{I_c}{I}$	$\frac{Ml^3}{24}\cdot\frac{I_c}{I}(1-2w_\varphi)$
4.	$+M$ / $-M$	$\frac{Ml^2}{6}\cdot\frac{I_c}{I}\cdot w''_D$	$-\frac{Ml}{6}\cdot\frac{I_c}{I}$	$\frac{Ml}{6}\cdot\frac{I_c}{I}$	$\frac{Ml}{6}\cdot\frac{I_c}{I}(-1+6\xi-6\xi^2)$	$\pm0.0160\,Ml^2\frac{I_c}{I}$	0.2113 / 0.7887	$-\frac{Ml^3}{192}\cdot\frac{I_c}{I}$ [a]	$\frac{Ml^3}{12}\cdot\frac{I_c}{I}(-\xi^2+2\xi^3-\xi^4)$
5.	M	$\frac{Ml^2}{12}\cdot\frac{I_c}{I}\cdot w_\Delta$	$\frac{Ml}{4}\cdot\frac{I_c}{I}$	$\frac{Ml}{4}\cdot\frac{I_c}{I}$	$\frac{Ml}{12}\cdot\frac{I_c}{I}(3-12\xi^2)$	$0.0833\,Ml^2\frac{I_c}{I}$	0.5000	$\frac{5Ml^3}{96}\cdot\frac{I_c}{I}$	$\frac{Ml^3}{24}\cdot\frac{I_c}{I}(3\xi^3-2\xi^4)$
6.	M	$\frac{Ml^2}{3}\cdot\frac{I_c}{I}\cdot w_P$	$\frac{Ml}{3}\cdot\frac{I_c}{I}$	$\frac{Ml}{3}\cdot\frac{I_c}{I}$	$\frac{Ml}{3}\cdot\frac{I_c}{I}(1-6\xi^2+4\xi^3)$	$0.1042\,Ml^2\frac{I_c}{I}$	0.5000	$\frac{Ml^3}{15}\cdot\frac{I_c}{I}$	$\frac{Ml^3}{30}\cdot\frac{I_c}{I}(5\xi^2-5\xi^4+2\xi^5)$
7.	M	$\frac{Ml^2}{12}\cdot\frac{I_c}{I}\cdot w'_P$	$\frac{Ml}{12}\cdot\frac{I_c}{I}$	$\frac{Ml}{12}\cdot\frac{I_c}{I}$	$\frac{Ml}{12}\cdot\frac{I_c}{I}(1-4\xi^3)$	$0.0394\,Ml^2\frac{I_c}{I}$	0.6300	$\frac{Ml^3}{40}\cdot\frac{I_c}{I}$	$\frac{Ml^3}{120}\cdot\frac{I_c}{I}(5\xi^2-2\xi^5)$
8.	$+M$	$\frac{Ml^2}{12}\cdot\frac{I_c}{I}\cdot w''_P$	$\frac{Ml}{12}\cdot\frac{I_c}{I}$	$\frac{Ml}{12}\cdot\frac{I_c}{I}$	$\frac{Ml}{12}\cdot\frac{I_c}{I}(3-12\xi+12\xi^2-4\xi^3)$	$0.0394\,Ml^2\frac{I_c}{I}$	0.3700	$\frac{Ml^3}{40}\cdot\frac{I_c}{I}$	$\frac{Ml^3}{120}\cdot\frac{I_c}{I}(15\xi^2-20\xi^3+10\xi^4-2\xi^5)$
9.	$+M$ / $-M/2$	$\frac{Ml^2}{4}\cdot\frac{I_c}{I}\cdot w_\tau$	$\frac{Ml}{4}\cdot\frac{I_c}{I}$	$\frac{Ml}{4}\cdot\frac{I_c}{I}$	$\frac{Ml}{4}\cdot\frac{I_c}{I}(2\xi-3\xi^2)$	$0.0370\,Ml^2\frac{I_c}{I}$	0.6667	$\frac{Ml^3}{48}\cdot\frac{I_c}{I}$	$\frac{Ml^3}{48}\cdot\frac{I_c}{I}(4\xi^3-3\xi^4)$
10.	$+M$ / $-M/2$	$\frac{Ml^2}{4}\cdot\frac{I_c}{I}\cdot w'_\tau$	0	$\frac{Ml}{4}\cdot\frac{I_c}{I}$	$\frac{Ml}{4}\cdot\frac{I_c}{I}(1-4\xi+3\xi^2)$	$0.0370\,Ml^2\frac{I_c}{I}$	0.3333	$\frac{Ml^3}{48}\cdot\frac{I_c}{I}$	$\frac{Ml^3}{48}\cdot\frac{I_c}{I}(6\xi^2-8\xi^3+3\xi^4)$

Abkürzungen:

$w_R = \xi - \xi^2$

$w_D = \xi - \xi^3$

$w'_D = 2\xi - 3\xi^2 + \xi^3$

$w''_D = -\xi + 3\xi^2 - 2\xi^3$

$w_\Delta = 3\xi - 4\xi^3$ (b)

$w_P = \xi - \xi^4$

$w''_P = \xi - \xi^3$

$w_\tau = \xi^2 - \xi^3$

$w'_P = 3\xi - 6\xi^2 + 4\xi^3 - \xi^4$

$w''_P = \xi - 2\xi^3 + \xi^4$

$w_\tau = \xi^2 - \xi^3$

$w'_\tau = \xi - 2\xi^3 + \xi^3$

$w_\varphi = \xi^2 - 0.5\xi^4$

$w'_\varphi = 0.5(1-4\xi^2+4\xi^3-\xi^4)$

$w_M = 3\xi^2 - 1$

$w'_M = 2 - 6\xi + 3\xi^2$

[a] Fläche von $\xi=0$ bis $\xi=0.50$

[b] bis $\xi=0.5$

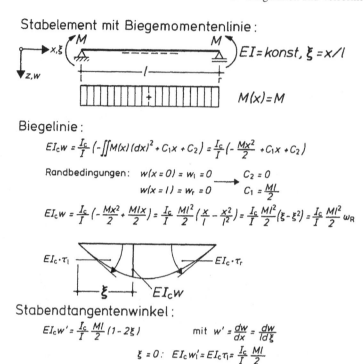

Bild. 9.5 Herleitung der Funktion ω_R für einen Stab mit konstanter Momentenfläche

knotenpunktsbezogene Deformationen u_1, w_1, φ_1 und u_r, w_r, φ_r, die alle von Null verschieden seien. Aus diesen lassen sich nun, wie auf Bild 9.7 im einzelnen angegeben, folgende *stabbezogene* Weggrößen herleiten:

- der *Stabdrehwinkel* ψ als Drehwinkel der Stabendpunkte,
- die beiden *Endtangentenwinkel* τ_1 und τ_r.

Deren positive Wirkungsrichtungen folgen, wie ebenfalls auf Bild 9.7 nachvollziehbar, aus denjenigen der knotenpunktsbezogenen Größen. Bei der Herleitung wurden erneut alle Weggrößen als infinitesimal klein angesehen, wenn auch nicht so dargestellt. Deshalb darf in der Definition des Stabdrehwinkels ψ beispielsweise die verformte Stablänge der unverformten gleichgesetzt werden:

$$\varepsilon << 1: \quad l(1+\varepsilon) \cong l. \tag{9.25}$$

Tafel 9.4 gestattet nun, wegen der verwendeten homogenen Randbedingungen (9.22), nur die Bestimmung des Biegelinienanteils $w^*(x)$ in Bild 9.7, bezogen auf die Verbindungslinie der beiden verformten Stabendpunkte l', r'. Die aus den Stabend deformationen entstehenden, homogenen Lösungsanteile müssen noch superponiert werden, beispielsweise:

Stabelement mit Biegemomentenlinie:

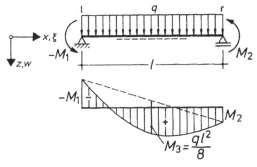

Biegemomentenzerlegung:

EI_c-fache Biegelinie und Endtangentenwinkel:

$$EI_c w = -\frac{I_c}{I} \cdot \frac{M_1 l^2}{6} \cdot \omega_D' + \frac{I_c}{I} \cdot \frac{M_2 l^2}{6} \cdot \omega_D + \frac{I_c}{I} \cdot \frac{M_3 l^2}{3} \cdot \omega_P''$$

$$EI_c \tau_l = -\frac{I_c}{I} \cdot \frac{M_1 l}{3} + \frac{I_c}{I} \cdot \frac{M_2 l}{6} + \frac{I_c}{I} \cdot \frac{M_3 l}{3}$$

$$EI_c \tau_r = -\frac{I_c}{I} \cdot \frac{M_1 l}{6} + \frac{I_c}{I} \cdot \frac{M_2 l}{3} + \frac{I_c}{I} \cdot \frac{M_3 l}{3}$$

Bild. 9.6 Zur Anwendung von Tafel 9.4

$$w(x) = w^*(x) + w_1 - \psi \zeta l = w*(x) + w_r + \psi(1 - \zeta)l. \qquad (9.26)$$

Dabei sind je Stab zwei Knotenpunktsverformungen (w_1, w_r oder w_1, ψ oder w_r, ψ) zu bestimmen, zweckmäßigerweise als Einzelverformungen nach den Verfahren des Kap. 8.

9.2.4 Beispiel zur Anwendung der ω-Funktionen

Die Ermittlung von Biegelinien allgemeiner, ebener Stabtragwerke mit Hilfe der ω-Funktionen erfordert zusammenfassend stets folgende Einzelschritte:

1. Bestimmung der Biegemomentenlinie $M(x)$ infolge der vorgegebenen Einwirkungen.
2. Unterteilung des Tragwerks

   - in eine geeignete Anzahl gerader Stabelemente
   - konstanter Biegesteifigkeit,
   - deren Biegemomentenverläufe in Grundformen gemäß Tafel 9.4 zerlegbar sind,

   sowie Definition der die Stabelemente begrenzenden Knotenpunkte.

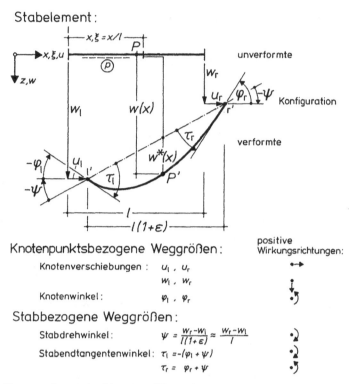

Bild. 9.7 Knotenpunkts- und stabbezogene Weggrößen

3. Bestimmung aller Knotenpunktsverformungen rechtwinklig zu den angrenzenden Stabachsen (oder äquivalenter Weggrößen), sofern diese von Null verschieden sind.

4. Ermittlung der EI_c-fachen Biegelinienanteile infolge der Knotenpunktsverformungen für alle Stabelemente durch geradlinige Verbindung der jeweiligen Knotenpunktsverschiebungen w_1, w_r.

5. Weiterbehandlung der Stabelemente als Balken auf zwei Stützen mit homogenen Randbedingungen (9.22), d.h. Ermittlung der EI_c-fachen Biegelinienanteile mit Hilfe der ω-Funktionen gemäß Tafel 9.4 sowie punktweise Auswertung gemäß Tafel 9.5.

6. Stabweise Superposition der Ordinaten der Biegelinienanteile der Einzelschritte 4. und 5.

Sollen ebenfalls Querkraftdeformationen berücksichtigt werden, so sind diese gemäß (9.12) nachträglich zu ermitteln und zu superponieren.

Als erläuterndes Beispiel wird auf den Bildern 9.8 und 9.9 die Biegelinie des Riegels b des uns bereits bekannten, ebenen Rahmentragwerks ermittelt. Abmessungen, Steifigkeiten, Lasten sowie entstehende Biegemomente werden aus Bild 8.7

Tafel 9.5 Tabelle der ω-Funktionen nebst Grundpolynomen

ζ'	ω_D	ω_R	ζ'^5	ζ'^4	ζ'^3	ζ'^2	ζ'	ζ	ω_D	ω_R	ζ^5	ζ^4	ζ^3	ζ^2	ζ
0.50	0.3750	0.2500	0.0313	0.0625	0.1250	0.2500	0.50	1.00	0.0000	0.0000	0.0000	0.0000	0.0000	0.0000	0.00
0.49	0.3773	0.2499	0.0345	0.0677	0.1327	2601	0.51	0.99	0.0100	0.0099	0.0000	0.0000	0.0000	0.0001	0.01
0.48	0.3794	0.2496	0.0380	0.0731	0.1406	0.2704	0.52	0.98	0.0200	0.0196	0.0000	0.0000	0.0000	0.0004	0.02
0.47	0.3811	0.2491	0.0418	0.0789	0.1489	0.2809	0.53	0.97	0.0300	0.0291	0.0000	0.0000	0.0000	0.0009	0.03
0.46	0.3825	0.2484	0.0459	0.0850	0.1575	0.2916	0.54	0.96	0.0399	0.0384	0.0000	0.0000	0.0001	0.0016	0.04
0.45	0.3836	0.2475	0.0503	0.0915	0.1664	0.3025	0.55	0.95	0.0499	0.0475	0.0000	0.0000	0.0001	0.0025	0.05
0.44	0.3844	0.2464	0.0551	0.0983	0.1756	0.3136	0.56	0.94	0.0598	0.0564	0.0000	0.0000	0.0002	0.0036	0.06
0.43	0.3848	0.2451	0.0602	0.1056	0.1852	0.3249	0.57	0.93	0.0697	0.0651	0.0000	0.0000	0.0003	0.0049	0.07
0.42	0.3849	0.2436	0.0656	0.1132	0.1951	0.3364	0.58	0.92	0.0795	0.0736	0.0000	0.0000	0.0005	0.0064	0.08
0.41	0.3846	0.2419	0.0715	0.1212	0.2054	0.3481	0.59	0.91	0.0893	0.0819	0.0000	0.0001	0.0007	0.0081	0.09
0.40	0.3840	0.2400	0.0778	0.1296	0.2160	0.3600	0.60	0.90	0.0990	0.0900	0.0000	0.0001	0.0010	0.0100	0.10
0.39	0.3830	0.2379	0.0845	0.1385	0.2270	0.3721	0.61	0.89	0.1087	0.0979	0.0000	0.0001	0.0013	0.0121	0.11
0.38	0.3817	0.2356	0.0916	0.1478	0.2383	0.3844	0.62	0.88	0.1183	0.1056	0.0000	0.0002	0.0017	0.0144	0.12
0.37	0.3800	0.2331	0.0992	0.1575	0.2500	0.3969	0.63	0.87	0.1278	0.1131	0.0000	0.0003	0.0022	0.0169	0.13
0.36	0.3779	0.2304	0.1074	0.1678	0.2621	0.4096	0.64	0.86	0.1373	0.1204	0.0001	0.0004	0.0027	0.0196	0.14
0.35	0.3754	0.2275	0.1160	0.1785	0.2746	0.4225	0.65	0.85	0.1466	0.1275	0.0001	0.0005	0.0034	0.0225	0.15
0.34	0.3725	0.2244	0.1252	0.1897	0.2875	0.4356	0.66	0.84	0.1559	0.1344	0.0001	0.0007	0.0041	0.0256	0.16
1/3	0.3704	0.2222	0.1317	0.1975	0.2963	0.4444	2/3								
0.33	0.3692	0.2211	0.1350	0.2015	0.3008	0.4489	0.67	0.83	0.1651	0.1411	0.0001	0.0008	0.0049	0.0289	0.17
0.32	0.3656	0.2176	0.1454	0.2138	0.3144	0.4624	0.68	0.82	0.1742	0.1476	0.0002	0.0010	0.0058	0.0324	0.18
0.31	0.3615	0.2139	0.1564	0.2267	0.3285	0.4761	0.69	0.81	0.1831	0.1539	0.0002	0.0013	0.0069	0.0361	0.19
0.30	0.3570	0.2100	0.1681	0.2401	0.3430	0.4900	0.70	0.80	0.1920	0.1600	0.0003	0.0016	0.0080	0.0400	0.20
0.29	0.3521	0.2059	0.1804	0.2541	0.3579	0.5041	0.71	0.79	0.2007	0.1659	0.0004	0.0019	0.0093	0.0441	0.21
0.28	0.3468	0.2016	0.1935	0.2687	0.3732	0.5184	0.72	0.78	0.2094	0.1716	0.0005	0.0023	0.0106	0.0484	0.22
0.27	0.3410	0.1971	0.2073	0.2840	0.3890	0.5329	0.73	0.77	0.2178	0.1771	0.0006	0.0028	0.0122	0.0529	0.23
0.26	0.3348	0.1924	0.2219	0.2999	0.4052	0.5476	0.74	0.76	0.2262	0.1824	0.0008	0.0033	0.0138	0.0576	0.24

Tafel 9.5 (Fortgesetzt)

ζ'	ζ'^2	ζ'^3	ζ'^4	ζ'^5	ω_R	ω'_D	ζ
0.25	0.0625	0.0156	0.0039	0.0010	0.1875	0.2344	0.75
0.26	0.0676	0.0176	0.0046	0.0012	0.1924	0.2424	0.74
0.27	0.0729	0.0197	0.0053	0.0014	0.1971	0.2503	0.73
0.28	0.0784	0.0220	0.0061	0.0017	0.2016	0.2580	0.72
0.29	0.0841	0.0244	0.0071	0.0021	0.2059	0.2656	0.71
0.30	0.0900	0.0270	0.0081	0.0024	0.2100	0.2730	0.70
0.31	0.0961	0.0298	0.0092	0.0029	0.2139	0.2802	0.69
0.32	0.1024	0.0328	0.0105	0.0034	0.2176	0.2872	0.68
0.33	0.1089	0.0359	0.0119	0.0039	0.2211	0.2941	0.67
1/3	0.1111	0.0370	0.0123	0.0041	0.0222	0.2963	2/3
0.34	0.1156	0.0393	0.0134	0.0045	0.2244	0.3007	0.66
0.35	0.1225	0.0429	0.0150	0.0053	0.2275	0.3071	0.65
0.36	0.1296	0.0467	0.0168	0.0060	0.2304	0.3133	0.64
0.37	0.1369	0.0507	0.0187	0.0069	0.2331	0.3193	0.63
0.38	0.1444	0.0549	0.0209	0.0079	0.2356	0.3251	0.62
0.39	0.1521	0.0593	0.0231	0.0090	0.2379	0.3307	0.61
0.40	0.1600	0.0640	0.0256	0.0102	0.2400	0.3360	0.60
0.41	0.1681	0.0689	0.0283	0.0116	0.2419	0.3411	0.59
0.42	0.1764	0.0741	0.0311	0.0131	0.2436	0.3459	0.58
0.43	0.1849	0.0795	0.0342	0.0147	0.2451	0.3505	0.57
0.44	0.1936	0.0852	0.0375	0.0165	0.2464	0.3548	0.56
0.45	0.2025	0.0911	0.0410	0.0185	0.2475	0.3589	0.55
0.46	0.2116	0.0973	0.0448	0.0206	0.2484	0.3627	0.54
0.47	0.2209	0.1038	0.0488	0.0229	0.2491	0.3662	0.53
0.48	0.2304	0.1106	0.0531	0.0255	0.2496	0.3694	0.52
0.49	0.2401	0.1176	0.0576	0.0282	0.2499	0.3724	0.51
0.50	0.2500	0.1250	0.0625	0.0313	0.2500	0.3750	0.50

ζ'	ζ'^2	ζ'^3	ζ'^4	ζ'^5	ω_R	ω'_D	ζ
0.75	0.5625	0.4219	0.3164	0.2373	0.1875	0.3281	0.25
0.76	0.5776	0.4390	0.3336	0.2536	0.1824	0.3210	0.24
0.77	0.5929	0.4565	0.3515	0.2707	0.1771	0.3135	0.23
0.78	0.6084	0.4746	0.3702	0.2887	0.1716	0.3054	0.22
0.79	0.6241	0.4930	0.3895	0.3077	0.1659	0.2970	0.21
0.80	0.6400	0.5120	0.4096	0.3277	0.1600	0.2880	0.20
0.81	0.6561	0.5314	0.4305	0.3487	0.1539	0.2786	0.19
0.82	0.6724	0.5514	0.4521	0.3707	0.1476	0.2686	0.18
0.83	0.6889	0.5718	0.4746	0.3939	0.1411	0.2582	0.17
0.84	0.7056	0.5927	0.4979	0.4182	0.1344	0.2473	0.16
0.85	0.7225	0.6141	0.5220	0.4437	0.1275	0.2359	0.15
0.86	0.7396	0.6361	0.5470	0.4704	0.1204	0.2239	0.14
0.87	0.7569	0.6585	0.5729	0.4984	0.1131	0.2115	0.13
0.88	0.7744	0.6815	0.5997	0.5277	0.1056	0.1985	0.12
0.89	0.7921	0.7050	0.6274	0.5584	0.0979	0.1850	0.11
0.90	0.8100	0.7290	0.6561	0.5905	0.0900	0.1710	0.10
0.91	0.8281	0.7536	0.6857	0.6240	0.0819	0.1564	0.09
0.92	0.8464	0.7787	0.7164	0.6591	0.0736	0.1413	0.08
0.93	0.8649	0.8044	0.7481	0.6957	0.0651	0.1256	0.07
0.94	0.8836	0.8306	0.7807	0.7339	0.0564	0.1094	0.06
0.95	0.9025	0.8574	0.8145	0.7738	0.0475	0.0926	0.05
0.96	0.9216	0.8847	0.8493	0.8154	0.0384	0.0753	0.04
0.97	0.9409	0.9127	0.8853	0.8587	0.0291	0.0573	0.03
0.98	0.9604	0.9412	0.9224	0.9039	0.0196	0.0388	0.02
0.99	0.9801	0.9703	0.9606	0.9510	0.0099	0.0197	0.01
1.00	1.0000	1.0000	1.0000	1.0000	0.0000	0.0000	0.00

Tafel 9.5 (Fortgesetzt)

ξ'	ω_M	ω_φ	ω_τ	ω_P	ω''_P	ω''_D	ξ
0.50	−0.2500	0.2188	0.1250	0.4375	0.3125	0.00000	0.50
0.49	−0.2197	0.2263	0.1274	0.4423	0.3124	0.00500	0.51
0.48	−0.1888	0.2338	0.1298	0.4469	0.3119	0.00998	0.52
0.47	−0.1573	0.2414	0.1320	0.4511	0.3112	0.01495	0.53
0.46	−0.1252	0.2491	0.1341	0.4550	0.3101	0.01987	0.54
0.45	−0.0925	0.2567	0.1361	0.4585	0.3088	0.02475	0.55
0.44	−0.0592	0.2644	0.1380	0.4617	0.3071	0.02957	0.56
0.43	−0.0253	0.2721	0.1397	0.4644	0.3052	0.03431	0.57
0.42	0.0092	0.2798	0.1413	0.4668	0.3029	0.03898	0.58
0.41	0.0443	0.2875	0.1427	0.4688	0.3004	0.04354	0.59
0.40	0.0800	0.2952	0.1440	0.4704	0.2976	0.04800	0.60
0.39	0.1163	0.3029	0.1451	0.4715	0.2945	0.05234	0.61
0.38	0.1532	0.3105	0.1461	0.4722	0.2911	0.05654	0.62
0.37	0.1907	0.3181	0.1469	0.4725	0.2874	0.06061	0.63
0.36	0.2288	0.3257	0.1475	0.4722	0.2835	0.06451	0.64
0.35	0.2675	0.3332	0.1479	0.4715	0.2793	0.06825	0.65
0.34	0.3068	0.3407	0.1481	0.4703	0.2748	0.07181	0.66
1/3	0.3332	0.3457	0.1481	0.4691	0.2716	0.07406	2/3
0.33	0.3467	0.3481	0.1481	0.4685	0.2700	0.07517	0.67
0.32	0.3872	0.3555	0.1480	0.4662	0.2649	0.07834	0.68
0.31	0.4283	0.3628	0.1476	0.4633	0.2597	0.08128	0.69
0.30	0.4700	0.3700	0.1470	0.4599	0.2541	0.08400	0.70
0.29	0.5123	0.3770	0.1462	0.4559	0.2483	0.08648	0.71
0.28	0.5552	0.3840	0.1452	0.4513	0.2422	0.08870	0.72
0.27	0.5987	0.3909	0.1439	0.4460	0.2359	0.09067	0.73
0.26	0.6428	0.3977	0.1424	0.4401	0.2294	0.09235	0.74

ξ	ξ'	ω_M	ω_φ	ω_τ	ω_P	ω''_P	ω''_D	ξ
0.50	1.00	−1.0000	0.0000	.0000	0.0000	0.0000	−0.00000	0.00
0.51	0.99	−0.9997	0.0001	0.0001	0.0100	0.0100	−0.00970	0.01
0.52	0.98	−0.9988	0.0004	0.0004	0.0200	0.0200	−0.01882	0.02
0.53	0.97	−0.9973	0.0009	0.0009	0.0300	0.0299	−0.02735	0.03
0.54	0.96	−0.9952	0.0016	0.0015	0.0400	0.0399	−0.03533	0.04
0.55	0.95	−0.9925	0.0025	0.0024	0.0500	0.0498	−0.04275	0.05
0.56	0.94	−0.9892	0.0036	0.0034	0.0600	0.0596	−0.04963	0.06
0.57	0.93	−0.9853	0.0049	0.0046	0.0700	0.0693	−0.05599	0.07
0.58	0.92	−0.9808	0.0064	0.0059	0.0800	0.0790	−0.06182	0.08
0.59	0.91	−0.9757	0.0081	0.0074	0.0899	0.0886	−0.06716	0.09
0.60	0.90	−0.9700	0.0100	0.0090	0.0999	0.0981	−0.07200	0.10
0.61	0.89	−0.9637	0.0120	0.0108	0.1099	0.1075	−0.07636	0.11
0.62	0.88	−0.9568	0.0143	0.0127	0.1198	0.1168	−0.08026	0.12
0.63	0.87	−0.9493	0.0168	0.0147	0.1297	0.1259	−0.08369	0.13
0.64	0.86	−0.9412	0.0194	0.0169	0.1396	0.1349	−0.08669	0.14
0.65	0.85	−0.9325	0.0222	0.0191	0.1495	0.1438	−0.08925	0.15
0.66	0.84	−0.9232	0.0253	0.0215	0.1593	0.1525	−0.09139	0.16
2/3								
0.67	0.83	−0.9133	0.0285	0.0240	0.1692	0.1610	−0.09313	0.17
0.68	0.82	−0.9028	0.0319	0.0266	0.1790	0.1694	−0.09446	0.18
0.69	0.81	−0.8917	0.0354	0.0292	0.1887	0.1776	−0.09542	0.19
0.70	0.80	−0.8800	0.0392	0.0320	0.1984	0.1856	−0.09600	0.20
0.71	0.79	−0.8677	0.0431	0.0348	0.2081	0.1934	−0.09622	0.21
0.72	0.78	−0.8548	0.0472	0.0378	0.2177	0.2010	−0.09610	0.22
0.73	0.77	−0.8413	0.0515	0.0407	0.2272	0.2085	−0.09563	0.23
0.74	0.76	−0.8272	0.0559	0.0438	0.2367	0.2157	−0.09485	0.24

Tafel 9.5 (Fortgesetzt)

ζ	$-\omega''_D$	ω''_P	ω'_P	ω''_τ	ω'_φ	ω_M	ζ
0.25	−0.09375	0.2227	0.2461	0.0469	0.0605	−0.8125	0.75
0.26	−0.09235	0.2294	0.2554	0.0500	0.0653	−0.7972	0.74
0.27	−0.09067	0.2359	0.2647	0.0532	0.0702	−0.7813	0.73
0.28	−0.08870	0.2422	0.2739	0.0564	0.0753	−0.7648	0.72
0.29	−0.08648	0.2483	0.2829	0.0597	0.0806	−0.7477	0.71
0.30	−0.08400	0.2541	0.2919	0.0630	0.0860	−0.7300	0.70
0.31	−0.08128	0.2597	0.3008	0.0663	0.0915	−0.7117	0.69
0.32	−0.07834	0.2649	0.3095	0.0696	0.0972	−0.6928	0.68
0.33	−0.07517	0.2700	0.3181	0.0730	0.1030	−0.6733	0.67
1/3	−0.07407	0.2716	0.3210	0.0741	0.1049	−0.6667	2/3
0.34	−0.07181	0.2748	0.3266	0.0763	0.1089	−0.6532	0.66
0.35	−0.06825	0.2793	0.3350	0.0796	0.1150	−0.6325	0.65
0.36	−0.06451	0.2835	0.3432	0.0829	0.1212	−0.6112	0.64
0.37	−0.06061	0.2874	0.3513	0.0862	0.1275	−0.5893	0.63
0.38	−0.05654	0.2911	0.3591	0.0895	0.1340	−0.5668	0.62
0.39	−0.05234	0.2945	0.3669	0.0928	0.1405	−0.5437	0.61
0.40	−0.04800	0.2976	0.3744	0.0960	0.1472	−0.5200	0.60
0.41	−0.04354	0.3004	0.3817	0.0992	0.1540	−0.4957	0.59
0.42	−0.03898	0.3029	0.3889	0.1023	0.1608	−0.4708	0.58
0.43	−0.03431	0.3052	0.3958	0.1054	0.1678	−0.4453	0.57
0.44	−0.02957	0.3071	0.4025	0.1084	0.1749	−0.4192	0.56
0.45	−0.02475	0.3088	0.4090	0.1114	0.1820	−0.3925	0.55
0.46	−0.01987	0.3101	0.4152	0.1143	0.1892	−0.3652	0.54
0.47	−0.01495	0.3112	0.4212	0.1171	0.1965	−0.3373	0.53
0.48	−0.00998	0.3119	0.4269	0.1198	0.2039	−0.3088	0.52
0.49	−0.00500	0.3124	0.4324	0.1225	0.2113	−0.2797	0.51
0.50	−0.00000	0.3125	0.4375	0.1250	0.2188	−0.2500	0.50

ζ	ω_M	ω'_φ	ω''_τ	ω'_P	ω''_P	$-\omega''_D$	ζ
0.25	0.6875	0.4043	0.1406	0.4336	0.2227	0.09375	0.75
0.24	0.7328	0.4108	0.1386	0.4264	0.2157	0.09485	0.76
0.23	0.7787	0.4171	0.1364	0.4185	0.2085	0.09563	0.77
0.22	0.8252	0.4233	0.1338	0.4098	0.2010	0.09610	0.78
0.21	0.8723	0.4293	0.1311	0.4005	0.1934	0.09622	0.79
0.20	0.9200	0.4352	0.1280	0.3904	0.1856	0.09600	0.80
0.19	0.9683	0.4409	0.1247	0.3795	0.1776	0.09542	0.81
0.18	1.0172	0.4463	0.1210	0.3679	0.1694	0.09446	0.82
0.17	1.0667	0.4516	0.1171	0.3554	0.1610	0.09313	0.83
0.16	1.1168	0.4567	0.1129	0.3421	0.1525	0.09139	0.84
0.15	1.1675	0.4615	0.1084	0.3280	0.1438	0.08925	0.85
0.14	1.2188	0.4661	0.1035	0.3130	0.1349	0.08669	0.86
0.13	1.2707	0.4705	0.0984	0.2971	0.1259	0.08369	0.87
0.12	1.3232	0.4746	0.0929	0.2803	0.1168	0.08026	0.88
0.11	1.3763	0.4784	0.0871	0.2626	0.1075	0.07636	0.89
0.10	1.4300	0.4820	0.0810	0.2439	0.0981	0.07200	0.90
0.09	1.4843	0.4852	0.0745	0.2243	0.0886	0.06716	0.91
0.08	1.5392	0.4882	0.0677	0.2036	0.0790	0.06182	0.92
0.07	1.5947	0.4909	0.0605	0.1819	0.0693	0.05599	0.93
0.06	1.6508	0.4932	0.0530	0.1593	0.0596	0.04963	0.94
0.05	1.7075	0.4952	0.0451	0.1355	0.0498	0.04275	0.95
0.04	1.7648	0.4969	0.0369	0.1107	0.0399	0.03533	0.96
0.03	1.8227	0.4983	0.0282	0.0847	0.0299	0.02735	0.97
0.02	1.8812	0.4992	0.0192	0.0576	0.0200	0.01882	0.98
0.01	1.9403	0.4998	0.0098	0.0294	0.0100	0.00970	0.99
0.00	2.0000	0.5000	0.0000	0.0000	0.0000	0.00000	1.00

Baustatische Skizze und Biegemomente:

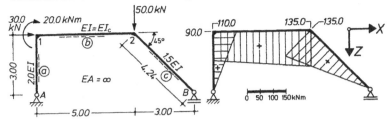

Ermittlung der Vertikalverschiebung Punkt 2:

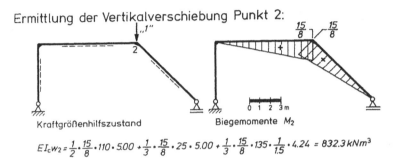

Kraftgrößenhilfszustand   Biegemomente M_2

$$EI_c w_2 = \frac{1}{2} \cdot \frac{15}{8} \cdot 110 \cdot 5.00 + \frac{1}{3} \cdot \frac{15}{8} \cdot 25 \cdot 5.00 + \frac{1}{3} \cdot \frac{15}{8} \cdot 135 \cdot \frac{1}{1.5} \cdot 4.24 = 832.3 \, kNm^3$$

Teilbiegelinie des Riegels b infolge w_2:

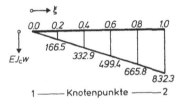

1 ——— Knotenpunkte ——— 2

Bild. 9.8 Biegelinienermittling eines ebenen Rahmentragwerks, Teil 1

übernommen. Der wiedergegebene Berechnungsgang folgt den vorstehend erläuterten Einzelschritten.

Wegen der vernachlässigten Normalkraftverschiebung erleidet der Knotenpunkt 1 keine Durchbiegung senkrecht zur Achse des Stabes b. Die entsprechende Verschiebung des Knotens 2 dagegen muss zunächst mit Hilfe des Arbeitssatzes ermittelt werden, hieraus entsteht die Teilbiegelinie im unteren Teil von Bild 9.8. Sodann wird die Biegemomentenlinie des Riegels in ein Rechteck und ein Dreieck zerlegt, um damit aus beiden Anteilen gemäß Tafel 9.4 die entsprechenden Biegelinienfunktionen übernehmen zu können. Diese werden tabellarisch ausgewertet und—gemeinsam mit der ersten Teilbiegelinie—zeichnerisch dargestellt. Abschließend werden noch die Knotendrehwinkel φ aus dem Stabdrehwinkel ψ und den ebenfalls auf Grundlage der Tafel 9.4 ermittelten Stabendtangenten berechnet.

Teilbiegelinie des Riegels b gemäß Tafel 9.4:

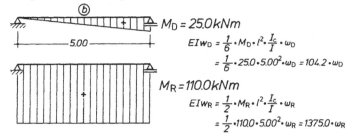

$M_D = 25.0\,kNm$

$$EIw_D = \frac{1}{6} \cdot M_D \cdot l^2 \cdot \frac{I_c}{I} \cdot w_D$$

$$= \frac{1}{6} \cdot 25.0 \cdot 5.00^2 \cdot w_D = 104.2 \cdot w_D$$

$M_R = 110.0\,kNm$

$$EIw_R = \frac{1}{2} \cdot M_R \cdot l^2 \cdot \frac{I_c}{I} \cdot w_R$$

$$= \frac{1}{2} \cdot 110.0 \cdot 5.00^2 \cdot w_R = 1375.0 \cdot w_R$$

Tabellarische Ermittlung auf der Grundlage von Tafel 9.5:

ξ	w_D	$104.2\,w_D$	w_R	$1375.0\,w_R$	$EI_c w$
0.2	0.1920	20.0	0.1600	220.0	240.0
0.4	0.3360	35.0	0.2400	330.0	365.0
0.6	0.3840	40.0	0.2400	330.0	370.0
0.8	0.2880	30.0	0.1600	220.0	250.0

Gesamtbiegelinie des Riegels b:

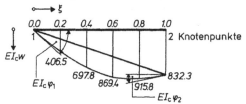

Knotendrehwinkel der Knoten 1 und 2:

$$EI_c\varphi_1 = -EI_c\tau_1 - EI_c\psi = -\frac{M_R}{2} \cdot l \cdot \frac{I_c}{I} - \frac{M_D}{6} \cdot l \cdot \frac{I_c}{I} - \frac{EI_c w_2}{l} = -\frac{110.0}{2} \cdot 5.00 \cdot 1 - \frac{25.0}{6} \cdot 5.00 \cdot 1 - \frac{832.3}{5.00}$$

$$= -462.3\,kNm^2$$

$$EI_c\varphi_2 = EI_c\tau_r - EI_c\psi = \frac{M_R}{2} \cdot l \cdot \frac{I_c}{I} + \frac{M_D}{3} \cdot l \cdot \frac{I_c}{I} - \frac{EI_c w_2}{l} = \frac{110.0}{2} \cdot 5.00 \cdot 1 + \frac{25.0}{3} \cdot 5.00 \cdot 1 - \frac{832.3}{5.00}$$

$$= 150.2\,kNm^2$$

Bild. 9.9 Biegelinienermittlung eines ebenen Rahmentragwerks, Teil 2

Wir haben uns darauf beschränkt, ω-Funktionen in Anwendung auf ebene Trag-werke darzustellen. Da jedoch die für *räumlich* beanspruchte Stabelemente mit gerader Achse geltenden Differentialgleichungen (9.16) mit denjenigen (9.1) für ebene Stabelemente identisch sind, lassen sich alle in diesem Kapitel vorgestellten Integrationsverfahren mühelos übertragen. Im Falle der Querbiegekomponente u_y ist beim ω-Verfahren (und bei der MOHRschen Analogie) allerdings das geänderte Vorzeichen der kinematischen Beziehung zu beachten:

$$\kappa = -w'', \qquad \kappa_y = -u_z'', \qquad \kappa_z = u_y'',$$

bzw.:   gegenüber:

$$EI_c w'' = -\frac{I_c}{I} M, \qquad EI_c u_z'' = -\frac{I_c}{I_y} M_y, \qquad EI_c u_y'' = -\frac{I_c}{I_z} M_z. \tag{9.27}$$

9.2.5 Das Verfahren von O. MOHR

Das von O. MOHR[1] im Jahre 1868 [2.26] veröffentlichte Verfahren zur Verformungslinienermittlung nutzt den analogen Aufbau der Differentialgleichungen des Gleichgewichtes und derjenigen der kinematischen Beziehungen nach Substitution der Werkstoffgesetze aus. Unter Rückgriff auf die im Bild 9.1 zusammengestellten Grundbeziehungen ist diese MOHRsche Analogie mühelos nachvollziehbar:

$$N' = -q_{\mathrm{x}}, \qquad u' = \varepsilon = \frac{N}{EA},$$

$$Q' = -q_{\mathrm{z}}, \qquad -\varphi' = -\kappa = -\frac{M}{EI}, \qquad (9.28)$$

$$M'' = -q_{\mathrm{z}}, \qquad w'' = -\kappa = -\frac{M}{EI}.$$

In der Statik der Tragwerke werden zur Schnittgrößenberechnung im Allgemeinen nicht die linken Differentialgleichungen (9.28) verwendet, sondern die verschiedenen *baustatischen Verfahren* der Kap. 4 und 5. Der grundlegende Gedanke von O. MOHR bestand nun darin, die Verformungsgrößen u, φ, w unter Einsatz genau dieser baustatischen Verfahren zu ermitteln.

Um bei einem solchen Konzept die *wirklichen* Schnittgrößen N, Q, M und *wirklichen* Belastungen q_{x}, q_{z} von den an analogen Positionen der rechten Differentialgleichungen (9.28) stehenden Weggrößen zu unterscheiden, bezeichnet man

$$u, -\varphi, w \qquad \text{als \textit{adjungierte} Schnittgrößen } N^*, Q^*, M^* \text{ und}$$

$$-\frac{N}{EA}, \frac{M}{EI} \qquad \text{als \textit{adjungierte} Belastungen } q_{\mathrm{x}}^*, q_{\mathrm{z}}^*.$$

Satz: Man gewinnt die *wirklichen* Achsialverschiebungen u, negativen Neigungswinkel $-\varphi$ sowie Durchbiegungen w eines Stabtragwerks als *adjungierte* Normalkäfte N^*, Querkräfte Q^* sowie Biegemomente M^*, wenn auf dieses die folgenden *adjungierten* Belastungen einwirken:

$$-N/EA \text{ als Achsiallast } q_{\mathrm{x}}^*, \qquad M/EI \text{ als Querlast } q_{\mathrm{z}}^*.$$

Bei einem derartigen Vorgehen ist jedoch sicherzustellen, dass die durch (9.28) begründete Analogie zwischen den Kraft- und Weggrößen auch auf die Rand- und Übergangsbedingungen übertragen wird. Das wirkliche Tragwerk ist somit in ein *adjungiertes System* zu transformieren, an welchem aus *adjungierten Belastungen* *adjungierte Schnittgrößen* zu bestimmen sind. Die erforderlichen Transformationsregeln folgen aus den leicht verifizierbaren Gegenüberstellungen der Tafel 9.6. Aus den dort ebenfalls angegebenen Beispielen entnehmen wir darüber hinaus,

---

[1] OTTO MOHR, 1835-1918, Professor für Mechanik und Statik an der Technischen Hochschule Dresden.

Tafel 9.6 Wirkliches Tragwerk und adjungiertes System

Wirkliches Tragwerk	Adjungiertes System

Rand- und Übergangsbedingungen:

$w = 0$	$w' = 0$	$u = 0$	$M^* = 0$	$Q^* = 0$	$N^* = 0$
$w \neq 0$	$w' \neq 0$	$u \neq 0$	$M^* \neq 0$	$Q^* \neq 0$	$N^* \neq 0$
$w = 0$	$w' \neq 0$	$u = 0$	$M^* = 0$	$Q^* \neq 0$	$N^* = 0$
$w = 0$	$w' \neq 0$	$u \neq 0$	$M^* = 0$	$Q^* \neq 0$	$N^* \neq 0$
$w = 0$	$w_l' = w_r'$	$u \neq 0$	$M^* = 0$	$Q_l^* = Q_r^*$	$N^* \neq 0$
$w \neq 0$	$w_l' \neq w_r'$	$u \neq 0$	$M^* \neq 0$	$Q_l^* \neq Q_r^*$	$N^* \neq 0$

Beispiele:

dass statisch bestimmte Tragwerke stets in statisch bestimmte adjungierte Systeme transformiert werden. Statisch unbestimmten Tragwerken sind dagegen *kinematisch verschiebliche*, adjungierte Systeme zugeordnet, deren adjungierte Belastungen Gleichgewichtssysteme bilden. Da in diesem Buch jedoch ausschließlich statisch bestimmte Tragwerke behandelt werden, soll dies nicht vertieft werden.

9.2.6 Beispiel zum Verfahren von O. MOHR

Als Beispiel für das MOHRsche Verfahren wählen wir den in Bild 9.10 dargestellten Einfeldträger mit Kragarm. Wie dort ersichtlich, besteht die *wirkliche* Belastung aus dem Randmoment M an der Kragarmspitze; sie führt zu den *wirklichen* Biegemomenten $M(x)$.

Die Biegesteifigkeit des Mittelfeldes möge diejenige des Kragarmes um die Hälfte übertreffen. Wählen wir $E I_c$ als Vergleichssteifigkeit

$$E I_c w'' = -\frac{I_c}{I} M(x), \qquad (9.29)$$

so ist das Biegemoment $M(x)$ im Feldbereich um den Faktor 1.0/1.5 zur adjungierten Belastung q_z^* zu reduzieren. Dagegen wird das Biegemoment des Kragarmes unverändert übernommen. Das sich diesen adjungierten Lasten an dem gemäß Tafel 9.6 transformierten, adjungierten System nach dem Schnittprinzip einstellende adjungierte Biegemoment $M^*(x)$ bildet die gesuchte, $E I_c$-fache Biegelinie. Sie ist, gemeinsam mit ihren analytischen Ausdrücken, auf Bild 9.10 wiedergegeben.

Wirkliches Tragwerk mit wirklicher Belastung:

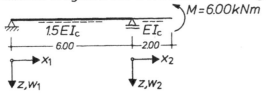

Wirkliche Biegemomentenlinie $M(x)$:

Adjungiertes System mit adjungierter Belastung q_z^*:

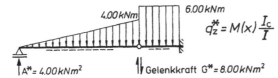

Wirkliche EI_c-fache Biegelinie $\hat{=}$ adjungiertes Biegemoment M^*:

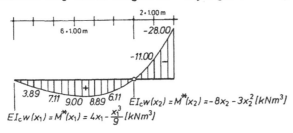

$$EI_c w(x_2) = M^*(x_2) = -8x_2 - 3x_2^2 \; [kNm^3]$$

$$EI_c w(x_1) = M^*(x_1) = 4x_1 - \frac{x_1^3}{9} \; [kNm^3]$$

Bild. 9.10 Biegelinienermittlung nach der MOHRschen Analogie

Anhang 1: Werkstoffkennwerte bei Raumtemperatur

Werkstoff	Dichte ρ t/m³	Elastizitäts-modul E 10³ MN/m²	Schub-modul G 10³ MN/m²	Querdeh-nungszahl ν	Endkriech-zahl φ∞	Endschwind-maß ε∞ 10⁻⁶	Lineare Wärme-dehnzahl α_T 10⁻⁵ K⁻¹	Zugbruch-spannung N/mm²	Druckbruch-spannung N/mm²	Bruch-dehnung %	Quelle
Beton: C20/25	2.5 (als Stahlbeton)	E_m 25	10	0.2	1.0 ÷ 6.0	0 ÷ -80	1.0	f_{ctm} 2.2	f_{cm} 20	-0.35	DIN 1045
C25/30		27	11					2.6	25		DIN 1055
C30/37		28	12					2.9	30		DAfStb 525
C35/45		30	12					3.2	35		
C40/50		31	13					3.5	40		
C45/55		33	14					3.8	45		
C50/60		34	14					4.1	50		
Mauerziegel:											DIN 1053
Mörtelgruppe II	1.8	1.5 ÷ 8	16 ÷ 40	0.19 ÷ 0.28	0.75	±10	0.6		2 ÷ 3		
Mörtelgruppe III	1.8	2.5 ÷ 10							4 ÷ 8		
Gips	1.0 ÷ 1.2	4.0 ÷ 5.0					0.3 ÷ 1.0		≥3 ÷ 6		
Glas	2.2 ÷ 2.6	40 ÷ 100		0.17			0.05				
Quarzglas	2.2	70							500		
Fels: Sandstein	1.9 ÷ 2.3	10 ÷ 40	0.5	0.2			0.2 ÷ 1.2	60 ÷ 100	35 ÷ 50		
Kalkstein	1.7 ÷ 2.9	25 ÷ 70	1.0					2 ÷ 3	3 ÷ 8		
Granit	2.6 ÷ 3.0	15 ÷ 70	0.5				0.3 ÷ 0.8				
Holz: Nadelholz	0.48 ÷ 0.62	E_{II}: 10 ÷ 11 $E_\perp$: 0.3	0.5			ε_r: 240 ε_t: 120	0.3 ÷ 0.5	60 ÷ 100	35 ÷ 50		DIN 1052
Buche, Eiche		E_{II}: 12.5 $E_\perp$: 0.6	1.0			ε_r: 400	2.2 ÷ 2.8	2 ÷ 3	3 ÷ 8		
Sperrholz		E_{II}: 7 $E_\perp$: 3	0.5			ε_t: 200					
						(pro 1% Änderung der Holzfeuchte)					
Betonstahl: BSt 420S	7.85	210	81	0.3			1.1 - 1.2	500		≥10	DIN 488
BSt 500S	7.85	210	81	0.3			1.1 - 1.2	550		≥10	
Spannstahl St1600/1800	7.85	210	81	0.3			1.1	1800		≥6	
Baustahl: St37	7.85	210	81	0.3			1.1	≥400		18 ÷ 25	
Stahlguß: GS - 40.1	7.85	210	81	0.3			1.1	≥400		≥25	
GS - 50.1	7.85	210	81	0.3			1.1	≥500		≥20	
Grauguß: GG - 18	7.1 ÷ 7.3	105	38				0.9	150 ÷ 220			
GG - 26	7.1 ÷ 7.3	105	38				0.9	230 ÷ 280			DIN 18800
Cr-Ni-Stahl	8.1 ÷ 8.2	190 ÷ 200					1.0 ÷ 2.0				
Reinaluminium	2.7	72		0.34			2.4			18 ÷ 25	
Al - Legierungen: 3.1354	2.77	65 ÷ 74		0.33			2.3	410 ÷ 470		14 ÷ 12	
3.4364	2.8	71 ÷ 72		0.33			2.3	500 ÷ 530		≥8	
TiAl5 Sn2	4.48	107						790		10	
TiAl6 V4	4.43	110 ÷ 113						900		10	
Messing	8.2 ÷ 8.4	125	46				1.9	370 ÷ 630		25 ÷ 5	
Rotguß 4(RG4)	8.6	82 ÷ 83					1.7	200 ÷ 250		30 ÷ 25	
PVC	1.4	1.5 ÷ 3.0	4 ÷ 5	ν_r: 0.29 ν_l: 0.08			7 ÷ 10	45 ÷ 60	≥70	25 ÷ 5 30 ÷ 25	
GFK 4(50% Faser)	1.8 ÷ 1.9	E_r: 46 E_l: 13					α_{Tr}: 0.8 α_{Tl}: 2.3	300 ÷ 360	260 ÷ 330	10 ÷ 100	

Anhang 2: α_Q -Werte [3.12]

Querschnitt	Formelwert α_Q — Näherungswert α_Q^{*}
Rechteck:	$\alpha_Q = \dfrac{10(1+\nu)}{12+11\nu}$ $\qquad \alpha_Q^{*} = \dfrac{5}{6} = 0.833$
Kreis:	$\alpha_Q = \dfrac{6(1+\nu)}{7+6\nu}$ $\qquad \alpha_Q^{*} = \dfrac{6}{7} = 0.875$
Kreisring:	$\alpha_Q = \dfrac{6(1+\nu)\cdot(1+\alpha^2)^2}{(7+6\nu)\cdot(1+\alpha^2)^2 + (20+12\nu)\alpha^2}$ $\qquad$ mit $\alpha = \dfrac{r_i}{r}$
Dünnwandiger Kreisring: $\dfrac{t}{r}\ll 1,\ \alpha \longrightarrow 1$	$\alpha_Q = \dfrac{2(1+\nu)}{4+3\nu} = \dfrac{1}{2} = 0.500$
Ellipse:	$\alpha_Q = \dfrac{12(1+\nu)\alpha^2(3\alpha^2+1)}{(40+37\nu)\alpha^4 + (16+10\nu)\alpha^2 + \nu}$ $\qquad$ mit $\alpha = \dfrac{a}{b}$ $\alpha_Q^{*} = 0.750 \cdot \dfrac{3\alpha^2+1}{2.5\alpha^2+1}$
Dünnwandiges Rechteckrohr:	$\alpha_Q = \dfrac{10(1+\nu)(1+3\alpha)^2}{(12+72\alpha+150\alpha^2+90\alpha^3)+\nu(11+66\alpha+135\alpha^2+90\alpha^3)+10\beta^2\left[(3+\nu)\alpha+3\alpha^2\right]}$ mit $\alpha = \dfrac{b\cdot t_1}{h\cdot t}$, $\beta = \dfrac{b}{h}$
Quadrahtrohr: $\alpha=\beta=1$	$\alpha_Q = \dfrac{20(1+\nu)}{48+39\nu}$
Dünnwandiges $\perp$-Profil:	$\alpha_Q = \dfrac{10(1+\nu)(1+4\alpha)^2}{(12+96\alpha+276\alpha^2+192\alpha^3)+\nu(11+88\alpha+248\alpha^2+216\alpha^3)+30\beta^2(\alpha+\alpha^2)+10\nu\beta^2(4\alpha+5\alpha^2+\alpha^3)}$ mit $\alpha = \dfrac{b\cdot t_1}{h\cdot t}$, $\beta = \dfrac{b}{h}$ $\alpha_Q^{*} = \dfrac{A_{steg}}{A} = \dfrac{h\cdot t}{h\cdot t + (b-t)\cdot t_1}$
Dünnwandiges I-Profil:	$\alpha_Q = \dfrac{10(1+\nu)(1+3\alpha)^2}{(12+72\alpha+150\alpha^2+90\alpha^3)+\nu(11+66\alpha+135\alpha^2+90\alpha^3)+30\beta^2(\alpha+\alpha^2)+5\nu\beta^2(8\alpha+9\alpha^2)}$ mit $\alpha = \dfrac{2b\cdot t_1}{h\cdot t}$, $\beta = \dfrac{b}{h}$ $\alpha_Q^{*} = \dfrac{A_{steg}}{A} = \dfrac{h\cdot t}{h\cdot t + 2(b-t)\cdot t_1}$ $\approx 0.38 \div 0.50$ für Normalprofile $\approx 0.23 \div 0.30$ für Breitflanschprofile

Anhang 3: Torsionsträgheitsmomente I_T

Querschnitt	Formelwert I_T
Rechteck:	$I_T = hb^3\left[\frac{1}{3} - 0.21\frac{b}{h}\left(1 - \frac{b^4}{12h^4}\right)\right] = hb^3\beta$ mit $\begin{array}{c\|c\|c\|c\|c\|c\|c\|c\|c}h/b & 1.0 & 1.5 & 2.0 & 2.5 & 3.0 & 5.0 & 10.0 & \infty \\ \hline \beta & 0.140 & 0.196 & 0.229 & 0.249 & 0.263 & 0.291 & 0.312 & 0.333\end{array}$
Kreis:	$I_T = \frac{\pi r^4}{2}$
Kreisring:	$I_T = (1-\alpha^4)\frac{\pi r^4}{2}$ mit $\alpha = \frac{r_1}{r}$
Dünnwandiger Kreisring: $\frac{t}{r} \ll 1, \alpha \to 1$	$I_T = 2\pi r^3 t$
Ellipse:	$I_T = \frac{\pi a^3 b^3}{a^2 + b^2}$
Elliptischer Hohlring:	$I_T = (1-\alpha^4)\frac{\pi a^3 b^3}{a^2+b^2}$ mit $\alpha = \frac{a_1}{a} = \frac{b_1}{b}$
Dünnwandiger, elliptischer Hohlring mit konstanter Wandstärke: $t = \frac{t}{a} \ll 1$	$I_T = \frac{4\pi^2 t\left(a - \frac{t}{2}\right)^2\left(b - \frac{t}{2}\right)^2}{u}$ mit $u \approx \pi(a+b-t)\left[1 + 0.27\frac{(a-b)^2}{(a+b)^2}\right]$ $\approx \pi(a+b-t)$
Gleichseitiges Dreieck:	$I_T = \frac{a^4\sqrt{3}}{80} = \frac{a^4}{46.188}$
Offene, dünnwandige Profile:	$I_T = \frac{1}{3}\sum_n t_n^3 h_n$ bzw. $I_T = \frac{1}{3}\eta\sum_n t_n^3 h_n$ für Walzprofile mit $\eta = 1.00$ für $\llcorner, \mathsf{L}$ $\eta = 1.12$ für $\mathsf{T}, \mathsf{L}, \mathsf{J}$ $\eta = 1.31$ für I $\eta = 1.29$ für I
Einzellige, dünnwandige Hohl-Profile:	$I_T = \frac{4A^2}{\oint\frac{ds}{t}} = \frac{4A^2}{\sum\frac{l_n}{t_n}}$ mit A: durch Wandachsen eingeschlossene Fläche
Plattenbalken:	$I_T = \frac{1}{3}\left[hb^3 + (a-b)d^3 - \gamma b^4\right]$ mit γ laut Tabelle

$\frac{d}{b}$	$\frac{a}{b}$	γ für $h/b =$			
		1.0	1.5	2.0	≥ 4.0
0	beliebig	0.193	0.206	0.209	0.210
0.2	1.0	0.193	0.206	0.209	0.210
	≥ 1.5	0.190	0.204	0.207	0.207
0.4	1.0	0.193	0.206	0.209	0.210
	1.5	0.180	0.191	0.193	0.194
	≥ 2.0	0.178	0.189	0.192	0.192
0.7	1.0	0.193	0.206	0.209	0.210
	1.5	0.160	0.154	0.153	0.153
	2.0	0.150	0.139	0.136	0.135
	3.0	0.145	0.132	0.129	0.128
	≥ 5.0	0.144	0.131	0.128	0.127
1.0	1.0	–	0.206	0.209	0.210
	1.5	–	0.136	0.121	0.117
	2.0	–	0.081	0.075	0.070
	3.0	–	0.070	0.043	0.036
	5.0	–	0.063	0.035	0.027
	≥ 10.0	–	0.063	0.034	0.027

Anhang 4: Grundbeziehungen räumlicher, gerader Stäbe

In diesem ergänzenden Abschnitt sollen die in den Abschn. 2.1.4, 2.2.5, und 2.3.4 bereitgestellten Grundbeziehungen ebener, gerader Stäbe auf räumlich beanspruchte, gerade Stäbe erweitert werden. Wir beginnen auf Tafel A4.1 mit der Definition der *äußeren Kraftgrößen*, den Streckenlasten q_x, q_y, q_z und den Streckenmomenten m_x, m_y, m_z, sowie der Normalkraft N, den Querkräften Q_y, Q_z, dem Torsionsmoment M_T und den Biegemomenten M_y, M_z als *inneren Kraftgrößen*. Ebenfalls auf Tafel A4.1 erfolgt sodann die Formulierung der Gleichgewichtsbedingungen an einem differentiellen Stabelement der Länge dx. Ihre Transformation in die matrizielle Operatorbeziehung sowie in die matrizielle Differentialgleichung 1. Ordnung findet sich auf Tafel A4.3.

Äußere Weggrößen eines räumlichen Stabes stellen die drei Verschiebungskomponenten u_x, u_y, u_z sowie die drei Verdrehungskomponenten ϕ_x, ϕ_y, ϕ_z jedes Stabpunktes dar, *innere Weggrößen* die Längsdehnung ε der Stabachse, ihre Torsion ϑ, die beiden Biegeverkrümmungen κ_y, κ_z sowie die transversalen Schubvezerrungen

Tafel A4.1 Gleichgewicht eines differentiellen, räumlichen und geraden Stabelementes

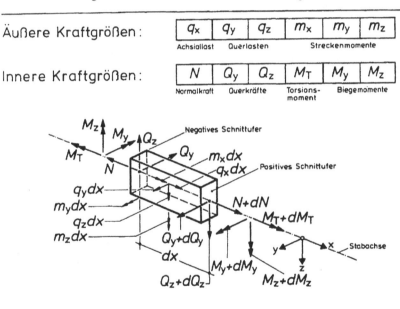

Äußere Kraftgrößen:	q_x	q_y	q_z	m_x	m_y	m_z
	Achsiallast	Querlasten		Streckenmomente		

Innere Kraftgrößen:	N	Q_y	Q_z	M_T	M_y	M_z
	Normalkraft	Querkräfte		Torsions-moment	Biegemomente	

Gleichgewichtsbedingungen:

$\Sigma F_x = 0: \quad -N + N + dN + q_x dx = 0 \qquad\qquad dN + q_x dx = 0$

$\Sigma F_y = 0: \quad -Q_y + Q_y + dQ_y + q_y dx = 0 \qquad\quad dQ_y + q_y dx = 0$

$\Sigma F_z = 0: \quad -Q_z + Q_z + dQ_z + q_z dx = 0 \qquad\quad dQ_z + q_z dx = 0$

$\Sigma M_x = 0: \quad -M_T + M_T + dM_T + m_x dx = 0 \qquad\quad dM_T + m_x dx = 0$

$\Sigma M_y = 0: \quad -M_y + M_y + dM_y - (Q_z + dQ_z)\, dx + m_y dx = 0 \qquad dM_y - Q_z dx + m_y dx = 0$

$\Sigma M_z = 0: \quad -M_z + M_z + dM_z + (Q_y + dQ_y)\, dx + m_z dx = 0 \qquad dM_z + Q_y dx + m_z dx = 0$

Tafel A4.2 Kinematik eines differentiellen, räumlichen und geraden Stabelementes

Äußere Weggrößen:

u_x	u_y	u_z	φ_x	φ_y	φ_z
Verschiebungen			Verdrehungen		

Innere Weggrößen:

ε	γ_y	γ_z	ϑ	$\varkappa_y$	$\varkappa_z$
Längs-dehnung	Schubver-zerrungen		Torsion	Verkrümmungen	

Kinematische Beziehungen:

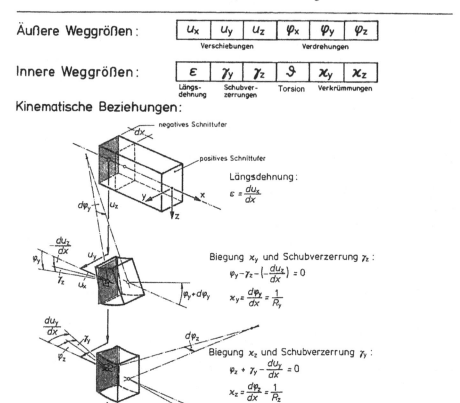

negatives Schnittufer

positives Schnittufer

Längsdehnung:

$$\varepsilon = \frac{du_x}{dx}$$

Biegung $\varkappa_y$ und Schubverzerrung γ_z :

$$\varphi_y - \gamma_z - \left(-\frac{du_z}{dx}\right) = 0$$

$$\varkappa_y = \frac{d\varphi_y}{dx} = \frac{1}{R_y}$$

Biegung $\varkappa_z$ und Schubverzerrung γ_y :

$$\varphi_z + \gamma_y - \frac{du_y}{dx} = 0$$

$$\varkappa_z = \frac{d\varphi_z}{dx} = \frac{1}{R_z}$$

Torsion ϑ :

$$\vartheta = \frac{d\varphi_x}{dx}$$

γ_y, γ_z. In Erweiterung der Überlegungen des Bildes 2.14 finden wir auf Tafel A4.2 die Herleitung der kinematischen Beziehungen; ihre Umsetzung in die matriziellen Grundbeziehungen enthält wieder Tafel A4.3.

Erweitern wir schließlich noch das Werkstoffgesetz (2.64) durch

$$
\begin{bmatrix} N \\ Q_y \\ Q_z \\ M_T \\ M_y \\ M_z \end{bmatrix}
=
\begin{bmatrix}
EA & 0 & 0 & 0 & 0 & 0 \\
0 & GA_{Qy} & 0 & 0 & 0 & 0 \\
0 & 0 & GA_{Qz} & 0 & 0 & 0 \\
0 & 0 & 0 & GI_T & 0 & 0 \\
0 & 0 & 0 & 0 & EI_y & 0 \\
0 & 0 & 0 & 0 & 0 & EI_z
\end{bmatrix}
\cdot
\begin{bmatrix} \varepsilon \\ \gamma_y \\ \gamma_z \\ \vartheta \\ \varkappa_y \\ \varkappa_z \end{bmatrix}
$$

Tafel A4.3 Formen der differentiellen Grundbeziehungen räumlicher, gerader Stäbe

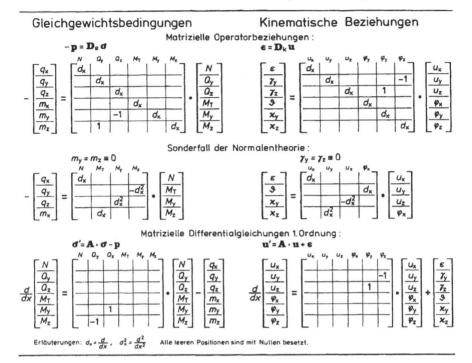

mit den Abkürzungen

$$I_y = \int_A z^2 dA, \quad I_z = \int_A y^2 dA,$$

$$A_{Qy} = A\alpha_{Qy} \quad \text{mit} \quad \alpha_{Qy} = I_z^2 : A \int_A \left(\frac{S_z}{h}\right)^2 dA, \quad S_z = \int_A y\, dA,$$

$$A_{Qz} = A\alpha_{Qz} \quad \text{mit} \quad \alpha_{Qz} = I_y^2 : A \int_A \left(\frac{S_y}{b}\right)^2 dA, \quad S_y = \int_A z\, dy,$$

so steht erneut ein vollständiger Satz von *Grundbeziehungen*, nunmehr für die Theorie räumlich beanspruchter, gerader Stäbe bereit. Aus ihnen lassen sich mühelos die Strukturschemata der Bilder 2.21 und 2.22 aufbauen oder die Formänderungsarbeits-Funktionale der Tafel 2.14 übertragen.

Anhang 5: Berechnung einer Stählernen Kranbahn

Es sei eine Kranbahn für einen Lagerkran der Hubklasse H 2 nach DIN 15018 zu berechnen.

Die zugehörigen Radlasten betragen 72,5 kN. Mit einem Schwingbeiwert nach DIN 4132 von $\varphi = 1,2$ für die dynamische Beanspruchung ergibt sich eine quasistatische Kranbahnlast von $R = 85$ kN.

Der Kranbahnträger aus St 52-3 besteht aus einem $IPB_L 500$ mit einer aufgeschweißten Fahrbahnschiene 53/30 mm. Als Stützen werden Profile $IPB_V 160$ vorgesehen. Sämtliche Steifigkeitswerte, Lasten und Abmessungen können der Tafel A5.1 entnommen werden.

Ebenfalls auf der Tafel A5.1 wird die statische Bestimmtheit nach dem Abzählkriterium und dem Aufbaukriterium entsprechend den Abschn. 3.3.2 und 3.3.3 ermittelt.

Die Bestimmung der Auflagerreaktionen, der Schnittgrößen an exemplarischen Punkten des Tragwerkes und die Ermittlung der Zustandslinien für die Normalkräfte, Querkräfte und Biegemomente aus ständiger Last erfolgt auf den Tafeln A5.1 und A5.2. Hierbei wurde insbesondere darauf geachtet, dass das *Gleichgewicht an Teilsystemen* entsprechend Abschn. 4.1.2 zu Schnittgrößen an speziellen Tragwerkspunkten führt, mit deren Kenntnis sodann der vollständige Verlauf der Kraftgrößen-Zustandslinien durch Anwendung der *charakteristischen Merkmale von Zustandslinien* (Abschn. 5.1.3) unmittelbar folgt.

Für die Tragwerksstelle I, bei der für den Lastfall ständige Last das maximale Feldbiegemoment auftritt, wird sodann nach der *kinematischen Methode* des Abschn. 6.3 die Biegemomenten-Einflusslinie M_{im} auf der Tafel A5.3 konstruiert. Im unteren Teil der Tafel erfolgt in analoger Weise, über die Ermittlung eines Polplans, die Bestimmung der Einflusslinie für das Stützmoment M_{1m}. Die Festlegung der Einflusslinien-Ordinaten erfolgt hier direkt durch Anwendung der Arbeitsgleichung für eine virtuelle Einheitsverschiebung $\delta\phi_{II, I} = -1$ der beiden starren Scheiben I und II.

Auf der nachfolgenden Tafel A5.4 wird schließlich die Auswertung beider Einflusslinien vorgenommen. Die Auswertung für die ständige Last q kann als Kontrolle für die bereits ermittelten Biegemomente M_{iq} und M_{1q} der Tafel A5.2 verstanden werden. Die variable Kranbahnlast hat jeweils zwei Laststellungen, die zu minimalen und maximalen Biegebeanspruchungen in den betrachteten Tragwerkspunkten i und 1 führen.

Den Abschluss des Beispiels bildet eine Verformungsberechnung, innerhalb die horizontale Verschiebung des Tragwerkspunktes 1 infolge ständiger Last q berechnet wird. Mit den zusätzlich zu ermittelnden Biegemomenten des Hilfszustandes „1" erfolgt eine tabellarische Verformungsberechnung unter Verwendung des Arbeitssatzes mit den Werten der Formänderungsarbeitsintegrale der Abschn. 8.2.3. Hierbei wurden die Verformungsanteile infolge der Wirkung der Querkräfte und der Normalkräfte als unbedeutend unterdrückt.

Tafel A5.1 Kranbahntäger und Auflagerreationen aus ständiger Last

1. Baustatische Skizze :

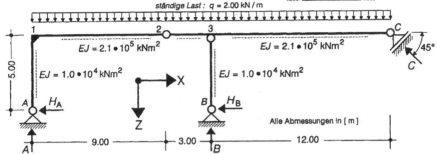

Kranlast : R, $R = 85.00$ kN ; $\leftarrow 3.00 \rightarrow$

ständige Last : $q = 2.00$ kN / m

$EJ = 2.1 \cdot 10^5$ kNm^2

$EJ = 2.1 \cdot 10^5$ kNm^2

$EJ = 1.0 \cdot 10^4$ kNm^2

$EJ = 1.0 \cdot 10^4$ kNm^2

Alle Abmessungen in [m]

2. Statische Bestimmtheit :

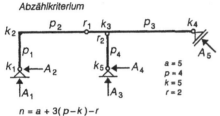

Abzählkriterium

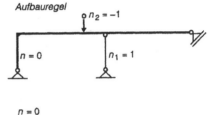

Aufbauregel

$n_2 = -1$

$a = 5$
$p = 4$
$k = 5$
$r = 2$

$n = a + 3(p - k) - r$
$n = 5 + 3(4 - 5) - 2 = 0$

$n = 0$

$n = 0$ $n_1 = 1$

3. Auflagerreaktionen aus ständiger Last :

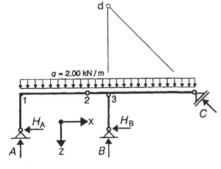

$\Sigma M_3 = 0:$ $H_B = 0$

$\Sigma M_d = 0: -12.00 \cdot A - 17.00 \cdot H_A = 0$

$\Sigma M_{2l} = 0: -9.00 \cdot A - 5.00 \cdot H_A + 2.00 \dfrac{9.00^2}{2} = 0$

$H_A = -10.45$ kN
$A \;\; = 14.80$ kN

$\Sigma F_x = 0:$ $10.45 - \dfrac{C}{\sqrt{2}} = 0$ $C \;\; = 14.78$ kN

$\Sigma F_z = 0: -14.80 - B - \dfrac{14.78}{\sqrt{2}} + 2.00 \cdot 24.00 = 0$

$B \;\; = 22.75$ kN

Kontrolle :

$\Sigma M_B = 0:$ $\left(\dfrac{C}{\sqrt{2}} \right) (5.00 + 12.00) - A \cdot 12.00 = 0$

$\dfrac{14.78}{\sqrt{2}} \cdot 17.00 \; - 14.80 \cdot 12.00 \; = 0$

$177.60 \; - 177.60 \; = 0$

Tafel A5.2 Ermittlung der Schnittgrößen aus ständiger Last

4. Schnittgrößen aus ständiger Last :

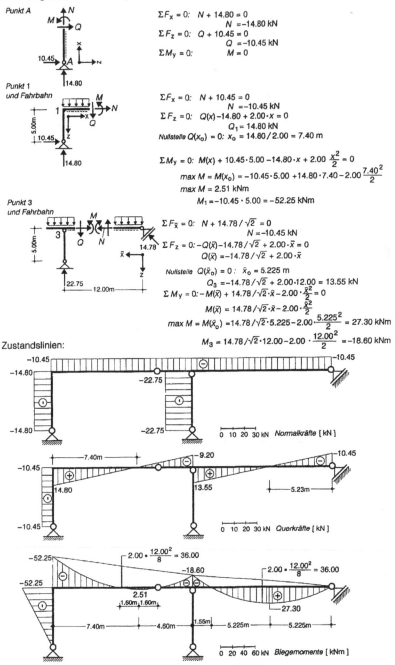

Punkt A

$\Sigma F_x = 0$: $N + 14.80 = 0$
$N = -14.80$ kN
$\Sigma F_z = 0$: $Q + 10.45 = 0$
$Q = -10.45$ kN
$\Sigma M_y = 0$: $M = 0$

Punkt 1
und Fahrbahn

$\Sigma F_x = 0$: $N + 10.45 = 0$
$N = -10.45$ kN
$\Sigma F_z = 0$: $Q(x) - 14.80 + 2.00 \cdot x = 0$
$Q_1 = 14.80$ kN
Nullstelle $Q(x_0) = 0$: $x_0 = 14.80 / 2.00 = 7.40$ m

$\Sigma M_y = 0$: $M(x) + 10.45 \cdot 5.00 - 14.80 \cdot x + 2.00 \, \dfrac{x^2}{2} = 0$

$max \, M = M(x_0) = -10.45 \cdot 5.00 + 14.80 \cdot 7.40 - 2.00 \dfrac{7.40^2}{2}$

$max \, M = 2.51$ kNm

$M_1 = -10.45 \cdot 5.00 = -52.25$ kNm

Punkt 3
und Fahrbahn

$\Sigma F_{\bar{x}} = 0$: $N + 14.78 / \sqrt{2} = 0$
$N = -10.45$ kN
$\Sigma F_z = 0$: $-Q(\bar{x}) - 14.78 / \sqrt{2} + 2.00 \cdot \bar{x} = 0$
$Q(\bar{x}) = -14.78 / \sqrt{2} + 2.00 \cdot \bar{x}$

Nullstelle $Q(\bar{x}_0) = 0$: $\bar{x}_0 = 5.225$ m
$Q_3 = -14.78 / \sqrt{2} + 2.00 \cdot 12.00 = 13.55$ kN

$\Sigma M_y = 0$: $-M(\bar{x}) + 14.78 / \sqrt{2} \cdot \bar{x} - 2.00 \cdot \dfrac{\bar{x}^2}{2} = 0$

$M(\bar{x}) = 14.78 / \sqrt{2} \cdot \bar{x} - 2.00 \cdot \dfrac{\bar{x}^2}{2}$

$max \, M = M(\bar{x}_0) = 14.78 / \sqrt{2} \cdot 5.225 - 2.00 \cdot \dfrac{5.225^2}{2} = 27.30$ kNm

$M_3 = 14.78 / \sqrt{2} \cdot 12.00 - 2.00 \cdot \dfrac{12.00^2}{2} = -18.60$ kNm

Zustandslinien:

Tafel A5.3 Ermittlung von Biegemomenten-Einflusslinien

5. Einflusslinien :

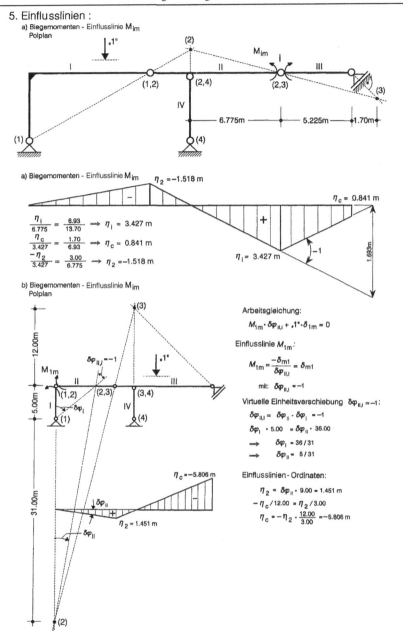

a) Biegemomenten - Einflusslinie M_{im}
Polplan

a) Biegemomenten - Einflusslinie M_{im}

$\eta_2 = -1.518$ m

$\eta_c = 0.841$ m

$$\frac{\eta_i}{6.775} = \frac{6.93}{13.70} \implies \eta_i = 3.427 \text{ m}$$

$$\frac{\eta_c}{3.427} = \frac{1.70}{6.93} \implies \eta_c = 0.841 \text{ m}$$

$$\frac{-\eta_2}{3.427} = \frac{3.00}{6.775} \implies \eta_2 = -1.518 \text{ m}$$

$\eta_i = 3.427$ m

b) Biegemomenten - Einflusslinie M_{im}
Polplan

$\eta_c = -5.806$ m

$\eta_2 = 1.451$ m

Arbeitsgleichung:

$$M_{1m} \cdot \delta\varphi_{II,I} + {}_\bullet 1{}^{\shortmid\shortmid} \cdot \delta_{1m} = 0$$

Einflusslinie M_{1m}:

$$M_{1m} = \frac{-\delta_{m1}}{\delta\varphi_{II,I}} = \delta_{m1}$$

mit: $\delta\varphi_{II,I} = -1$

Virtuelle Einheitsverschiebung $\delta\varphi_{II,I} = -1$:

$$\delta\varphi_{II,I} = \delta\varphi_{II} \cdot \delta\varphi_I = -1$$

$$\delta\varphi_I \cdot 5.00 = \delta\varphi_{II} \cdot 36.00$$

$$\implies \delta\varphi_I = 36 / 31$$

$$\implies \delta\varphi_{II} = 5 / 31$$

Einflusslinien - Ordinaten:

$$\eta_2 = \delta\varphi_{II} \cdot 9.00 = 1.451 \text{ m}$$

$$-\eta_c / 12.00 = \eta_2 / 3.00$$

$$\eta_c = -\eta_2 \cdot \frac{12.00}{3.00} = -5.806 \text{ m}$$

Tafel A5.4 Auswertung von Biegemomenten-Einflusslinien und Verformungsberechnung

6. Einflusslinien - Auswertung:

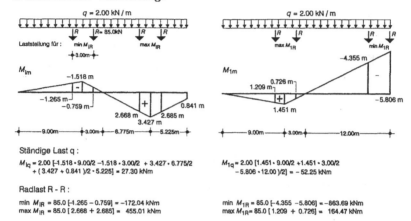

Ständige Last q :

$M_{kq} = 2.00$ [-1.518 · 9.00/2 -1.518 · 3.00/2 + 3.427 · 6.775/2
+ (3.427 + 0.841)/2 · 5.225] = 27.30 kNm

$M_{1q} = 2.00$ [1.451 · 9.00/2 +1.451 · 3.00/2
-5.806 ·12.00)/2] = - 52.25 kNm

Radlast R - R :

min M_{IR} = 85.0 [-1.265 - 0.759] = -172.04 kNm
max M_{IR} = 85.0 [2.668 + 2.685] = 455.01 kNm

min M_{1R} = 85.0 [-4.355 -5.806] = -863.69 kNm
max M_{1R}= 85.0 [1.209 + 0.726] = 164.47 kNm

7. Horizontalverschiebung des Punktes 1 zum Lastfall q = 2.00 kNm :

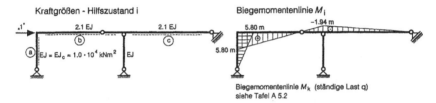

Biegemomentenlinie M_k (ständige Last q)
siehe Tafel A 5.2

Tabellarische Ermittlung der Horizontalverschiebung des Tragwerkpunktes 1 zum Lastfall q = 2.00 kN/m

$$EJ_c \, \delta_{lk} = \int_0^{l'} M_l \, M_k \, \frac{J_c}{J} \, dx = \sum_{\substack{alle \\ Stäbe}} \text{(Werte Tafeln 8.5 und 8.6)} \cdot \frac{J_c}{J} \cdot l$$

Stab	Steifig-keiten	l	J_c / J	$J_c / J \cdot l$	M_l	M_k	Werte Tafeln 8.5 und 8.6	$EJ_c \delta_{lk}$
(a)	EJ	5.00	1.00	5.00	5.80	-52.25	1/3 · 5.00 ·5.80 · (-52.25)	- 505.08
(b)	2.1 EJ	12.00	0.476	5.712	5.80 / -1.94	-52.25 / -18.60 / 38.00	1/6 · 5.712 [5.80 (-18.60 -2 · 52.25) -1.94 (2 · (-18.60) -52.25)] + 1/3 · 5.712 · 36.00 · (5.80 -1.94)	- 514.48 + 264.58
(c)	2.1 EJ	12.00	0.476	5.712	-1.94	-18.60 / 38.00	1/3 · 5.712 [(-18.60) ·(-1.94)] + 1/3 · 5.712 [(-1.94) ·36.00]	+ 68.70 -132.97
$EJ_c \, \delta_{lk}$ = - 819.25 kNm³,					δ_{lk} = - 819.25 / 10^4 = -0.0819 m = -8.19 cm ;		Σ	-819.25

Anhang 6: Berechnung einer hölzerne Fachwerkbrücke

Als zweites Beispiel behandeln wir eine hölzerne Fachwerkbrücke der Brücken-klasse 12/12 nach DIN 1072 (12/85). Gemäß Tafel A6.1 beträgt ihre Stützweite $l = 20, 80$ m. Die Brücke besitze einen auf Querträgern gelagerten Fahrbahnbelag aus Holzbohlen von 3,00 m Breite, zwei 1,00 m breite hölzerne Gehwege sowie je Seite identisch konstruierte Binder. Infolge dieser Bauweise beziehen sich alle Schnittgrößen auf das Gesamttragwerk. Der Schwingbeiwert wurde zu $\varphi = 1, 23$ ermittelt.

Die ständigen Lasten aus der Fahrbahn, den Querträgern und den Bindern finden sich unter Punkt 2 auf Tafel A6.1 Für diese wurden dort die Stabkräfte nach dem Schnittverfahren von A. RITTER gemäß Abschn. 5.5.6 ermittelt und abschließend—wegen der Tragwerkssymmetrie—für eine Hälfte zusammengestellt.

Tafel A6.2 beginnt mit der Festlegung des resultierenden Verkehrslastbandes. Es folgt die kinematische Ermittlung der Einflusslinie für den Untergurtstab U_2 nach den Darlegungen der Abschn. 6.3 sowie des Unterabschnittes 6.4.3. Das Lastband wird sodann an ungünstigster Stelle positioniert und die Einflusslinie hierfür ausgewertet. Als weiteres Beispiel wird die Einflusslinie für den Diagonalstab D_3 bestimmt, ebenfalls nach der kinematischen Methode unter Voraussetzung linearer Lastabtragung zwischen den Fachwerkknoten. Da dies einen Vorzeichenwechsel aufweist, müssen beide Vorzeichenbereiche getrennt mit dem Lastband beaufschlagt und ausgewertet werden, um die extremalen Diagonalkräfte zu erhalten.

Auf der weiteren Tafel A6.3 werden schließlich die Vorbereitungen für die Ver-formungsanalyse getroffen: Durch Festlegung der Stabsteifigkeiten im Punkt 4 so-wie durch Bestimmung der Stabkräfte des Hilfszustandes „1" in Brückenmitte unter Punkt 5. Die Stabkraftermittlung erfolgt erneut nach dem Schnittverfahren von A. RITTER. Sodann findet sich auf Tafel A6.4 die tabellarische Ermittlung der Mitten-durchbiegung der Brücke infolge ständiger Last gemäß den in den Abschn. 8.2 und 8.3 hergeleiteten Beziehungen.

Reale Tragwerke werden stets mit Abweichungen gegenüber dem Zeichnungs-soll, sog. Imperfektionen, gebaut. Im Punkt 7 der Tafel A6.4 wird daher antizipiert, dass einzelne Fachwerkstäbe die in den Spalten 4 und 5 für die linke und rech-te Tragwerkshälfte aufgemessenen Längenimperfektionen Δs (Längung: +, Kür-zung: −) aufweisen. Die Ermittlung der hieraus entstehenden Mittendurchbiegung schließt diese Tafel ab, wobei die verwendete einfache Summenformel unmittelbar aus Abschn. 8.3.3 verständlich wird, wenn der Leser die Längenimperfektionen als Temperaturwirkungen interpretiert.

Tafel A6.1 Tragwerke und Schnittkräfte aus ständiger Last

1. Baustatische Skizze :

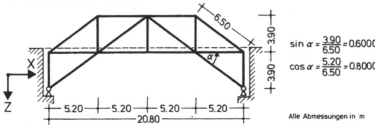

$$\sin \alpha = \frac{3.90}{6.50} = 0.6000$$

$$\cos \alpha = \frac{5.20}{6.50} = 0.8000$$

Alle Abmessungen in m

2. Schnittkräfte aus ständiger Last :

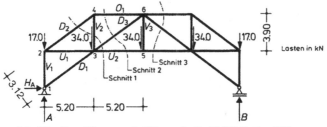

Lasten in kN

Schnittkraftermittlung nach Ritter : $A = B = 68.00$ kN, $H_A = 0.00$

Knoten 1: $\Sigma F_x = 0:$ $D_1 \cos\alpha + H_A = 0$	$D_1 =$	0.00 kN
$\Sigma F_z = 0:$ $V_1 + A = 0$	$V_1 =$	-68.00 kN
Knoten 3: $\Sigma M_3 = 0:$ $D_2 \cdot 3.12 + (68.00-17.00) \cdot 5.20 = 0$	$D_2 =$	-85.00 kN
Knoten 2: $\Sigma F_x = 0:$ $D_2 \cos\alpha + U_1 = 0$	$U_1 =$	68.00 kN
Knoten 3: $\Sigma M_3 = 0:$ $O_1 \cdot 3.90 + (68.00-17.00) \cdot 5.20 = 0$	$O_1 =$	-68.00 kN
Knoten 4: $\Sigma F_z = 0:$ $V_2 + D_2 \sin\alpha = 0$	$V_2 =$	51.00 kN
Knoten 5: $\Sigma F_z = 0:$ $V_3 - 34.00 = 0$	$V_3 =$	34.00 kN
Knoten 6: $\Sigma M_6 = 0:$ $U_2 \cdot 3.90 + 34.00 \cdot 5.20 - 51.00 \cdot 10.40 = 0$	$U_2 =$	90.67 kN
$\Sigma F_z = 0:$ $V_3 + 2D_3 \sin\alpha = 0$	$D_3 =$	-28.33 kN

Zusammenstellung der N_g :

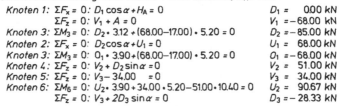

Stabkräfte in kN

Tafel A6.2 Schnittgrößen aus Verkehrslast

3. Schnittkräfte aus Verkehrslast:

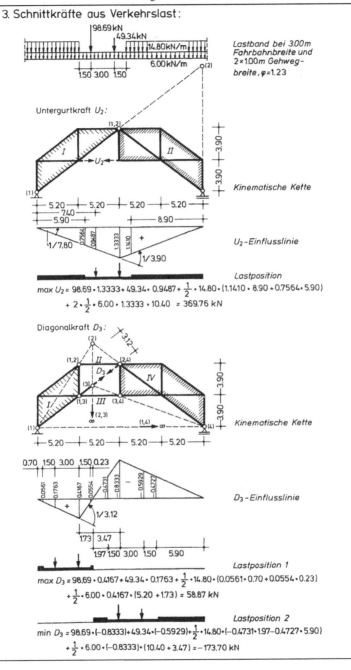

Lastband bei 3.00m Fahrbahnbreite und 2×1.00m Gehwegbreite, $\varphi=1.23$

Untergurtkraft U_2:

Kinematische Kette

U_2-Einflusslinie

Lastposition

$$\max U_2 = 98.69 \cdot 1.3333 + 49.34 \cdot 0.9487 + \tfrac{1}{2} \cdot 14.80 \cdot (1.1410 \cdot 8.90 + 0.7564 \cdot 5.90)$$
$$+ \; 2 \cdot \tfrac{1}{2} \cdot 6.00 \cdot 1.3333 \cdot 10.40 \; = \; 369.76 \text{ kN}$$

Diagonalkraft D_3:

Kinematische Kette

D_3-Einflusslinie

Lastposition 1

$$\max D_3 = 98.69 \cdot 0.4167 + 49.34 \cdot 0.1763 + \tfrac{1}{2} \cdot 14.80 \cdot (0.0561 \cdot 0.70 + 0.0554 \cdot 0.23)$$
$$+ \; \tfrac{1}{2} \cdot 6.00 \cdot 0.4167 \cdot (5.20 + 1.73) \; = \; 58.87 \text{ kN}$$

Lastposition 2

$$\min D_3 = 98.69 \cdot (-0.8333) + 49.34 \cdot (-0.5929) + \tfrac{1}{2} \cdot 14.80 \cdot (-0.4731 \cdot 1.97 - 0.4727 \cdot 5.90)$$
$$+ \; \tfrac{1}{2} \cdot 6.00 \cdot (-0.8333) \cdot (10.40 + 3.47) \; = \; -173.70 \text{ kN}$$

Tafel A6.3 Stabsteifigkeiten und Kraftgrößenhilfszustand

4. Stabsteifigkeiten:

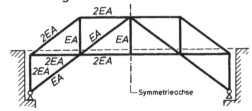

Die Stabsteifigkeiten
sind symmetrisch
zum Stab V_3

5. Kraftgrößenhilfszustand infolge Last „1":

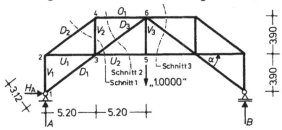

Stabkraftermittlung nach Ritter: $A = B = 0.5000$, $H_A = 0.0000$

Knoten 1: $\Sigma F_x = 0$: $D_1 \cos\alpha + H_A = 0$	$D_1 = 0.0000$
$\Sigma F_z = 0$: $V_1 + A = 0$	$V_1 = -0.5000$
Knoten 3: $\Sigma M_3 = 0$: $D_2 \cdot 3.12 + 0.5000 \cdot 5.20 = 0$	$D_2 = -0.8333$
Knoten 2: $\Sigma F_x = 0$: $U_1 + D_2 \cdot \cos\alpha = 0$	$U_1 = 0.6667$
Knoten 3: $\Sigma M_3 = 0$: $O_1 \cdot 3.90 + 0.5000 \cdot 5.20 = 0$	$O_1 = -0.6667$
Knoten 4: $\Sigma F_z = 0$: $V_2 + D_2 \cdot \sin\alpha = 0$	$V_2 = 0.5000$
Knoten 5: $\Sigma F_z = 0$: $V_3 - 1.0000 = 0$	$V_3 = 1.0000$
Knoten 6: $\Sigma M_6 = 0$: $U_2 \cdot 3.90 - 0.5000 \cdot 10.40 = 0$	$U_2 = 1.3333$
$\Sigma F_z = 0$: $V_3 + 2 \cdot D_3 \cdot \sin\alpha = 0$	$D_3 = -0.8333$

Zusammenstellung der N_h:

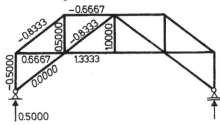

Tafel A6.4 Durchbiegungsermittlungen

6. Mittendurchbiegung δ_{ik} infolge ständiger Last:

$$\delta_{ik} = \sum_{\substack{\text{alle} \\ \text{Stäbe}}} \left[\frac{N_i\, N_k}{EA} s \right], \quad N_i = N_h, \quad N_k = N_g$$

Stab	Anzahl	N_i	N_k	EA	s	$EA\,\delta_{ik}$
Spalte:	1	2	3	4	5	$6 = 1\cdot2\cdot3\cdot5 : 4$
V_1	2	-0.5000	-68.00	2	3.90	132.60
D_1	2	0.0000	0.00	1	6.50	0.00
U_1	2	0.6667	68.00	2	5.20	235.75
D_2	2	-0.8333	-85.00	2	6.50	460.40
V_2	2	0.5000	51.00	1	3.90	198.90
O_1	2	-0.6667	-68.00	2	5.20	235.75
D_3	2	-0.8333	-28.33	1	6.50	306.90
U_2	2	1.3333	90.67	2	5.20	628.63
V_3	1	1.0000	34.00	1	3.90	132.60
						2331.53
					$EA\,\delta_{ik}$	2331.53

7. Mittendurchbiegung δ_{ik} infolge von Stabimperfektionen:

$$\delta_{ik} = \sum_{\substack{\text{alle} \\ \text{Stäbe}}} \left[N_i\, \Delta s \right], \quad N_i = N_h, \quad \Delta s: \text{ gemessene Längenimperfektionen,}$$
$$\text{Längung: +, Verkürzung: -}$$

Stab	Anzahl	N_i		Δs_{links}	Δs_{rechts}	δ_{ik}	
Spalte:	1	2	3	4	5	$6 = 2\cdot(4+5)$	
V_1	2	-0.5000		-0.016		0.008	
D_1	2	0.0000					
U_1	2	0.6667			0.022	0.015	
D_2	2	-0.8333		0.017	0.020		-0.031
V_2	2	0.5000		-0.014	-0.010		-0.012
O_1	2	-0.6667		-0.018	-0.022	0.027	
D_3	2	-0.8333			+0.015		-0.013
U_2	2	1.3333		+0.015	+0.020	0.047	
V_3	1	1.0000		0.014		0.014	
						0.111	-0.056
			δ_{ik}			0.055 m	

Literatur

Statik und Technische Mechanik

1.1. Chmelka, F., Melan, E.: Einführung in die Statik, 8. Auflage. Springer-Verlag, Wien 1968
1.2. Chmelka, F., Melan, E.: Einführung in die Festigkeitslehre, 5. Auflage. Springer-Verlag, Wien 1972
1.3. Szabo, I.: Einführung in die Technische Mechanik, 8. Auflage. Springer-Verlag, Berlin, Göttingen, Heidelberg 1975
1.4. Szabo, I.: Höhere Technische Mechanik, 5. Auflage. Springer-Verlag, Berlin, Göttingen, Heidelberg 1972
1.5. Lehmann, Th.: Elemente der Mechanik, Bd. I: Einführung, 2. Auflage. Fr. Vieweg & Sohn, Wiesbaden 1984
1.6. Lehmann, Th.: Elemente der Mechanik, Bd. II. Elastostatik, 2. Auflage. Fr. Vieweg & Sohn, Wiesbaden 1984
1.7. Pestel, E.: Technische Mechanik, Band 1: Statik, 2. Auflage. BI-Wissenschaftsverlag, Mannheim, Wien, Zürich 1982
1.8. Pestel, E., Wittenburg, J.: Technische Mechanik, Band 2: Festigkeitslehre. BI-Wissenschaftsverlag, Mannheim, Wien, Zürich 1981
1.9. Hamel, G.: Theoretische Mechanik. Springer-Verlag, Berlin 1949
1.10. Ziegler, F.: Technische Mechanik der festen und flüssigen Körper. Springer-Verlag, Wien 1985
1.11. Marguerre, K.: Technische Mechanik, Band I: Statik, 2. Auflage. Springer-Verlag, Berlin 1973
1.12. Marguerre, K.: Technische Mechanik, Band II: Elastostatik, 2. Auflage. Springer-Verlag, Berlin 1977
1.13. Schnell, W., Gross, D., Hauger, W.: Technische Mechanik, Band 1: Statik, 2. Auflage. Springer-Verlag, Berlin 1986
1.14. Schnell, W., Gross, D., Hauger, W.: Technische Mechanik, Band 2: Elastostatik. Springer-Verlag, Berlin 1985
1.15. Kaufmann, W.: Statik der Tragwerke, 4. Auflage. Springer-Verlag, Berlin, Göttingen, Heidelberg 1956
1.16. Stüssi, F.: Vorlesungen über Baustatik, Band 1, 2. Auflage und Band 2. Verlag Birkhäuser, Basel, Stuttgart 1953 und 1954
1.17. Teichmann, A.: Statik der Baukonstruktionen I und II. W. d. Gruyter-Verlag, Sammlung Göschen, Heft 119 und 122, Berlin 1956 und 1958, 2. Auflage 1971
1.18. Hirschfeld, K.: Baustatik, Theorie und Beispiele, Teil 1 und 2, 3. Auflage. Springer-Verlag, Berlin, Heidelberg, New York 1969
1.19. Pflüger, A.: Statik der Stabtragwerke. Springer-Verlag, Berlin, Heidelberg, New York 1978

W.B. Krätzig et al., *Tragwerke 1*, Springer-Lehrbuch, 5th ed.,
DOI 10.1007/978-3-642-12284-2, © Springer-Verlag Berlin Heidelberg 2010

1.20. Pflüger, A.: Spitzer, H.: Beispielrechnungen zur Statik der Stabtragwerke. Springer-Verlag, Berlin, Heidelberg, New York 1984

1.21. Sattler, K.: Lehrbuch der Statik: Theorie und Anwendung. Springer-Verlag, Berlin, Heidelberg, New York, 1. Band, Teil A und B: 1969, 2. Band, Teil A und B: 1974 und 1975

1.22. Rothe, A.: Stabstatik für Bauingenieure. Bauverlag GmbH, Wiesbaden, Berlin 1984

1.23. Bornscheuer, F.W.: Vorlesungen in Baustatik. Vorlesungsumdrucke des Instituts für Baustatik der Universität Stuttgart

1.24. Schneider, K.-J., Schweda, E.: Statisch bestimmte ebene Stabwerke, Teil 1 und 2, 3. verbesserte Auflage. Werner-Verlag, Düsseldorf 1985

1.25. Clemens, G.: Technische Mechanik für Bauingenieure, Band 1: Statik des starren Körpers, 4. Auflage. Bauverlag, Wiesbaden 1982

1.26. Wetzell, O.W.: Technische Mechanik für Bauingenieure, Band 1: Statisch bestimmte Stabtragwerke. B.G. Teubner, Stuttgart 1972

1.27. Holzmann, G., Meyer, H., Schumpich, G.: Technische Mechanik, Teil 1: Statik, 6. Auflage. B.G. Teubner, Stuttgart 1982

1.28. Neuber, H.: Technische Mechanik, 2. Teil: Elastostatik und Festigkeitslehre. Springer-Verlag, Berlin, Heidelberg, New York 1971

1.29. Assmann, R.: Technische Mechanik, Band I: Statik, 8. Auflage. Verlag G. Oldenbourg, München 1984

1.30. Lohmeyer, G.: Baustatik, Teil 1: Grundlagen, 5. Auflage. B.G. Teubner, Stuttgart 1985

1.31. Wagner, W., Erlhof, H.: Praktische Baustatik, Teil 1, 17. Auflage. B.G. Teubner, Stuttgart 1981

1.32. Chwalla, E.: Einführung in die Baustatik. Stahlbau-Verlags-GmbH, Köln, 1. Auflage 1941, 2. Auflage 1944 und 1954

1.33. Oden, J.T.: Mechanics of Elastic Structures. McGraw-Hill Book Company, New York 1967

Geschichte der Statik

2.1. Szabo, I.: Geschichte der mechanischen Prinzipien und ihrer wichtigsten Anwendungen, 2. Auflage. Birkhäuser Verlag, Basel, Boston, Stuttgart 1979

2.2. Straub, H.: Die Geschichte der Bauingenieurkunst. Verlag Birkhäuser, Basel 1949

2.3. Wittfoht, H.: Triumph der Spannweiten. Beton-Verlag GmbH, Düsseldorf 1972

2.4. Navier, L.M.H.: Résumé des Lecons données à l'Ecole des Ponts et des Chaussées sur l'Application de la Mécanique à l'Etablissement des Constructions et des Machines, Firmin Didot père et Fils, Paris 1826

2.5. Culmann, K.: Die graphische Statik. Meyer und Zeller, Zürich 1866

2.6. Culmann, K.: Der Bau der hölzernen Brücken in den Vereinigten Staaten von Nordamerika. Allgemeine Bauzeitung 16 (1851), S. 67. Reprint im Werner-Verlag, Düsseldorf 1970

2.7. Ritter, A.: Elementare Theorie und Berechnung eiserner Dach- und Brückenkonstruktionen. Verlag A. Kröner, Stuttgart und Leipzig. 1. Auflage 1863, 6. Auflage 1904

2.8. Levy, M.: La statique graphique et ses applications aux constructions. Gauthier Villars, Paris 1874

2.9. Dubois, A.J.: The New Method of Graphical Statics. Van Nostraud, New York 1875

2.10. Cremona, L.: Le figure reciproche nella statica grafica. Bernardoni, Milano 1872

2.11. Weyrauch, J.: Über die graphische Statik. Zur Orientierung. Verlag A. Kröner, Leipzig 1874

2.12. Wenck, J.: Die graphische Statik. Julius Springer Berlin 1879

2.13. Bauschinger, J.: Elemente der graphischen Statik. R. Oldenbourg, München 1880

2.14. Henneberg, L.: Statik der starren Systeme. Bergstrasser, Darmstadt 1886

2.15. Land, R.: Kinematische Theorie der statisch bestimmten Träger. Schweizerische Bauzeitung (1887), S. 157

2.16. Engesser, F.: Die Zusatzkräfte und Nebenspannungen eiserner Fachwerkbrücken. Verlag J. Springer, Berlin, Teil I: 1892, Teil II: 1893

2.17. Müller-Breslau, H.: Die graphische Statik der Baukonstruktionen. Verlag A. Kröner, Stuttgart und Leipzig, Bd. 1: 1. Auflage 1881, 4. Auflage 1905, Bd. 2: 1907 und 1908

2.18. Mohr, O.: Abhandlungen aus dem Gebiet der technischen Mechanik. Verlag W. Ernst u. Sohn, Berlin 1906

2.19. Andrée, W.L.: Zur Berechnung statisch unbestimmter Systeme—Das BU-Verfahren. Verlag R. Oldenbourg, München 1919

2.20. Kirchhoff, R.: Die Statik der Bauwerke. Verlag W. Ernst u. Sohn, Berlin, Bd. 1: 1921, Bd. 2: 1922

2.21. Ostenfeld, A.: Berechnung statisch unbestimmter Systeme mittels der Deformationsmethode. Eisenbau 12 (1921), S. 275

2.22. Ostenfeld, A.: Die Deformationsmethode. Verlag J. Springer, Berlin 1926

2.23. Mann, L.: Theorie der Rahmenwerke auf neuer Grundlage. Verlag J. Springer, Berlin 1927

2.24. Beyer, K.: Die Statik im Stahlbetonbau. Springer-Verlag, Berlin, 2. Auflage 1933 (Nachdruck 1956)

2.25. Guldan, R.: Rahmentragwerke und Durchlaufträger. Springer-Verlag, Wien, 1. Auflage 1940, 4. Auflage 1949

2.26. Mohr, O.: Beitrag zur Theorie der Holz- und Eisenkonstruktionen. Zeitschrift d. Architekten- u. Ingenieur-Vereins, Hannover 1868

Weitere verwendete Literatur

3.1. Bronstein, I.W., Semendjajew, K.A.: Taschenbuch der Mathematik für Ingenieure und Studenten der Technischen Hochschulen, 23. Auflage. Verlag H. Deutsch, Frankfurt 1987

3.2. Courant, R., Hilbert, D.: Methoden der mathematischen Physik I und II. 3. und 2. Auflage, Springer-Verlag, Berlin, Heidelberg, New York 1968

3.3. Duschek, A.: Vorlesungen über höhere Mathematik, 3. Band. Springer-Verlag, Wien 1953

3.4. Collatz, L.: Differentialgleichungen. Teubner Studienbücher Mathematik, 6. Auflage. B.G. Teubner, Stuttgart 1981

3.5. Zurmühl, R.: Matrizen und ihre technischen Anwendungen. 5. Auflage, Springer-Verlag, Berlin, Göttingen, Heidelberg 1984

3.6. Rüsch, H.: Stahlbeton-Spannbeton, Band 1: Werkstoffeigenschaften und Bemessungsverfahren. Werner-Verlag, Düsseldorf 1972

3.7. Zilch, K., Rogge, A.: Grundlagen der Bemessung von Beton-, Stahlbeton- und Spannbetonbauteilen nach DIN 1045-A. In: Betonkalender 2000, Verlag W. Ernst u. Sohn, Berlin 2000

3.8. Tonti, E.: On the formal structure of physical theories. Instituto di Matematica del Politecnico di Milano, Milano 1975

3.9. Wegner, B.: On the Projective Invariance of Shaky Structures in Euclidean Space. Acta Mechanica 53 (1984), 163–171

3.10. Wunderlich, W.: Über Ausnahmefachwerke, deren Knoten auf einem Kegelschnitt liegen. Acta Mechanica 47(1983), 291–300

3.11. Wunderlich, W.: Zur projektiven Invarianz von Wackelstrukturen. ZAMM 60 (1980), 703–708

3.12. Cowper, G.R.: The Shear Coefficients in Timoshenko's Beam Theory. Trans. ASME, Journal of Applied Mechanics, 33 (June 1966), 335–340

Sachverzeichnis

A

Abzählkriterien, 76–80, 98
Achsialdehnung, 32
Anschlüsse, 67–68
Arbeitssatz der Mechanik, 60, 217
Aufbaukriterien, 80–82
Auflagergrößen, 15–16
Äußere Kraftgrößen, 14–16

B

Belastungen, adjungierte, 277–278
Beziehungen, kinematische, 56
Biegelinien, 255–286
Biegemoment, 18
Biegesteifigkeit, 57

C

CREMONAplan, 175, 178
CULMANNsche Verfahren, 172

D

Deformationen, Einfluß von Querkraft, 260
nichtelastische, 258
Dehnsteifigkeit, 214
Dreigelenkbogen, 150, 195–199
Dreigelenkrahmen, 150
Drillträgheitsmomente, 282
Dynamik, 1–2

E

Eigenarbeit, 208–214, 217
Einflusslinien, 7, 183–228
auswertung von, 185–187
charakteristische Eigenschaften von, 194–195
kinematische Ermittlung von, 190–195
mittels Gleichgewichtsbedingungen, 187
Elastizitätsgesetz, 48–51
Elastizitätsmodul, 46

Endtangentenwinkel, 268
Energiesatz der Mechanik, 60, 216–218, 224

F

Fachwerk, 81–83, 91–94, 105–106, 166, 171, 173–174, 177, 247, 249
Formänderungsarbeit, 28–34, 60, 203–228
Formänderungsarbeitsintegrale, 239, 242–245, 287

G

Gelenkbogen, 149–152
Gelenkrahmen, 149–152, 195–199
mehrfache, 150
Gelenkträger, 145–147, 195
Gleichgewicht, 9, 19
Gleichgewichtsbedingungen, 21, 83

H

Hauptpol, 120

I

Innere Kraftgrößen, 16

K

Kinematik, 1, 37
Kinematik der Einzelscheibe, 118
Kinematik starrer Scheiben, 115
Kinematische Ketten, zwangläufige, 120
Kinematische Methode, 115
Kinetik, 1–2
Knotengleichgewichtsbedingungen, 73–76, 163, 172–173, 175
Knotenpunkte, 67
Konstruktionselemente, 63
Kraft-Verformungsverhalten, 42, 47
Kraftgrößen, 52, 176
Kriech- und Schwindverformungen, 51
Kriechvermögen, 47

L
Lager, 63
LANGERscher Balken, 163
Lasteintragung, indirekte, 189–190

M
Mischsysteme, 70
Momente, statischen, 48

N
Nebenbedingungen, 73
Nebenpol, 120
Normalenhypothese, 40–41
Normalentheorie, 56, 255
Normalkraft, 18

O
Operatoren, adjungierte, 61

P
Polpläne, 121
Polplankonstruktionen, 122
Prinzip der virtuellen Verrückungen, 128–130
Prinzip der virtuellen Arbeiten, 218
Prinzip der virtuellen Verschiebungen, 218
Prinzip der virtuellen Kraftgrößen, 218–219

Q
Quellen, 48, 51
Querdehnungszahl, 46
Querkraft, 18

R
Rahmentragwerk, ebenes, 94–103, 238–239
    räumliches, 94, 112, 159, 201, 253
Raumfachwerk, 171
Relaxation, 47
RITTERsches Schnittverfahren, 94

S
Satz von BETTI, 222–224
Satz von CASTIGLIANO, 220, 236–237
Satz von MAXWELL, 225–227
Schnittgrößen, 18, 139
    adjungierte, 277–278
Schnittprinzip, 7
Schubfläche, 50
Schubmodul, 46
Schubsteifigkeit, 260–261
Schubverzerrung, 33–34
Schwinden, 48, 51
Seileck, 155
Selbstadjungiertheit, 60
Skizze, baustatische, 70
Stabdrehwinkel, 268
Stabelemente, 64

Stabelemente, Differentialgleichungen, 255, 261
Stabendschnittgrößen, abhängige, 26
    unabhängige, 26
    vollständige, 26
Stabvertauschung, 167
Stabwerke, 70
Starrkörperdeformationen, 41
Statik, Ausnahmefall der, 83–85, 87, 126–127
    nichtlineare, 37
Strukturschema, 53, 58
Stützlinie, 155
Stützungen, 64–67
Superpositionsgesetz, 36–37, 185
Symmetrieeigenschaften, 143

T
Temperaturänderung, 52
Temperaturverformungen, 52
Theorie I. Ordnung, 36
Torsionsmoment, 18
Torsionssteifigkeit, 46
Tragelemente, 2
Tragwerke, symmetrische, 159, 245
Tragwerksmodell, 63–85
Trägheitsmoment, 50–51

U
Übertragungsgleichungen, 24, 26–27

V
Verdrillung, 34
Verfahren der ω-Funktionen, 264
Verfahren von O. MOHR, 277–282
Verformungen, 226
Verformungsberechnung, 229–238
Verformungslinien, 255–286
Verkrümmung, 33
Verrückung, virtuelle, 116, 119
Verschiebungsarbeit, 208, 212
Verzerrungen, 34

W
Wärmeausdehnungszahl, 52, 233
Weggrößen, 52
    äußere, 30, 31
    innere, 31, 34
Weggrößenbestimmung, 238
Werkstoff, nichtlinear elastischer, 46
Werkstoffgesetze, 42
Werkstoffkennwerte, 280

Z
Zustandslinien, 139
    charakteristische Merkmale, 140